生态系统方式下的我国环境管理体制研究

殷培红　和夏冰　王　彬　杨志云　等 编著

中国环境出版社·北京

图书在版编目（CIP）数据

生态系统方式下的我国环境管理体制研究/殷培红等编
著．—北京：中国环境出版社，2017.4
ISBN 978-7-5111-3121-8

Ⅰ．①生… Ⅱ．①殷… Ⅲ．①环境管理—管理体制—
研究—中国 Ⅳ．①X321.2

中国版本图书馆 CIP 数据核字（2017）第 061629 号

出 版 人　王新程
责任编辑　韩　睿
责任校对　尹　芳
封面设计　岳　帅

出版发行　中国环境出版社
　　　　　（100062　北京市东城区广渠门内大街 16 号）
　　　　　网　　　址：http://www.cesp.com.cn
　　　　　电子邮箱：bjgl@cesp.com.cn
　　　　　联系电话：010-67112765（编辑管理部）
　　　　　发行热线：010-67125803，010-67113405（传真）
印　　刷　北京市联华印刷厂
经　　销　各地新华书店
版　　次　2017 年 5 月第 1 版
印　　次　2017 年 5 月第 1 次印刷
开　　本　787×1092　1/16
印　　张　20.5
字　　数　440 千字
定　　价　70.00 元

《环保公益性行业科研专项经费项目系列丛书》

编 委 会

顾　问：黄润秋

组　长：邹首民

副组长：刘志全

成　员：禹　军　陈　胜　刘海波

项目负责人

殷培红　环境保护部环境与经济政策研究中心　　　研究员

顾　问

夏　光　环境保护部环境与经济政策研究中心　　　主任/研究员
任　勇　中日友好环境保护中心　　　　　　　　　主任/研究员
原庆丹　环境保护部环境与经济政策研究中心　　　副主任/高级工程师
毛寿龙　中国人民大学　　　　　　　　　　　　　教授
张玉军　环境保护部行政体制与人事司　　　　　　副司长

课题组成员

和夏冰　环境保护部环境与经济政策研究中心　　　　助理研究员
武翡翡　环境保护部环境与经济政策研究中心　　　　助理研究员
王　彬　环境保护部环境与经济政策研究中心　　　　高级工程师
蒋洪强　环境保护部环境规划院　　　　　　　　　　研究员
陈劭锋　中国科学院科技政策与管理科学研究所　　　研究员
李颖明　中国科学院科技政策与管理科学研究所　　　副研究员
田　青　北京师范大学　　　　　　　　　　　　　　副教授
杨志云　北京科技大学　　　　　　　　　　　　　　副教授
朱红文　北京师范大学　　　　　　　　　　　　　　教授
李文钊　中国人民大学　　　　　　　　　　　　　　副教授
马　茜　环境保护部环境与经济政策研究中心　　　　研究实习员
梁璇静　环境保护部环境与经济政策研究中心　　　　研究实习员

序　言

目前，全球性和区域性环境问题不断加剧，已经成为限制各国经济社会发展的主要因素，解决环境问题的需求十分迫切。环境问题也是我国经济社会发展面临的困难之一，特别是在我国快速工业化、城镇化进程中，这个问题变得更加突出。党中央、国务院高度重视环境保护工作，积极推动我国生态文明建设进程。党的十八大以来，按照"五位一体"总体布局、"四个全面"战略布局以及"五大发展"理念，党中央、国务院把生态文明建设和环境保护摆在更加重要的战略地位，先后出台了《环境保护法》《关于加快推进生态文明建设的意见》《生态文明体制改革总体方案》《大气污染防治行动计划》《水污染防治行动计划》《土壤污染防治行动计划》等一批法律法规和政策文件，我国环境治理力度前所未有，环境保护工作和生态文明建设的进程明显加快，环境质量有所改善。

在党中央、国务院的坚强领导下，环境问题全社会共治的局面正在逐步形成，环境管理正在走向系统化、科学化、法治化、精细化和信息化。科技是解决环境问题的利器，科技创新和科技进步是提升环境管理系统化、科学化、法治化、精细化和信息化的基础，必须加快建立持续改善环境质量的科技支撑体系，加快建立科学有效防控人群健康和环境风险的科技基础体系，建立开拓进取、充满活力的环保科技创新体系。

"十一五"以来，中央财政加大对环保科技的投入，先后启动实施水体污染控制与治理科技重大专项、清洁空气研究计划、蓝天科技工程专项等专项，同时设立了环保公益性行业科研专项。根据财政部、科技部的总体部署，环保公益性行业科研专项紧密围绕《国家中长期科学和技术发展规划纲要（2006—2020年）》《国家创新驱动发展战略纲要》《国家科技创新规划》和《国家环境保护科技发展规划》，立足环境管理中的科技需求，积极开展应急性、培育性、基础性科学研究。"十一五"以来，环境保护部组织实施了公益性行业科研专项项目 479 项，涉及大气、水、生态、土壤、固废、化学品、核与辐射等领域，共有包括中央级科研院所、高等院校、地方环保科研单位和企业等几百家单位参与，逐步形成了优势互补、团结协作、良性竞争、共同发展的环保科技"统一战线"。目前，专项取得了重要研究成果，已验收的项目中，共提交各类标准、技术规范 997 项，各类政策建议与咨询报告 535 项，授权专利 519 项，出版专著 300 余部，专项研究成果在各级环保部门中得到较好的应用，为解决我国环境问题和提升环境管理水平提供了重要的科技支撑。

为广泛共享环保公益性行业科研专项项目研究成果，及时总结项目组织管理经验，环境保护部科技标准司组织出版环保公益性行业科研专项经费系列丛书。该丛书汇集了一批专项研究的代表性成果，具有较强的学术性和实用性，是环境领域不可多得的资料文献。丛书的组织出版，在科技管理上也是一次很好的尝试，我们希望通过这一尝试，能够进一步活跃环保科技的学术氛围，促进科技成果的转化与应用，不断提高环境治理能力现代化水平，为持续改善我国环境质量提供强有力的科技支撑。

中华人民共和国环境保护部副部长
黄润秋

目　录

第三篇　若干专题研究

第一篇

环境管理体制：理论与方法

第1章 绪 论[①]

1.1 立项背景

经过 30 余年的努力，我国环境保护事业不断壮大，环境保护行政管理机构从无到有逐渐发展，形成了横向实行"环保部门统一监管，有关部门分工负责"，纵向国家实行分级管理，地方政府对环境质量负责，环保部门领导干部实行以地方为主的双重领导管理体制。2008 年，在没有新增任何外部机构和人员编制变化不大的情况下，国家环境保护总局"升格"为环境保护部，主要管理职能增加 11 项（类）。

"十一五"期间不仅是我国环境管理体制出现重大变革时期，也是我国重化工业高速发展的时期。由于粗放型发展方式尚未转型，资源环境的瓶颈约束大大增强。生态与环境问题的复杂性、综合性特征表现得越来越明显。具体表现为一些长期积累的环境问题集中显现，环境污染事件频发。虽然环境状况局部有所改善，但总体恶化尚未遏制，并且出现污染从城市扩展到农村，从发达地区转移到欠发达地区，传统工业污染治理尚未根本防治，新兴产业发展也开始出现新的环境问题。伴随公众环境意识的觉醒，环境维权和环境健康问题日益引起社会广泛关注。饮用水水源地保护、城市灰霾、土壤污染防治、重金属污染防治、化学品管理等跨领域、跨行业的综合性污染控制问题形势严峻，已成为当前及未来改善环境质量、影响民生的关键问题。

然而，环境保护部远未形成综合协调和统一监管能力。现行生态、环境管理体制中，人为割裂环境的系统整体性，按照环境要素、行政管理边界划分事权，造成多头管理环境事务，职能交叉、权力分散导致环境管理中"越位"和"缺位"现象越来越明显；部门之间、区域之间相互推诿、协调效率不高，导致生态、环境整体利益受到损害。与此同时，环境保护部机构编制迟迟未解决，缺编现象严重，使得本身基础能力就很薄弱、管理权限小的环境保护部面临着越来越大的压力。现行环境管理体制远远滞后于形势发展，已成为进一步改善环境质量、控制环境风险的关键性制约因素。为此，迫切需要改革现行环境管理体制。

[①] 本章作者：殷培红，和夏冰。

生态系统和环境问题的系统性和整体性要求环境行政管理的统合性和协调性。生态视野下，强调大气、水等众多环境要素之间的相互关联性；强调生态环境中各个子系统之间的功能联系和系统完整性；更加强调社会、经济和生态环境之间的整体性和互动关系，注重从影响生态环境的各种社会、经济、自然的驱动力过程来认识环境问题。生态系统视野下的环境管理，强调以综合系统的思想管理环境，需要对低效的环境管理体制进行职能整合。这种整合包括行政管理职能整合、环保科技力量整合、人才培养体系整合、监管体制整合等。

目前，生态系统管理已逐渐成为全球范围内一种科学和合理的环境保护趋势。它带来了生态治理领域的方式和方法的变革。这种变革也是各国追求以人为本、全面和协调的社会发展的必然结果（邹加怡，2006）。生态系统管理是一种新的环境管理理念，需要探究可操作性的政策建议和明确的改革路线图，将科学理念转化为政策、决策和管理的社会实践中；需要将一些局部的成功实践经验加以总结提升，制度化、规范化和机制化，形成长效机制。

2008 年，为了适应国家经济社会转型的现实需要，中国政府启动了新一轮的政府机构改革。中共十七大、十七届二中全会明确提出要探索职能有机统一的大部门体制。环境管理领域是国家战略转型的重要领域，事关"资源节约型、环境友好型"社会建设与科学发展，是生态文明建设的主阵地、主战场。环境管理无论是从管理思想的战略转型，还是从管理体制改革完善都需要引入新的理论指导改革方案的顶层设计。为此，环境保护部于 2010 年通过科技部的环保公益性行业科研专项经费项目，设立了"生态系统管理方式下的环境管理体制研究"项目，为新一轮政府机构改革、环境管理体制改革做技术支持。

1.1.1 项目总目标

根据 2012 年 2 月环境保护部组织的中标项目开题论证通过的本项目实施方案的总目标是：以科学发展观和生态文明建设为指导，从生态系统管理的整体性和协调性出发，重点研究生态系统管理的基本理念、基本原则和管理方式，跨部门、跨地区的环境保护事权划分，建立环境管理体制绩效和人才管理的评估指标体系和评估方法，通过对现行环境管理体制机制进行"问题诊断"，评估欧盟、美国、日本等主要经济体相关管理经验的适用性，在吸纳国际和本土实践经验基础上，优选综合管理的途径和方式，提出整合、完善现有中国环境管理体制的改革路线图，为国务院及相关部委进行下一步大部制改革提供决策参考。

1.1.2 国家有关环境管理体制改革的目标需求

1. 国家有关政府体制改革的基本要求

进入 21 世纪以来，特别是近几年来，国家对于政府机构改革不断提出新的改革要求，理论不断深化与创新，对环境管理体制改革的要求越来越高。其主要改革精神体现在以下几个方面。

1）关于政府体制改革的目标和任务

中共十八届三中全会提出"全面深化改革的总目标是完善和发展中国特色社会主义制度，推进国家治理体系和治理能力现代化"。这里的国家治理体系是指政府、公民管理国家的制度体系，国家治理能力是运用国家制度管理社会各方面事务的能力（习近平，2014）。

2）关于政府组织体系改革的有关要求

中共十七大报告提出了我国新一轮行政管理体制改革着力点或重点领域，即"转变职能、理顺关系、优化结构、提高效能"四个方面，同时要"建立健全决策权、执行权、监督权，既相互制约又相互协调的权力结构和运行机制"，"规范垂直管理部门和地方政府的关系，加大机构整合力度，探索实行职能有机统一的大部门体制，健全部门间协调配合机制"。中共十八届三中全会提出优化政府组织结构。转变政府职能必须深化机构改革。优化政府机构设置、职能配置、工作流程，完善决策权、执行权、监督权既相互制约又相互协调的行政运行机制。严格绩效管理，突出责任落实，确保权责一致。

3）关于政府职能定位要求

2002 年，中共十六大报告中第一次将我国政府职能界定为"经济调节、市场监管、社会管理和公共服务"。2013 年，十八届三中全会决定有关政府职能转变中，又将环境保护作为一项重要职能，与这四大基本职能并列阐述。这一方面体现了对环境保护职能的重视，另一方面也表明环境保护政府职能具有一些特殊性。

2. 十八届三中全会有关生态文明建设体制改革要求

为了实现人与自然的和谐发展，中共自 2007 年十七大首次提出建设生态文明要求以来，不断调整和丰富生态文明建设的工作要求。具体内容见表 1.1。总体来看，资源管理和环境保护是环境管理体制改革的两大核心领域。

表 1.1 十八届三中全会《关于全面深化改革若干重大问题的决定》中
有关环境管理体制改革的主要内容

	体制	机制	制度
1. 自然资源管理（含国土空间开发）			
1.1 国土空间		重点生态功能区的生态补偿机制、调节工业用地和居住用地合理比价机制等两项机制	主体功能区制度
1.2 资源管理	国家自然资源资产管理体制、自然资源监管体制、国家公园体制、国有林区经营管理体制 4 项体制		主体功能区制度、自然资源资产产权制度、用途管制制度、集体林权制度、资源有偿使用制度、能源、水、土地节约集约使用制度、节能量、水权交易制度等

	体制	机制	制度
1.3 资源节约			能源、水、土地节约集约使用制度、节能量两项制度
2. 环境保护（含生态恢复）	生态环境保护管理体制 1 项体制	生态环境保护的市场化机制、资源环境承载能力监测预警机制、陆海统筹的生态系统保护修复机制和污染防治区域联动机制 4 项机制	生态补偿制度、损害赔偿制度、责任追究制度、环境治理和生态修复制度、企事业单位污染物排放总量控制制度、碳排放权、排污权交易制度、环境信息公开、举报制度等

在中共十八届三中全会《关于全面深化改革若干重大问题的决定》的"全面深化改革指导思想与总目标"中，中共提出"……深化生态文明体制改革"的主要内容包括"加快建立生态文明制度，健全国土空间开发、资源节约利用、生态环境保护的体制机制"。其中，生态环境保护管理体制改革的要点为污染防治和自然（生态）保护，改革的方向主要在四个方面，一是完善空间规划体系，划定生态保护红线。严格按照主体功能区定位推动发展，建立国家公园体制。建立资源环境承载能力监测预警机制，对水土资源、环境容量和海洋资源超载区域实行限制性措施。二是完善生态环境保护的市场化机制。完善对重点生态功能区的生态补偿机制，推动地区间建立横向生态补偿制度。发展环保市场，推行节能量、碳排放权、排污权、水权交易制度，建立吸引社会资本投入生态环境保护的市场化机制，推行环境污染第三方治理。三是改革生态环境保护管理体制。建立和完善严格监管所有污染物排放的环境保护管理制度，独立进行环境监管和行政执法。建立陆海统筹的生态系统保护修复和污染防治区域联动机制。及时公布环境信息，健全举报制度，加强社会监督，完善污染物排放许可制，实行企事业单位污染物排放总量控制制度。对造成生态环境损害的责任者严格实行赔偿制度，依法追究刑事责任。对领导干部建立生态环境损害责任终身追究制。四是改革自然资源管理体制。健全国家自然资源资产管理体制，统一行使全民所有自然资源资产所有者职责。完善自然资源监管体制，统一行使所有国土空间用途管制职责。对水流、森林、山岭、草原、荒地、滩涂等自然生态空间进行统一确权登记，形成归属清晰、权责明确、监管有效的自然资源资产产权制度。

根据十八届三中全会的部署，生态文明建设至少需要健全四个方面的体制，一是健全国家自然资源资产管理体制；二是完善自然资源监管体制；三是建立国家公园体制；四是改革生态环境保护体制。对前两个体制，总的思路是按照所有者和管理者分开和一件事由一个部门管理的原则，落实全民所有自然资源资产所有权，建立统一行使全民所有自然资源资产所有权人职责的体制。国家对全民所有自然资源资产行使所有权并进行管理和国家对国土范围内自然资源行使监管权是不同的，前者是所有权人意义上的权利，后者是管理者意义上的权力。这就需要完善自然资源监管体制，统一行使所有国土空间用途管制职责，使国有自然资源资产所有权人和国家自然资源管理者相互独立、相互配合、相互监督。

1.2　研究内容与方法

1.2.1　主要研究内容

1. 研究重点

1）生态系统管理的基本理论和成果转化研究

本课题组针对国内外学者和国际组织提出的有关观点和定义，进行了时间序列和类型学分析，系统梳理了生态系统理论在环境管理领域中的发展脉络，生态系统管理方式的基本理念和学术源流。在对比分析美国有关管理部门、世界自然保护联盟提出的生态系统管理、国际生物多样性公约的生态系统方式、流域生态系统管理、传统环境管理方式的管理原则基础上，总结国外流域水环境管理、生物多样性保护、海岸带管理、农业面源污染治理的综合管理方式、体制安排等方面的理论与经验，重新界定了适用于环境管理的生态系统管理方式的内涵，归纳概括出了体现生态系统管理方式要求的七个环境管理组织体系基本特征，为环境管理体制有效性评估提供评估标准。

2）环境管理行政体制改革的理论基础研究

结合国际政府管理演变规律、政府组织结构设计原理和环境管理特点，系统梳理了"治理"、公共管理、大部制改革、政府行政部门的职能定位、事权配置（职责界定与权力配置）、组织机构优化原则、跨行政区域管理等组织体系设计的基础理论和方法。其中权力配置重点研究协调权、监督权的配置及其配套的组织体系设计要求，执行权配置主要侧重于职责界定，主要从组织行政学、公共管理学和生态系统管理等角度研究事权划分的基本原则。

3）环境管理体制的规范性研究方法研究

本课题采取重点问题聚焦的思路，选取当前环境管理体制改革最关心、最重要的大部制改革的职能配置，治理体系和治理能力等选择关键变量重点评估，综合运用组织行政学、组织行为学、公共管理学和生态系统管理等原理，借鉴现有国内外相关体制评估框架，运用系统分析方法，尝试构建一个管理体制有效性的基本评估框架。

4）国际环境管理大部制改革规律及经验适用性研究

从国家体制背景、事权配置、组织体系、人员配备等方面，对比分析了美国、俄罗斯、巴西、澳大利亚、加拿大、德国、印度、英国、瑞典、挪威、法国、日本、韩国、意大利14个国家的环境管理体制特征，重点关注流域与水环境、生物多样性、空气质量等方面的体制设计以及环境主管部门设置等方面经验的适用性。

5）适应生态系统管理要求的中国环境管理体制改革路线图研究

从我国环境保护面临的形势和环境管理体制改革的目标需求出发，借鉴我国历次环境管理体制改革的经验教训，基于"治理"、生态系统管理方式、公共管理等理论，以及国外环境大部门改革模式，对我国水环境管理、生物多样性管理、空气环境质量管理、农村乡镇环境管理机构等方面的体制现状进行问题诊断，提出了环境管理体制改革的六个关键点、环境管理体制设计的十大基本原则、环境管理体制职能整合的四大优先领域，以及改革路线图，并针对水、大气环境质量、生物多样性等专题领域，提出具体的理顺环境管理部门关系的职能调整、组织体系设计的建议，针对监管独立性，提出优化我国纵向环境管理组织体系的建议。最后对改革方案的可行性、制约因素及不确定性进行了简要说明。

2．研究难点

体制研究本身就是一个充满不确定性的研究难题。根据环境公益性课题特点和招标指南要求，本课题主要存在以下三个难点。

1）生态系统管理思想方式转化为环境管理体制的具体要点和路径

生态系统管理思想是 20 世纪 90 年代开始兴起至今，生态系统管理已逐渐成为全球范围内一种科学和合理的环境保护趋势。不同学科背景的学者对生态系统管理的理解存在着令人惊讶的多种多样的定义（M.A.Stocking，2006）。目前，国内外在生态系统管理的自然学科基础性及应用研究中成果丰富，但是从管理学角度看，虽然国外主要国家环境部的设置基本遵循了生态系统整体性管理理念，在具体地方实践中也存在一些比较、局部管理的成功案例，但还未形成系统的管理思想表达体系。在操作层面，如何处理综合管理部门与专业化管理部门之间的权限冲突问题，不仅是中国，也是世界各国政府面临的共同难题。

2）环境管理体制的规范性研究方法研究

人文社会科学，特别是体制评估的规范研究方法属于前沿研究方向。为了进一步推动环境管理体制的规范性研究，增强体制研究的客观性，有必要启动规范性研究方法研究，促进体制设计的科学化、规范化，为科学决策提供充分的技术支持。迄今为止，国内外研究也还没有公认的、成体系的规范化的体制、制度等的评估方法，大多数体制评估都是以一种描述性的、并不系统的方式进行讨论。

即使从定性评估角度也存在很多理论难题。因为，管理有效性是多维的（Denison & Mishara，1995），而且很多难以测量，并因评估对象不同而有不同的有效性评价标准和方法（迈克尔·哈里森，2006）。通常习惯用"问题解决"（即目标完成度）方法来评价管理的有效性，但是对于环境管理体制评估，这种评价范式却存在很大的局限性。因为，一方面环境问题的解决可以用多种措施和手段解决。另一方面，通常体制因素只是环境问题解决的一个间接因素。而一个体制的形成和有效运行又往往受多种变量影响，因此，要在体制所产生的影响与一个既定问题的现状之间，建立一种因果关系通常是非常困难的（斯蒂凡·林德曼，2012）。因此，目前国内外有关体制评估，都是采用描述性的非定量化的评估方式。

为此，本课题重点借鉴目前相对比较成体系、有一定影响力的体制评估方法主要有：全球治理评价方法、环境绩效评估、世界自然保护联盟的保护区管理评估框架，以及几名著名学者分别针对国家治理、公共卫生系统、国家可持续发展战略制度、自然保护区管理、国际河流流域管理等提出的评估框架，探索建立适合我国实际情况的环境管理体制评估指标体系。这些评估框架和方法虽然也主要以定性评估为主，但其规范的评估逻辑框架，以及规范性评估方式，还是具有一定借鉴意义。

3）适应生态系统管理要求的环境管理体制改革路线图

目前，中外学者和国际知名研究机构有关中国环境管理体制问题的各类文献上千件，积累了丰富的经验认识。很多富有远见的真知灼见长期反复被不同的学者、国际机构提及，但多数还未被中国政府所采纳，少量意见虽然被采纳，但也在具体运行时与设计初衷存在不同程度的偏离。这也反映了体制改革建议转化为行动的现实难度。作为新一轮体制改革方案设计者，既要对已有富有价值的改革建议结合新形势和国家改革精神进行筛选和鉴别，又要提出具有创新性的、具有可操作性建议的难度很大。此外，整个国家的行政体制改革包括环境管理体制改革的理论基础一向薄弱，部门管理体制调整的利益和权力分配取决于国家大体制改革，以及生态管理方式本身的理念超前性，都为本课题从整体协同方式提出同类环境问题管理职能整合、提高综合协调能力的环境管理体制改革方案，增加很多理论与可实现性多方面的难度。

3. 研究特色与主要创新点

首先，关于研究方法的创新。与国内有关体制研究相比，本课题最大的特色是尽量遵循国际组织评估报告的研究范式，通过借鉴国际有关体制评估规范研究思路和方法，探索提出了一套适合中国环境管理体制设计的管理体制有效性的规范性评估框架，并运用于环境管理体制中外对比、体制改革历史经验教训、体制现状问题诊断与体制设计等研究之中。评估方法遵循制度—法律分析范式和行为—过程分析范式，定性为主，定量为辅，综合运用制度语法、文献计量、封闭性问卷、半结构性访谈等规范化评估工具进行主观意见集成，以增强评估结论的客观性。

其次，关于体制研究理论的创新。本课题采用跨学科综合系统集成的方法，整合生态学、环境科学、行政管理学、公共管理学、组织行为学、社会学等多学科理论与方法，以生态系统整体性管理为核心，运用系统分析方法，对有关理论进行迁移转化、筛选鉴别、体系重构，系统梳理了多学科关于政府管理部门职能定位、事权配置、组织结构优化和职能整合的理论基础、相关国际经验过程演进与经验对比，提出了环境管理行政体制设计的十项基本原则，明确了生态系统整体性管理原则的内涵、基本管理学特征，以及对环境管理主管部门职能定位的要求，有利于增强环境管理研究的理论基础。

1.2.2　研究方法与技术路线图

1. 主要研究方法

1）跨学科综合集成方法

采用综合系统集成的方法，整合生态学、环境科学、行政管理学、公共管理学、组织行为学、社会学等多学科理论与方法，从管理者、被管理者、公众的多种视角，建立体制评估模型，对中国环境管理体制现状问题进行规范性评价，总结经验教训，整合改革建议，进而形成我国环境管理体制职能整合的改革路线图。

2）主观意见集成的规范性评估方法

遵循制度—法律分析范式和行为—过程分析范式，定性为主，定量为辅，运用本课题建立的体制评估模型进行主观意见集成。为了保证主观意见集成调查样本的有效性和可信度，本课题采取重点抽样方法，综合运用制度语法、文献计量、封闭性问卷、半结构性深度访谈等规范化评估工具，进行环境管理体制问题诊断和改革建议优先选择，以增强研究成果的客观性和价值中立性。选择重点抽样方法的主要原因是两个。一是考虑到体制研究的特殊性，体制评估的主观意见集成要针对真正熟悉体制运行的对象；二是通过本课题的初步摸底调查和访谈发现，由于我国环境管理体制事权划分高度破碎化和非透明性，而且实际运行的部门职责各地有不少差异，不同工作岗位的公务员也不熟悉其他岗位的环境管理职责分工情况。规范性评估的实际调研范围覆盖环境保护部六大区域督查中心，东、中、西地区的大量省、市、县（区）、乡镇等各行政层级，林业和环保管理的同类型自然保护区的行政管理人员。深度访谈对象包括高端环境管理者、企业中层管理人员、国内从事环境类相关综合研究的 5 所著名高校师生。用于文献计量分析的文献通过中国知网的检索工具平台获得。

3）文本分析法

针对 2008 年国务院发布的"三定"方案及相关环境法中规定的相关领域各级环保行政主管部门的职责和任务分工，以及相关政府部门网站和网络媒体中公布的相关部门工作进展类信息，进行履职情况评估。

4）案例分析法

实地调研辽河保护区管理局、广东、海南、深圳等大部制改革典型地区，以及国内有关地区在流域与水环境、生物多样性等方面的生态系统管理体制机制创新的实践案例，总结环境管理体制改革的经验教训，发现可能面临的改革阻力与困难。选取东、中、西部在环境科技人才培养方面具有特色的 20 多所高校，进行访谈，收集整理培养机构的总体情况、历史沿革、现状、环保人才培养典型案例，分析现有环境人才培养适应生态系统管理、综合环境管理需求的差距及改革建议等。

5）社会调查法

一是通过对资深环保高层管理者深度访谈，了解中国环境管理体制的历史进程和背景，以及他们对环保机构历次改革的成功经验与不足的观点。二是引入公众感知的结果作为部门事权划分合理性的客观性评价方法，作为补充评价机制。这样设计评价方法，主要是考虑到职责交叉、权限冲突是困扰中国政府行政体制改革和痼疾。历次国务院机构改革都是以"理顺关系"为目标，寻找各种解决的方案。但是，政府部门职责边界划分涉及组织结构、部门间利益博弈、政治考量等多层次变量的影响，部门间博弈主导的传统思路不仅无法厘清职责交叉和理论关系，也使得任何科学的事权配置判定标准都难以说服处于权限冲突核心的博弈方。本课题也是基于这样一种研究困境，转换评价角度，以人为本，从政府公共服务的对象——公众角度考察政府职能分工的合理性。合理、清晰的政府职能分工，不仅有助于公众了解政府、提高公众找政府办事的效率和政府公信力，也有助于增加政府运行透明度，提高公众监督政府履职的针对性和有效性，让真正的责任人接受监督、履行环境责任。

2. 研究技术路线图

首先，通过对生态系统管理、组织行政学、公共管理学、组织行为学等相关体制设计理论的文献研究、利益相关方的主观意见集成，以及国内外成功案例分析，总结适应生态系统管理要求的环境管理事权配置原则和体制评估的规范分析方法。其次，通过系统评估现行环境管理体制现状与综合系统管理目标的差距及问题产生原因，在借鉴国内外相关体制设计经验的基础上，通过可行性论证，提出未来中国环境管理体制改革路线图及科技、人才保障建议。具体技术路线如图 1.1 所示。

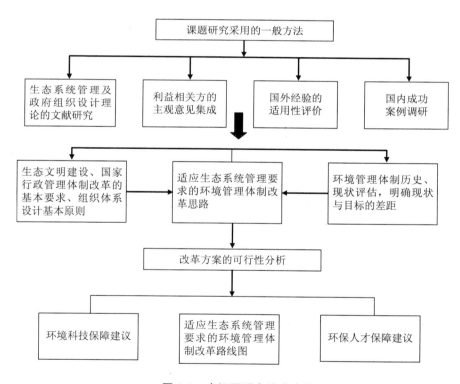

图 1.1　本课题研究技术路线图

1.3 研究进展

1.3.1 生态系统管理和生态系统方式的研究进展

1. 管理实践中的国际进展

生态系统理论是现代资源环境管理的重要理论基础之一。生态系统理论源于荒野和野生动物保护。1988年，美国学者Agee和Johnson发表的《公园与野地生态系统管理》专著，标志着生态系统管理理论的诞生。自20世纪90年代开始逐渐被国内外学术界接受。但是到目前为止，不同学科背景的学者对生态系统管理的理解存在着令人惊讶的多种多样的定义（M.A.Stocking，2006），理论研究的文章非常之多。虽然实践中也存在一些比较、局部管理的成功案例，但还未形成系统的管理理论的表达体系。

实践层面上，将生态系统思想引入其他环境保护领域，主要在渔业、森林等资源管理、流域治理、海岸带管理以及自然保护区和生物多样性保护等方面积累了一些地方案例经验。国内相关理论与实践起步较晚，近些年开始引起学术界的关注。主要由国家林业局和全球环境基金组织推动。目前，国内将生态系统管理主要用于森林资源可持续利用的理论与管理实践中，而流域生态系统管理主要在理论和规划研究中，管理实践较少。但从管理学角度，都尚未形成系统的理论体系。

从实践推动角度，一些国际著名组织提出了很多具有重要意义的管理指导技术文件和项目，对于我们理解生态系统管理和生态系统方式如何运用于组织体系设计中，具有重要启发。目前，国际上主要有以下著名组织机构，提出了有关生态系统管理的要求。

（1）世界自然保护联盟（IUCN）下设生态系统管理委员会（CEM），1996年提出了生态系统管理的10项原则。

（2）联合国缔约方第六次会议V/6号（2000年）决定通过的《生物多样性公约》，将生态系统方式具体化为12个原则和5项操作指南。

（3）《欧盟水框架指令》（欧洲议会于欧盟理事会2000/60/EC号令）写入了流域综合管理，把实行流域综合规划和管理规定为欧盟各成员国的义务。

（4）世界自然基金会（WWF）帮助建立了加拉帕戈斯国家公园，在平武县启动了"综合保护与发展项目"（ICDP），资助成立了"国合会流域综合管理课题组"。

（5）全球环境基金会把生态系统管理确定为第12个业务领域（OP12），主要为解决多领域问题提供概念支撑和新的解决方法。这种解决方法强调综合管理，打破部门观念和行业限制，通过建立伙伴关系式的综合管理体制，加强跨部门、跨行政区之间在政策、法律、规划和行动方面的沟通和协调，统一规划和行动（韩俊，2006）。

2. 国内研究进展

生态系统管理和生态系统方式研究源于国外。相关理念引入中国以后，从目前研究成果发表形式看，除了江泽慧主编的《综合生态系统管理（国际研讨会文集）》，以及中国环境与发展国际合作委员会（CCICED）2010 年度政策报告《生态系统管理与绿色发展》以外，还没有专门的研究著作出版，国内主要成果主要见于学术期刊。从中国知识网期刊文献学术趋势搜索结果（关键词）来看，国内对生态系统方式一词还很不了解，学术热度低于综合生态系统管理，更远远低于生态系统管理，详细学术渊源见附录 1。

生态系统管理，截至 2015 年 3 月的中国知网学术趋势（主题检索）期刊发文量 1 048 篇，自 1995 年以来逐渐成为学术关注的一个热点，年发文数量逐步增长。其中关键词检索发文量 652 篇，自 1980 年零星断续 1～2 篇以来，从 1995 年的 6 篇增加到 2014 年的 55 篇，如图 1.2 所示。主要应用和研究领域集中在环境科学和资源利用（占总篇数的 52.6%）、林业（73 篇）、生物学（71 篇）、农业经济（35 篇）、宏观经济管理与可持续发展（27 篇）。研究层次上，以自然科学类基础与应用研究为主，占 52.5%，政策研究（自然及社科类）仅有 29 篇。政策研究类的成果没有形成核心作者和研究机构，且学科领域分散。研究机构（发文数量前五位）主要有中科院地理科学与资源研究所、中国海洋大学、中科院生态环境研究中心、北京师范大学、中科院沈阳应用生态研究所。

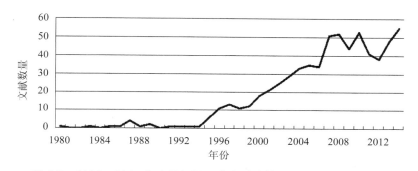

图 1.2　1980—2014 年中国知网"生态系统管理"关键词的期刊学术趋势

综合生态系统管理，中国知网学术趋势（主题检索）统计显示，最早自 2005 年发文 2 篇以来，除了 2008 年、2009 年分别达到 11 篇和 21 篇后，年发表文章数量一直没有超过 10 篇，2011 年以来呈下降趋势，总计文章数 75 篇，如图 1.3 所示。研究层次主要为基础与应用基础研究，自然与社科类分别为 20 篇和 19 篇，行业技术指导类（自然与社科）为 16 篇，政策研究（自然与社科）仅有 5 篇。其中关键词检索学术期刊发表文章总计 25 篇，发刊集中在法学和林业期刊上，主要代表作者（关键词和主题词检索被引频次 10 次以上）有蔡守秋、李建勋、王明远、俞树毅、刘树臣、江泽慧。研究机构分散，仅有武汉大学发文超过 4 篇。

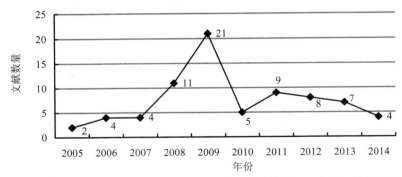

图 1.3 2005—2014 年中国知网"综合生态系统管理"主题词的期刊学术趋势

生态系统方式,虽然最早见于学术期刊时间上比综合生态系统管理要早几年,但是从中国知网学术趋势(主题检索)统计显示,自 2001 年有 2 篇文章发表以来,年发文数最高 2 篇,断续共发文章 13 篇(其中关键词检索 5 篇),如图 1.4 所示。主要代表作者(被引频次 10 次以上)有张丽荣和杨朝飞,发文 2 篇次的作者有杨朝飞、燕乃玲、虞孝感 3 名作者。学科背景主要为环境科学与资源利用,共涉及 10 篇次,涉及农学、生物学的共计 3 篇次,工业经济、基础医学、心理学各涉及 1 篇次。研究层次上,以行业技术指导(自然及社科)为主,为 6 篇,自然基础与应用基础研究类的 3 篇,政策研究仅 1 篇。

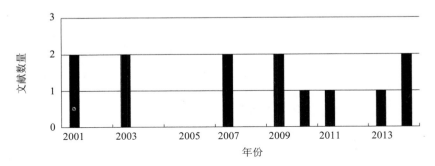

图 1.4 2001—2014 年中国知网"生态系统方式"主题词的期刊学术趋势

综上所述,国内在生态系统管理的自然学科的基础性及应用研究中成果丰富,但是从管理学角度,目前国内对生态系统管理、生态系统方式,无论是理论还是实践研究都很薄弱。鉴于以上国内期刊检索的研究进展,针对本课题研究定位于管理决策、政策研究领域,可供总结用于本研究的学术进展,主要依据倡导推动生态系统管理和生态系统方式的有关国际组织,从管理角度发布的文献,并结合相关外文文献,提炼可供本课题借鉴的经验,迁移转化用于管理体制设计。有关生态系统管理和生态系统方式的理论渊源、概念辨析等见本书第 1.4.6 节。

1.3.2 中国环境管理体制的研究进展

截至 2015 年 3 月，用环境管理体制及环境保护管理体制的主题词、关键词分别检索（去重）的中国知网学术趋势发文量 858 篇和 570 篇。其中按照主题词分析文献构成，属于基础研究的 328 篇，行业技术指导类的 239 篇，政策研究的 86 篇，行政法及地方法制类的 53 篇。文献数量从 2000 年以前的 20 篇以下，到 2005 年增加到 29 篇，随后明显增加，年度发文量突破 50 篇，达到 2014 年的文献高峰（101 篇），如图 1.5 所示。从体制设计角度发文 3 篇以上且单篇引文次数超过 10 次的代表作者有汪小勇、缪旭波、万玉秋、宋国君、曾维华、马中、曾贤刚。

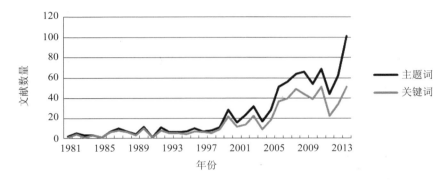

图 1.5　2004—2014 年中国知网"环境管理体制"及"环境保护管理体制"的期刊学术趋势

研究机构（发文 8 篇以上）主要集中在中国人民大学（18 篇）、中国海洋大学（13 篇）、武汉大学（11 篇）、环境保护部（12 篇）、中国政法大学（9 篇）、环境保护部环境与经济政策研究中心（9 篇）、湖南师范大学（9 篇）。

以环境管理体制及环境保护管理体制为题的专著类文献主要包括两类来源。一类是世界银行（WB）、亚洲开发银行（ADB）、经济合作与发展组织（OECD）、中国环境与发展国际合作委员会（CCIED）等知名机构，近年来在对中国环境管理的相关研究报告中都将中国环境管理体制问题列入优先改革领域，并提出了相关体制调整建议。一类是国内学者独立研究著作，例如，从宏观整体角度研究中国环境管理体制的专著有《中国环境监管体制研究》（齐晔，2008）、《中国环境宏观战略研究（战略保障卷）》第三章"中国环境管理体制保障"（中国科学院、环境保护部，2011）、《从头越：国家环境保护管理体制顶层设计探索》（任景明，2013），以及在《中国可持续发展战略报告：创建生态文明的制度体系》中的第四章"生态文明建设的体制改革与法律保障"（王凤春，2014）。其中前三项专著类成果是从宏观整体角度进行研究，王凤春的研究重点在自然资源管理体制。中国环境宏观战略和任景明的体制研究侧重生态环境保护领域。齐晔的研究主要从"治理"角度，全方位地对比了中美环境监管体系，识别出中国环境监管体制的主要问题。

综合以上文献研究，目前有关环境管理体制及环境保护管理体制研究主要关注的热点问题集中在环境管理行政主管部门的职能定位、部门管理授权、部门协作、跨行政区域管理、垂直管理、大部制改革、国际经验借鉴等。也有少数文献回顾总结了以往环境管理体制改革的经验教训以及环境管理体制改革的保障措施等。专门对环境管理中有关央地关系的文献很少，主要集中在国际经验借鉴中。主要观点综述详见附录 2。

总体来看，国内外环境管理体制研究具有如下几个特点：①主要依据研究者的国际和国内案例的经验分析，国际比较分析和国内体制问题分析还很少采用规范性研究方法。②部门协调机制、垂直管理、综合决策等是研究焦点问题，但尚未形成统一认识，改革建议的现实依据阐述较为充分，而理论基础较为薄弱。③对中国环境管理体制存在的问题和改革主要路径共识较多，只是在垂直管理，以及跨行政区域管理等方面的改革方案分歧较大。④国际环境管理体制的经验介绍成果丰富，但专门从环境大部制改革角度研究的文章不多，国内大部制改革试点的案例研究更为少见。⑤有关环境管理部门间的权力结构配置、环境管理事权界定原则、监管独立性等问题系统研究较少。⑥很多富有远见的真知灼见长期反复被不同的学者、国际机构提及，但多数还未被中国政府所采纳，少量意见虽然被采纳，但也在具体运行时与设计初衷存在不同程度的偏离。

1.3.3　大部制改革的研究进展

我国的大部制改革的理论与实践研究主要受政府因素推动。2007 年年底中共十七大报告中提出大部制改革，这是我国政府文件中第一次正式提到这个术语，而且之前在学术期刊中只检索到 4 篇，从国家和地方政府层面提到大部制的各 1 篇，其中 2006 年中央党校的张弥和周天勇在《科学社会主义》上发表的理论文章《行政体制改革的问题和教训及进一步改革的思考》（引文率超过 20 次）可视为我国大部制理论研究的源头。从国家科研基金成果发表中检索到，石亚军先生任首席专家承担的 2006 年国家社会科学基金重大课题"中国行政管理体制现状调查与改革研究"（项目号 06&ZD021），相关文章《探索推进大部制改革的几点思考》引用率遥遥领先，高达 123 次。自 2007 年年底至 2008 年，国内一些知名学者在一些大报或官方网络媒体上发表的文章，成为有关大部制早期研究成果的重要来源。

截至 2015 年 3 月，用大部制、大部门制的主题词检索（去重）中国知网学术趋势发文量 1 934 篇，其中属于基础研究的 790 篇，政策研究的 526 篇。从 2007 年以前的 4 篇，到 2008 年一跃而起，达到文献高峰（541 篇），随后发文量持续下降，在 2013 年有所回升，目前依然保持着较高的研究热度，如图 1.6 所示。3 篇以上且单篇引文次数超过 10 次的代表作者有石亚军、竹立家、陈天祥、杨兴坤、藏雷振、曾维和、徐继敏、舒绍福、张成福、毛寿龙、李丹阳，或发文 4 篇以上的主要学者有汪玉凯、王佑启。

研究机构（发文 15 篇以上）主要集中在国家行政学院（51 篇）、武汉大学（42 篇）、中国人民大学（33 篇）、北京大学（29 篇）、四川大学（19 篇）、中山大学（16 篇）和中共中央党校（15 篇）。其中，国家行政学院的研究成果主要侧重在大部制改革的方法、问题反思等方面，中共中央党校的文章偏重于政治、社会、文化层面的讨论，或地方经验的分析。大学的研究成果侧重于大部制的概念辨析、国际经验和理论背景研究。环境保护领域中，以大部制为主题的只有 21 篇文献，且作者和研究机构分布比较分散。

以大部制为题的专著类文献目前仅能在网络上查到黄文平主编的《大部门制改革理论与实践问题研究》。该专著主要分大部制改革的理论、问题及前景（侧重协调机制）、国际比较、工业和信息化、交通运输两个部门实践案例、广东和深圳两个地方实践案例，以及对当前大部制改革中面临的一些重要问题进行了评述，最后提出了对策建议。此外，在石杰琳的《中西方政府体制比较研究》一书中，在政府组织机构优化章节重点介绍了西方大部制改革的特点与经验借鉴。

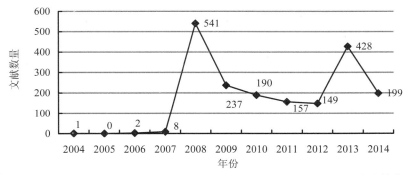

图 1.6　2004—2014 年中国知网"大部制"主题词的期刊学术趋势

从研究热点的时间变化情况看，以 2013 年为节点，大致分两个研究阶段。2013 年以前，特别是 2008 年和 2009 年，大量文章主要聚焦于对大部制的基本概念、特征、改革目的和背景、国际经验，以及厘清大部制改革的几个关键问题，属于解决大部制究竟是怎样的探讨阶段。2013 年以来，大部制研究重点转向改革的路径与方向，对已有国内外改革实践进行反思评价，思考大部制改革面临的困难与阻力，以及如何配套改革等深层次问题。对于大部制改革的核心内容的理解，从早期较多关注归并相似职能、机构重组转向权力结构的配置。

总体上看，目前关于大部制改革的研究存在一些突出特点：规范性研究多，实证研究少；宏观叙事多，立足实践少；针对政治性和功能性的研究多，对职能整合、机构重组的组织结构变革条件的研究少；借鉴反思多，理论基础研究少（朱建伟，韩啸，2014）。对现有大部制的研究程度，原中央机构编制委员会办公室副主任黄文平（2014）认为，中国推动大部制改革前期的理论研究基础并不扎实，对大部制改革的一些基本问题都还没有回答清楚，如大部制改革的基础和条件，部门之间整合的基本理论依据，大部制改革的基本原则、大部制改革的限度、大部制改革的合理顺序、需要优先整合的领域等。对这些问题，研究者和公众认识不一，尚没有达成共识。目前，学术主要围绕大部制的内涵和基本特征、改革目的与作用，改革应遵循的原则、前提条件和配套制度，大部制改革中的政府职能定位、改革思路、方法及步骤、重点难点,大部门的限度和适用领域,以及若干理论问题等十余个方面进行了讨论,有关观点详见附录 3。

综合众多学者的论述可以发现,目前学术界对大部制改革的内涵、特征、目的和作用、以及大部制的部门限度等方面分歧较少,而对一些核心问题,如权力结构配置、改革应遵循的原则、所采取的路径和方法,以及配套实施保障条件等方面的观点差异较大。其中关于权力结构配置中,如何处理集权与分权,综合管理与专业化管理的关系,决策、执行、监督的权力关系,部门间协调机制等关键性理论问题还没有形成共识和体系化的表述。对大部制改革面临的困难和阻力,以及可能产生的负效应等提出了不同程度的关注,但总体对大部制改革持积极肯定态度。现有体制形成的部门利益是学者普遍认为是大部制改革主要的难点和改革阻力,而政府职能转变、决策、执行、监督的权力关系配置,以及大部制下如何进行部门权力监督等问题是改革的重点。事业单位体制改革、行政层级和行政区划改革、党和其他系统的大部制改革,以及公务员等人员优化配置等是保证大部制改革成功的必要配套改革措施。

1.4 核心概念界定

1.4.1 环境管理与环境监管

1. 监督

我国《辞海》中"监督"有两种用法的解释:①动词:察看并督促;②名词:负责监督工作的人。例如,在《中国官制大辞典·上卷》解释为官名。我国清代设有各种专项负责某项事务的官员。如造币总厂监督、大银行监督、崇文门左右翼监督等。

在行政管理学中,《中华法学大辞典监督·法理学卷》对监督的定义是"依法享有监督权的主体(包括机关、团体、组织和个人),按照法律规定,对国家机关及其工作人员在国家管理活动中,是否正确执行国家的方针、政策和法律所进行的监察、督促、纠正的行为"。

从公共权力监督角度,尤光付(2013)进一步描述了监督的外延。所谓"监督",主要是指人们为了达到政治、经济、军事、司法、文化、社会、生态等方面的某种目的或目标,仰仗一定的权力或权利,通过对社会公共治理中若干事务的内部分工约束或外部民主性参与控制等途径,针对公共权力的资源、主体权责、运作效能及其公平公正性等而相对独立地开展的检查、审核、评议、批评、督促、纠正和惩戒活动。在这些管理活动中,为界定人们的选择空间、约束人们之间的相互关系和规范人们的偏好及其行为选择所形成的各种规则(含习惯、道德和法律)及其实施手段,就构成监督制度(道格拉斯·C. 诺斯,1994)。

资源管理学中,资源监督的含义是"立法机构、上级行政机构或民间机构对某级行政机构的资源调查、开发、利用、保护和分配等行为及其合理性、合法性所进行的监督的总称"（中国规范术语）。

监督制度具体包括监督主体的权责、监督内容、监督对象、监督课题、监督过程、监督方式、监督信息传播和设备等方面的机制和规则。监督的主体要有权威性和独立性，监督的内容要有明确性，监督的客体要有公开性，监督的程序要有规范性，监督的手段要有强制性和可行性，监督对结果要有绩效性（尤光付，2013）。

2．监察

我国《辞海》中"监察"用于动词：是指对国家各级机关的公务员等进行监督并检查其违法失职行为。在资源环境领域，目前我国有土地监察、环境监察、水政监察等。行政管理学中，所谓"监察"，主要是指政府在行政系统内部设置检查机构，监视、调查和纠举政府部门及其公务员和其他公职人员在执行国家政策、法律法规、国民经济和社会发展计划的过程中是否存在或可能发生违纪违法的行为，消除弊政，以确保行政管理的廉洁、公平、公正和效能。"监察"是政府内部的一种综合性的法纪、政纪监督，是对行政行为的一般性检查、调查和督促，且往往只能是在事中或事后进行，事前监督并不多见。

行政监察体制大致可分为监察机关监督（如中国、日本）、监察长监督（如美国）和监察团监督（如法国）等。此外，一些国家还同时设有议会监察专员制（尤光付，2013）。

监察与监督一词都有察看和督促的含义，主要区别在于针对的对象和权力的区别。监察针对行政人员，而监督可以针对任何主体，因而导致实施察看和督促的行为主体享有的权力也就不同。例如，我国的监察机关和人员享有六项权力：①采取调查措施权。②查询存款权。③提请协助权，如提请公安、司法行政、审计、财政、税务、价格、海关、工商行政管理、质量监督检验检疫等机关予以协助。④提出监察建议权。⑤做出监察决定权，给予行政处分。⑥查询权，即对在检查、调查中向监察事项涉及的非监察对象进行查询。

3．监管

监管，通常也被称为"规制"、"管制"。一般的环境管理讨论中经常不严格区分这三个词的用法，但是在行政管理体制研究中，这三个词涉及的机构间的权力关系和不同的机构配置形式，因此，需要明确界定。

1）关于监管

我国《辞海》中"监管"动词用法的解释是"监视管理"。行政管理学中，"监管"是政府或法规授权的公共机构依照规则对被监管者相关行为的限制（刘鹏，2009）。"监管"在不同学科领域中，含义而有所不同。

政治学领域的政府监管，大多强调公共利益的实现和政府公共权力的作用。梅尔（Meier）把政府监管定义为"政府控制公民、公司和非政府组织行为，实现一定政治目的的政治过程"。

法学领域的政府监管，主要涉及执法、市场规则、行政程序以及对监管机构的司法控制等（张泽，2008）。吉尔洪（Gellhom）和皮尔斯（Pierce）认为，政府监管是对众多私人经济力量的法律控制形式中的一种。而《中华法学大辞典·刑法学卷》中对"监管"的解释是:"根据罪犯总体的分类和个体的基本特征及其活动规律,制定特别法规和制度予以分别监禁和管理。是监狱工作的重要环节,是狱政管理工作的重要组成部分。是对罪犯执行刑罚、实施教育改造、劳动改造的前提条件。"

经济学领域,大多是从克服"市场失灵"的角度来论述,主要强调政府对经济的调控。卡恩在其经典教科书《监管经济学:原理与制度》中认为,政府监管作为一种基本的制度安排,是"对产业的结构及其绩效的主要方面的直接的政府规定,如进入控制、价格决定、服务条件及质量决定,以及在合理条件下服务所有客户时应尽义务的规定"。日本学者植草益根据金泽良雄的定义,将监管解释为:"在以市场机制为基础的经济体制条件下,以矫正、改善市场机制内在的问题为目的,政府干预和干涉经济主体(特别是对企业)活动的行为。"美国学者丹尼尔·史普博认为"监管是由行政机构制定并执行的直接干预市场机制或间接改变企业和消费者供需决策的一般规则或特殊行为"。

2)关于规制与管制

《新词语大辞典》中将"规制"定义为:规格制度。《现代经济词典》中将"规制(regulation)"又称"管制",即依据一定的规则,对社会的个人或群体的活动进行管理和限制的行为。进行规制的主体有私人和社会公共机构两种。《新词语大辞典》中将"管制"解释为"管教、约束"。《汉语倒排词典》解释为"①强制管束(如对犯罪分子)。②强制的管理,如灯火管制,军火管制"。

在英文中,可见到监管的两种翻译用词 regulation 和 supervision。但是在全国科学技术名词审定委员会审定的"中国规范术语"中,"管制"等价英文术语是 regulation。"监督"一词的等价英文术语才是 supervision,"规制"的等价英文术语是 regulation。

由此可见,监管通常是指政府的管理职能,而监督的主体可以是政府,也可以是政府以外的任何主体。监督与监管、管制、规制是内涵不同的术语,不能简单替代。而"规制"和"管制"都是动词时,其含义高度接近,可相互替代,但也有细微差别,即在对行为的限制程度上,规制比管制程度要轻。从刑法学和行政管理学的定义可以看出中文语境下,"监管"、"规制"、"管制"都带有限制行为的含义,不是一般程度上的监视管理。"监管"的英文等价术语译为 regulation 更为准确,并与监督有所区别。

4. 管理

我国《辞海》中"管理"有三种动词用法的解释:①负责某项工作。②保管和料理。③照管并约束。从管理学角度,对"管理"的经典解释,一个是管理学之父泰勒在《科学管理原理》中下的定义:管理是"确切地知道你要别人去干什么,并使他用最好的办法去干",另一个是诺贝尔经济学获奖者西蒙的定义:"管理即制定决策"。而最经典的定义管理的是法国著名的管理学者亨利·法约尔。他认为,管理是所有的人类组织(无论是家庭、企业或政府)都有一种活动,这些活动由计划、组织、指挥、协调和控制五要素组成。其中的控制活动的主要作用就是检查、督促的监督作用,以保证计划得以实施。

此外，也有人认为，管理的核心在于对现实资源的有效整合，即通过合理地管理组织人力、物力、财力，高效率地实现预定目标的过程。这种管理定义体现了以目标为导向，运用控制原理进行管理的思路。

现代国家管理由决策、执行、信息、咨询、监督、反馈等多个环节构成的一个完整系统。其中由监督机构对决策、执行的过程进行检查、评议和督促，防止和克服执行失误与偏差，是管理中最重要的环节（尤光付，2013）。由于在政策制定、执行、评估等环节中，信息不对称、有限理性、既得利益偏好以及意外或突发事件等，使得政策方案本身不完善、误导，执行者的曲解、滥用政策或执行不力，都会直接影响到政策本身的质量及执行结果。因此，管理中必要的监控、审视、督促、纠正、救济等手段既有助于保证决策的正确，也有利于促进执行的顺畅。

5. 环境管理与环境监管的区别

综上所述，管理、监管（规制、管制）、监督、监察是一组外延相近或交叉，但又有各自核心内涵的概念。体制研究注重权力配置，从这一角度出发，本课题对上述相近概念界定总结如下。

（1）监管通常是指政府的管理职能，而监督的主体可以是政府，也可以是政府以外的任何主体。监管具有一定强制性，通常都是通过正式制度进行约束。而监督对行为的约束，可以有正式和非正式制度约束多种类型，例如舆论监督的约束等。因此，"监管"的英文等价术语译为 regulation 更为准确，并与监督有所区别。

（2）规制、管制两词语，在我国科学技术名词审定委员会审定的"中国规范术语"中属于新词语、外来词，其英文等价用语 regulation 与监督（supervision）含义不同。国外管理的规制类型分为自愿与强制两大类，强制性规制属于管制的概念范畴。在这些层面上，监管与规制、管制是同义语。

（3）现代国家管理由决策、执行、信息、咨询、监督、反馈等多个环节构成的一个完整系统。因此，国家职能的管理范畴，包括行政监督、监管和监察，其约束力的强制程度依次增加，权力配置和制衡的要求会越高。从监督和监管所依据的法律法规标准的制定权配置角度看，监管与管理是有明显区别的，遵循权力制衡原则，监管人员，不能身兼执行与监督两项管理权力。

（4）狭义的环境管理与环境监管同义。例如，曲格平从政府管理角度，提出"环境管理是指各级人民政府的环境管理部门按照国际颁布的政策法规、规划和标准要求而从事的督促监察活动"。也有学者认为"环境管理，在很大程度上是对企业、个人行为的监管过程。此外，还包括对政府以及政府部门的监管（刘鹏，2009）"[①]。这两种定义的一个共同点是认为环境管理主要是一种监督、监察活动。

广义环境管理目前也没有一致的定义。普遍被引用的代表性定义如金瑞林（2002）认

[①] 相对于环保部门对市场和社会力量的监管，环保部门对政府和政府部门的监管可以被称为政府的"自我管制"。

为"环境管理是国家（地区）采用行政、经济、法律、科学技术、教育等多种手段，对各种影响环境的活动进行规划、调整和监督，目的在于协调经济发展与环境保护的关系，防治环境污染和破坏，维护生态平衡"。吕忠梅（2000）则将环境管理分为国家（地区）环境管理和社会环境管理。国家（地区）环境管理是指各级政府以法律形式和国家（地区）名义，在全国（地区）范围内实行对环境保护工作的执行、指挥、组织、监督诸职能，并对全社会环境保护进行预测和决策。

（5）监察与监督一词都有察看和督促的含义，都是国家监督制度的一种类型，其主要区别在于针对的对象和实施主体的权力配置方面。监察一定属于行政管理范畴，监察对象仅限于行政人员，而监督可以针对任何对象，可以是行政管理体系以外的管理范畴。通常可将行政管理范畴的监督定义为行政内部监督，或建成行政监督，行政体系以外的监督，称为外部监督。行政管理体系中，监察人员的权限介于公检法部门具有的权力与普通公职人员的监督权限之间，例如，普通行政监督人员不具备行政处分的决定权，提请其他监督检查部门协助调查的权力等。

因此，本书在进行体制分析时，所指的环境管理是广义管理，而将"监管"限定于监督权限范畴，即狭义的环境管理内。同时，本书主要使用监督、监察等术语，而不笼统地使用监管一词。从忠实原作者的角度，在本书论述的引文中，依然保留监管、规制、管制等用词。

1.4.2 环境管理与自然资源管理

1. 日常用语中的环境、生态与生态保护

"环境"一词最早见于我国《元史》。《辞源》（2010年修订）中环境的定义是："环绕全境，……今指周围的自然条件和社会条件"。《中国大百科全书》中对环境的定义基本与《辞海》相似："人群周围的境况及其中可以直接、间接影响人类生活和发展的各种自然因素和社会因素的总体。包括自然因素的各种物质、现象和过程及在人类历史中的社会、经济成分。"《大不列颠百科全书》中对环境的定义是："作用于一个生物体或生态群落上并最终决定其形态和生存的物理、化学和生物等因素的综合体（中国大百科全书总编委会，2002）"。1972年《联合国人类环境会议宣言》第1条中将人类环境（human environment）分为自然（nature）和人为（man-made）两类环境。

至今在《辞源》、《辞海》、《中国大百科全书（环境科学）》和《大不列颠百科全书》中都没有"生态"、"生态环境"、"生态保护"等词语的词条。国外词语中也没有与"生态环境"、"生态保护"对应的单词或词组，只有生态系统保护、环境保护、自然保护等类似用语。"Ecological environment"的用法主要是中国人使用。在我国古文中"生态"曾用于描述"美好的姿态"和"生动的意态"。我国《现代汉语词典》（英汉双语2002年增补本）中对"生态"一词的解释是"生物在一定的自然环境下生存和发展的状态。也指生物的生理特性和生活习性"。

　　此外，在我国"生态"一词通常还作为"自然"、"自然的"同义语，并更多的是指有生命现象的自然环境。例如，1982年和2004年我国宪法修正案第26条"国家保护和改善生活环境和生态环境，防治污染和其他公害，国家组织和鼓励植树造林，保护林木"。其中的"生态"也是形容词用法，以人为中心，将生态环境作为环境的一个类型，与生活环境相对应。1996年国务院召开的第四次全国环境保护会议上提出"环境保护工作要坚持防治污染和保护生态并重"，这里"保护生态"旨在加强自然保护，遏制因自然资源不适当开发造成的日益严重的环境退化问题。按此意义，我国国务院1996年发布的《中国的环境保护（1986—1995）》白皮书，历年国务院批准发布的《全国生态环境保护纲要》，以及1999年国务院常务会议通过的《全国生态环境建设规划》（2000—2050）（国发〔1998〕36号）中的生态环境保护或建设内容主要包括：生物多样性保护、天然林等自然资源保护、植树种草、水土保持、防治荒漠化、草原建设等内容。自20世纪90年代末以来，特别是1998年我国政府推行天然林禁采、退耕还林、还草等生态恢复工程以来，我国开始普遍使用"生态保护"一词，多指对生物及其栖息地保护，而不是国际通用的"自然保护"含义。例如，《大不列颠百科全书》将"自然保护（conservation）"分为环境污染和自然资源保护。

　　在国务院新闻办发布《中国的环境保护（1986—1995）》和《中国的环境保护（1996—2005）》白皮书，其中的"环境保护"内容与国际接轨，主要包括工业、农业、城市环境综合治理、生态环境与生物多样性的保护（也包括森林、草原等可再生自然资源保护），以及国土整治、减灾等内容。而将"环境保护"局限于污染防治的狭义范畴，从国家文件中看，最早见于我国国民经济和社会发展第十个五年计划，并主要出现在部门文件中，见表1.2。

表1.2　全国党代会文件、国家国民经济和社会发展五年计划中的环境保护相关章节

文件名称	相关用词
第八个五年计划（1991—1995）	（4.7）国土开发整治和环境保护
第九个五年计划（1996—2000）	（36）加强环境、生态、资源保护
第十个五年计划（2001—2005）	（15.1）加强生态建设；（15.2）保护和治理环境
第十一个五年规划（2006—2010）	（19）加大环境保护力度；（20）切实保护好自然生态
第十二个五年规划（2011—2015）	（24）加大环境保护力度；（25）促进生态保护和修复
中共十六大报告（2002）	三、全面建设小康社会的奋斗目标中："可持续发展能力不断增强，生态环境得到改善，资源利用效率显著提高，促进人与自然的和谐，推动整个社会走上生产发展、生活富裕、生态良好的文明发展道路"
中共十七大报告（2007）	四、实现全面建设小康社会奋斗目标的新要求中：建设生态文明，基本形成节约能源资源和保护生态环境的产业结构、增长方式、消费模式。 五、促进国民经济又好又快发展中：加强能源资源节约和生态环境保护，增强可持续发展能力

文件名称	相关用词
中共十八大报告（2012）	三、全面建成小康社会和全面深化改革开放的目标中：资源节约型、环境友好型社会建设取得重大进展。 八、大力推进生态文明建设中：坚持节约资源和保护环境的基本国策，坚持节约优先、保护优先、自然恢复为主的方针
中共十八届三中全会（2013）	（2）全面深化改革中：紧紧围绕建设美丽中国深化生态文明体制改革，加快建立生态文明制度，健全国土空间开发、资源节约利用、生态环境保护的体制机制,推动形成人与自然和谐发展现代化建设新格局。 （15）全面正确履行政府职能中：加强地方政府公共服务、市场监管、社会管理、环境保护等职责。 （54）改革生态环境保护管理体制

2．国际视野中的环境管理

1）国际"环境问题"内涵的发展

现代社会对环境问题的认识大致经历了三个重要阶段。20 世纪 70 年代以前，环境问题以"废水、废气、废物"等局地性工业污染造成的公害病为代表，人是环境污染的受害者，而对自然本身的破坏关注较少。此时的环境保护工作还未出现在公共政策领域中，许多国家将这些问题纳入公共卫生领域。1962 年，美国海洋生物学家蕾切尔·卡逊女士出版的《寂静的春天》，第一次较系统地从生态学的角度，通过对污染物富集、迁移、转化过程的描述，向人们展示了人类同大气、海洋、河流、土壤、动植物之间的密切关系。

20 世纪 70 年代，大规模发生的沙漠化、土地退化、森林破坏、生物灭绝加速等现象开始引起人们对资源开发利用导致的自然环境退化问题的关注，使人们进一步认识到自然环境的脆弱性不仅表现为容纳废弃物污染的有限性，同时也表现为其承受人类对自然资源开发利用规模的有限性。

20 世纪 80 年代，环境问题由局部扩展到全球，全球变暖、臭氧层破坏、酸雨、生物多样性丧失、土地生产力减弱等全球性的环境问题成为人们关注的焦点，进一步加深了人类对地球环境的整体性的理解，认识到人与自然和谐相处的必要性。而且国际社会对环境问题的认识已经从单纯的环境污染和资源耗竭扩大到对地球生态系统健康的关注，由关注当前影响扩展到对长远问题的忧虑，由一般的关心发展为严重的危机感。人们更为清楚地认识到，人类自身有意无意的破坏行为已经达到严重影响整个地球自然系统的稳定性和支持能力。特别是北欧和加拿大的森林遭受来自低纬度工业国家污染物跨界迁移的危害，遥远南极上空臭氧层因人类活动影响而出现空洞，并威胁着北半球居民的健康……这些全球环境问题的出现，更让地球公民深切地感受到彼此从未有过的相互紧密联系，地球上不同角落的人们共同生活在一个互为因果的生态网络中，任何人、任何国家都难以独善其身。20 世纪 90 年代以来，加强环境保护国际合作、保护地球生态系统功能成为国际环境保护的主流。

全球环境问题的出现和不断恶化，还促使人们深刻反思自身的问题。一方面逐渐意识到环境问题不仅仅是经济增长过程的负面效应和技术缺陷问题，更是发展方式问题。大量生产、大量消费、大量废弃的经济发展模式，导致地球资源有限供给和环境容量有限性与经济增长无限需求和无度排放之间的矛盾日益尖锐，引发了一系列生态危机。由此开始陆续提出了各种各样的"发展理论"。比较有代表性的有联合国倡导的可持续发展、绿色经济，欧盟、美国等国家提出的绿色新政，中国提出的科学发展观等发展理念都是各国在探索发展转型方面的不同角度的表述。清洁生产、生态工业、循环经济、低碳经济等都是发展转型的具体方式。由此，环境保护扩展到经济系统的变革。

另一方面，人文社会科学学者从价值观、方法论、文化传统，以及社会的政治和经济制度等角度全面审视了人类文明存在的问题，提出了文明转型的要求。他们普遍认为，制度危机和文化危机是生态危机的真正根源，只有对社会体制和价值观做根本的变革，推动制度和文化的变革，发展方式才能真正转变，技术才能从根本上解决生态危机问题。社会系统的变革成为环境保护关注的一个重要维度。

2）环境保护是污染防治、自然资源管理和生态保护三位一体的大概念

从历次联合国有关环境保护的重要文件内容可以看出，环境保护主要包括污染防治、防止自然资源破坏与耗竭、保持生态系统稳定（生物多样性）、改善人为环境（国内也通常称为人居环境）等方面的内容，生态系统的理论成为环境保护领域的重要理论基础。在1972年瑞典斯德哥尔摩召开的联合国第一次人类环境会议发表的《联合国人类环境会议宣言》第 3 条中，列出了当前人类面临的主要环境问题："人类对周围环境造成越来越多的损害：对水、空气、土壤以及生物的污染达到危险水平；生物圈的生态平衡（the ecological balance of the biosphere）受到大量而不适当的扰乱；许多不可替代资源（irreplaceable resources）受到破坏和陷入枯竭；在人为环境，特别是人们的生活和工作环境里存在着有害于人的身体、精神和社会健康的大量缺陷。"在保护和改善环境的 26 项基本原则中，第2 条、第 3 条和第 5 条原则均指出自然资源必须合理保护，以保持可再生资源的再生能力，避免不可再生资源的耗竭。同时，第 13 项原则提出"合理使用资源可以改善环境"。

曲格平先生认为此次会议有两个重要变化，标志着世界环境管理领域进入了一个新时期：一是扩大了环境管理范围，把防治局部地区的环境污染与保护大自然环境结合起来。二是冲破了就环境论环境的狭隘界限，把正确处理人口、资源、环境和发展四者关系作为指导环境管理的指导方针（曲格平，2010）。

在 1992 年第二次人类环境大会《里约环境与发展宣言》中，又将上述这些污染、生态失衡、资源枯竭等环境问题统一表述为"环境退化"（environmental degradation）分别出现在原则 7、原则 12 和原则 15 中。

2002 年《约翰内斯堡可持续发展宣言》中，从生物多样性丧失、鱼类资源持续耗竭、大气、水和海洋污染等方面描述全球环境问题，并在第 11 段提出"保护和管理经济及社会发展的自然资源是可持续发展的中心目标和根本要求"。

在 2007 年联合国发布的《可持续发展世界首脑会议实施计划》第四部分第 24 段中进一步强调"生态系统为人类福祉和经济活动提供必要的资源和服务，以可持续和综合的方式管理自然资源基础对可持续发展至关重要"，"为了尽早扭转目前自然资源退化的趋势，有必要在国家和适当的区域层面，实施目标明确的生态系统保护（protect ecosystems）、土地、水和生活资源综合管理的战略。同时第 25 段资金技术方面强调"强化水污染预防（water pollution prevention），以减少健康危害和保护生态系统（protect ecosystems）"。

专栏 1.1　有关"生态系统"的规范性定义

生态学界最早公认的生态系统规范性定义是著名生态学家 Odom 于 1969 年《科学》杂志上提出的，他认为：自然界的任何范围，只要有生命有机体和非生命物质的相互作用，并在其间产生能量转换和物质循环，就是生态系统。生态系统是由植物、动物和微生物群落，与其无机环境相互作用而构成的一个动态、复合的功能单位。

《辞海》中对生态系统的定义是："生物群落及其地理环境相互作用的自然系统。例如森林、草原、苔原、湖泊、河流、海洋、农田。生态系统保护四个基本组成成分，即无机环境、生物的生产者（绿色植物）、消费者（草食动物和肉食动物）、分解者（腐生微生物）。生物之间存在食物链（或食物网）的相互联系"。

《辞海》中对生态危机的定义是："生态系统的结构和功能严重破坏，从而威胁人类生存和发展的现象。系人类盲目和过度的生产活动所致。在其潜伏期间，往往不易察觉，如森林建设、草原退化、水土流失、沙漠扩大、水源枯竭、气候异常、生态平衡失调等。一旦形成，则几年、几十年，甚至上百年都难以恢复"（夏征农，陈至立，2009）。

---

3. 生态系统理论下的环境保护和生态保护的内涵

"生态"作为一个科学术语，首次由德国博物学家海克尔（E. Haeckel）于 1869 年在其所著《普通生物形态学》中提出的，在我国生态学则是外来词，最早由我国学者于 1895 年根据日语直译而来。"eco-"词根源于希腊语的"家"或"生活场所"的词义。海克尔认为生态是研究生物在其生活过程中与环境的关系，尤指动物有机体与其他动植物之间的互惠或敌对关系，"我们可以把生态学理解为关于有机体与周围外部世界关系的一般科学。外部世界是广义的生存条件"。随着生态学的发展，生态学研究重点从早期以动物为中心的个体生态学、种群生态学、群落生态学等生物生态学逐渐发展到人类生态学。如果从动物角度看，生态学（ecology）就是关于动物及其栖息地的认识和知识，也称生物生态学；如果从人类的角度看，生态就是人与环境的关系，生态学也是指关于人类家园的认识和知识，又称人类生态学（蔡运龙，2007）。

可见，作为学术用语的"生态"本身也有环境的含义，与"环境"的最大区别仅仅在于生态强调关联性，环境是相对于中心事物而言，或者说用生态的观点看待环境，更强调各环境要素之间的联系。例如，曲格平（2010）先生就认为生态的问题属于环境问题。《辞海》中指出"生态伦理学，亦称环境伦理学"、"生态因素，亦称生态因子。影响生物的性态和分布的环境条件，可分为①气候条件……②土壤条件……③生物条件……④地理条件……⑤人为条件"。可见，生态因素既包括具有生命现象的有机环境要素，也包括非生命的无机环境要素。我国环保法中的环境定义亦按照要素罗列方式，列举了上述两大类的环境要素。

将"生态环境"一词写入宪法的黄秉维院士晚年在多种场合纠正"生态环境"一词用法，他认为"生态环境就是环境，污染和其他的环境问题都应包括在内，不应分开"，"生态就是生物和环境之间的关系"（《黄秉维文集》编辑组，2003）。当初提出这个词主要是针对1982年宪法草案里"保护生态平衡"一词，因为自然界的生态平衡对人有利也有弊，是一种自然规律，有时为了人的生存，人们会打破这种自然生态平衡，维持一个非自然的生态平衡过程，如农田系统，重要的是要保护自然界，按照斯大林著作中环境的概念，环境是围绕人的自然界，将"保护生态平衡"改为"保护生态环境"。

目前，从全国科学技术名词审定委员会公布的中国规范术语中，"生态环境"一词不是生态学、生物学和环境科学的规范术语，而是属于应用气象学和公路环境保护学科，其定义是："影响人类与生物生存和发展的一切外界条件的总和，包括生物因子（如植物、动物等）和非生物因子（如光、水分、大气、土壤等）。"该定义内容与环境概念相同。

如果用联系的、整体的系统观点认识环境或自然界，就是生态系统的概念及相关理论。从此意义上说，地球环境就是地球上最大的生态系统。生态系统中，生物之间通过食物链，生物及其环境之间都是通过物质循环和能量流动形成相互关联，并保持着严格的比例关系（即生态平衡）。各种污染、矿产开采、清除森林草原等植被、捕杀野生动物的人类活动都会干扰生态系统的物质循环和能量流动的平衡关系，甚至导致生态系统的结构和功能的破坏，从而出现各种环境问题（即生态危机、生态失衡、生态系统功能退化）。

因此，按照"生态"一词的关系和联系的含义理解，所谓"生态破坏"实质是破坏了自然界，以及人与自然界的平衡关系，"生态保护"也可理解为维持生态系统各要素之间的平衡关系，从广义理解保护生态也就是保护生态系统，保护环境。人也是地球生态系统的一个重要组成部分，如果将人及人造物作为独立因素与动物界相区分，将生态理解为"有生命的"或"自然的"，就是通常所说的生态保护的内容，即对生物及其栖息地保护的狭义生态保护概念，环境保护则是生态保护的上位概念。生态系统理论认为，物种多样性是保证生态系统稳定性，保持生态平衡，增强系统抗干扰能力的重要因素。受此理论影响，21世纪以来，随着《生物多样性公约》的签署，国际环境领域已将生物及其栖息地保护、自然资源可持续利用纳入生物多样性保护概念范畴。可以说，生态保护的核心就是生物多样性保护，而可再生自然资源开发，采矿、工业、农业、生活领域的各种污染，以及由于自然资源不合理使用导致的水土流失、土地荒漠化等都是影响生物多样性的重要因素。

从生态平衡干扰、破坏的作用机理看，污染属于对生态系统的化学破坏过程，自然资源开发利用过程是对生态系统的物理破坏过程，主要表现为对地表物种及其栖息地的改变等方面。因此，环境问题可分两大类，即曲格平先生在 1982 年提出的环境问题分类：一类是由于供应生产、交通运输和生活排放的有毒有害物质引起的环境污染……这类污染对人体健康和农、林、牧、渔业造成很大损害；另一类是由于对自然资源不适当的开发活动引起的生态环境的破坏，这类环境问题突出表现在植被破坏、水土流失、土壤退化、沙漠化、气候变异诸方面，造成生物生产量的急剧下降。上述两类环境问题又常常是相互影响、相互交融，形成"复合效应"，造成更大危害（曲格平，2010）。沈国舫（2014）院士也认为，"从现代生态学的角度看，环境污染问题也是一个生态问题，是'污染生态学'的主要研究对象"。因此，要解决环境问题，两个重要基本途径就是污染防治和自然资源保护与节约。从国际环境保护领域的相关重要文件中的内容范畴看，环境问题还包括自然原因产生的环境问题，上述两类环境问题属于人为原因产生的环境问题。例如，在 2002 年第三次人类环境会议《约翰内斯堡可持续发展宣言》的第 13 段中描述当前全球环境继续遭受破坏时，主要从生物多样性丧失、鱼类资源持续耗竭、荒漠化侵吞耕地、气候变化的负面影响、自然灾害加剧的破坏力、大气、水和海洋污染继续剥夺人们体面的生活等。

专栏 1.2   有关"环境保护"的规范性定义

《辞海》对环境保护的定义是 "为使自然环境和人类居住环境不受破坏和污染，能更适合人类生活和自然界生物生存而采取的措施。内容有：合理利用资源、防治环境污染；在产生环境污染后，做好综合治理"（夏征农，陈至立，2007）。该定义将资源和污染防治作为环境保护主要内容，有关"生态破坏"的含义体现在合理利用资源中。在《中国大百科全书》中的环境保护的定义是："从战略级、政策级和技术级的不同层面上，在区域、国家和全球的范围内，采取行政、法律、经济和科学技术的多方面措施，合理利用自然资源、防止环境污染和破坏，保持生态平衡，保障人类社会的可持续发展(中国大百科全书总编委会，2002)。" 这个定义突出了"生态系统保护"的内容。而《大不列颠百科全书》在"自然保护(conservation)"中论述了环境污染和自然资源的保护。

4．生态系统理论下，自然资源与环境的关系

1）自然资源是自然环境的一部分

首先，从自然资源的定义看，自然资源是人类对自然环境的一种价值判断。例如，早期的自然资源理论提到的效益和价值主要指为人类提供各种有形的物质产品，强调自然资源的经济价值。例如，联合国环境规划署 1972 年提出"所谓自然资源，是指在一定的时间条件下，能够产生经济价值以提高人类当前和未来福利的自然环境因素的总称"（中国资源科学百科全书编辑委员会，2000）。我国的《辞海》（1980）认为"自然资源一般指天然存在的自然物（不包括人类加工制造的原材料），如土地资源、水利资源、生物资源、

海洋资源等，是生产的原料来源和布局场所。"资源经济学家阿兰·兰德尔（1989）认为"资源是指由人发现的有用途和有价值的物质"。随着人类对地球环境的认识广度和深度的增加，生态系统理论的普及，当代自然资源的内涵扩展至环境功能，凡是能够为人类生存与发展提供所需要的物质或服务的任何环境成分都可以归为自然资源范畴（朱丽·丽丝，2002）。《大不列颠百科全书》中的自然资源定义是："人类可以利用的自然生产物，以及作为这些成分之源泉的环境功能。前者如土地、水、大气、岩石、矿物、生物及其群集的森林、草场、矿藏、陆地、海洋等；后者如太阳能、环境的地球物理机能（气象、海洋现象、水文地理现象），环境的生态学机能（植物的光合作用、生物的食物链、微生物的腐蚀分解作用等），地球化学循环机能（地热现象、化石燃料、非金属矿物的生产作用等）"。定义中的环境功能实质是自然环境（以下简称自然界）的生态过程。

2）保护自然环境就是保护自然资源，恢复生态就是再造自然资源的过程

生态系统的自然资源观不再是传统经济理论中的商品价值，而是包括了生态系统的内在价值或自然价值。两种价值关系就相当于"利息"与"本金"的关系（布鲁斯·米切尔，2004）。因此，保护自然资源，必须将保护生态系统及其完整性置于最优先地位，不仅要管理好生态系统的经济资产价值，更要首先保护好生态系统的环境（生态资产）价值，这是保护之本，自然资源得以再生的源泉。正如 2007 年联合国发布的《可持续发展世界首脑会议实施计划》第四部分"保护和管理经济与社会发展所需的自然资源基础"的第 24段所强调的"生态系统为人类福祉和经济活动提供必要的资源和服务，以可持续和综合的方式管理自然资源基础对可持续发展至关重要"。

防止污染环境、保护生物多样性、抑制自然资源开发过程中的生态破坏等都是防止人类对自然生态过程的干扰和破坏的具体途径，彼此之间存在密切的过程性关联。例如，污染造成的酸雨成为"空中杀手"导致北欧和北美地区大片森林枯死、湖泊水体贫养化。因此，减少污染、改善环境，有利于生物多样性和生态系统保护，保障生态系统的资源和服务功能。而保护生态系统结构、功能及其稳定性，可以减少自然灾害风险、提高生态系统自净能力，有利于降低污染影响。例如，流域控制面源污染，特别是农田退水的污染径流，恢复河流湖泊岸线湿地是一个重要的生态措施；要保护好珍贵水禽的湿地栖息环境，湿地来水水量和水质情况都是很重要的影响因素；流域内保证基本的生态径流是保持河流水体自净能力的基本条件。

1997 年，曲格平先生曾就生态恢复与资源再生关系进行过说明："我国近几年水涝灾害频繁，并不是降水量的变化，而是森林植被的减少，生态环境的破坏，导致水土大量流失，河道淤积，河床抬高，蓄泄洪能力减弱。实践证明，治水之本在于治山。不彻底解决江河上游水体流失问题，许多治水措施都可能是事倍功半，甚至是劳而无功"。西北地区"解决缺水问题最紧迫最现实的办法不是坐等引水工程……保持了水土，树木植被就有了生长之基，水源就可以得到涵养，风沙之害也可以因此而减轻"，如图 1.7、图 1.8 所示。

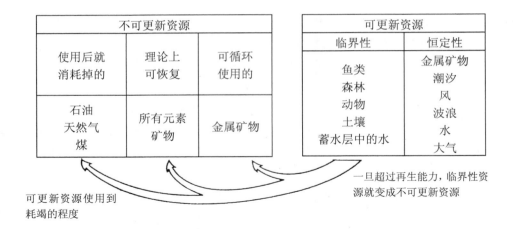

图 1.7　自然资源的分类（Rees，1990）

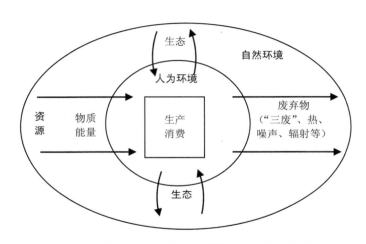

图 1.8　自然资源、环境与生态的关系图

3）自然资源是联系人与自然的纽带

从人类社会—生态系统的角度看，自然资源是连接人与自然环境的纽带，是人与环境关系物质层面的具体表现。我国著名的资源环境学家、北京大学的蔡运龙（2007）先生强调"自然资源是相对于人类需要而言的一种环境因素，是人与环境关系、经济与生态关系的中介环节"。环境友好、可持续的自然资源利用方式体现了人与自然和谐的生态文明理念。人类利用自然资源在创造财富和生活空间的同时，必然伴随着各种废弃物的排放。资源利用方式、利用效率直接影响着废物排放水平，高开采、低效率，必然带来高排放。只有改变高消耗粗放型的资源利用方式，提高资源利用效率，从资源消耗的源头减少污染物的产生，才能减轻末端治理的压力。只有降低经济发展对资源的依赖程度，减少资源消耗、规范资源开采行为，才能减少因资源开采引发的生态破坏。因此，转变资源利用方式，推进资源利用方式向集约高效转变，既是生态文明建设的内在要求，也是转变经济发展方式

的重要途径。

5. 环境管理与生态保护、自然资源管理的区别与联系

综上所述，国际环境组织以及学术领域视野中，环境管理是一个大概念，包括了自然资源保护与可持续利用、污染防治和自然生态保护等内容。同时从系统论角度，将污染（化学破坏过程）和资源开发利用过程中的生态破坏视为影响生态系统的两大驱动力。生物多样性是衡量生态系统功能与稳定性的重要指标。因此，保护生物多样性，既需要防止污染，也需要减少对自然要素的破坏，保护野生动物必须与其栖息地一起整体保护。现代生态保护的核心就是生物多样性保护。减少污染既有助于保护生态系统健康，也有助于保护自然资源。恢复生态系统功能，有助于提高环境容量，改善环境质量。因此，污染防治与生态保护是一个相互作用、相互影响不可分割的整体。

由于自然资源本身就是环境的一个组成部分，只是因为人的需要而具有了自然和经济的双重属性。由于森林、草原、土地等的经济属性以及相当可分割确权的特点，对其利用管理属于产权管理范围，资源配置适用市场规律，与水资源、环境容量等具有的非完全市场属性和公共物品属性明显不同，从资源配置角度在管理上后者更需要政府干预。因此，学术界为了有所区别，经常也将资源管理与环境管理并列使用。但是就其保护而言，自然资源保护的对象与生态保护对象是一样的，自然资源保护概念从属于生态保护，并属于环境保护的大概念范畴。将环境保护狭义理解为污染防治，是我国部门权力之争的产物，而非科学概念，其环境管理理念还停留在 20 世纪 70 年代以前人们对环境问题的理解阶段。因此，在我国新修订的环保法中，没有采用这种狭义理解，而是用列举法描述了环境的广义概念。这种定义是完全符合国际主流认识和科学规律的。

1.4.3 制度、体制与机制

制度、体制、机制是一组语义十分广泛，彼此又经常交叉使用，而非严格界定的词语。政治、经济、社会、法学、管理等不同学科对制度有着不同的理解，因此，经常因彼此的从属关系而在问题研究中争议不断。

1. 制度

《辞海》中关于"制度"的定义是：①要求成员共同遵守的规章或准则；②一定历史条件下的政治、经济、文化等方面的体系，如社会制度。可见，制度是决定人们相互关系而设定的一系列社会规则，包括人际交往中的规则及社会组织的结构和机制。英文的制度通常用 Institutions，我国也常把这个英文词翻译为组织体系或机构。但国际语境中，Institutions 的含义要比组织体系的内涵宽泛得多。其中影响最大的是制度经济学对制度的阐释和分析。例如，制度经济学派的代表人物康芒斯（Commons）在其 1934 年著有的《制度经济学：它在政治经济学中的地位》一书中，把制度解释为一种"集体的行为"，解决冲突的"秩序"。诺贝尔经济学奖获得者舒尔茨（Schultz，1991）认为"制度是一种行为规则"。另一位诺贝尔经济学奖获得者诺斯（North，1990）则更加明确将制度定义为约束

人类行为的一系列社会准则，并将这种准则理解为一套为正式的和非正式的博弈规则。一项具体制度应具备四个不可或缺的要素：角色规定、行为规则、度量标准和奖惩措施。其中任何一个要素的缺乏或不合理，都将影响制度运行的有效性。

从上述制度的权威定义可以看出，英文语境中的制度内涵是规则（regulation，rules），其关键功能是增进秩序，防止和化解冲突。当合理的制度设计对人们行为真正具有约束力的情况下，可以提高对人的行为的预见性，减少交易成本、提高效益，因此制度也是社会资本的重要组成部分，是引导人际交往和社会发展的"软件"（柯武刚、史漫飞，2004）。

2. 体制

光明日报社编辑的《辞海》中关于"体制"的定义是：①诗文的题材、格局；②机关、团体等的组织制度。而上海辞书出版社编辑的《辞海》体制是："国家机关、企事业单位在机构设置、领导隶属关系和管理权限划分等方面的体系、制度、方法、形式等的总称。"从这些解释可以看出，体制是一种体系、制度，其实质是机构的体系、形式，体制研究的是机构设置、隶属关系和管理权限划分。从这种意义上讲中文的体制英文最直接对应的合理用词应是 organizations 或者 organization system，即组织体系。通常在一些国际合作项目中，管理体制中的体制就翻译为"system"，如果针对政府行政管理体系，即翻译为 administration system。

在比较体制和制度的关系时，齐晔（2008）理解为"体制是一个系统的组织体系和制度以及该制度的运行机制。这里的组织体系即组织的机构构成和设置"。对组织体系而言的制度就是"组织制度和工作制度。前者如机构间的层次划分、部门分工、领导隶属特征。后者指组织和机构具体工作的规范，包括相关的法律法规、程序、惯例、传统、习俗等"。此外，朱留财（2011）也认同体制的这种理解，并将环境管理体制定义为"是国家行政管理体制的重要组成部分，是指国家环境行政管理组织机构的设置、管理权限的分配、职责范围的划分及其机构运行和协调的机制"。

3. 机制

《辞海》中关于"机制"的名词定义是：①泛指工作系统内部或各部分之间相互作用的过程和方式，如市场机制；②生物体的构造、功能及其相互关系，如生理机制。齐晔（2008）认为，机制是制度的具体实施，包括某项制度和具体工作如何启动，不同部门、不同层级如何互动、沟通，工作绩效如何评估，以及在评估基础上如何提高激励和惩罚对行为者进行反馈，并从而使行为和制度进行调整和修改。从上述定义可以看出，对组织体系研究而言，机制是组织体系运行的方式，狭义的制度即组织体系运行的规则。

从满足用户需求的问题导向出发，齐晔先生的定义对体制、机制和制度的定义有助于澄清和界定本课题的研究范围，即将制度定义为规则层面的狭义理解，作为体制运行的配套，如激励—约束制度（机制）等，这种理解也有助于进行体制的定量评估，通过考察组织、制度约束下相关主体的行为变化判断体制的有效性。

综上所述，本课题的环境管理体制研究的核心内容是环境管理的组织体系（组织机构）及其运行的规则和方式，不是环境管理体系的全部内容。其中组织体系是体制的静态特征，运行的规则和方式是体制的过程性特征。组织体系的考察重点在政府机构及其职能。从治理体系角度评估，还会对社会管理机构有所涉及，但不是本研究的重点与主线。

1.4.4　政府体制与行政管理体制

人类社会需要有组织机构利用正式和非正式制度进行管理。人类社会发展的历史证明，政府的产生，最初是借助管理社会公共事务发展而来的一种公共权力机构。例如，莫尔根的社会分工理论认为，政府是公共事务管理从一般社会活动中分离出来并逐步制度化的结果（孙晓莉，2001）。政府的基本作用就是维持和协调整个社会生活的基本秩序，使其不至于陷入冲突和混乱之中，这是社会的共同需要（谢庆奎，2005）。

关于政府和政府体制的概念，有广义和狭义上的理解。广义的政府，是指对整个国家进行组织管理、行使国家权力的一切机关，包括立法、行政、司法机关在内（孙晓莉，2007；石杰琳，2011）。相应的政府体制，是指国家立法、行政、司法机关的构成原则、机构设置、职权划分、结构形式及其相互关系的总和，属于"政治体制"概念范畴（石杰琳，2011）。

狭义的政府理论渊源来自契约论，以霍布斯、洛克和卢梭等为代表。例如，卢梭（1997）在《契约论》中对政府的定义："政府就是在臣民与主权者之间建立的一个中间体，以使两者得以相互适应，它负责执行法律并维持社会及政治的自由"。因此，狭义的政府是指一个国家中央和地方各级国家权力机关的执行机关或国家行政机关。与之相对应，狭义的政府体制，是指政府行政部门的职能设置、权力结构及其运行的总方式，属于"行政体制"概念范畴（石杰琳，2011）。理论与实践中，也有一些人将政府体制的概念范畴进一步缩小，仅指政府体制的最核心层面，国家政权机构中的行政机关（孙晓莉，2007），即政府系统内各行政层次、行政部门和行政区划间的职责权限和划分，以及由此而形成的相互关系（乔耀章，2003）。

现代组织学理论认为，"结构是组织取得有限理性的基本工具。通过对责任、资源控制及其他事物的界定，组织为其参与者提供了一些边界，在这些边界内效率可能是一个合理的预期（詹姆斯·汤普森，2007）"。"组织结构之于组织责任有着重要影响，结构是组织中相对稳定的、可以观察得到的责任分配和划分，结构通过由上而下的权威体系、规则和条例，以及个人、团体和分支单位的专业分工而实现。由组织决定的责任划分把组织的目标分解成不同的团体和个人可以分别致力追求的部分"（海尔·G. 瑞尼，2002）。

公共管理理论认为，行政体制改革是随着政治情势、社会期望和技术进步对政府的结构功能、权力结构和行为导向进行再造的过程。新的社会问题的出现，公众对政府的诉求和新的技术进步都可能对政府的结构功能、权力配置和行为导向产生影响，要求组织变革和过程变革来适应新的制度环境。结构变革包括对公共部门的组织进行合并或分拆（建立少量的大部门以强化合作，或建立更多较小的部门以强化专业性，孤立分工）；过程变革包括重新设计制度，制定质量标准，引进预算程序，从而使公务员更关注成本以及更小心地监督他们的支出产生的结果（克里斯托弗·波利特，海尔特·鲍克尔特，2003）。

行政体制的组织变革是指对政府部门的组织再造过程，包括机构的设立或撤销、合并或拆分、领导隶属关系调整，以及相关职能配置变化等；过程变革是指重新设计制度，进行政府部门管理过程和运行机制的优化。行政体制的过程变革必然带来相应的组织变革，以适应新的管理战略目标与任务要求，而组织变革却不一定伴随着管理过程的变革。因此，管理体制改革，可以从组织机构变更和过程变革（即规则和方式等机制调整）两大途径入手。

1.4.5   治理与治理体系

1. 治理（Governance）

英文中的"治理"原意是控制、引导和操纵之意。长期以来，它与统治（Government）一词交叉使用，并且主要用于与国家的公共事务相关的管理活动和政治活动中（俞可平，2000）。法语的"Gouvernance"一词曾是启蒙哲学表达政府开明与尊重市民社会结合的一个要素（张小劲，于晓虹，2014）。现代意义的"治理"首次出现，是源于世界银行为了评估国际援助资金的受援国国家管理状况而提出的"治理危机（crisis in governance）"。目前，国际上关于治理概念的定义多种多样，主要代表性的定义如下。

世界银行（1992）提出的治理定义是：对于一个国家用于发展的经济和社会资源进行管理过程中的权力实施方式（周红云，2009）。

欧洲援助（Europe Aid）的治理定义关注国家为其公民服务的能力：它指的是一个社会中利益诉求、资源管理以及权力实施所依赖的规则、过程以及行为。

国际货币基金组织所使用的治理概念是：治理包括一个国家被管理和统治方式的所有方面，包括其经济政策和规则框架。

联合国全球治理委员会（1995年）对治理的定义是：治理是各种公共的和私人的个人和机构管理其共同事务的诸多方式的总和。它是使相互冲突的或不同的利益得以调和并采取联合行动的持续过程。这既包括有权迫使人们服从的正式制度和规则，也包括各种人们同意或以为符合其利益的非正式的制度安排。

联合国发展署（UNDP）："治理是指一套价值、政策和制度的系统，在这套系统中，一个社会通过国家、市民社会和私人部门之间，或者各个主体内部的互动来管理其经济、政治和社会事务。它是一个社会通过其自身组织来制定和实施决策，以达成相互理解、取得共识和采取行动。治理由制度（institutions）和过程（process）组成，通过这些制度和过程，公民和群体可以表达他们的利益，缩小其之间的分歧，履行他们的合法权利和义务。规则、制度和实践（practices）为个人、组织和企业设定了限制并为其提供了激励。治理有社会、政治和经济三个维度，可以在家庭、村庄、城市、国家、地区和全球各个人类活动领域运行。"

英国学者格里·斯托克（1999）梳理了西方"治理"的五个主要观点。

（1）治理意味着一系列来自政府但不限于政府的社会公共机构和行为者。各种公共的和私人机构只要其行使的权力得到了公众认可，就都可以成为各国不同层面上的权力中心。政府并不是国家唯一的权力中心。

（2）多权力中心下，治理意味着在为社会经济问题寻求解决方案的过程中存在着政府与社会、公共部门与私人部门之间的界限和责任的模糊性。

（3）治理在涉及集体行为的各国社会公共机构之间存在着权力依赖。即致力于集体行动的组织必须依靠其他组织；为了达到目的，各个组织必须交换资源、谈判共同的目标；交换的结果不仅取决于各参与者的资源，而且也取决于游戏规则以及进行交换的环境。

（4）治理意味着参与者最终将形成一个自主的网络。它在政府的特定的领域中与政府合作，分担政府的管理任务。

（5）在公共事务的管理中，所提供的公共服务技术不限于政府，还存在着其他的管理方法和技术，政府应当有责任使用这些新方法和技术来更好地对公共事务进行控制和引导。

2．中国语境下的"国家治理体系"

"治理体系"是中共十八大提出的一个新术语，而非国际通用的专门术语。国家治理体系是指政府、公民管理国家的制度体系，国家治理能力是运用国家制度管理社会各方面事务的能力（习近平，2013）。由此可见，我国的治理体系与国际上制度经济学派对制度的理解是有很多相似之处的。关于国家治理能力，习近平（2014）认为"必须适应国家现代化总进程，提高党科学执政、民主执政、依法执政水平，提高国家机构履职能力，提高人民群众依法管理国家事务、经济社会文化事务、自身事务的能力，实现党、国家、社会各项事务治理制度化、规范化，不断提高运用中国特色社会主义制度有效治理国家的能力"。可见，在国家话语体系中，国家治理能力不仅仅指国家机构（政府）的执政能力、履职能力，也包括公民依法参与管理国家事务的能力。相应地，国家治理体系所覆盖的制度体系，也不仅仅限于政府机构运行的规则、程序等，也包括全社会参与管理国家事务的一系列制度。国家治理体系的这种内涵理解，在有关国家政府智库的研究方面得到了更进一步的阐释。

例如，俞可平（2013）认为，国家治理体系指多元治理主体依法履行其角色所规定的治理职能，实现国家安全与发展之目标的有机系统，其核心内涵是党的领导、人民当家做主、依法治国的有机统一，具体包括强化执政党领导地位，进一步建设人民民主和以法治为基础建立规范的国家治理体系等目标，而依法执政、依法行政、依法治国的水平是国家治理体系现代化的重要标志。"治理的目的是在各种不同的制度关系中，运用权力去引导、控制和规范公民的各种活动，以最大限度地增进公共利益。从政治学角度看，治理是指政治管理的过程，它包括政治权威的规范集成、处理政治事务的方式和对公共资源的管理。它特别关注在一个限定的领域内维持社会秩序所需要的政治权威的作用和对行政权力的运用（俞可平，2000）。"

徐邦友（2014）在"国家治理体系概念、结构、方式与现代化"一文中认为：所谓国家治理体系是指一个国家有效形成秩序的主体、功能、规则、制度、程序与方式方法的总和。它包括自发秩序的生成体系和组织秩序的生成体系两个基本方面。国家治理体系的概念不可作狭隘理解，不能把公权部门的权威治理当作国家治理的全部内容，而应该从形成秩序的角度理解国家治理体系，并对社会内生的自发秩序化努力和机制抱以更高度的信任，而把公权部门的权威治理局限于促进社会自发秩序形成和运行的限度之内。

国家治理体系和治理能力是一个有机整体、推进国家治理体系的现代化与增强国家的治理能力，是同一政治过程中相辅相成的两个方面。有了良好的国家治理体系，才能提高国家的治理能力；反之，只有提高国家治理能力，才能充分发挥国家治理体系的效能。不过，影响国家治理能力除了制度因素外，还有一个极其重要的因素，即治理主体的素质，既包括官员的素质，也包括普通公民的素质（俞可平，2014）。

中国国家治理现代化，需要符合以下五个标准（俞可平，2013）：①要求有完善的制度安排和规范的程序，运行公共权力和维护公共秩序；②民主化：公共治理和制度安排体现人民意志和人民的主体地位；③法治：国家治理行为法制化，不允许任何组织和个人有超越法律的权力；④效率：应当有效维护社会稳定和社会秩序，提高行政效率和经济效益；⑤协调：从中央到地方各个层级，从政府治理到社会治理，各种制度安排作为一个统一的整体相互协调、密不可分。

3. "治理"理论下环境管理组织体系特征

从国际治理经验和我国政府的理解看，可将治理体系概括为以下五个基本特征（杨学军，2014）。从环境管理角度，本课题认为还应增加"跨区域的协同共治"的特征，主要有如下六大基本特征。

（1）治理主体的多元性：强化政府提供环境公共服务能力，如环境保护管理的制度供给、执法监督能力，并将原先由它独自承担的适合地方政府承担、市场化管理的职能下放、转移给适合的主体，鼓励企业、社会组织更多地参与到环境治理中。鼓励社会环保组织的建立、发展、壮大。

（2）治理过程中的互动性：在国家与社会合作过程中，不再坚持国家职能的专属性和排他性，而是强调国家与社会组织间的相互依赖关系。环境治理过程的基础不是控制，而是协调，即在围绕增强公共利益这一前提下，各方充分表达各自利益，在求同存异原则下达成利益调整。政府应积极、主动探索环境治理决策过程中、行动过程中的民主协商，组织、协商各方达成利益得失的平衡，而非一味地强制性管理和简单的行政奖惩。

（3）治理对象的参与性：重视公众参与机制，强调各种管理对象的参与，力图在管理系统内构建一个自组织网络，以加强系统内部的组织性、整体性和自主性。

（4）治理权力的协同性：致力于集体行为的组织必须依靠其他组织，有关各个社会公共机构之间存在着权力依赖，必须交换管理资源和信息、共同谈判治理目标、制定治理规则（格里·斯托克，1999）。政府管理致力于推进环境信息公开和电子政府。

（5）治理手段的多样性：政府在完成公共管理职能时，要综合运用法律、命令—控制、经济、道德、教育、协商等多种手段，以不断地提高管理的效率。在环境治理中，既要发挥法律、国家政策等正式制度的强制作用，也要有文化、价值观、生活风俗等非正式制度的安排。

（6）跨区域的协同共治：区域内各级政府或政府部门间的协议，或者由区域内各级不同政府自愿参与组成协调管理委员会来统筹规划区域内的政务和公共服务。最为典型的是欧洲莱茵河流域治理模式，各成员国通过"莱茵河保护国际委员会（ICPR）"就某项建议共同讨论以达成各成员国一致同意的方案，根据方案对本国内流域进行自主管理。墨累—达令流域委员会由州政府相关代表组成，是流域管理的最高决策机构。

总之，自 20 世纪 90 年代国际"治理"理念兴起，发展至现在，"治理"理念已经成为西方国家乃至国际社会政府改革、公共管理创新的主流理论，其核心是强调政府职能的有限性和服务性，力图合理地界定政府、市场、社会相对自主的行为边界，形成三者既相互制约又相互支撑的合作治理框架，以共同应对公共事务治理的政府失灵、市场失灵及社会失灵。另一方面，又主张在合理地厘清各个政府的职责和权限的基础上，建立纵向和横向的政府间合作关系，以提升政府治理的整体绩效。对治理体系的评估，实质就是对国家治理中的多元主体关系进行评估，如以政府为核心的管理体系评估，也就是对管理体系的开放度进行评估。

1.4.6　生态系统管理与生态系统方式

1. 关于生态系统管理（Ecosystem Management）的理论渊源

生态系统管理的有关内涵：

学界公认的第一个尝试描述生态系统管理思想的学者是 Leopold（1949）。他提出了管理生态系统的整体性观点，认为人类应该把土地当作一个"完整的生物体"，并应该尝试使"所有斑块"保持良好的状态。1970—1980 年，越来越多的学者发现保护区的法律和生物边界常常不能满足生态系统完整性和保护野生动物的要求，需要依据顶级肉食动物栖息地的生态边界来划定。1988 年，Agee 和 Johnson 出版的《公园和野生地生态系统管理》，是第一部关于生态系统管理学的著作。他们认为生态系统管理应该包括生态学上定义的边界，明确强调管理目标，管理者间的合作，监测管理结果，国家政策层次上的管理和公众参与 5 个方面。综合 20 世纪 90 年代初期有关生态系统管理的理念相对集中在以下方面：强调"自然保护与社会经济发展协调互动"（Under DG，1994；USDOI BLM，1993；Lackey，1995；等）、强调"多目标、跨学科、多利益相关方参与"（Overbay，1992；USDOI BLM，1993；等）、强调生态系统管理目标是"追求公共利益最大化"（Agee & Johnson，1988；American Forest and Paper Association，1993；等）和保护"生态系统整体性"（Overbay，1992；Goldstein，1992；Society of American Foresters，1993；等）。

1994 年，世界自然保护联盟下设生态系统管理委员会，提出了生态系统管理的 10 项原则。在有关国家政府和国际组织推动下生态系统管理开始进入更为广泛的实践阶段。2000 年颁布的《欧盟水框架指令》（欧洲议会与欧盟理事会 2000/60/EC 号令）将生态系统管理的要求写入了流域综合管理中，强调改善水体环境，需要以流域为基础，而非以国家或政治便捷为基础。要求各成员国制订流域综合管理计划，确保在 15 年内使欧盟所有的水体实现"状态"良好（世界自然基金会，2007）。《欧盟水框架指令》的制定顺应了水政策整合和水资源综合管理的要求，认识到水质和水量、地下水和地表水、水生态系统方法和以流域为基础的管理之间的相互关系（Tony McNally，2009）。

世界自然基金会认为，流域综合管理应该遵循生态系统整体性规律。流域生态系统（包括湿地和地下水）的自然功能是人类赖以生存的淡水资源的源泉。因此，流域管理必须把维持生态系统的功能作为极其重要的目标，在流域尺度上对所有与水有关的利益相关方的需求和期望进行评估，并且最终的决定应建立在最好的信息基础上（世界自然基金会，2007）。在此基础上，世界自然基金会确立了其认为成功实施流域综合管理方法的七项指导原则：

（1）一个所有重要利益相关方都认可的流域长期愿景。

（2）具有坚实的知识基础，了解流域及其相关的自然和社会经济力量。

（3）超越部门利益的政策、决策和成本的综合。

（4）在全流域尺度上做出能够指导子流域或地方层面行动的战略决策。

（5）把握时机，在战略性框架内利用出现一切的机会。

（6）确保信息公开、规划和决策过程透明，让所有的利益相关方积极参与流域综合管理过程。

（7）政府私营部门和社会团体必须投入足够的资金以提高流域规划和参与流域管理过程的能力。

2. 生态系统方式（Ecosystem Approach）

生态系统方式（Ecosystem approach）一词正式出现在 2000 年的《生物多样性公约》缔约方第六次会议 V/6 号决定中，将生态系统方式具体化为 12 个原则和 5 项操作指南，如图 1.9 所示。生态系统方式为落实《生物多样性公约》的目标提供了综合框架。

1）《生物多样性公约》中有关生态系统方式的基本内容

该公约的定义是"生态系统方式是一种综合管理土地、水和生物资源的战略，旨在推动以公平方式养护和可持续使用资源"。同时，提出生态系统方式的三项管理目标：生物多样性的保护；可持续使用及公正和公平分享因利用遗传资源而产生的惠益（以下简称"惠益共享"）。为此，需要按照以下 5 个步骤实施生态系统方式：

（1）确定生态系统的范围和主要的利益相关方，并确定二者之间的联系。

相关的原则有 1——目标的社会选择；7——适当的尺度；11——知识的多元化和可得性；12——社会&科学学科部门参与。

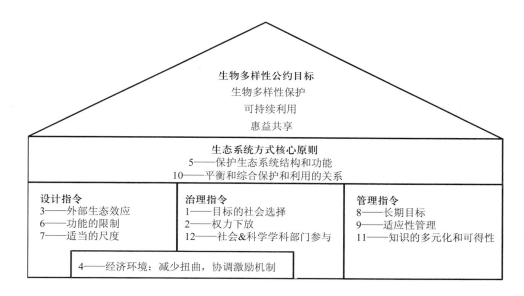

图 1.9 生态系统方式在生物多样性公约下的结构（Michael et al.，2006）

（2）描述生态系统的结构和功能特征，制定合适的管理和监测机制。

相关的原则有 2——权力下放；5——保护生态系统结构和功能；6——功能的限制；10——平衡和综合保护和利用的关系。

（3）确定影响生态系统及其居民的重要经济问题。

相关的原则有 4——经济环境：减少扭曲，协调激励机制。

（4）空间上的适应性管理：确定管理措施对相邻生态系统可能造成的影响。

相关的原则有 3——外部生态效应；7——适当的尺度。

（5）时间上的适应性管理：制定长期目标和实现目标的可行办法。

相关的原则有 7——适当的尺度；8——长期目标；9——适应性管理。

生态系统方式综合了三个重要考虑：①生物组成部分的管理应与组织的生态系统层面的经济和社会考虑同时进行，而不是简单地将重点放在管理物种和生境上；②如要使土地、水和生物资源的公正管理具有可持续性，就必须进行统一管理，以自然限度为界限，并利用生态系统的天然机能；③生态系统管理是一个社会进程，涉及许多社区的利益，必须通过建立有效的决策和管理结构与程序，让这些社区参与管理。

2）生态系统方式 12 原则与生态系统管理 10 原则的区别

生态系统管理与生态系统方式是两个不同机构推动，虽然用词不同，但其核心理念是非常相似的，并在以下方面存在明显共识，见表 1.3。

（1）考虑人的因素，管理目标是社会选择问题。

（2）优先目标是保护生态系统的结构和功能。

（3）以谨慎的态度在功能限度内管理。

（4）在适当的尺度内管理。

（5）需要一种谨慎的态度应对开放复杂的未来的不确定性，即适应性管理。

（6）需要多元知识结构，进行跨学科综合集成研究。

表 1.3　生态系统方式与生态系统管理的比较

生态系统方式	生态系统管理
1——目标的社会选择	1——目标是社会抉择　+　2——考虑人的因素
2——权力下放	
3——外部生态效应	
4——经济环境：减少扭曲、协调激励机制	
5——保护生态系统结构和功能	7——维持或加强结构和功能
6——功能的限制	3——在自然分界内管理　+　9——谨慎行事
7——适当的尺度	5——适当的尺度　+　6——全球考虑，局部入手
8——长期目标	
9——适应性管理	4——适应性管理　+　9——谨慎行事
10——平衡和综合保护和利用的关系	
11——知识的多元化和可得性	8——以科学为指导　+　10——多学科交叉
12——社会&科学学科部门参与	

两个用词明显的不同之处在于，生态系统方式进一步将社会科学与自然科学的管理理念相融合，更加突出了"治理"（Governance）理念，如强调了权力下放（生态系统方式原则 2）和社会及科学的跨学科科研体制的变革（生态系统方式原则 12），突出科学综合决策的作用。同时，具体的管理理念更加丰富和观点更加鲜明，更加强调平衡保护和利用的关系（生态系统方式原则 10），管理好环境外部性问题，如强调要考虑外部生态效应（生态系统方式原则 3），从经济角度，减少扭曲，协调激励机制（生态系统方式原则 4），要注重目标的长期性（生态系统方式原则 8）等。

3. 生态系统管理方式与传统资源环境管理的区别

与传统资源环境管理方式相比（见表 1.4），本课题组认为，生态系统（管理）方式有七个基本的管理学特征：①强调社会—生态复合系统观念，以及生态保护与社会经济发展的协调互动作用（Under，1994；USDOI BLM，1993；Lackey，1995；等）；②强调多目标管理、跨学科、多利益相关方参与的综合系统管理（Overbay，1992；USDOI BLM，1993；等）；③管理的最终目的是追求公共利益最大化（Agee & Johnson，1988；American Forest and Paper Association，1993）；④采取最小损害生态系统整体性的管理方式选择策略（Overbay，1992；Goldstein，1992；Society of American Foresters，1993）；⑤强调环境管理方式的地方适应性和多样性；⑥在管理手段上，重视环境管理的综合政策、强化规划；⑦强调将综合管理单元放在适当的空间尺度，以消除环境问题的外部性。

表 1.4　传统环境管理方式与生态系统方式对比

	传统资源/环境管理	生态系统方式
管理理念	保护资源/环境的使用价值，调控人与环境的关系，二者分属于不同的系统进行分析	保护生态系统的固有价值和使用价值，调控人与生态系统的关系，将人作为生态系统管理的一部分，强调社会—经济—自然符合生态系统观念
管理目标	目标相对单一，以资源/环境的使用价值满足人类需求为主要目标	多目标管理，以生态系统的可持续性为总体目标，通过生态、经济、社会、文化等方面的社会综合决策以实现公共利益最大化的最终目标
管理对象	物种、生境、资源等单一管理	土地、水和生物资源的统一管理
管理边界	政府/行政管理辖区	自然的分界内进行管理，以自然限度为界限
时间尺度	侧重于短期决策	长期的计划的目标，同时注重短期决策，应对可能发生的突发事件
管理主体	政府管理部门为主	多利益相关方参与，由科学家、政策制定者、经营管理者、公众等组成
管理方式	命令—控制型	适应性管理，注重经济、技术、社会、文化手段等多种管理方式的综合，强调对不确定性、动态性以及未来可能出现的变化情景的关注
管理体制	管理权集中在各主管部门，管理职能分工以要素管理为主	管理权下放到最低的适当一级，加强各级部门（政府部门、管理机构等）之间的联系和合作
监测支持	自然生态监测系统	社会经济监测系统和系统网络化监测系统（环境质量、生态系统服务功能和生态环境承载力）
科学基础	自然、环境科学为主	自然、经济、社会、管理等多学科交叉

上述特征中最核心的思想理念是自然价值观和运用联系的、综合的系统思维方法分析环境问题、解决环境。生态系统的自然价值观不再是传统经济理论中的商品价值，而是包括了生态系统的内在价值或自然价值。两种价值关系就相当于"利息"与"本金"的关系（布鲁斯·米切尔，2004）。因此，保护自然资源，必须将保护生态系统及其完整性置于最优先地位，不仅要管理好生态系统的经济资产价值，更要首先保护好生态系统的环境（生态资产）价值，这是保护之本，是自然资源得以再生的源泉。

同时，生态系统方法非常重视生态系统各组成部分存在功能上的密切联系，敦促分析者和规划者去考虑"大局"，而不是盯着单一的局部目标，要用综合、整体的方法。例如，很多关于水的问题（污染、洪水）仅仅考虑水本身是得不到解决的。许多河流环境质量恶化，问题出在河里，根子却在岸上，源于岸上各种土地不合理利用和超强度（环境承载力）开发；洪水的破坏程度也受土地利用的强烈影响。而土地生产力下降则与水太多或太少相关。因此，要善于运用系统分析方法，抓住问题的核心和关键过程予以管控，才能起到好的作用，单一目标、零打碎敲有时不仅不能解决问题，甚至由于打破系统固有关联，甚至会激化矛盾，事与愿违。

在上述思想理念下才派生出环境与经济社会相互协调、多目标管理、多利益相关方参与、管理方式的地方适应性和多样性、管理手段的综合性等管理要求，只有运用了这些管理手段方式，才能够真正做到公共利益最大化，长期目标与近期目标有机结合，实现资源环境的可持续利用，人与自然和谐相处。

4．关于几个相似概念比较的初步结论

1）综合生态系统管理

为了区别传统源于野生动物保护的生态系统管理思想，改变以往按生态要素管理自然资源生态系统，强调多种生态系统的综合系统管理，林业生态学背景的学者提出了综合生态系统管理的思想，并在国内产生了较大的学术影响。但综合生态系统管理，作为一个独立术语，还很少在英文期刊中检索到有关研究文献，并且主要为中国学者发表的文章。其中一个原因可能是"系统"、"生态系统"本身就具有了综合的含义，再在生态系统前加修饰，不符合英文构词法习惯，此类问题与生态环境一词找不到符合英文习惯的独立英文单词是同样的原因。但是，从综合生态系统管理所阐述的主要观点和实践内容看，与国际语境下的生态系统管理、生态系统方式等完全一致，不无矛盾，抛开体制之争的政治因素，从科学角度看，这些相近用语是可以互用的。

2）生态系统方式与生态系统管理

如果为了有意区别于传统野生动物保护的狭义理解，将这一理论用于资源可持续管理，或从地球系统科学角度解决全球环境问题时，将非生命环境要素作为关注的中心，如大气、河流、陆地、海洋等作为整体看待，进行系统分析，通常也被称为气候系统、河流生态系统、陆地生态系统、海洋生态系统等，甚至将这些子系统称为更大尺度意义上的地球系统，这些语境下，可使用《生物多样性公约》中首次定义的生态系统方式一词，强调的是管理方法、手段、措施等的综合性、系统性，而以物种为核心的生态系统保护，可用生态系统管理。本项目招标指南所用的"生态系统管理方式"就是这一初衷。根据本课题研究的主要概念范畴，不对这三个概念严格区分，并以项目指南为准。

3）关于本项目指南中的生态系统管理方式

基于以上认识，总结现有中外文献成果（见附录1），比较不同学科背景的学者对生态系统管理的解释或定义（见表1.5）以及典型案例，本课题组认为，生态系统管理方式主要是针对自然系统整体性的特征而提出的一种综合系统管理理念和管理方法，可以定义如下。

生态系统管理方式是一种运用生态系统整体性规律解决资源环境问题的综合管理方法。与传统资源环境管理方式相比，生态系统（管理）方式打破部门观念和行业限制，以维护生态系统健康为核心，统筹管理资源与环境、污染防治和生态保护，重视保护生态系统的系统性、完整性和多重服务价值，平衡保护与利用。管理方式上，以公共利益最大化为核心，进行多目标的综合管理，通过综合决策、统一规划和行动、信息沟通与共享，实现跨部门、跨行政区之间的合作治理。主要具有以下七个管理学基本特征。①强调社会—生态复合系统观念，以及生态保护与社会经济发展的协调互动作用；②强调多目标管理、跨学科、多利益相关方参与的综合系统管理；③管理的最终目的是追求公共利益最大化；

④取最小损害生态系统整体性的管理方式选择策略；⑤强调环境管理方式的地方适应性和多样性；⑥在管理手段上，重视环境管理的综合政策、强化规划；⑦强调将综合管理单元放在适当的空间尺度，以消除环境问题的外部性。

表 1.5　国内外有关生态系统管理的主要代表性定义关键词分类对比表

	生态系统结构、功能和过程	整体性	多学科应用	景观水平	期望状态	可持续	生物多样性	适应性管理
Agee & Johnson	√				√			
Overbay		√	√					
美国森林学会				√			√	
Goldstein	√							
美国林务局	√					√		
美国内务部土地管理局		√	√					
美国东部森林健康评估研究组		√			√			
美国林业协会				√				
美国森林生态系统管理小组		√						
美国森林和纸业协会					√			
Grumbine		√						
Wood			√	√		√	√	
美国国家环境保护局（EPA）						√	√	
美国生态学会生态系统管理特别委员会	√						√	√
Christensen	√					√		√
Boyce and Haney					·	√		
Dale	√	√						
任海	√	√				√		
于贵瑞	√		√			√		

1.4.7　本课题环境管理体制的研究范畴

1. 事权配置领域的研究范畴

本课题的环境管理主要指生态环境管理，包括污染防治、自然资源保护监管、生物多样性保护、生态保护地管理，不包括自然资源开发利用管理。

2．体制改革方案的研究范畴

根据本课题研究任务来源和用户需求，以及上述概念界定，本课题以狭义的政府体制为研究对象，研究生态环境保护领域中，我国政府行政部门职能定位、机构设置、权力关系，以及部门间的监督、合作协调机制等。从环境管理行政机构设置及事权划分角度提出改革路线图，从治理角度，提出相关体制改革的保障条件和对策措施。研究范畴属于政府行政体制改革，不涉及政治体制改革内容。

有关环境保护立法、环境司法等内容，仅作为生态环境保护行政管理体制的背景，特别是在体制评估以及环境监管等部分，作为影响因素有所讨论。受环境保护社会关系的广泛性影响，在生态环境行政管理职能界定及其外部监管、体制评估等问题时，研究视角涉及治理体系的概念范畴，需要考虑政府与市场，政府与社会关系，政府、企业、公众等利益相关方的博弈关系。

第2章 国内外环境管理体制演变的过程与经验[①]

2.1 国际环境管理战略发展演变趋势

自然生态保护和污染防治是国际环境保护战略发展的两大脉络。至今，国内外环境管理研究中没有公认的国际环境管理战略发展阶段划分标准。从时间发展历程上，国际自然生态保护历史远远长于污染防治，以19世纪末美国为代表的荒野保护为特征的生态中心主义，发展至20世纪90年代与污染防治战略一起，转向自然资源可持续利用与保护阶段。污染防治成为国际普遍关注的政治话题进入现代环境保护历史，则始于20世纪60年代末。

本节中的国际环境管理发展阶段，重点关注污染防治战略发展，从系统分析角度，参考杨伟民对中共十八大报告有关生态文明制度解读的思路，本课题研究从源头（系统驱动力）管理、生产过程管理、末端管理的角度，结合国际环境保护运动中有关污染防治的重要概念和理念出现的时间节点，将国际环境管理战略发展划分为三个阶段：污染末端治理阶段、生产过程控制阶段，以及环境与经济政策一体化的源头控制阶段（可持续发展阶段）。

2.1.1 污染末端治理阶段（20世纪80年代以前）

"二战"以后，随着世界经济的复苏、现代工业的空前快速发展，环境污染越来越严重。以20世纪"八大公害事件"为代表的环境污染，极大地损害了公众健康，促进了人类环境意识的觉醒。到20世纪60年代末，欧美、日本等发达国家环境保护运动风起云涌，许多曾经代表环境保护的不同团体，如保护自然、保护国家公园、控制污染、杀虫剂和辐射的各种团体纷纷加入到要求根本改变环境政策的范围更为广泛的环境运动中（廖红，郎革，2006）。环境保护的各种利益诉求和行动努力由零散、民众自发，逐渐开始进入国家决策领域，并最终促成人类第一次环境与发展大会的召开。1962年，《寂静的春天》第一次出版时，公共政策领域还没有"环境"这一款项，但是到了70年代末80年代初，世界大部分国家都建立起了专门化的环境管理机构，一些国家的环境管理主管部门的名称也体现为污染防治，例如，印度1980年成立的联邦环境部的前身是1973年的水污染环境控制

协调委员会和 1977 年成立的环境污染控制委员会。日本 1970 年成立的由首相直接领导的
"公害防治总部",即直属总理府的"中央公害等调整委员会"。韩国 1967 年在保健与社会
部环境卫生科设立污染防治组。还有一些国家则在原来自然保护主管部门基础上组建了新
的环境部,如法国、德国、英国、澳大利亚等。此阶段,环境问题给大家的直观感受是"公
害",主流观念是将污染产生的原因主要归因于生产技术问题,主要的管理思路是增加污
染治理设施投入,进行末端治理。环境科学的诞生与起步也是致力于污染治理工艺、设备
等技术研究。

2.1.2　生产过程控制阶段(20 世纪 80 年代)

随着西方发达国家末端污染治理运动的深入,欧美国家逐渐意识到,无废工艺和无废
生产才是"消除污染的根本途径",于是在 1976 年,当时的欧共体在"无废工艺和无废生
产国际研讨会"上提出,要在工业领域推广清洁生产技术。1979 年 4 月欧共体理事会正式
推进清洁生产的政策。1984 年起,由欧共体环境事务委员会拨款支持建立清洁生产示范工
程。1989 年联合国环境规划署与环境规划中心制定了《清洁生产计划》。1992 年 6 月,在
巴西召开的"联合国环境与发展大会"上通过了《21 世纪议程》,号召工业提高能效,开
展清洁技术,更新替代对环境有害的产品和原料,推动实现工业可持续发展。1998 年联合
国环境规划署出台了《国际清洁生产宣言》,促进了清洁生产在全球范围内的推广。

2.1.3　源头控制的探索阶段(20 世纪 90 年代以来)

进入 20 世纪 80 年代,环境问题由局部扩展到全球,全球变暖、臭氧层破坏、生物多
样性丧失、土地生产力减弱等全球性的环境问题成为人们关注的焦点。特别是北欧和加拿
大的森林遭受来自低纬度工业国家污染物跨界迁移的危害,遥远南极上空臭氧层因人类活
动影响而出现空洞,并威胁着北半球居民的健康……这些全球环境问题的出现,更让地球
公民深切地感受到彼此从未有过的相互紧密联系,地球上不同角落的人们共同生活在一个
互为因果的生态网络中,任何人、任何国家都难以独善其身。环境问题的全球化促进了国
际社会在环境与发展方面达成共识、开展合作。国际社会对环境问题的认识已经从单纯的
环境污染和资源耗竭扩大到对地球生态系统健康的关注,由关注当前影响扩展到对长远问
题的忧虑,由一般的关心发展为严重的危机感。

全球环境问题的出现和不断恶化,促使人们深刻反思导致环境污染、资源耗竭、生态
破坏、生态系统功能丧失等一系列生态危机产生的根源,并逐渐意识到环境问题不仅仅是
经济增长过程的负面效应和技术缺陷问题,更是发展方式问题。大量生产、大量消费、大
量废弃的经济发展模式,导致地球资源有限供给和环境容量有限性与经济增长无限需求和
无度排放之间的矛盾日益尖锐,引发了一系列生态危机。

从 1980 年 3 月世界自然保护联盟发表的《世界保护战略:可持续发展的生命资源保
护》和《世界自然保护大纲》第一次提出可持续发展的概念,1987 年联合国世界环境与发

展委员会（WCED）发布了布伦特兰夫人领导的研究小组历时 3 年深入研究向联合国大会提交的《我们共同的未来》研究报告，到 1991 年世界自然保护同盟、联合国环境规划署、世界自然生物基金会提出可持续发展"要在不超出生态系统承载能力情况下，改善人类的生活质量"，最终于 1992 年，在巴西召开的联合国世界环境与发展大会上，签署了《里约环境与发展宣言》《21 世纪议程》和《联合国关于森林问题的原则声明》等文件，开放签署《联合国气候变化框架公约》和《生物多样性公约》，可持续发展理念成为全球共识，国际环境管理领域将保护地球生态系统健康和完整性，防止环境退化作为各国加强可持续发展国际合作的主要目标。自此以来，许多 OECD 国家开始将环境关切融入非环境政策的决策之中，推动环境政策一体化政策的实施（雅各布，沃尔凯利，2011）。2002 年约翰内斯堡可持续发展大会将生物多样性丧失、自然资源耗竭、气候变化、大气、水体和海洋污染等统一表述为全球环境恶化，并作为可持续发展面临的主要挑战之一。2007 年联合国《可持续发展世界首脑会议实施计划》进一步强调，"为了尽早扭转目前自然资源退化的趋势，有必要在国家和适当的区域层面，实施目标明确的生态系统保护、土地、水和生活资源综合管理的战略"。

在转变传统经济发展的具体理念和实践上，20 世纪 90 年代以来，陆续产生了循环经济、低碳经济等环境友好的新型经济发展模式的理论与实践探索。循环经济从经济—社会—自然生态的复合系统物质循环角度，从早期的废物处理模式开始，逐渐发展到生产系统减量化模式，近年来又深入消费和产品服务方面，出现了产品租赁服务、零配件维修和回收服务等经济运行模式，在发达国家已经成为一股潮流和趋势。低碳经济，主要是从转变能源利用方式、应对气候变化等角度而提出的一种经济发展模式。特别是 2008 年以来，国际社会为了应对金融危机、气候变化纷纷提出"绿色新政"，加强政府推动力度。这标志着环境关切进一步深入政府管理和决策行动中。

从国际可持续发展国家战略的制定构建有效性角度，沃尔凯利、斯万逊等对全球 19 个发达和发展中国家可持续发展战略实施现状进行了系统评估，结果发现，可持续发展战略作为全球战略提出了近 20 年以来，尽管已经取得了一些实质性的进步，但总体还处于走向可持续发展有效行动的学习早期阶段。发展中国家和发达国家之间，在实际行动中并没有什么明显的差异。几乎所有的国家都在为由话语转为行动而斗争。依然没有解决以下三个关键性调整，即与国家预算的协调、与次国家层面上的可持续发展战略协调，以及与其他的国家层面上的战略进程相协调（沃尔凯利，斯万逊等，2011）。

从环境管理领域，推进环境政策一体化政策实施有效性的角度，根据国际著名生态现代化研究学者雅各布和沃尔凯利（2011）对 29 个 OECD 国家的评估发现，英国、挪威和荷兰是引入环境政策一体化政策工具最为活跃的国家，特别是英国可以被视为一个先驱者，这既表现为根据部门一体化战略而进行的政府实践重构，也表现在对政策动议的评价方面。然而，大多数 OECD 国家仍然停留在横向（部门间）环境政策一体化途径的轨道上。调查表明，几乎所有的国家都引入了可持续发展战略或环境规划这样的一般性战略方式，大多数国家将其引入宪法、绿色内阁和独立的咨询与评价机构。虽然环境政策纵向（部门内部）一体化受到学术界的热烈讨论，但 OECD 国家纳入政治议程相当困难。现代政府的部门化组织限制了环境政策制定一体化方式的实施。政府的自我规制很少是一种能够独自运行的战略方式。由一个无特别部门利益的机构，如中央督导机构来加强政府跨部门督导，以提高环境政策纵向一体化措施实施有效性，是这些国家普遍感兴趣的手段选择。

综合以上信息可以看出，目前世界上主要国家的环境管理战略还处于源头控制的初期阶段，相关的政府管理组织体系和制度建设还在不断探索阶段。理论上已经找到解决的方案，但在实践中，体制问题尚未理顺。

2.2   国外环境管理组织体系变革的趋势与经验借鉴

2.2.1   环境管理体制由分散管理转向相对集中管理

随着社会经济的发展，环境问题的复杂性、综合性和区域性特点越来越突出。为了适应环境保护的这一特点和发展趋势，20 世纪 80 年代以来，许多国家的环境管理体制都经历了由分散管理到相对集中管理的职能整合过程，尽量将类似的环境管理职能整合到一个环保行政主管机构，实行环境综合管理，加强环境政策的协调性、系统性，提高环境管理效率，见表 2.1。

2.2.2   职能整合以统一决策权为首要目标，以管理资源调配权为保障

受环境问题的复杂性和突出的外部性特点影响，环境保护几乎涉及经济各个领域，与全社会每个人、每个企业的行为和利益密切相关，需要政府、企业、社区和个人的集体行动。大部制改革并不意味着环保部门包揽所有环境事务、单打独斗。在国外环境管理体制调整中，无论大多数国家采取的"大部制"，还是美国和日本等个别国家的分部门环境管理体制，有一个共同点就是环境决策权统一在一个部门，并且都有相应的法律和财政机制做保障。例如，德国"大部制"的环境部虽然整合了内务部、农业部和卫生部等环境管理职能，但是在执行层面上（从各部门的环保预算分配看）也依然有经济技术部、农业、食品和消费者保护部、交通、建筑和城市事务部等十个部门共同参与环境保护，见表 2.2。环境部主要负责一般环境政策的制定、立法和环保预算建议、常规和基础性的管理工作等。

表 2.1　代表国家环境管理职能整合情况

环境管理机构名称	主要职能整合过程	目前管理范围
韩国环境部	1994 年将建设部的供水和污水处理局，卫生和社会部的饮用水管理处，以及国家卫生研究所的水质量检验研究室调整到环境部。1998 年将内务部的自然公园管理职能调整到环境部的自然保全局。1995 年将林业厅的保护野生鸟类及狩猎监管职能调整到自然保全局。2008 年科学技术部的气象厅成为环境部直属机构	气候变化、水和空气质量、流域和水资源、土壤、自然保护、环境健康、化学品、资源再利用、绿色政策、技术和产业等
日本环境省	1971 年成立环境厅，整合了厚生省（大臣官房国立公园部、环境卫生局公害部）、通商产业省（公害保安司公害部）、经济企画厅（国民生活局的一部分）、林业厅（指导部造林保护课一部）等职能。2001 年升格为环境省，负责环境政策的制定和推进、协调相关行政机关的环保事务及预算分配、制定土地利用规划和环境标准等，统一管制固体废弃物	气候变化、水和空气质量、海洋、固体废弃物、土壤、自然保护和建设、环境健康、化学品、国土利用计划等
德国联邦环境、自然保护、建筑和核安全部	1986 年组建联邦环境、自然保护和核安全部，整合了内政部的环境保护、核设施安全和辐射防护职能，食品、农业和林业部的环境和自然保护职能，青年、家庭和卫生部的与健康相关的环境保护、辐射卫生、化学和食品中的化学品与污染残留等职能。2013 年更名为环境、自然保护、建筑和核安全部，整合了交通、建筑和城市发展部的城市发展、住房、农村基础设施、公共建筑法律、建筑、建筑行业和联邦建筑的职能	气候变化、水和空气质量、流域和水资源、海洋、土壤、固体废弃物、自然保护、环境健康、化学品、核与辐射、噪声等
美国国家环境保护局	1970 年组建环境保护局，整合了农业部的杀虫剂登记管理职能，内务部的杀虫剂研究职能以及其下属的联邦水质量管理局，卫生教育与福利部所属 5 个局（国家空气污染管理局、水卫生局、固体废弃物管理局、辐射健康局和杀虫剂耐受度研究所），以及总统办公室的联邦辐射控制职能、原子能委员会的环境辐射标准职能、环境质量委员会的环境系统研究职能	水、大气污染控制、杀虫剂管理、辐射控制、固体废弃物、污染场地修复、湿地、海洋等
瑞典环境和能源部	1987 年成立环境和能源部，整合了农业部负责的环境问题职能与工业部负责的能源问题职能（包括核能监督职责）。1991 年将林业、渔业等生物资源管理纳入瑞典环境与自然资源部。2014 年恢复为环境和能源部	环境质量、自然保护、气候变化、气象、水文、海洋与资源、化学品、环境健康、废弃物等
俄罗斯自然资源与生态部	1991 年将国家自然保护委员会、水文气象委员会、地质委员会、林业和水利委员会合并为联邦环境保护与自然资源部。1996 年成立自然资源部，撤销环境保护与自然资源部。2008 年更名为自然资源和生态部	地质矿产资源、林业、水利和环境保护等
加拿大环境和气候变化部	1971 年创建环境部，整合了气象服务局和野生动物服务局的职能，负责管理大气环境服务局、环境保护服务局、渔业服务局、土地、森林及野生动物服务局、水管理服务局 5 个部门的职能。2015 年更名为环境和气候变化部	气候变化、气象、水资源、水和空气质量、土壤、自然保护、可再生资源保护、废弃物和化学品等

表 2.2 德国联邦政府各部门的环保财政预算分配[①]

2012 年联邦环境保护预算	百万欧元
环境、自然保护和核安全部	1 591
外交办公室，例如用于国际履约和国际环境保护会议	65
财政部，例如用于重要生态修复措施，如污染场地修复	246
经济技术部，例如用于提高能源利用效率、前东德 Wismut 公司矿区污染修复	449
农业、食品和消费者保护部，例如用于海岸带保护、农业部门环境保护等	299
交通、建筑和城市事务部，例如用于海洋环境保护、噪声和城市生态修复与保护发展	2 040
国防部，例如用于德国部队的环境保护	351
家庭、老人、妇女和青年事务部，例如用于该部门服务群体参与环保的费用	1
经济合作与发展部，例如用于与发展国家进行环保双边合作	1 476
教育与研究部，例如用于环境保护和促进可持续发展的教育基础研究	863
财政综合管理	1
联邦总预算	7 382

分部门管理不等于多头决策管理，而是建立在统一决策、集中协调基础上的，分散的职能也主要在执行权方面，而不是决策权。例如，美国的环境决策权、部门协调和部门预算批复权在总统和议会，美国国家环境保护局，农业部的林务局和自然资源管理局，内务部的渔业和野生动物管理局、垦务局、国家公园管理局、地质调查局，国防部的美国陆军工程兵团，商务部的国家大气和海洋管理局等多个部门在联邦法律框架下履行环境保护职能，通过法律赋予的管理资源分配权，如采取组织各种项目和活动计划、提供技术服务和资金支持等方式来激励和引导州政府合作和执行联邦环境政策，并对执行效果进行监督。日本环境省在环境政策的制定和推进、协调相关行政机关的环保事务及预算分配[②]、制定土地利用规划和环境标准等方面具有统一协调、综合决策的职能。经济产业省、农林水产省、国土交通省等几乎所有政府内阁部门都参与相关领域的环境保护事务，有些生产活动中的环境事务则是环境省与相关省共同管理。产业活动相关环保工作的部际协调机制以事权和财权匹配的规划机制为基础。

2.2.3 平衡综合与专门化管理关系，在同一体制内实行决策和执行适度分离

生态系统的整体性客观上要求采取综合系统的管理方式，但因组成生态系统的各环境要素具有相对独立性，又需要遵循各自的内在规律。环境管理的这种综合性与专业性复合的特点，要求环境管理体制设计时，要处理好专业化管理与综合管理的关系，合理界定大

---

① 德国环境部网站：http://www.bmu.de/english/the_ministry/tasks_organisation_financing/budget/doc/3109.php。
② 日本环境省设置法（1999 年 7 月 16 日法律第一百零一号，最终修订 2006 年 2 月 10 日法律第四号）第 4 条规定：环境省，为达成前条所规定任务，掌管以下所规定事务：第 3 款：与地球环境保全、公害防止及自然环境保护与完善（以下本款称"地球环境保全等"）相关的有关行政机关的预算经费的方针的调整、与地球环境保全等相关的有关行政机关的实验研究机关的经费（大学及大学共同利用机关所管理的相关经费除外）以及有关行政机关的实验研究委托费用的分配计划相关事务。

部制改革的职能整合边界。

20 世纪 70 年代以来开始的英国大部制改革运行过程中，一些超级大部的权力过于集中、管理幅度过大，超越了大臣个人的管理能力，直接影响了部门决策的制定和执行的效力。为解决这一问题，开始设置执行机构（石杰琳，2010）。20 世纪末，主要发达国家政府部门改革已普遍在"大部制"内实行决策、执行职能适度分离。从国际经验可以看出，政府的内阁部门主要是那些需要进行综合协调管理、综合决策的部门，而专业化强的部门多作为综合部门下的执行机构。这些独立机构既有专门为政府决策提供服务的研究机构，也有单纯管理机构。例如，德国联邦环境、自然保护、建筑和核安全部所属的联邦环境局、自然保护局和辐射防护办公室 3 个执行机构，主要是为决策提供技术支持的研究机构，同时具有少量政策执行职能。此外，如英国环境局、巴西水利局、瑞典环境保护局、瑞典海洋和水管理局、挪威环境局等都是本国环境主管部门具有管理和决策支持双重职能的执行机构。这些执行机构承接了部分由原政府内阁机构行使的管制职能，负责政策执行和向地方、企业、社会提供服务，而政策制定由内阁部负责。执行机构在预先同意的责任框架下，对既定政策执行结果负责，享有财务和人事方面的自主权和灵活性。这种将统一环境政策制定和推动的权力赋予环境"大部"，然后通过各种专业化的执行机构和与社会团体、地方政府合作来实施环境政策的体制设计既有利于宏观综合决策，又可以避免中央本级管理队伍大量膨胀、貌合神离的弊端，有助于行政组织内部的机构专业化和合理分权，也为进一步推行大部制体制改革创造了条件。实践证明，设置专业化执行局的体制安排是平衡专业化管理与综合管理的有效方式。

2.2.4　适应环境问题的跨界性，不断强化区域环境管理职能

为解决水污染、酸雨污染、海洋环境污染、生物多样性保护等跨区域和跨流域环境问题，许多国家环保部门建立了强有力的区域派出机构，人员编制属于国家环保机构。例如，美国国家环境保护局最早于 1971 年就成立了 10 个派出机构——区域办事处，以便更好地理解和处理区域问题；加拿大环境和气候变化部将全国划分为 6 个区域，设区域行政执行官；澳大利亚环境和能源部在重点区域，如大堡礁，设置区域执行机构；日本环境省于 2005 年设置 7 个地方环境事务所——地方环境事务所负责区域的环境监察管理，督促地方政府执行国家环境政策，并根据当地情况灵活机动地开展细致的施政；韩国环境部自 1986 年成立区域环境事务办公室以来，不断强化区域管理机构，1994 年重组后，增加了 4 个流域管理办公室，形成了 4 个流域管理办公室和 4 个地区环保办公室的区域管理体系。2010 年以来最近一次机构调整，又将这些区域办公室升格为区域环境厅。

法国根据 1964 年水法建立了 6 个流域管理机构——流域委员会及其执行机构水管局，水管局隶属法国环境"大部"，形成了以流域分区为核心的区域环境管理体系。2006 年年底，新水法实施后，水管局实行董事会管理体制，接受法国环境行政主管部门和财政部双重监督，流域管理执行权下放到大区。近些年，法国又设置了大区和跨大区机构、省级和

跨省级机构，隶属环境"大部"，法国的区域环境管理体系更加复杂。

2.2.5　强调合作治理，提高环境保护部对地方执行国家环境政策的影响力

无论是联邦制国家还是实行地方分权的单一制国家的环境行政主管部门，其执行机构部门预算中有很大部分用于组织企业实施国家环境政策。中央和地方、企业不是单纯的监督与被监督、管理与被管理的"对立"关系，而是合作治理的伙伴。监督管理者既要告诉企业和地方不能做什么，更要告诉他们能做什么、如何做。一般在环保部门的日常工作职责中也有为企业、社区、地方等合作伙伴提供公共服务的要求。例如，帮助合作伙伴克服信息、技术和制度等方面的障碍，为社区、企业提供测量、统计排放量的工具、软件等技术指导、各种减排技术、管理方法的资讯及培训，协助并激励企业制定和实施环保计划的积极性。这些公共服务职能，是在非垂直管理体制下提高环境保护部对地方政府政策影响力的重要途径。未来可将之设计为我国环境保护部的基本职能，需要着力增强。

2.3　中国环境管理体制改革的历程

2.3.1　中国环境管理机构的变革

行政体制改革是随着政治情势、社会期望和技术进步对政府的结构功能、权力结构和行为导向进行再造的过程。新的社会问题的出现，公众对政府的诉求和新的技术进步都可能对政府的结构功能、权力配置和行为导向产生影响，要求组织变革和过程变革来适应新的制度环境（波利特，鲍克尔特，2013）[①]。

中国行政体制改革以不同的面貌出现，但总体上是为了回应经济体制转轨的现实需要。整个行政体制改革从简单的调整机构转向以转变政府职能来优化机构和人员配置。精兵简政、精简机构、职能转变、理顺关系、调整结构、简政放权、服务型政府等，在不同时期新出现的关键词表明行政体制改革过程中新理念和新发展。一些反复出现的关键词不仅说明历次行政体制改革的重点，而且也从一个侧面反映了行政体制改革中出现的问题和难点。

中国环境管理体制从初创的 1973 年开始，到中共十八大和新一届政府确立的《国务院机构改革和职能转变方案》，整个行政体制经历了八次大的变革。具体而言，1974 年、1982 年、1984 年、1988 年、1994 年、1998 年、2003 年、2008 年的改革基本上遵循了渐进调适的策略，每次改革都是对特定问题的回应。

---

① 作者认为，结构变革包括对公共部门的组织进行合并或分拆（建立少量的大部门以强化合作，或建立更多较小的部门以强化专业性，孤立分工）；过程变革包括重新设计制度，制定质量标准，引进预算程序，从而使公务员更关注成本以及更小心地监督他们的支出产生的结果。

1. 环境保护事业起步，环境保护主管机构在曲折中逐渐发展（1984 年以前）

1）社会经济发展与环境形势

20 世纪 60 年代末期，中国局部地区的工业污染已初步显现。1972 年发生的大连湾污染事件、蓟运河污染事件、北京官厅水库鱼污染事件，以及松花江出现类似日本水俣病的征兆，表明我国的环境问题已经到了危急关头。其中北京官厅水库鱼污染事件直接引发我国第一项治污工程的开展（中国工程院，环境保护部，2011）。河北白洋淀污染严重，渤海湾大连港等近海海域因污染导致海洋渔业资源减少，淮河污染已初现端倪。大气污染方面，主要是烟尘污染比较严重，酸雨在东部地区已经出现。为了治理工业污染，一些地方早在 20 世纪六七十年代就成立了专门机构，负责"三废"（废水、废气、废渣）治理。例如，黑龙江省于 1964 年在省建设厅内设"三废"处理利用办公室、天津市于 1965 年成立"三废"办公室、北京市于 1970 年在市规划局设置"三废"管理办公室。1971 年，针对中国工业"三废"污染严重的情况，国家基本建设委员会成立了防治环境污染的"三废"利用领导小组。1972 年，中国派代表团参加斯德哥尔摩会议，意识到中国已存在与西方国家类似的公害问题。1973—1981 年，由于国家财政投资，对一些污染严重、社会反映强烈的污染源进行了治理，取得了一定的成效。但国家拿出来的钱很有限，污染日益加剧，70 年代末，经济不发达的中国成为世界上工业"三废"排放最多的国家之一。但总体上看，这一时期，我国的环境形势属于局部个案性质，总排放量还未超过环境容量。

2）政府机构改革进展

1973—1975 年，国家开始拨乱反正，逐步恢复经济社会正常运行，并着手行政体制改革。这一时期的改革主要是撤销军委办事组接管政府机构，恢复和增设政府的职能部门，强化国家对经济生活的集中统一领导。1971—1975 年，国务院恢复或增设了 20 个工作部门。"文革"结束后，各个部门都要求恢复被撤并掉的机构，或者增设新的机构。1977—1981 年五年中，国务院先后恢复和增设了 48 个工作部门，其中仅 1978 年和 1979 年两年恢复和增设的机构就有 38 个。这些机构中，恢复的将近一半，新设的主要是为了适应对外开放政策的需要增设的外资管理、进出口管理、外汇管理等部门；一些部门管理分散，需要加强和归口管理而设立的综合性的委员会；一些行业为了行政上的独立地位，便于"条条"管理系统推动行业发展而设立的若干总局，以及为了加强司法和计生等工作建立的专门机构。到 1981 年年底，国务院设部委 52 个、直属机构 43 个、办公机构 5 个，工作部门共有 100 个，达到新中国成立以来的最高峰。臃肿的管理机构已不能适应改革开放和经济社会发展的需要，亟待改革。

从 1982 年开始，首先从国务院开始，自上而下地展开各级机构改革。这次机构改革在国家层面，国务院各部委、直属机构、办事机构从 100 个减为 61 个，人员编制从原来的 5.1 万人减为 3 万人；在地方层面，省、自治区政府工作部门从 50～60 个减为 30～40 个；直辖市政府机构稍多于省政府工作部门；城市政府机构从 50～60 个减为 45 个左右；行署办事机构从 40 个左右减为 30 个左右，县政府部门从 40 多个减为 25 个左右；在人员编制方面，省、自治区、直辖市党政机关人员从 18 万人减为 12 万余人。市县机关工作人员约减 20%；地区机关精简幅度更大一些。

3）环境管理体制改革的主要进展

随着各类环境保护活动的日益增多，国家计划委员会认为代办式的非专职机构越来越不适应工作需要，建议设立国务院环境保护领导小组，并于 1974 年 10 月 25 日获得国务院批准成立，国务院环境保护领导小组由国家计委、工业、农业、交通、水利、卫生等有关部委领导人组成，余秋里任组长，谷牧任副组长，下设办公室负责处理日常工作。由此，中国开始有了正式的环保管理机构。但是这种机构具有临时性质，不列为政府编制，领导小组也难得开一次会，所以作用比较有限。在 1973 年国务院的有关批示中提出："各地区、各部门要设立精干的环境保护机构，给他们以监督、检查的职权"。根据文件的规定，在全国范围内各地区、各部门陆续建立起环境保护机构。

1978 年，国务院环境保护领导小组《环境保护工作汇报要点》把当时的主要环境问题归结为 7 个方面：工业"三废"成为主要环境污染源；工业"三废"使许多大中城市的空气和江河湖海的水质污染日趋严重；农药污染日趋严重；环境污染危害群众身体健康；工业"三废"对农业和渔业危害很大；工业"三废"对工业生产本身危害也很严重；不适当的土地利用干扰破坏了生态平衡和自然环境。当时提出的主要目标是：控制和治理工业污染，改善城市环境，治理水域污染，防治食品污染。

1979 年颁布的《环境保护法（试行）》第四章专章规定了"环境保护机构和职责"，规定"国务院设立环境保护机构"，"省、自治区、直辖市人民政府设立环境保护局。市、自治州、县、自治县人民政府根据需要设立环境保护机构。"根据《环境保护法（试行）》，各省、自治区、直辖市普遍设立了环境保护机构，省以下各级政府的环境保护机构也逐步设立。基本职能集中在监督方面："地方各级环境保护机构的主要职责是：检查督促所辖地区内各部门、各单位执行国家保护环境的方针、政策和法律、法令；拟定地方的环境保护标准和规范；组织环境监测，掌握本地区环境状况和发展趋势；会同有关部门制订本地区环境保护长远规划和年度计划，并督促实施；会同有关部门组织本地区环境科学研究和环境教育；积极推广国内外保护环境的先进经验和技术。"

在 1982 年政府机构改革中，国务院环境保护领导小组被撤销，其办公室与国家建委、国家城建总局、建工总局、国家测绘总局合并组建城乡建设环境保护部，内设环境保护局，并实行计划单列和财政、人事权的相对独立。由于环境保护与城乡建设内涵不同，而且二者是管理与被管理、监督与被监督的关系，将这两种职能及机构合并，环境保护管理职能受到严重削弱。

1983—1984 年初，国务院召开了第二次全国环境保护工作会议，会议着重强调了经济发展和环境保护的整体性，正式宣布环境保护是中国现代化建设的一项战略任务、基本国策，是中国第一次从战略高度上确定环境保护的指导方针，会议明确提出把强化环境管理作为环保工作的中心环节，并制定了相关的政策和制度。

2. 国家加强环境保护，设置国务院环境保护委员会（1984—1988 年）

1）社会经济发展与环境形势

这一时期，中国环境保护面临着第一次污染高排放的大挑战（中科院可持续发展战略研究组，2013）。1978 年十一届三中全会后，中国开始了经济体制改革和对外开放。20 世纪 80 年代以来，在农村体制改革带动下的农业快速发展，以及以轻工、纺织为主导的乡镇企业迅速崛起。与此同时，一些地方和部门无序发展现象严重，耗能高、效率低、浪费资源、污染严重的项目盲目上马，小造纸、小电镀、小炼焦、小冶炼等泛滥，乱采滥挖、破坏资源等行为普遍。由于乡镇企业数量多，布局混乱，产品结构不合理，技术装备差，经营管理不善，资源和能源消耗大，绝大部分没有防治污染措施，使污染危害变得更加突出和难以防范，导致污染由点到面，由城市向农村蔓延。

1986 年《中国自然环境保护纲要》指出，当时存在的主要问题有：第一，耕地面积减少，土地质量退化；第二，生物资源继续受到破坏；第三，物种濒危灭绝的现象尚未被人们重视；第四，水资源供求矛盾日益尖锐；第五，矿产资源的浪费现象比较普遍；第六，环境污染的发展趋势是由点到面、由轻到重。1989 年，第三次全国环保大会上，时任国务院副总理宋健讲话时指出，我国森林面积仍在逐年减少，水土流失面积在增大，草原退化，天然水面在急剧缩小，河流污染严重，水资源日趋紧张。全国 80% 以上未经处理的工业废水和生活污水直接排放到江河湖海。95 000 km 监测河段，有 19 000 km 受到明显污染，4 800 km 严重受害。江苏段京杭大运河、上海黄浦江已变成黑水河，臭气熏天，生物绝迹。1988 年，上海黄浦江黑臭期达到 229 天。1987 年、1988 年的淮河污染事件标志着我国流域、区域性污染开始出现。北方有 1/4 的城市二氧化硫、飘尘浓度严重超标；南方，特别是西南地区正遭受酸雨的侵蚀，环境污染危害日益严重（宋健，2008）。

2）政府机构改革进展

1984—1988 年，中央政府没有采取大的政府机构改革。

3）环境管理体制改革的主要进展

针对 1984 年 5 月，《国务院关于环境保护工作的决定》（国发〔1984〕64 号）成立国务院环境保护委员会。作为国务院的全国环境保护工作领导机构，其任务是研究、审定、组织贯彻国家环境保护的重大方针、政策和措施，组织协调、检查和推动全国的环境保护工作。国家环境保护局作为其办事机构，主要职责包括：负责日常工作，拟定工作计划，组织审查和起草会议文件，筹备委员会会议及安排其他重要活动，负责文件收发和与委员、顾问的联络；研究拟定环境保护方针、政策及规定，提出规划建议，提交委员会审议；贯彻并监督执行委员会的决议，向委员会报告执行情况；经办、催办委员会决定的事项，协调处理有关遗留问题；具体组织、协调和检查全国的环境保护工作；办理委员会领导交办的事务。

同时，该文件明确了相关部门的职责：国家计委、国家经委、国家科委负责做好国民经济、社会发展计划和生产建设、科学技术发展中的环境保护综合平衡工作；工交、农林水、海洋、卫生、外贸、旅游等有关部门以及军队，要负责做好本系统的污染防治和生态保护工作。上述各部门都应有一名负责同志分管环境保护工作，并设立与其任务相适应的环境保护管理机构。

此外，该文件还对地方环境保护机构设置提出了要求："各省、自治区、直辖市人民政府，各市、县人民政府，都应有一名负责同志分管环境保护工作。工业比重大、环境污染和生态环境破坏严重的省、市、县，可设立一级局建制的环境保护管理机构。区、镇、乡人民政府也应有专职或兼职干部做环境保护工作。各级人民政府的环境保护机构，是各级人民政府在环境保护方面的综合、协调、监督部门。各地在机构改革中应按照中共中央、国务院《关于省、市、自治区党政机关机构改革若干问题的通知》（中发〔1982〕51号）中关于'对于经济和技术的综合、协调、监督部门不要削弱'的精神，加强和完善环境保护机构。已进行机构改革的地方，如果不符合'通知'精神的，应作适当调整，使机构设置趋于完善、合理，以承担起组织、协调、规划和监督环境保护工作的职能。"

1984年12月，城乡建设环境保护部下属的环境保护局改名为国家环境保护局，作为国务院环境保护委员会的办事机构，业务工作相对独立，但仍归城乡建设环境保护部领导，编制120名。从此，中国开始有了带有"国家"名称的环保管理机构。1984年"三定"方案中的"综合管理全国陆地、水体、大气、土壤以及海洋环境保护"和"综合管理全国自然环境保护工作，统筹规划全国的自然保护区"的综合管理职能因其行政级别原因无法有效履行，作为下属部门，也无法监督建设部门的实施环保政策。

国家环境保护局内设办公室、行政处、财务处、人事处、环境规划标准处、环境政策研究处、外事处、环境科学技术处、环境监测处、环保设备材料处、水环境管理处、大气环境管理处、固体废物管理处、放射环境管理处、自然环境保护处、环境宣传教育处、开发建设环境管理处。

地方也普遍将环境保护机构与城乡建设部门合并，后因环境保护工作需要恢复相对独立设置。例如，陕西省环保局1985年被合并为省建设厅领导下的二级局，1990年变为省政府领导的二级局；1983年，河南省人民政府环境保护办公室被撤销，河南省城乡建设环境保护厅内设河南省环境保护局（处级单位），1986年升格为副厅级单位，仍归省城乡建设厅领导。也有部分地方坚持将环境保护机构独立设置。例如，重庆1982年机构改革，仍将环境保护局列为政府的一级局建制，而且增加了协调自然环境保护管理的工作职责。

3. 环保机构恢复独立设置，确立统一监督管理职责（1988—1998年）

这一时期是中国环境保护机构发展变化最明显的十年。十年间，环境主管部门的地位和职能发生了三次重大调整。这些体制调整与中国政府三次重大改革相呼应，也与该时期日益严重的环境形势密切相关。

1）社会经济发展与环境形势

这一时期，中国环境保护面临着污染高排放的第二次大挑战。1992年以后，各地掀起的新一轮经济增长高潮。环境污染全面蔓延，环境状况急剧恶化，大气环境、地表水、近海海域等环境质量呈明显下降趋势,环境污染已经严重影响到人们的正常生活和身体健康(中科院可持续发展战略研究组,2013)。1999 年国家环保总局公布的《中国环境公报》显示,1998 年,中国的大气环境污染仍然以煤烟型为主,总悬浮颗粒物是中国城市空气中的主要污染物,60%的城市总悬浮颗粒物浓度年均值超过国家二级标准。二氧化硫浓度年均值超过国家二级标准的城市占统计城市的 28.4%,氮氧化物污染较重的多为人口超过百万的大城市。中国主要河流有机污染普遍,面源污染日益突出。141 个国控城市河段中,63.8%的城市河段为Ⅳ至劣Ⅴ类水质。主要湖泊富营养化严重。

针对严峻的环境形势,国家提出向环境污染宣战,促进经济与环境协调发展。在国务院的直接领导下,环保部门组织实施了综合整治"三河三湖"的零点行动,以及针对重点城市空气和地表水的"双控一达标"的城市环境综合治理行动。并且在总结过去污染治理经验的基础上,强调要环境保护制度建设,提出了新的五项制度,即环境保护目标责任制、城市环境综合整治定量考核、污染集中控制、排污许可证和限期治理污染制度,以推动环境保护工作上一新的台阶。

20 世纪 90 年代,中国的环境总体形势主要表现为:一是环境污染蔓延的趋势没有得到有效遏制,以城市为中心的环境污染仍在加剧,并向农村蔓延;二是从总体上看,生态环境破坏的程度还在加剧;三是资源衰竭与浪费问题相当突出。为此,1996 年第四次全国环保大会上提出坚持污染防治和生态保护并重的方针,实施《污染物排放总量控制计划》和《跨世纪绿色工程规划》两大举措。全国开始展开了大规模的重点城市、流域、区域、海域的污染防治及生态建设和保护工程。1997 年,国务院批准《全国生态环境建设规划》,其目标是通过一系列生态环境工程的实施,扭转生态环境恶化的势头。1998 年长江、松花江流域大洪水,国家宣布实施退耕还林、天然林禁采,促使林业部门转向生态保护与建设。

2)成立国务院直属环保机构(1988 年)

(1)政府机构改革进展。

在 1982 年机构改革后,由于没有触动高度集中的计划经济管理体制,没有实现政府职能的转变等原因,政府机构不久又呈膨胀趋势。因此,国务院决定再次进行机构改革。1988 年国务院机构改革,是在推动政治体制改革,深化经济体制改革的大背景下出现的,其历史性的贡献是首次提出了"转变政府职能是机构改革的关键"这一命题。与 1982 年精简机构相比,最大的不同点是以转变政府管理职能为关键,与政府内部的制度化建设相配套,并结合推行国家公务员制度进行的。按政企分开的原则,把直接管理企业的职能转移出去,把直接管钱、管物的职能放下去,把决策、咨询、调节、监督和信息等职能加强起来,使政府的经济管理部门从以直接管理为主转变为以间接管理为主,强化宏观管理职能,淡化微观管理职能。其内容主要是合理配置职能,科学划分职责分工,调整机构设置,转变职能,改变工作方式,提高行政效率,完善运行机制,加速行政立法。改革的重点是那些与经济体制改革关系密切的经济管理部门。通过改革,国务院部委由原有的 45 个减为 41 个;直属机构从 22 个减为 19 个,非常设机构从 75 个减到 44 个,部委内司局机构减少了 20%。

1993 年的改革明确把适应社会主义市场经济发展的要求作为改革的目标,机构改革要围绕这一目标,按照政企职责分开和精简、统一、效能的原则在转变职能、理顺关系、精兵简政、提高效率方面取得明显进展。这些改革的主要内容包括三个方面:一是转变职能,坚持政企分开。二是理顺关系。理顺国务院部门之间,尤其是综合经济部门之间以及综合经济部门与专业经济部门之间的关系,合理划分职责权限,避免交叉重复。三是精简机构编制。专业经济部门改为经济实体或行业总会。经过改革,国务院设置组成部门 41 个(含办公厅),直属机构 13 个,办事机构 5 个,共 59 个工作部门(王澜明,2009)。

(2)环境管理体制改革的主要进展。

在 1988 年的政府机构改革中,环境保护监督管理被确认为政府的一项独立职能,国家环保局从住房和城乡建设部中分离出来,成为国务院的一个直属机构,增加了近 200 名编制,实有编制 321 名。这一改革,对加强中国环境保护管理体制有重大意义。机构改革方案中明确,国家环保局的重点职能是拟订环境保护法律、法令、条例、规定;制定环境管理的规章和办法;监督检查国家环境保护法规的贯彻实施。制定环境保护的方针政策;协调国务院有关部门与环境保护相关的经济、技术和装备政策等 12 项基本职能,可分解出 400 多条具体的工作任务和 300 多个职位,并设置了相应的机构。

在国务院独立设置环境保护局的影响下,地方各级政府也先后将环境保护机构独立设置,并赋予其环境保护统一监管职能。

1989 年《环境保护法》第七条对 1988 年的环境保护行政体制改革的成果进行了明确规定,从法律上确定了统一监督管理下,各部门分领域实施监督管理的体制格局。"国务院环境保护行政主管部门,对全国环境保护工作实施统一监督管理。县级以上地方人民政府环境保护行政主管部门,对本辖区的环境保护工作实施统一监督管理。"在第二章"环境监督管理"中明确规定了环境保护主管部门的统一监督管理职能,主要包括"五统一"。

①统一环境标准:国务院环境保护行政主管部门"制定国家环境质量标准"、"根据国家环境质量标准和国家经济、技术条件,制定国家污染物排放标准",并对地方污染物排放标准和地方环境质量标准进行备案。

②统一环境监测和信息发布:国务院环境保护行政主管部门"建立监测制度,制定监测规范,会同有关部门组织监测网络,加强对环境监测的管理"。"国务院和省、自治区、直辖市人民政府的环境保护行政主管部门,应当定期发布环境状况公报"(第十一条)。

③统一环境规划:县级以上人民政府环境保护行政主管部门"应当会同有关部门对管辖范围内的环境状况进行调查和评价,拟订环境保护规划,经计划部门综合平衡后,报同级人民政府批准实施"(第十二条)。

④统一环境影响评价:环境影响报告书"经项目主管部门预审并依照规定的程序报环境保护行政主管部门批准"后,计划部门方可批准建设项目设计任务书(第十三条)。

⑤统一执法检查:县级以上人民政府环境保护行政主管部门有权"对管辖范围内的排

污单位进行现场检查。被检查的单位应当如实反映情况，提供必要的资料"（第十四条）。

3）保留环境保护局，大幅度拓展管理职能（1994 年）

（1）政府机构改革进展。

经过长期努力，中国的环境保护工作取得了一定进展。但是，随着人口增长和现代工业的发展，向环境中排放的有害物质大量增加，还有局部地区人为造成的对自然生态环境的损害，致使环境质量逐步恶化①。

1993 年国务院机构改革，是在确立社会主义市场经济体制的背景下进行的，它的核心任务是在推进经济体制改革、建立市场经济的同时，建立起有中国特色的、适应社会主义市场经济体制的行政管理体制。这次改革的指导思想是，适应建立社会主义市场经济体制的要求，按照政企职责分开和精简、统一、效能的原则，转变职能，理顺关系，精兵简政，提高效率。改革的重点是转变政府职能。

这次机构改革的历史性贡献在于：首次提出政府机构改革的目的是适应建设社会主义市场经济体制的需要。建立社会主义市场经济体制的一个重要改革任务就是要减少、压缩甚至撤销工业专业经济部门，但从 1993 年机构设置来看，这类部门合并、撤销的少，保留、增加的多。

1994 年，继续推进并力求尽早完成中央政府机构改革，积极推进地方政府机构改革。重点是转变政府职能，并要做好三个方面的工作：一是把属于企业经营自主权范围的职能切实还给企业；二是把配置资源的基础性职能转移给市场；三是把经济活动中社会服务性和相当一部分监督性职能转交给市场中介组织。

（2）环境管理体制改革的主要进展。

1994 年国务院机构改革保留国家环境保护局，为国务院直属机构，履行《环境保护法》赋予的对全国环境保护工作实施统一监督管理的职责，并要适应建立社会主义市场经济体制的要求，贯彻政府机构改革的基本原则，转变职能。同时，基本管理职能由原来的 12 项增加为 41 项，但人员编制比 1994 年减少了 81 个，为 240 个。

职能转变的重点是强化环境保护的宏观调控和执法监督。例如，增加了制定环保产业发展规划、组织全国环境保护设备的质量监督、认证工作，组织管理环境标志工作、生态农业等环境经济一体化的职能，细化了规划、监测和信息公开、污染防治、自然环境保护、环评等基本职责。

4）成立国家环保总局，强化统一监管职能（1998）

（1）政府机构改革进展。

1998 年 3 月 10 日，第九届全国人大一次会议审议通过了《关于国务院机构改革方案的决定》，确立了精简、统一、效能的改革原则，提出了逐步建立适应社会主义市场经济体制的有中国特色的政府行政管理体制的目标。此次国务院机构改革力度空前加大，是改

---

① 摘自《国务院关于进一步加强环境保护工作的决定》。

革开放以来机构变动最大、人员精减最多、改革力度最大的一次机构改革。这次机构改革的目标是建立办事高效、运转协调、行为规范的政府行政管理体系，完善国家公务员制度，建设高素质的专业化行政管理队伍。重点是调整和撤销直接管理经济的专业部门，加强宏观调控和执法监管部门，按照权责一致的要求，调整部门的职责权限，明确划分部门之间的职责分工，完善行政运行机制。通过转变职能、调整部门分工和精简机构编制三个方面的努力，在部门之间划转了 100 多项职能，大力精简了工业经济部门。经过改革，除国务院办公厅以外，国务院组成部门由 40 个减少为 29 个，直属机构设置 17 个，办事机构设置 5 个，加上 1 个办公厅，共计 52 个工作部门。

1998 年的这次政府改革是一次规模宏大、意义深远的改革（石杰琳，2011）。主要表现在政府职能转变有了重大进展，其突出体现是撤销了几乎所有的工业专业经济部门，共10 个：电力工业部、煤炭工业部、冶金工业部、机械工业部、电子工业部、化学工业部、地质矿产部、林业部、中国轻工业总会、中国纺织总会。这样，政企不分的组织基础在很大程度上得以消除。

继 1998 年国务院机构改革首先开始后，1999 年省级政府和党委机构改革分别展开；2000 年，市县乡机构改革全面启动。截至 2002 年 6 月，经过四年半的机构改革，全国各级党政群机关共精减行政编制 115 万人。

（2）环境管理体制改革的主要进展。

在这种形势下，国务院将环保部门升格，设置了正部级的国家环保总局，人员编制是减少得最少的部门之一，内设机构一个没有减少，且国家核安全局也整建制划入国家环保总局。国家环保总局成为这次不同寻常的机构改革中切实得到规格提高、能力加强、职能拓展的一个部门。充分体现了国家对环境保护的重视。这次职能调整的主要内容如下。

①划出的职能。制定环境保护产业政策和发展规划的职能交给国家经济贸易委员会，国家环境保护总局参与有关工作。划出管理全国环境管理体系和环境标志认证；建立和组织实施环境保护资质认可制度，交给国家认证认监委。

②划入的职能。原国务院环境保护委员会的职能、原国家科学技术委员会承担的核安全监督管理职能、管理和组织协调环境保护国际条约国内履约活动及统一对外联系、机动车污染防治监督管理、农村生态环境保护、生物技术环境安全职能。

③交给直属事业单位的职能。自然资源核算工作、环境保护科技成果登记和项目推广、环境标志认证以及其他有关的资质认证技术性工作、环境保护产品认定技术检验、环境信息监测技术性和事务性等工作。

地方环境保护机构也得到了加强，省级政府的环境保护机构和多数市、县环境保护机构，由隶属于有关部门的二级机构，升格为直接隶属于政府的一级机构。

4．组建环境保护部，加强统筹协调职能（1999—2008 年）

1）社会经济发展与环境形势

受 1997 年亚洲金融危机及中国宏观经济调控政策影响实施经济软着陆影响，我国污染排放量随 GDP 增速略有回落了几年之后，2001—2010 年十年间，中国 GDP 增长率达到 10.5%，其中有 6 年是在 10% 以上。特别是自 2002 年以来，中国经济进入第二轮重工业化发展，各地纷纷上马钢铁、水泥、化工、煤电等高耗能、高排放项目，致使能源资源全面紧张，污染物排放居高不下，也致使"十五"期间，我国环境保护目标未能完成（中科院可持续发展战略研究组，2013）。中国环境保护面临着第三次，也是历史上最严峻的挑战，如图 2.1 所示。

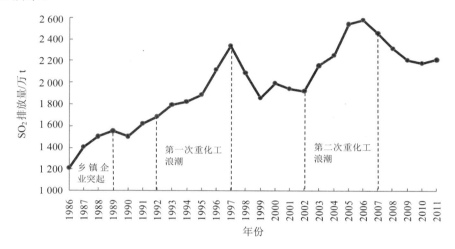

图 2.1　中国 SO_2 排放量变化趋势（1986—2011 年）（中科院可持续发展战略研究组，2013）

2000 年以来，中国环境保护虽然取得了积极进展，但环境形势严峻的状况仍然没有改变。主要污染物排放量超过环境承载能力，流经城市的河段普遍受到污染，许多城市空气污染严重，酸雨污染加重，持久性有机污染物的危害开始显现，土壤污染面积扩大，近岸海域污染加剧，核与辐射环境安全存在隐患。生态破坏严重，水土流失量大面广，石漠化、草原退化加剧，生物多样性减少，生态系统功能退化。发达国家上百年工业化过程中分阶段出现的环境问题，在中国近 20 多年来集中出现，呈现结构型、复合型、压缩型的特点。环境污染和生态破坏造成了巨大经济损失，危害群众健康，影响社会稳定和环境安全。未来 15 年中国人口将继续增加，经济总量将再翻两番，资源、能源消耗持续增长，环境保护面临的压力越来越大。

2）政府机构改革进展

2003 年的机构改革按照完善社会主义市场经济体制和推进政治体制改革的要求，坚持政企分开、精简、统一、效能和依法行政的原则，进一步转变政府职能，改进管理方式，推进电子政务，提高行政效率，降低行政成本，逐步形成行为规范、运转协调、公正透明、廉洁高效的行政管理体制。在政府机构总的格局保持相对稳定的情境下深化改革，重点解决国有资产管理体制不够完善、宏观调控体系不够有效、金融监管比较薄弱、流通管理体制比较分散、食品安全监管协调不力等问题（张志坚，2012）[①]。通过改革，国务院设置组成部门 28 个，直属机构 19 个，办事机构 4 个，加上办公厅，共计 52 个工作部门（国务院办公厅秘书局，中央机构编制委员会办公室综合司，2009）。

2008 年的机构改革的主要任务是围绕转变职能和理顺部门职责关系，探索实行职能有机统一的大部门体制，合理配置宏观调控部门职能、加强能源环境管理机构，整合完善工业和信息化、交通运输行业管理体制，以改善民生为重点加强与整合社会管理和公共服务部门。改革的重点是突出强调宏观调控职能；着眼保障和改善民生，加强社会管理和公共服务；按照探索职能有机统一的大部门体制改革要求，对一些职能相近或相同的部门进行了整合，实行综合设置，理顺部门职责关系。经过改革，国务院组成部门 27 个，直属机构和直属特色机构 17 个，办事机构 4 个，加上办公厅，共计 49 个工作部门。

3) 环境管理体制改革的主要进展

2008 年国务院决定，为加大环境政策、规划和重大问题的统筹协调力度，组建环境保护部。这是唯一从国务院直属部门升格为组成部门的机构，并且位列第 16 位。

国务院机构改革方案说明指出，"环境保护是中国的基本国策，关系中华民族的生存发展。在相当长一段时间内，中国将面临严峻的环境压力，污染物减排任务十分艰巨，必须按照科学发展的要求，加大环境治理和生态保护的力度，加快建设资源节约型、环境友好型社会。"为加大环境政策、规划和重大问题的统筹协调力度，组建环境保护部。编制311 个。

重新调整了职能，共设 52 项基本职能，着重强化了宏观调控、统筹协调、监督执法和公共服务职能。一是强化了参与权和话语权，突出了政策环评、资金规划等职责，明确了"对涉及环保的法律法规草案提出环评意见"、"提出环保领域财政资金的安排意见"、"审批、核准固定资产投资项目"；二是强化了环境政策、规划和重大问题的统筹协调，明确了"统筹协调重大环境问题"、"指导、协调、监督生态保护"等职责；三是突出了从源头上预防环境污染和生态破坏，明确了规划环评、区域限批等职责；四是提升了环境监测和预测预警，以及应对突发环境事件能力、公共服务能力，明确了环境质量调查评估、环境信息统一发布等职责；五是加强了国家减排目标落实和环境监管，强化了总量控制、目标责任制、减排考核等职责。

此外，2008 年环境保护部"三定"方案还明确了水污染防治与水资源保护的职责分工：环境保护部对水环境质量和水污染防治负责，水利部对水资源保护负责。两部门要进一步加强协调与配合，建立部际协商机制，定期通报水污染防治与水资源保护有关情况，协商解决有关重大问题。环境保护部发布水环境信息，对信息的准确性、及时性负责。水利部发布水文水资源信息中涉及水环境质量的内容，应与环境保护部协商一致（见表 2.3）。

---

① 作者曾担任过中央机构编制委员会办公室主任等职务，全程参与了 2003 年国务院机构改革方案的形成和制定过程。

表 2.3　中国环境保护行政主管机构改革要点与背景分析简表

时间	机构属性	职能定位	管理业务范围	经济社会、环境背景	政府体制改革背景	国际背景
1974	国务院环境保护领导小组(无编制临时机构)		工业"三废"治理	1972 年发生的大连湾污染事件、蓟运河污染事件、北京官厅水库鱼污染事件,以及松花江出现类似日本水俣病的征兆	拨乱反正,国民经济恢复调整,恢复、增设政府机构	1972 年《联合国人类环境会议宣言》和《行动计划》
1982	撤销国务院环境保护领导小组,城乡建设环境保护部内设环境保护局	编制环境保护规划;组织环境保护工作的协调;监督环境保护工作	控制和治理工业污染,改善城市环境,治理水域污染,防治食品污染	1979 年《环境保护法(试行)》;20 世纪 80 年代初中国成为世界上工业"三废"排放最多的国家之一;开始经济体制改革和对外开放	精简机构与人员编制(国务院工作部门从 1981 年的 100 个减为 61 个,人员编制从 5.1 万减至 3 万,省级机关减编 6 万余人,市县机关减编 20%)	
1984	国务院环境保护委员会(无编制临时机构);更名国家环境保护局(环资委的办事机构),编制 120	宏观决策、统筹协调;执行委员会决议,具体组织、协调各项基础工作	水、大气、自然环境保护;负责放射环境、固体废物、开发建设环境管理、环境监测、环境规划标准政策、环境科技	乡镇企业崛起;不合理土地利用破坏生态、土地退化问题;"十五小"导致环境急剧恶化,环境污染由点到面、由轻到重;第二次全国环境保护大会,提出环境保护是基本国策	提出建立有计划的商品经济体制;明确政府的经济管理职能定位,实行政企责分开,简政放权	
1988	成立国家环境保护局(直属国务院),编制 321	监督检查、宏观调控。去掉了污染防治、自然环境保护,保护区的综合管理职能	12 项基本职能	淮河污染事件,江苏段京杭大运河、黄浦江黑臭;酸雨问题日益严重,森林面积仍在逐年减少,水土流失面积在增大,草原退化,天然水面在急剧缩小	政企、政事、党政分开,精简和削弱专业部门,加强监督与调控部门,国务院工作部门减为 60 个,减编 9 700 人;强化宏观调控和监督,简政放权,淡化微观管理,人,确认环境保护为一项独立政府职能	

时间	机构属性	职能定位	管理业务范围	经济社会、环境背景	政府体制改革背景	国际背景
1994	国家环境保护局（直属国务院），编制240	统一监督管理（环境保护产业监管、监测标准、信息发布、规划、环境影响评价、执法检查）、宏观调控职能	41项基本职能：增加环保产业监管、管理全国环境管理体系和环境标志认证、环保资质认可制度、指导生态农业	1989年《环境保护法》，第三次全国环保大会提出向污染宣战；城市环境污染仍在加剧，并向农村蔓延，生态破坏范围仍在扩大；1996年第四次全国环保大会提出坚持污染防治和生态保护并重	1993年改革：转变职能，政企分开，理顺关系，对专业经济部门实行行业管理，强化宏观调控，执法监督和社会管理。国务院政府工作部门减到59个，其中政府组成部门41个，减编7 400（20%）；1994年从地方财政包干改为分税制	里约环发大会（1992）通过《里约宣言》《21世纪议程》《关于森林问题的原则声明》《气候变化框架公约》和《生物多样性公约》
1998	撤销环委会，成立国家环保总局（直属副部级），编制200	划入原环委会的环保政策制定、国际履约、统筹协调职能，未恢复复合和自然环境保护、保护区的综合管理职能	52项基本职能：新增战略环评和核安全、国际履约、机动车污染、农村生态环境保护、生物复合污染等安全，划出主管环保产业等环境经济一体化的职能	污染蔓延趋势没有得到有效遏制，生态环境破坏程度加剧，资源耗竭与浪费问题相当突出；1998年大洪水，天然林禁采，促使林业部门转向生态保护与建设；自2006年起陆续组建了6个区域督查中心、6个核与辐射安全监督站	撤销国务院临时性机构及几乎所有工业经济部门，经济部门改组为发观调控和执法监管部门，加强公共服务和执法监管。国务院减为29个部，共计52个部门，减编1.53万（47.8%），全国各级减少行政编制115万，国务院保总局是机构减少最少的部门之一。2003年，深化国有资产管理、金融监管、流通体制改革，加强食品安监	
2008	组建环境保护部，编制311	强化了宏观调控，统筹协调，监督执法和公共服务职能	56项基本职能：划出环保认证	中国经济规模居全球第三位；环境问题在中国近20多年来集中出现，呈现结构型、复合型、压缩型的特点	探索实行职能有机统一的大部门体制，加强能源环境管理机构；国务院减为27个部，共计49个部门	

2.3.2　中国环境管理机构的职能演变

中国环境管理体制改革一直将强化统一监督管理职能作为主线，不断提升国家环境保护行政主管部门的权力与地位，而对于统筹协调职能则经常处于摇摆不定的状态。

1. 环境保护统一监督管理职能的初步确立

1979 年《环境保护法（试行）》，规定了环境保护机构的基本职能，集中在监督方面："地方各级环境保护机构的主要职责是：检查督促所辖地区内各部门、各单位执行国家保护环境的方针、政策和法律、法令；拟定地方的环境保护标准和规范；组织环境监测，掌握本地区环境状况和发展趋势；会同有关部门制订本地区环境保护长远规划和年度计划，并督促实施；会同有关部门组织本地区环境科学研究和环境教育；积极推广国内外保护环境的先进经验和技术。"

1980 年，时任国务院环境保护领导小组办公室副主任的曲格平提出，环境管理的基本职能主要有三项：一是编制环境保护规划；二是组织环境保护工作的协调；三是进行环境保护工作的监督。[①]

1984 年成立的国务院环境委员会，作为国务院的全国环境保护工作领导机构，其任务是研究、审定、组织贯彻国家环境保护的重大方针、政策和措施，组织协调、检查和推动全国的环境保护工作。国家环境保护局作为其办事机构，主要职责包括：负责日常工作，拟定工作计划，组织审查和起草会议文件，筹备委员会会议及安排其他重要活动，负责文件收发和与委员、顾问的联络；研究拟定环境保护方针、政策及规定，提出规划建议，提交委员会审议；贯彻并监督执行委员会的决议，向委员会报告执行情况；经办、催办委员会决定的事项，协调处理有关遗留问题；具体组织、协调和检查全国的环境保护工作；办理委员会领导交办的事务。[②]

2. 1989 年《环境保护法》明确环保部门统一监督管理的地位

1988 年 7 月 7 日，曲格平在国家机构编制委员会第二次会议上做了"管什么和怎么管"的发言，提出：

第一，国家环境保护局作为国务院环境保护委员会的办事机构，主要任务是宏观指导和监督，具体工作应交给事业单位和地方去做。

第二，充分依靠有关部门做好环境保护工作，由于环境保护工作涉及的面很广，几乎和国务院各部委都有联系，因此，在机构改革中，我们注意了与各部门的适当分工。如农业环境保护主要依靠农业部门；海洋环境保护主要依靠海洋管理部门；城市的环境建设和建筑施工中的环境保护主要依靠城乡建设部门；工业污染防治主要依靠各有关经济主管部门；环境污染对健康影响防治主要依靠卫生管理部门。环境保护管理部门的主要任务是政策、规划等方面的宏观指导和监督协调工作。

---

① 摘自环境管理干部讲习班上的讲课提纲（节录），载于《中国环境问题及对策》一书。
② 摘自《国家环境保护委员会组成和职责》。

1988 年 12 月 29 日，国务院环境保护委员会第十四次会议审议《国务院环境保护委员会各成员单位环境保护主要职责（审议稿）》，宋健发表"分工合作 各负其责"的讲话，指出：环境保护工作是一个大系统，牵涉工业、农业、林业、海洋等各行各业，科技、教育、文化、司法、公安、商业等部门都有自己的责任。国务院环委会希望有更多的部门参加管理，环保工作才能做好。中国这么大，经济建设和社会发展千头万绪，如果只有环保部门一家来管，不要说环保局的 300 人，就是有 3 万人也管不过来。大家动手，分工负责，各自管好分工范围内的事，由环保局宏观协调，事情就好办了。各部门多做工作，多负些责任，是好事情。环保局应当放权。各部门要以环境保护的法律、规定和机构改革分工方案为依据，分工合作，大力协同。

1989 年《环境保护法》第二章"环境监督管理"对环境保护主管部门的统一监督管理职能进行了规定，主要包括：

（1）统一环境标准：国务院环境保护行政主管部门"制定国家环境质量标准"、"根据国家环境质量标准和国家经济、技术条件，制定国家污染物排放标准"，并对地方污染物排放标准和地方环境质量标准进行备案。

（2）统一环境监测和信息发布：国务院环境保护行政主管部门"建立监测制度，制定监测规范，会同有关部门组织监测网络，加强对环境监测的管理"。"国务院和省、自治区、直辖市人民政府的环境保护行政主管部门，应当定期发布环境状况公报"（第十一条）。

（3）统一环境规划：县级以上人民政府环境保护行政主管部门"应当会同有关部门对管辖范围内的环境状况进行调查和评价，拟订环境保护规划，经计划部门综合平衡后，报同级人民政府批准实施"（第十二条）。

（4）统一环境影响评价：环境影响报告书"经项目主管部门预审并依照规定的程序报环境保护行政主管部门批准"后，计划部门方可批准建设项目设计任务书（第十三条）。

（5）统一执法检查：县级以上人民政府环境保护行政主管部门有权"对管辖范围内的排污单位进行现场检查。被检查的单位应当如实反映情况，提供必要的资料"（第十四条）。

3．环境保护统一监督管理职能的扩大

1998 年，国家环境保护局升格为国家环境保护总局，职能拓展，划入的职能有：原国务院环境保护委员会的职能、原国家科学技术委员会承担的核安全监督管理职能、管理和组织协调环境保护国际条约国内履约活动及统一对外联系、机动车污染防治监督管理、农村生态环境保护、生物技术环境安全职能。

"三定"增加了两项重要监督管理职能：一是战略环评，"受国务院委托对重大经济和技术政策、发展规划以及重大经济开发计划进行环境影响评价"。二是核与辐射安全管理，"负责核安全、辐射环境、放射性废物管理工作，拟定有关方针、政策、法规和标准；参与核事故、辐射环境事故应急工作；对核设施安全和电磁辐射、核技术应用、伴有放射性矿产资源开发利用中的污染防治工作实行统一监督管理；对核材料的管制和核承压设备实施安全监督"。同时，制定环境保护产业政策和发展规划的职能交给国家经济贸易委员会，国家环境保护总局参与有关工作。

1999 年 4 月 6 日，解振华在全国环保机构改革工作会议上讲话提出：国务院明确规定，环保部门是全国环境保护领域最具权威的监督执法部门，资源管理部门也负有一定的环境保护责任，但要受环保部门的指导、协调、监督；另外，环保部门也不应该代替由资源管理部门行使的保护职责，总的来说，环保部门与其他部门在环境保护领域出现职责交叉时，要遵循统一法规、统一标准、统一规划、统一监测、统一信息发布的"五统一"原则，进行职责合理划分。

2006 年起，按照胡锦涛总书记提出的"建立健全国家监察、地方监管、单位负责的环境监管体制"要求，根据中央编办批复精神，国家环境保护总局设立了 6 个区域环境保护督查派出机构和 6 个核与辐射安全监督派出机构，加强了对地方环境保护工作的统一监督管理。

环境保护督查中心作为环保总局派出的执法监督机构，受总局委托，在所辖区域内承担以下职责：①监督地方对国家环境政策、法规、标准执行情况；②承办重大环境污染与生态破坏案件的查办工作；③承办跨省区域和流域重大环境纠纷的协调处理工作；④参与重特大突发环境事件应急响应与处理的督察工作；⑤承办或参与环境执法稽查工作；⑥督察重点污染源和国家审批建设项目"三同时"执行情况；⑦督察国家级自然保护区（风景名胜区、森林公园）、国家重要生态功能保护区环境执法情况；⑧负责跨省区域和流域环境污染与生态破坏案件的来访投诉受理和协调工作；⑨承担环保总局交办的其他工作。

4．环境保护统一监督管理职能的强化

2008 年国家组建环境保护部，调整和新增的五个内设机构中，有四个与统一监管职能密切相关。例如，新建污染物排放总量控制司、环境影响评价司、环境监测司、环境监察局（前身为监督管理司）。特别是在统筹协调环境监测重大问题方面有了质的飞跃，实现了国家层面环境监测行政管理和技术支撑的分离。全国环境监测人员已从"十一五"初期的 46 984 人增加到现在的 52 944 人，增长近 13%。国家在环境监测方面的投入也大幅度增加，仅专项资金累计投资环境监测达 54 亿多元，达到历史最高水平，监管能力大大增强。各省级环保部门在新一轮的政府机构改革中也都基本成立了专门的环境监测管理机构，青岛市、大连市等还实现了市级以下监测机构垂直管理（吴晓青，2011）。

5．环境保护的协调机制、统筹协调职能摇摆不定

1982 年国家建委、国家城建总局、建工总局、国家测绘总局和国务院环境保护领导小组办公室合并，组建城乡建设与环境保护部，部内设环境保护局。虽然环境保护从一个临时机构升格为一个正式的部内局，但国务院环境保护领导小组被撤销后，其协调职能的优势被大大弱化。1984 年，第二次全国环境保护大会之后，国务院认识到取消环境保护领导小组的失误，因此，设立了国务院环境保护委员会（易明，2012），协助进行跨部门的协调工作；原国家城乡建设与环境保护部环保局升格为国家环境保护局，同时作为国务院环境保护委员会办公室。1988 年国家环境保护局从城乡建设与环境保护部分离出来，成为独立的副部级单位。同时，环保编制增加了一倍，达到 120 人，被赋予"直接向省级环保局发文的权力，可以自行决定是否召开业务会议，直接从财政部划转环保经费，而不是通过建设部向财政部申请资金"。

1993 年八届人大一次会议第七次大会设立全国人大环境保护委员会（次年更名为全国人大环境与资源委员会），在立法机关中突出了环境保护的地位。1998 年国家环境保护局升格为正部级，更名为国家环境保护总局，但国务院环境保护委员会被撤销。同时，全国政协九届常委会第一次会议设立人口资源环境委员会。1998 年政府改革的基调是大规模精简机构和人员，在这样的情形之下，环保部门的规格获得提升，充分体现了政府对环境保护工作的重视。但国务院环境保护委员会的撤销，弱化了环保部门协调高层环保政策的能力，使得环境保护的职能受到一定程度的影响。2008 年国家环境保护总局再次升格为环境保护部，纳入政府组成部门，环境保护部在国务院会议上拥有更大的发言权，能够使全国性政策制定时更多的考虑环境问题，强化综合与协调职能（《改革开放中的中国环境保护事业 30 年》编委员，2010）。但即使是 2008 年国务院机构改革专门理顺资源和环境管理体制，也未能在横向上理顺与传统的农业、林业、水利、国土资源（矿产资源）管理部门之间的职责关系。

2.4　中国历次环境管理体制改革的经验教训

从改革的继承性角度，总结和回顾以往体制改革的经验与教训，对明确未来改革的切入点，提高改革建议的针对性具有重要意义。

2.4.1　以强化统一监管为主线，环保部门权力和地位不断提升

中国环境保护机构诞生之时，受 20 世纪 70 年代国际环境运动影响，主要针对工业污染治理，当时中国政府的工业主管部门多达十余个，工业环境管理是一个跨行业的系统工程，既需要"分工合作、各负其责"，又要有统一监管、统筹协调。其中监管职能在 1979 年《环境保护法（试行）》中予以确立，并随着机构改革的推进，环境监督管理范围不断扩大。1989 年《环境保护法（修订）》进一步明确提出统一标准、统一环境监测和信息发布、统一规划、统一（项目）环境影响评价、统一执法检查的"五统一"监督管理职能。1998 年，国家环境保护局升格为国家环境保护总局以后，统一监管范围逐步扩展到对重大经济和技术政策、发展规划以及重大经济开发计划的规划环评、核与辐射安全监管、机动车污染防治监督管理、农村生态环境保护、生物技术环境安全等方面。此次国务院机构改革几乎撤销了所有的工业专业经济部门（10 个），工业污染源末端监管相对得到了集中和统一。2008 年，国家环保总局升格为政府组成部门时，新增 5 个司局级内设机构，其中四个属于监管机构，并赋予了更多的监管手段，如总量控制、区域限批、强化环评等。这些举措的实施已经在社会形成了一定影响力。本课题通过对高知人群进行的环境管理部门分

工知晓度调查发现，环保部门在公众心中具有很高权力，权限范围大，从宏观管理到微观执行，寄予了很高期望。公众的认知倾向认为环保部门既是综合协调和统筹环境管理的部门，也是在具体的环境事件中，负有处罚责任的执法部门。虽然很多事权在现实部门分工中并不属于环保部门，但公众遇到这些环境问题首先想到要向环境保护部提出诉求。

2.4.2　环境行政体制改革以机构升格为主，较少调整部门关系

回顾中国过去 40 年的环境管理，技术和命令控制导向的末端治理模式始终占据主导地位，主要环境管理制度未做大的调整。作为政府子系统的环境管理行政体制改革与中国历次政府行政体制改革相对应，1974—2008 年的八次环境管理行政体制改革基本遵循着渐进调适的改革策略和组织变革的逻辑，不断调整环境保护行政主管部门领导隶属关系，环境管理行政主管部门从不上编制的临时机构逐步升格为国务院组成部门，但"对中央与各级环保部门之间的关系、环境保护部与其他环境管理相关职能部门之间的关系调整较少"（齐晔，2008）。

2.4.3　在政府职能转变和资源环境约束趋紧背景下，行业部门分散管理模式不断强化

新中国成立以后，计划经济体制下，中央政府以生产要素为依据，大量设置分工很细的专业化管理的部委局。这一政府管理组织架构为中国环境管理组织体系起步之初，按照"分工合作、各负其责"构建打下了深刻的时代烙印。20 世纪 80 年代以来，在国家政府机构不断精简、加快政府职能转变、实施政企分开的改革背景下，计划经济时代的行业管理部门职能逐步萎缩而降格或撤销，并随着资源环境约束趋紧，保留下来的林业、国土资源（土地、非能源矿产）、水利等资源管理部门，其管理职能越来越多地体现出环境保护的功能。但是，中国环境行政体制改革一直以机构升格为主，较少调整部门关系，2008 年以大部制改革为目标的国务院机构改革也未能在横向上理顺与传统的林业、水利、国土资源管理部门之间环境保护的职责关系。与此同时，随着农业、交通领域环境问题日益突出，这些部门都增加了环境保护方面的机构和编制，行业部门分散管理模式不断被强化。

2.4.4　统筹协调职能配置摇摆于高层委员会和部门协调机制之间

中国环境管理组织体系一直按照"分工合作、各负其责"的思路进行构建，但是在分部门的环境管理体制运行条件下，究竟需要一个什么样的部门或者机制来实现宏观调控、统筹协调环境管理事务方面，国家的改革思路是摇摆不定的。30 多年的改革历程中，间或赋予环境管理行政主管机构综合、协调职能，期间也选择过委员会行政的协调机制代替部门协调机制。

1974 年成立国务院环境保护领导小组，由国家计委、工业、农业、交通、水利、卫生等有关部委领导人组成，旨在履行统筹协调职能。1982 年，国务院机构改革精简 40%左右

的机构和编制，撤销了国务院环境保护领导小组，组建城乡建设与环境保护部，部内设环境保护局。因其部门级别较低，协调各部门的职能难以履行。国务院认识到这一不足后，于 1984 年设立了国务院环境保护委员会，履行跨部门的协调职能，作为其办公室，城乡建设与环境保护部环保局升格为国家环境保护局。但在 1998 年，国务院大幅精简机构和人员，又撤销了国务院环境保护委员会，其统筹协调职能由升格为副部级的国家环境保护总局承担。2008 年"为了加大环境治理和生态保护的统筹协调力度，组建环境保护部"纳入政府组成部门，使之有更多的发言权，促进国务院在制定全国性政策时更多的考虑环境问题。

2.4.5 强化主管部门监管责任的同时未调整分散配置的监管权力，导致统一监管职能形同虚设

长期以来，由于我国政府管理监督意识薄弱，形成了"运动员"与"裁判员"身兼一职的体制惯性，加之要素分割部门管理的路径依赖，国家部门授权时，常常片面地将部门分工合作执行体制曲解扩展至分部门监督。尽管《环境保护法》赋予了环境保护部统一监督的职能，但无论在其他相关环境法规中，还是国务院"三定"方案中都对监管权力按照管理对象进一步进行了部门分解，监督权力事实上进行了分散配置。这种情况尤其体现在水环境管理和自然保护方面。森林、草原、海洋、水资源、水生动物、陆生动物等分属不同行业部门监管。水体污染移动源按照交通工具特征分属于渔业、海洋、水运等部门监管。监测和执法等监管手段也相应进行了部门分解。即使是对企业监管，环境监管也主要集中在末端，产业政策和资源有效利用的源头控制、淘汰落后产能、企业清洁生产、工业园区循环经济等生产过程环境监督权分属于发改、财政、工信等部门，环保仅参与其中一小部分。结果造成环境保护部除了末端监管污染企业排污、统一公布环境信息外，再无其他任何监管的有效管理抓手，统一监管职能形同虚设。

2.4.6 监督机构独立性改革不到位、不配套，影响监督职能有效履行

监督部门的独立性是有效履行监督职责的重要前提。虽然经过 30 多年的多次改革，环保部门的独立性大大加强，随着国家环境保护行政主管部门成为政府组成部门之一，极大地带动了地方环保机构的建立和地位提升，截至目前全国几乎所有县级以上政府部门都已经设置了不同规模的环境管理机构，并作为同级地方政府的成员单位。一些地方政府还成立了以分管政法行政首长任组长、环保部门一把手任副组长的环境质量委员、生态创建/生态文明建设领导小组等的协调机构，或部门联席制度，但是现有监督体系的设置并不具备独立履行监督职能的制度条件。

（1）由于政府职能转变未到位，地方环境监管独立性严重不足。政府直接参与经济建设，企业排污费纳入地方财政收入等体制机制安排，客观上促使政府与企业形成利益共同体。地方环保部门作为政府的组成部门，人、财、物均归地方政府管理，甚至不少地方环

保部门运行费用都要依赖企业排污费来支撑，制度设计上存在地方环保部门与企业污染合谋的风险，在此监管架构下，即使赋予地方环境监管部门再高的行政处罚权和再强的执法权力，也难以有效发挥监管威慑力。

（2）地方监管机构职能、权力配置上存在权力配置不相容、权力制衡机制不足的问题。在人、财、物均归地方政府管理的情况下，地方环保机构的独立性还存在一定问题；从实际工作开展看，地方环保机构作为地方政府的成员单位，也有义务承担一些排污单位、其他相关分管部门职责以外的，其他地方环境保护措施具体执行工作，依然兼有监管与执行职能，部门分工、机构设置的中央与地方同构现象，也使地方环保机构同样面临着环境保护部难以监管同级政府部门的困境。

（3）国家监督地方政府的机构能力配置错位，存在监管真空地带。环境保护部的区域派出机构作为国家监管力量，配套改革不到位，其非公务员身份、与省厅同行政级别的组织架构，也不具备行政监督与协调省级地方政府和环保厅局的能力。此外，除了人员和业务实现环境保护部垂直管理外，其办公用房的用地、工作人员的住房等问题依赖地方政府，近年来，实行党组织关系属地化管理，对监督的独立性也存在一定的影响。

2.4.7　部门事权划分缺乏顶层设计，以部门博弈为依据，事权划分逻辑混乱

中国环境保护行政机构起步于 20 世纪 70 年代，经过 40 年的发展，伴随着国务院机构改革，环境保护行政管理机构从无到有、由弱变强。但是，中国环境管理体制始终缺乏顶层设计，环境保护行政机构的定位不明确，导致每次改革基本上遵循了渐进调适的策略，侧重对特定问题的回应，没有从顶层推动环境管理体制改革。部门职能划转主要是采纳部门利益博弈的结果，较少考虑各部门之间环境管理职责的关联性和管理的整体效用，导致部门权责划分界限不明，组织管理流程破碎化。环境保护事权划分依据逻辑不清，缺乏一套科学的标准，违背环境科学、管理学规律，业务流程与职责配置脱节，行政资源配置低效。从科学性角度考察，环境保护事权划分不合理，造成权限冲突的主要表现在以下三方面。

（1）要素分割式界定部门环境管理事权违背了生态系统整体性规律，割裂了生态要素的生态功能关联性和空间叠加属性。例如，割裂了物种与其栖息地环境状况，水土保持、湿地保护与面源污染物坡面迁移等的生态功能关联性；河口洄游类的物种、两栖类动物的跨介质分布，森林、草原、湖泊等各种生境斑块状镶嵌分布，以及森林草原、海岸带、湿地等不同自然要素景观过渡带，按要素分部门管理这些对象直接导致同一行政区域内的事权重叠、管理冲突和重复投入。从而出现鄱阳湖的一个县内聚集着林业主管的 2 个国家级湿地自然保护区，农业主管的 4 个省级水生物种保护区的奇怪现象。

又如，农村的山水林田土是一个完整的生态系统，农业饮用水安全保障、生态保护、污染防治、农村能源资源利用和农业生产方式转变之间紧密相连，发改、农业、水利、卫生、住建、环保等众多部门按照不同要素投入和管理农村环境整治经费，管理流程和要求各不相同，也增大了基层政府管理的压力和难度。

（2）分散管理连续相倚性（sequential interdependencies）工作事项，违背其一体化管理要求的组织设计原则。连续相依性事项的各个环节或部分之间的工作就像生产流水线一样，依据固定的顺序和时间表，依次连续工作。这类事项如果按照工作环节进行专业化的组织分工，要保证整体运行的有效性，必须要有高一层级的机构进行整体调控，这样才能保证行动的一致性。例如，环境领域中的排污管理系统就是一个典型连续相倚性工作事项。企业污水排放管理涉及排污源、排污口、排水管网、污水处理及水污染事故应急处置等多个环节，环保、水利、住建、农业、卫生、发展改革委、工信部等多个部门参与监督管理，但没有一个部门被授权对整个排污系统进行统筹协调和监督。企业如按规定进行排污口设置及排放污水，申请排污许可找环保部门，想接入市政排污管网需要找住建部门，如要入河设置排污口得找水利部门，这种碎化管理不仅大大降低企业守法积极性，也不利于依法行政。

（3）将开发与保护监管两项利益冲突的职能配置在一个部门，违反组织设计的职能相容性原则和权力制衡原则。1996年国务院召开的第四次全国环境保护会议提出"环境保护工作要坚持防治污染和保护生态并重"，但是由于生态保护体制设计缺陷，在环境保护工作中一直处于边缘化状态，生态安全问题日益突出。目前，我国生态保护职能主要授予自然资源管理部门，由于资源开发与资源保护存在内在利益冲突，自我约束和监督的内在动力不足，在缺乏有效制度约束情况下，自然资源管理部门存在重资源开发、轻资源和生态保护的倾向。例如，为了充分开发河流的水利资源，我国主要河流水坝林立，河流水体片段化、静止化，河流自净能力大大降低，影响水质改善；海河、辽河、淮河、黄河水资源利用率远远超过国际公认的40%安全线，一些河流基本径流难以保障甚至几近消失，流域生态环境恶化。一些地区甚至还存在资源管理部门监守自盗现象，如2013年"两会"结束不久，中央电视台曝光了云南马关县林业局，作为监管部门熟悉并直接掌握全套管理程序，很便利地办完所有手续，将70年树龄以上的天然次生林变更为需改造的低产林，皆砍伐一空。

由于生态建设的环境影响监管等方面缺乏国家和法律的明确授权，环境监管存在真空地带。一些生态建设项目和资源利用明显违背自然规律，破坏环境的现象时有发生，却也无法有效遏制。例如，非宜林区种树效果差、成本高，甚至造成资金浪费和土地荒漠化速度加快；在植树造（经济）林的利益驱动下，大量种植单一经济树种，引发林区病虫害，导致大量使用农药、污染环境、破坏当地生物链；引进外来物种威胁地方生物安全等。很多自然保护区中大量出现旅游资源开发过度、游客超载现象，湿地或被疏于开发，或成为过度排污的纳污场所，或者变为人工养殖场所等问题，往往与相关主管部门批准或默许有关，而隶属于林业部门的森林公安只能处罚未经林业行政主管部门批准的违法行为。

综上所述，过去40年，虽然环境管理机构与发达国家几乎同时起步，组织管理体系不断发展壮大，也是世界上第一个发布国家可持续发展战略《21世纪议程》的国家，但就其主要的管理领域、治理思路和实际履职情况看，目前还主要处于现代环境管理早期的污染治理阶段，在资源环境可持续管理、经济绿色化（环境经济政策一体化）管理等方面还远远没有建立起相应有效的管理制度、组织体系及其运行机制。环境与发展的矛盾还十分突出。以环境保护主管部门权力升格和机构独立为核心的环境管理行政体制改革方式，始终无法破解管理职能交叉、部门协调困难等体制难题，环境管理组织体系碎片化、分工混乱的局面改善甚微，管理决策和监督权力配置分散，政处多门、多头执法影响政府公信力的现象时有发生。进一步改革需要超越传统改革路径，加强环境管理体制的顶层设计，运用系统论的思想与方法，从职能整合、组织再造以及强化部门授权、手段配套等多种途径改革中国环境管理体制。这是当前优化中国环境管理结构的必然选择。

第3章 环境管理行政体制设计的若干理论问题[①]

3.1 环境保护的政府职能定位

职能定位是体制设计的基本出发点，决定了部门职能取舍和事权划分的依据。不同的政府职能定位直接影响着组织体系的架构、运行机制设计和相关政策工具的选择。界定政府管理部门的职能，即明确政府部门应当管什么，哪些应该集权，哪些应该分权，首先要划定政府与市场、政府与社会的事权界限，明确政府、市场、社会三者力量配比关系，识别三者各自的基本作用和最适合的事权。其次要明确不同层级政府的职能差异。至于政府在多大程度上干预经济和社会事务，则存在着"大政府"和"小政府"的两大理论阵营，并成为当代政治理论与实践的焦点问题（Christopher Pierson，1996）。

3.1.1 政府职能定位的基本理论

1. 政府职能的一般分类

政府职能是国家行政机关在一定历史时期内，根据社会经济发展需要所应承担的职责和应发挥的功能。政府职能的分类有多种角度。联合国制定了一个具有普适性价值的政府机构标准（竹立家，2008），它包括十个领域：①一般性公共服务，如立法部门、执行部门、财务部门、税收部门、外交部门，任何公民都需要这种服务；②国防，比较经典的是国防服务发展规划；③秩序与社会安全，如公安部门；④经济职能，经济职能部门对中国来说一直是个比较重要的部门，市场经济的进程在某种程度上决定了政府职能及政府机构的设置；⑤环境保护；⑥教育；⑦卫生；⑧娱乐、文化与宗教；⑨住房与社区，主要是解决老百姓住房问题或社区的福利设施。这也是一个很重要的部门；⑩社会保护，包括社会福利和社会保障。

马克思主义认为，任何国家都有两种职能，即政治统治职能和社会管理职能。其他西方政府管理学者一般认为，政府职能包括政治管理、经济管理和社会管理等基本职能。政治管理职能包括外交、国防、内政等领域。

[①] 本章作者：殷培红、杨志云。

政府的社会管理职能主要体现为对社会事务的管理，其管理范围不断扩大，其中公共事业管理是其最核心的部分。我国学者朱仁显（2003）将西方政府公共事业管理分为八大领域：科学事业、教育事业、文化事业、卫生事业、公共基础设施、公共住房、社会保障、环境保护。可见，我国政府职能体系中的公共事业具有不同程度的公共物品属性，属于国际话语体系中的公共服务概念范畴。

如果从市场经济中政府的角色看，政府职能可描述为公共物品的提供者、宏观经济的调控者、外部不经济的消除者、收入及财产的再分配者和市场秩序的维护者。其中，宏观调控职能，主要的管理工具包括财政政策、货币政策、计划指导与调节、对外经济政策与协调等（石杰琳，2011）。杜治洲（2009）认为，市场经济条件下政府的一般职能是：促进市场健康有序运行；提供和保障社会公共产品和服务；保护自然环境和消除外部性；实施收入再分配和社会保障；对国民经济的发展速度及结构、方向实施宏观调控。前三项职能属外部保障职能，后两项属内部调控职能。其中公共物品的提供，即公共服务。

所谓公共服务，就是筹集和调动社会资源，通过提高公共产品（包括水、电、气等具有实物形态的产品和教育、医疗、社会保障等非实物形态的产品）这一基本方式来满足社会公共需要的过程。公共服务的本质特性是满足公共需要（孙晓莉，2007）。按此价值标准判断，西方政府管理分类中的政治统治、政治管理职能也属于公共服务范畴。

在政府应当代表公共利益还是保护个人利益的政府职能价值取向方面，主张代表公共利益的边沁功利主义占明显优势。边沁认为，判断一个政府的好坏标准就是看它能否为最大多数人谋取最大限度的快乐。约翰·密尔在《代议制政府》中更直接表述为，政府的根本任务就是促进最大多数人的最大利益。中国学者赵学增（2006）也认为，政府的职能主要体现在社会公共利益的维护而不是政府局部利益凌驾于社会公共利益之上，因此，保护社会安全、维护社会公正、提供公共服务是政府的基本职能。

中国政府对政府职能的分类比较独特，将社会管理、公共服务、环境保护等概念并列提出。2002年，中共十六大报告中第一次将我国政府基本职能界定为"经济调节、市场监管、社会管理和公共服务"。2006年，中共十六届六中全会提出要"逐步实现基本公共服务均等化"，其中没有提到环境保护。2007年，十七大报告进一步指出"必须在经济发展的基础上，更加注重社会建设，着力保障和改善民生，推进社会体制改革，扩大公共服务"。2008年，十七届二中全会提出，"通过改革，实现政府职能向创造良好发展环境、提供优质公共服务、维护社会公平正义的根本转变"。2011年，中国政府发布"十二五"国家环境保护规划，提出了环境基本公共服务的概念，从其任务表述看，主要涉及环境基础设施建设。从这一概念可以看出环境保护职能与公共事业管理职能存在交集。2013年，十八届三中全会提出，加快转变政府职能，建设法治政府和服务型政府。政府要加强发展战略、规划、政策、标准等制定和实施，加强市场活动监管，加强提供各类公共服务。加强中央政府宏观调控职责和能力，加强地方政府公共服务、市场监管、社会管理、环境保护等职责。这里的社会管理，主要是指通过提供一些制度保障措施，发挥社区、非营利组织等社会主体在管理社会公共事务中的作用。

表述中国的政府职能,一方面体现了对环境保护职能的重视,另一方面也表明环境保护政府职能具有一些特殊性。

2. 国外政府职能定位的过程与经验

许耀桐(2013)从政府管理转型的角度,将近代以来政府职能的发展划分为三个阶段:第一阶段是管制型政府(19世纪50年代到20世纪40年代),这一时期的政府特点是"门难进、脸难看、话难听、事难办";第二阶段是管理型政府(20世纪50年代到20世纪90年代),这一时期西方国家发起新公共管理改革运动,政府也要按照市场规律,讲成本,强调管理的成效,政府"掌舵而不划桨";第三阶段是服务型政府(20世纪末至今),是新公共服务所倡导的服务型政府建设,服务型政府要维护公共利益,提出"公益至上",要尊重公民利益,提出"公民至上"等理念。政府提供的公共服务,大致可分成三大类:①政务性公共服务;②经济性公共服务;③社会性公共服务。其中社会性公共服务,包括教育、卫生、文化、福利、环境等,占了公共服务的大部分内容。下文将按照政府职能发展的线索对国外有关政府职能定位的理论演变进行梳理。

在政府管理公共事务的作用方面,围绕着政府与市场、政府与社会关系,针对"市场失灵"、"政府失灵"等问题,主要存在自由主义和政府干预两大代表理论流派,主导了近代以来西方政府职能变革和政府体制模式的选择。在市场经济发展背景下,首先占主导地位的是自由资本主义时期,以亚当·斯密为代表的"小政府"模式,随后是第二次世界大战前后强调政府干预市场,以凯恩斯为代表的"大政府"模式,再到20世纪七八十年代以来,以哈耶克、弗里德曼、布坎南等为代表的"有限小政府"模式。

亚当·斯密是自由主义政府理论的创始人。自由主义者出于对政府不断追求"公益"的扩张行动可能导致市场与民间社会自由侵害的考虑,应尽量限制政府权限与职能的扩张,主张"管得最少的政府就是最好的政府"。政府在社会中只要扮演"守夜人"和"警察"的角色,政府职能只限于保护社会、保护个人、建设和维护公共设施三个领域(亚当·斯密,1972)。也就是说,维持社会公共秩序、代表公民处理外交和国防事务等。受此理论影响,这一时期西方政府行政部门普遍规模较小,行政机构数量少,管理内容主要集中在提供宪政制度、产权保护、法律框架以及范围有限的公共事业服务。

20世纪20年代,资本主义经济进入垄断时期,周期性的经济危机以及随之而来的一系列社会问题,针对"市场失灵","政府干预经济"的主张逐渐占主导地位。"二战"以来,随着"罗斯福新政"的成功,凯恩斯主义盛行,政府逐渐被授予越来越多的经济和社会管理职能,一系列由政府制定和控制的公共政策、公共机构、公共项目应运而生。政府支出用于公共服务的比重不断提高,政府规模不断扩大。

20世纪60年代末,长期国家干预主义政策使政府财政负担过重、通货膨胀居高不下,经济增长停滞,失业率上升,公共服务效率低下。针对社会经济管理的"政府失灵",新自由主义、新公共管理、新公共服务理论陆续应运而生,分别从政府的经济职能和政府职能两个角度重新定义了政府职能。

20 世纪 70 年代的新自由主义认为，政府的角色既不能像计划经济那样配置资源、调节经济，也不能像凯恩斯主义那样，运用经济政策干预经济，而只是维护市场经济的秩序，政府的角色是裁判员，而不能作为运动员参加比赛。政府应该创造条件使得市场和价格制度能够发挥最大功能。例如，弗里德曼的货币学派强调，政府的权限应当是有限的，主要是维护秩序，规定财产权内容，制定市场游戏规则，补充私人慈善事业的不足，对缺乏能力的公民提供社会保障等。坎布南的公共选择学派运用经济学分析方法，提出政府的角色主要就是设法将社会摩擦的系数和交易费用降低到人们可承受的范围。公共决策如果以集体作为决策主体，以公共物品为对象，并通过一定的政治秩序的政治市场来实现，其决策过程将是一个十分复杂的过程，存在种种困难、障碍和制约因素，使得政府难以合理制定和实施公共政策，导致公共政策失误。这样政府介入，加强干预，非但不能弥补市场缺陷，反而加剧了市场失灵，带来更大的资源浪费和社会腐败问题。因此，公共选择学派主张在政府部门中，引入竞争机制，对政府的支出和税收加以限制。

20 世纪 80 年代，新公共管理理论发端于英国、澳大利亚、新西兰等英联邦国家的公共服务领域改革，后来影响到西方各国新一轮政府机构改革。该理论的主要观点是：第一，对政府的职能重新定位，政府的主要职能是向社会提供服务，但并不意味着所有公共服务都应由政府直接提供。政府应根据公共服务的内容和性质不同，采取不同的供给方式。政府提供的公共服务应以"客户"的公共需要为导向；第二，重视政府活动的产出和结果，在预算总量控制下，给直接提供公共服务的经营管理人员和机构充分的自主权，以适应变化不定的外部环境和公众不断变化的需求；第三，采取严格的绩效目标控制，提高公共服务的效率与质量；第四，强调政府采用私营部门成功的管理方法和手段（如成本—效益分析、全面质量管理、目标管理等），引入竞争机制，取消公共服务供给的垄断性等；第五，关于政府的经济管理职能，新公共管理理论认为政府的作用是"掌舵而非划桨"，在明确政府应该管什么和不应该管什么的问题之后，通过非国有化、自由化、压缩式管理等改革措施缩小政府规模，减轻政府负担，提高政府工作效率。

20 世纪 90 年代后期，面对政府管理中部门主义、本位主义导致的政府协调与合作的困境以及治理的"碎片化"问题，英国、加拿大、澳大利亚等西方发达国家政府改革学者和咨询机构提出了整体政府（holistic government）、协同政府（joined-up government）、合作治理（collaborative governance）等府际关系理论。整体政府包括四个方面内容：排除相互破坏与腐蚀的政策情景；更好地联合使用稀缺资源；促使某一政策领域中不同利益主体团结协作；为公民提供无缝隙而非分离的服务（曾维和，2008）。建立整体政府的主要途径和手段包括"中央行政部门不同政策领域之间日益增强的横向协作、部委与其代理机构之间的内部纵向协作以及地方机构在提供公共服务时进行的协作"，以促使各种公共管理主体（政府社会组织私人组织，以及政府内部各层级与各部门等）在共同的管理活动中协调一致，改善政府间管理的整体效益。强化核心控制部门的实力、组建整合或跨部门的政府机构，以及建立在政府部门间充分协商和共享信息基础上的政府部门"公共服务协议"等。

1997年世界银行发布的《世界发展报告：变革世界中的政府》中，提出了政府的5项基本任务（fundamentals），即建立法律基础、保持非扭曲性的政策环境（包括宏观经济的稳定）、投资于基本的社会服务与基础设施、保持承受力差的阶层和保护环境。如果这5项任务政府不能很好履职，国家将不可能取得可持续的、共享的、减少贫困的发展。此外，该报告还将一国政府应具备的职能划分为最小职能、中等职能和积极职能，如图3.1所示。政府职能越往右侧，与社会共享的程度越高。从中可以看出，环境保护职能应是政府与社会共同分担的职责，需要合理界定政府与社会的职责界限。

图3.1　1997年世界银行对于政府职能范围的界定

3．政府职能定位的共性

从上述国外政府的公共服务职能发展趋势看，20世纪80年代以来，铁路、电信、电力、民航、排污工程、垃圾处理等公共基础设施领域普遍进行了市场化、社会化、放松政府管制的改革，市场机制在该领域的作用日益增大。而在社会保障、质量监督、公共卫生、环境保护等领域，政府没有撤退，而是不断改革管制方式、提高管制质量（石杰琳，2011）。政府职能社会化，则主要是发挥社会主体活力，通过授权社区、非营利组织等方式将部分公共服务向社会转移。尽管"二战"以来，各国在政府职能定位方面有不同程度的摆动，但总体可以看出如下基本规律。

规律1：有关政府权限问题。综上所述，从以上国外政府机构改革和职能定位演变的历史考察中，可以发现所谓的"大政府"和"小政府"并不是简单的政府规模、机构和编制数量的问题，而是政府权限问题，以及履行政府职能的能力强弱问题。西方国家提出的所谓小政府，是一种立足于社会自主空间最大化的政府类型，是行政范围最小化，并且机构和人员数量保持在有效的低度状态的政府（徐邦友，2004）。中国行政管理学会副会长石亚军（2010）认为，机构改革的目的是精设机构、优配编制、提高效率、降低成本，既要解决不该有的机构膨胀和臃肿的弊端，又要保证应该有的机构和编制设置，对应发展中的政府职能。只有在对某项职能需要多少人来做，一个人能够做多少事进行量化分析的基础上，因事设位地确定职能与机构和编制的关系，该精简的精简，该增编的增编，而不是所有机构按照一种标准和程度统统裁减。政府应当将具体微观事务执行职能分权给社会和市场，注重发挥宏观协调、执行监督的职能。改变既当运动员，又当裁判员的角色定位。

规律 2：有关政府职能属性问题。尽管古典自由主义、凯恩斯主义、新自由主义、新公共管理理论、新公共服务理论等不同阶段、不同理论流派在界定政府职能属性，划分政府与市场，政府与社会的职能边界分明存在不同甚至是对立的主张，但有一个理论共识是，政府职能的基本属性是为社会提供公共服务，强调政府权力的公共属性。公共服务的外溢性、公益性，决定了公共服务是政府的基本职能，运用公权力的过程中，要加强权力制衡。从公益性角度，政府要保持中立性和权威性，见表 3.1。

表 3.1　有关政府角色的不同理论（燕继荣，2013）

角色假定	代表理论	主要推论	改革政策导向
公益代表	国家主权理论	实现公意和公益需要政府（卢梭）	最大限度发挥政府职能
中立裁判	政府中立理论	克服无政府战争状态需要政府（霍布斯）	保持中立性和权威性
追求私利的经济人	公共选择理论	政府双重身份：公共性和自利性	加强对政府权力的制约与监督，防止寻租
强权统治工具	无政府主义理论	政府是统治阶级的暴力机器（巴枯宁）	弱化政府功能，实现社会自助和自治

规律 3：有关政府职能表现形式问题。满足多种社会公共需求，提高公共服务效率需要发挥政府、市场、社会多方力量。受制度经济学派影响，无论是在经济职能、社会管理、公共服务等不同职能履行中，政府的职能履行形式主要表现为制度供给，即制定有效的政策、规则、标准，建立合理的激励—约束机制、严格监督、执法，引导市场和社会共同为公民提供高效、价廉的公共服务。其中制定供给、协调与监督执行是政府职能的基本形式。例如，德国联邦政府的主要职能定位为政策制定、信息提供、组织协调和检查监督，其余由地方政府负责。

总体来讲，有限政府、法治政府、服务型政府构成了现代政府的主要特征。中国作为现代化后发国家，如果能借鉴发达国家治理经验与教训，同时又结合中国国情现状，则可以少走弯路，甚至实现跨越。

3.1.2　环境管理政府部门职能定位的国际经验

从国际经验看，各国环境主管部门主要职责是制定统一的国家环境政策、标准，参与环境立法，监督、指导地方、企业执行国家环境政策，以提供资金、技术、培训等方式激励治理主体采取行动等。统一监管、公共服务、跨区域协调等职能定位比较清晰。

在处理环境管理与经济发展关系中，环境保护运动一直是推动国际可持续发展的重要力量。环境管理部门在政府管理中的地位越来越趋向于综合管理与宏观调节，以推动经济的绿色化，环境与经济一体化（或简称"环境政策一体化"，Environmental Policy Integration）

发展，将环境关切融入非环境政策的决策程序之中，已经成为实现更好规制的一个长期性挑战。为此，各国环境管理主管部门在国家可持续发展战略中的地位越来越突出。目前绝大多数国家参加并签署联合国环境与发展大会有关会议文件的政府部门代表是环境部部长。

此外，根据 2011 年国际知名学者马丁·耶内尔和克劳斯·雅各布主持的生态现代化评估中，沃尔凯利、斯万逊等学者发现，全球 19 个发达和发展中国家在实施可持续发展战略过程中，国家可持续发展战略的制定直接或间接地通过一个协调委员会或可持续发展委员或理事会来负责，并由环境部承担主要负责，而可持续发展战略的具体实施责任留给了各国部门，但环境部没有被授权对其他部门实施进行调控。因此，无论是发达国家还是发展中国家，各国可持续发展战略还停留在早期学习阶段，并在为将话语转为行动的斗争中。因此，他们建议应当将协调政府各部门推动可持续发展战略的责任向政府的核心部门（例如，首相或主席团办公室）转移，而不能是某个政府部门（沃尔凯利，斯万逊等，2011）。

在管理环境资源稀缺性方面，国际上普遍认同对资源可持续利用应当综合管理，例如，2007 年联合国《可持续发展世界首脑会议实施计划》进一步强调，"为了尽早扭转目前自然资源退化的趋势，有必要在国家和适当的区域层面，实施目标明确的生态系统保护、土地、水和生活资源综合管理的战略"。而且通常负责资源环境综合管理的部门也是各国环境管理主管部门。主要体现在以下两类职能定位。

第一类是定位于直接负责可持续发展战略的国家政策制定，并负责可持续发展的日常管理。例如，法国环境、能源和海洋部设两个机构，可持续发展委员会负责相关国家战略的起草、实施和跟踪；环境与可持续发展总理事会（部际协调机构）主要负责观察、控制、检查、协调各部门行动。英国环境、食品和农村事务部主要负责国家可持续发展政策制定，组织实施各种绿色经济、绿色商业计划。韩国环境部的环境政策馆具有制定和修订国家绿色科技和产业的法律法规、管理框架和政策，起草和组织实施中长期计划的职能。巴西环境部的职责包括制定国家的环境和生产一体化政策、生态和经济的国土开发区划，并设立经济与环境司、可持续发展促进司两个内设机构。

第二类是将环境部门的可持续发展管理职能定位于监督或协调。例如，意大利环境、国土和海洋部下设的可持续发展、气候与能源管理总局，负责监督管理国家的可持续发展。瑞典环境和能源部在可持续发展管理方面，主要定位于监督、协调、公布信息。

3.1.3　政府管理中环境管理职能定位的基本要求

环境保护是现代政府的基本职能之一。早在 1980 年，时任国务院环境保护领导小组办公室副主任的曲格平就十分清晰地提出了环境管理的三项基本职能：第一，编制环境保护规划；第二，组织环境保护工作的协调；第三，进行环境保护工作的监督[①]。随着我国

[①] 摘自环境管理干部讲习班上的讲课提纲（节录），载于《中国环境问题及对策》一书。

环境问题的日趋复杂化，各个部门对环境管理工作重视程度的加大，我国环境管理主管部门从西方借鉴的一些环境政策一体化管理职责逐渐被划转、蚕食，管理层与学术界对环境管理主管部门自身所具有的职能定位问题逐渐成为争论的焦点问题，但却一直没有明确系统地阐述。一些局部职能的讨论观点也难以形成管理层和学术界的共识。本节从环境问题、环境管理自身特点出发，结合学术界有关政府职能定位的有关理论与国际实践经验，初步探讨环境管理政府主管部门的职能定位问题。从环境问题和环境管理自身特点出发，环境管理政府主管部门职能定位具有以下四个基本特征。

1．环境问题的复杂性和整体性，要求环境管理主管部门应是一个综合决策的管理部门

环境问题的复杂性和整体性使得环境管理范围具有明显的跨领域性。这种管理特征，与传统专业化分工的政府组织模式不匹配。正如著名学者马丁·耶内克所指出，现代政府都是以"部门"责任为基础，通过界定清晰的政策领域而划分行政管理部门，通过部门的专业化分工提升组织管理效率。但是，部门化分割的行政系统与环境问题的复杂性和整体性相互矛盾。这种组织体系不但不能很好地应对跨部门问题——例如环境问题，反而成为跨部门问题出现的一个重要原因。农业、能源或交替政策与环境保护的努力相互抵消，它们通常纵容所代表的目标集团做出对环境有害的事情。因此，为了可持续发展，必须解决污染部门的利益约束问题，对这些部门的管理权限进行改革（耶内克，雅各布，2011），并通过决策过程的统一性、综合性增强行政系统运行的协同性。又如欧洲环境局（EEA，2003）认为，要实现环境综合决策，需要改变决策管理过程，首先要改变政策关注的重点，从关注环境问题本身转向关注导致产生这些问题的原因，即从政府的"末端治理"部门要转向"驱动力量"的管理部门。

2．环境问题的跨领域性和跨界性，要求环境管理主管部门应是一个统筹协调管理部门

环境问题的跨领域性导致很多环境管理工作经常需要多个行业部门合作完成。例如，《国家环境保护"十二五"规划重点工作部门分工方案》（国办函〔2012〕147 号）中 85 个具体事项中，环保部门牵头的有 58 项，占 68.24%。能够由 1 个部门独立完成的事项仅有 2.35%，需要 3 个及以上职能部门协调的事项高达 93%，平均每个事项需要将近 6 个部门协作才能完成。其中，涉及部门最多的 1 个事项需要多达 13 个部门相互协调（见图 3.2）。从规划编制到组织推动国家环保规划执行的角度，统筹协调职能不可或缺。大气、水等环境要素的流动性形成了环境问题的跨界影响，这就需要环境管理部门统筹协调相关行政区域间的环境管理行动，通过建立跨区域的统筹协调管理机制，促进跨行政区域的协同治理。

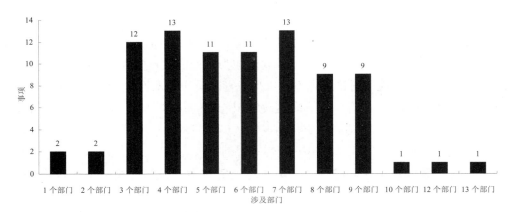

图 3.2 环境保护"十二五"规划重点工作事项涉及部门的数量与分布（杨志云，2015）

3．环境管理的公益性和多元主体性，要求环境管理主管部门应是一个价值中立的部门

环境是一种公共资源，人类生存和发展的基础。良好的环境是全社会共同需求，是最大的民生。环境保护的这种民生必需性和社会公益性，使环境管理职能具有明显的公共服务属性。环境保护的行为主体具有社会普遍性，环境管理的公益性一方面需要政府提供制度保障，另一方面也需要通过社区管理、非营利组织管理等多种途径，发挥每个利益相关主体的积极性，参与环境保护。满足社会公共需求，提供公共服务主体的这种多元化特征，环境管理必须保持管理的中立性，协调和平衡各相关主体的利益关系，并履行公共服务的监管职能，从而实现政府管理的公平正义目标。

4．环境管理的跨领域性和技术性，要求环境管理主管部门应是一个专业化管理部门

管理客体的整体性决定了环境管理的基本方法和路径应对遵循系统论的管理原则。环境系统的多层级、多时空尺度的系统特征，决定了环境综合管理方式运用的必要性，同时也决定了其管理技术的专业化特征。例如，托马斯·思德纳（2005）认为，环境保护机构直接提供公共产品的方式是利用其自身的人员、技术秘诀和资源去解决特定的问题，即环保职能的专业技术性服务特点。因此，环境管理主管部门必须是环境领域的专业管理部门，其管理职能是经济、产业部门不可以替代承担的。

综上所述，环境管理具有宏观调节、综合协调、社会管理、公共服务等多重职能。这些管理职能特征，横跨了 2002 年中共十六大报告中首次提出的我国政府四大类型职能："经济调节、市场监管、社会管理和公共服务"。2013 年，中共十八届三中全会决定有关政府职能转变中，又将环境保护作为一项重要职能，与这四大基本职能并列阐述。这一方面体现了对环境保护职能的重视，另一方面也表明环境保护政府职能具有一些特殊性。

3.2　环境保护政府部门的事权配置

合理的政府事权是政府为履行其职能而被赋予的行政权力。政府事权的边界完全取决于政府职能的内容和实现方式。根据事权配置过程中剩余权归属的不同，政府间事权配置可以有两种方式：一是分权方式；二是授权方式。分权既包括横向向其他部门和社会分权，也包括纵向向地方政府分权。

3.2.1　政府部门事权配置的基本理论问题

1. 古典组织理论有关部门事权配置的理论

在微观组织设计领域，古典组织理论是目前学术界比较公认的，又经过实践检验，可用于政府部门事权划分的理论之一。古典组织理论的主要代表人物及其流派包括马克斯·韦伯（Max Weber）的法律学派，以弗利德里克·泰勒（Frederick Taylor）为代表的科学管理学派，以法约尔（H. Fayaol）为代表的行政管理学派。这些学派非常强调制度规范、科学管理和专业分工的重要性，为在政府组织架构之间科学配置事权提供了理论基础。

1）卢瑟·古利克（Luther Gulick）的古典组织理论

古典组织理论学家卢瑟·古利克（1937）基于管理过程中的专业化、分工和协调的矛盾，最早提出了部门划分理论。"分工是组织的基础，也是组织的原因。"这使得协调成为一种必然：通过自上而下的组织协调和通过思想支配进行协调是两种主要的方式。并提出了组织设计的五个原则，即：①组织最高领导者职能定位原理；②顶端综合协调原理；③控制幅度原理，因知识、时间和精力的限制，能够直接支配和管理的范围有一定的限度；④命令指挥统一原理；⑤部门划分同质性原理，即一个共同工作的群体的效率与工作（或技术）的同质性、程序的同质性、目的的同质性直接相关。具体如图 3.3 所示。

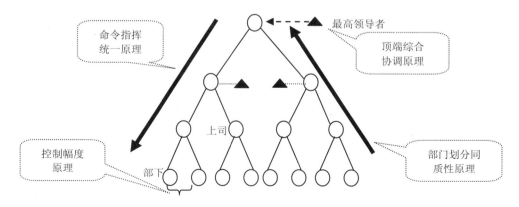

图 3.3　卢瑟·古利克的古典组织理论示意图

2）马奇和西蒙（Simon）关于组织设计的基本原理

西蒙（1993）进一步对于古典组织理论的部门划分理论（theories of departmentalization）进行了扩充。西蒙的组织设计基本原则，包括①组织结构形态，应设计成层级结构，即上层为非程序化决策层、中层为程序化决策层、基层为作业层；②组织的专业分工，将整个决策系统分成若干彼此相对独立的决策子系统，以分散决策，尽量减少子系统之间的依赖性；③组织的工作重心，应放在重要的决策任务上，以便有效地利用有限的信息处理能力，即利用组织的"注意力资源"，选择吸收那些组织长期战略决策所必需的信息；④合理处理集权与分权的关系，要顺利实现组织目标，必须有一定的集中协调机制。

（1）虽然西蒙的组织设计的四个原则是针对微观组织的，但也同样可迁移运用到政府的决策权配置方面，即行政决策中枢属于侧重非程序化决策的决策层，政府内阁部门属于侧重程序化决策的决策层。也就是说，政府行政决策中枢做决策，政府组成部门进行政策制定。可见，行政决策中枢与组成部门之间存在宏观层面战略决策与中观层面（行业）政策制定之间的分权与协调关系，政府组成部门与其他非政府组成部门或执行机构是政策制定与执行的关系。

（2）西蒙的组织设计原则②和④，强调了组织体系分工中关于综合管理与专业化分工的关系，为了保证目标实现，必须要有一定的集中协调机制，但同时专业化的分工也是必要的，应依据专业化程度进行必要的分工。在自下而上将专业职能结合为集合体时必须运用同质原则，并寻找二者的结合点（Luther Gulick，1937）。部门划分实际上是任务分派的最优分配问题，集中体现在自给程度[①]（或协调要求）和技能专业化两个变量。通过专业化，过程型部门划分比目的型部门划分能获得更大的经济优势；目的型划分比过程型划分带来更大的自给程度和更低的协调成本（March，1997）。引入组织规模变量，过程型组织的边际优势或降低，因此，随着组织规模扩大，净效率会从过程型组织转向目的型组织（March & Simon，1993）[②]。

（3）西蒙组织设计原则③，则给出了分权的一种判断依据，即根据组织决策所需的信息处理能力，将有限的注意力资源（即调控）放在重要的任务上，重要性的标准是长期战略性的决策，其他中短期战略性问题，包括长期战略执行都是可以分权出去的。

2. 现代组织理论有关部门事权配置的理论

20世纪50年代末和60年代初，面对"二战"以后西方经济的繁荣，经济规模迅速扩张，社会经济分工日益繁杂，古典组织理论受到挑战。一些现代组织理论流派应运而生。现代组织理论将组织看作一个具有自组织能力的有机体，注意到组织环境对组织结构的影响，而不再单纯强调组织结构的恒久不变，要求组织结构要对动态环境具有一定

---

① March & Simon（1993）认为，自给程度是几个组织单位完成其活动的条件与其他组织单位完成其活动的独立的程度，如果缺乏这种自给程度意味着对协调需求会变得更强。因此，自给程度与协调要求是"一个问题，两种表述"。
② March & Simon（1993）认为，目的型组织是各个部门的任务清单与手段—目的图相符合的组织；过程型组织的过程相似性体现在使用的技术、知识、信息和设备等方面的相似性。

的开放性、适应性与回应性，组织不仅要追求效率，还要吸纳社会价值观等文化因素的影响。在组织设计上出现了适应性系统理论与偶然性理论（雷蒙德·迈尔斯，查尔斯·斯诺，2006）。

适应性系统理论认为，组织的特点各不相同，不同组织适应着不同的环境条件。组织分为两种，即更具官僚性、结构稳固不变的组织与更灵活、结构较为松散的组织，前者适应稳定的环境，而灵活的组织是建立在诸多偶然性和复杂性基础之上的。

偶然性理论的主要代表人物詹姆斯·汤普森认为，管理层的基本职能在于：通过保持组织的生存环境、技术和组织结构三个动态要素之间的良好配合，保证组织的生存与发展，并且认为权力越分散，组织面临的不确定性越大，组织内部越需要采用越来越复杂昂贵的协调机制协调内部活动。因此，组织必须在保持核心技术的同时下放决策权，以提高组织效率和适应环境的能力。组织之所以要下放权力，是因为信息处理的要求越来越高，而管理人员的思考有限。范广根（2009）将偶然性理论要点概括为三点，组织为了生存，必须吸收环境的不确定性，为此，①组织必须调整结构和功能；②组织还必须下放权力，这样才能迅速地了解并应对环境的不确定性；③进行组织职能合并，即实行大部制。

3. 纵向事权划分的基本逻辑

相比较而言，理论界对纵向事权配置研究更为活跃，其理论焦点围绕集权与分权的标准及价值取向上。联邦制和单一制两种国家结构是影响国家权力纵向分配及其制度化安排的重要体制背景因素。直接影响各国处理中央—地方关系的宪政框架、各级政府功能于责任的分配、公务员管理方法、中央用于控制地方政治经济和行政的权力，以及地方机构享有的独立性等均存在较大差异。

在理论上，目前形成了多种阐释纵向政府间关系和事权划分的理论，如政体—国体—国家结构理论、委托—代理理论、公共产品层次性理论、博弈理论、市场经济理论、公共需要理论、制度变迁与体制创新理论、公平与效率理论、依法理财理论、公共财政理论等（郑毅，2011），进而形成了若干指导各级政府事权划分的基本原则，如受益原则、效率原则、能力原则三大公认的公共事务事权划分原则（孙晓莉，2007）。此外，还有溢出效应原则、区域均等化原则、分权原则、中央控制原则和法制原则（郭晟豪，2014），以及从监管公共服务角度，提出的针对公共服务供给多元主体的权力制衡原则（孙晓莉，2007）等。这些公共服务事权配置原则为本课题组考察政府间事权配置，提供了有益的启发。

本课题组认为上述这些原则处于不同层次和角度，需要进一步厘清各原则的关系，区分过程性原则和结果性（目的性）原则，用过程性原则指导组织设计过程，用过程性和目的性两类原则作标准对组织设计问题进行诊断。显然，受益范围原则和溢出效应原则，具有很多相似性，所不同的是受益范围原则是从公共服务接受者角度提出的，并且主要适用于纵向事权配置。而溢出效应原则是公共服务供给角度提出的，既适用于横向，也适用于纵向事权配置。效率原则和区域均等化原则是公共服务供给的核心目标和判定标准。受益原则如果从公共服务监督职能角度考虑，这些原则还不足以解决政府间权限冲突与合作的全部问题。

　　总体来看，目前对政府事权划分的研究主要沿着政治逻辑和经济逻辑两条主线展开。政治逻辑关注的是一国的政治结构、分析该国的政府组织形式，如联邦制与单一制国家的区别；而经济逻辑则更多运用经济学的理论和方法思考如何科学划分央地事权和处理纵向政府间关系来提升政府管理的效率和实现公共物品的有效供给。

　　政治逻辑认为基于国家的结构形式形成的中央与地方间关系是影响纵向事权划分的首要因素，政府纵向间事权划分主要有两种分割模式。在单一制国家，各地方自治单位或行政单位受中央统一领导；而在联邦制国家中，地方政府则有很大的独立性和自治权。因此，国家结构形式的差异反映在中央与地方环保事权划分上就突出表现为中央与地方政府环保责任的厘清问题。即谁对环境保护负有兜底责任。在联邦制国家，宪法都对中央政府的权力进行了明确规定；而地方政府的自治色彩很强，权力较大（任广浩，2009）。

　　经济逻辑遵循效率最大化的原则，找寻依据公共物品属性和不同层级政府功能特点进行划分和匹配的权变模型。即不同属性的公共物品分别由不同层级的政府分别或联合供给。经济逻辑关心的是在既有的政治结构下如何找到最有效率的物品供给方式。

3.2.2　公共服务事权配置的基本理论

1. 公共服务事权配置的实践发展趋势

　　公共管理理论认为，为了克服市场失灵，政府必须承担提供社会保障、社会公平、教育平等、医疗保健、环境保护等基本公共服务的责任。但是，政府不是公共服务的唯一提供者，而是提供公共服务的促进者和管理者。为了提高公共服务的针对性和有效性，需要将权力下放到适当一级政府，并按照受益范围原则、效率原则、能力原则配置公共服务事权。中央/联邦政府、上级政府提供具有普适性、外溢性的公共服务。针对公共产品消费的非排他性，新公共管理理论主张政府可以将公共产品实行经营权与所有权分离，统一管理公共物品所有权保证公共利益得到有效的公平分配，通过经营权特许经营，引入竞争机制提高公共服务的效率。受这些理论影响，在央地政府间关系上，近二三十年国际上出现了以下三大事权配置趋势。

　　（1）无论联邦制还是单一制国家在公共服务领域实践层面上出现国家再集权与地区分权改革并存。例如，20 世纪 80 年代以来，美国、德国、加拿大等联邦制国家在环境、食品、社会保障等公共服务领域的政府管理职能向联邦部门集权趋势加强。而法国、日本、韩国等单一制国家的政府管理则普遍采取了权力下放、给地方更多自治权力等方法来维系权力结构的平衡。联邦制和单一制国家，虽然在政体上存在诸多差异，但其政府间财政关系的演进却有着类似的走向。即联邦国家联邦的权力逐步承担更多的职能；而单一制国家则进行分权化改革（楼继伟，2013）。

　　（2）重视跨行政区域的次国家级综合管理机构建设，以适应教育、医疗、科技、环境、食品等公共服务的外部性问题和调节不同地方政府间公共服务公平性和竞争摩擦。例如，许多国家纷纷建立了隶属环境主管部门的强有力的区域派出机构，负责协调、监督地方政府执行国家环境政策。这种管理机构大体有两种类型：一是以若干行政区域为主体，建立若干大区管理机构，如美国国家环境保护局的 10 个区域办公室、日本环境省的 7 个地方环境事务所；二是以流域为主体的流域行政管理局，如法国的 6 个流域委员会及其执行机构水管局，其中水管局隶属法国环境"大"部，澳大利亚环境"大"部在大堡礁设置的区域执行机构，韩国环境部的 4 大流域办公室（2010 年以后升格为区域环境厅）等。

（3）在公共服务市场化和社会化的过程中，重视加强公共服务的监管。监管的目的是为了修正"政府失灵"、"市场失灵"和"第三部门失灵"等，避免由于信息不对称、负外部性、歧视性等多种因素的影响而可能给社会和公众带来的利益损害。从英国、美国、韩国、日本等代表国家的监管实践可以看出，公共服务监管具有如下三个发展趋势（孙晓莉，2007）。

第一，经营性公共服务监管放松与社会性公共服务监管加强并存。公共服务市场化和社会化并不意味着政府就放弃了自己应当承担的监管责任，也不意味着取消政府的管制，从所有领域一味地强调撤退。例如，20 世纪 80 年代以来，西方发达国家在电信、航空、铁路、电力等一些具有经营性、自然垄断行业放松管制的同时，加强公共服务监管（孙晓莉，2007），但是在一些社会性公共服务领域，如社会保障、质量监督、公共卫生以及环境保护等仍然存在管制的公民需要，政府则采取改革管制方式来提高管制质量（石杰琳，2011）。这种发展趋势最为典型的是在环境保护领域，如美国颁布《国家环境政策法》，成立环保局，加强环境监管。提高管制质量主要通过加强立法、成立相对独立的监管机构、发挥社会多方力量协调参与等多种方式，加强公共服务领域的监管。

经营性公共服务监管存在多种监管手段。例如，制定准入资格、服务标准、服务价格或规定服务的覆盖范围、绩效管理等。其中，公共服务价格调控具有多种目标，主要包括防止垄断价格侵害消费者利益；促使垄断者有效率地提供服务；提供有效的激励以吸引其他资本进入公共服务领域；实现收入再分配目标等。社会性公共服务的监管方式主要有三种方式：行政审判制度、制定标准、运用经济手段，如税费、补贴、排污交易等（孙晓莉，2007）。

第二，重视对监管者的监管，主要通过社会公众的舆论监督、媒体监督、信息公开和透明等多种途径，防止出现"规制俘获"现象（孙晓莉，2007）。

第三，注重公共服务监管的独立性（孙晓莉，2007）。公共服务的监管独立性既是实现政府管理的公平公正目标的重要保障，也是防止政府失灵的重要条件。

2. 公共服务事权配置的基本原则

遵循经济学的基本理论和逻辑，结合环境管理公益性、跨界性、区域性等特点，以国家治理体系现代为目标，从影响环境公共服务供给效率和公平的四个主要因素，即外部性、信息对称性、规模效应和能力匹配原则来划分我国各级政府间公共服务的事权。此外，公共服务事权配置还应遵循政治学逻辑，配置政府各类事权的通用原则，如法制化原则、权力制衡原则、权责统一性原则等，在此不再重复赘述。

1）外部性原则

外部性（externality），又称溢出效应，源于马歇尔 1890 年在其《经济学原理》中提出的"外部经济"概念。根据经济活动造成的积极或消极影响，可分为正外部性和负外部性。而根据经济活动影响范围的不同，又可划分公共物品的不同层次，如全国性公共产品、跨域性公共产品（准全国性公共产品）和地区性公共产品。

公共物品的外部性特征对政府管理事权配置提出了特殊要求。公共经济学理论认为，仅仅依靠市场力量，不能在公共产品和私人产品之间使资源配置达到最优，非排他性直接导致资源配置的价格机制失去效用。因此，市场不能提供公共物品（除了少量或特殊例子中，例如慈善团体或赞助商来提供），需要政府和其他一些政治团体来提供公共物品（托马斯·思德纳，2005）。稀缺条件下，资源环境使用具有"拥挤"性，环境具有准公共物品属性。资源环境使用的竞争性，为市场和社会进入环境管理体系创造了条件。界定政府与市场、政府与社会职能的标准，可以环境公共物品的可经营性来判断。例如，排污工程、垃圾回收处理等公共基础设施的建设与运行具有经营性的，这类环境公共物品的提供，需要坚持效率原则，其职能可转移给市场和社会。而良好的环境质量这类非经营性公共物品的提供，依然是政府的职能，同时也存在着进一步分权的空间。例如，在政府的财政、管理、供应、控制等职能中，如果政府提供资助，就不必直接管理供应，供应的职能可以通过雇用私有企业提供服务来体现。而且由于社会活动的融资和供应或多或少呈现分散状态，政府提供公共产品（包括各种环境服务）也可以有多种方式，直接提供公共产品只是其中的一种极端方法（托马斯·思德纳，2005）。为此，在公共服务领域的事权配置设计时，选择公共物品提供者需要考虑其各自的局限性和适用条件。

市场手段和政府干预（政府调控）是稀缺资源配置的两种重要方式。当市场活动中存在不完全竞争、外部经济效果（例如，提供共有资源和公共物品时）、信息不对称等情况时，市场就无法有效地实现资源的最优配置，甚至市场失灵。这也是政府干预和履行政府职能的重要原因之一。而环境资源恰好是一种典型的公共物品或共有资源，难以界定其产权，而且环境问题的复杂性和空间异质性（区域差异性），导致环境信息存在明显的不对称性，都使在环境管理中，难以完全依赖市场机制独立发挥作用，而需要利用政府市场调控职能进行适当干预，纠正市场失灵和弥补市场机制运行的不足。

同样原因，如果政府没有依据环境管理对象的上述特征而适当配置管理部门的事权，提供有效的制度供给，也会同样存在政府失灵问题。此外，由于政府的不合理干预，不仅不能修正有缺陷的市场，反而会进一步扭曲市场。根据导致政府失灵的原因，可以将政府失灵划分为政策失灵和管理失灵两类（张坤民，1999）。其中，管理失灵主要是指各级政府组织中存在一系列管理问题，如机构设置及其职责混乱、管理方式和手段落后、部门之间不足等都会引起管理失灵（冉瑞平，2010）。政策失灵主要是指政策本身设计问题，例如，不能很好地反映环境资源的真正价值和使用成本，或政策本身具有明显的价值偏向而不符合社会整体利益和长期目标等。

政府提供公共产品和公共服务也会产生外部效应。因此，依据外部性原则，政府在供给公共服务的过程中，常常需要根据服务的受益或影响范围、公共物品的属性来确定由何级政府提供是合适的。按照公共产品的层次属性和效率原则（公共物品效用最大化原则），通常全国性的公共产品由中央政府承担；而准全国性的公共物品具有利益外溢性和区域性特征，需要进行跨区域的协调和分工，则由中央和地方政府联合提供或多个同级地方政府联合提供；地区性公共产品，涉及的范围相对较小，地方政府对辖区内居民的需求偏好、数量、质量等信息掌握得更多更准确。此外，不同地方政府之间的横向竞争也会使公共服务的质量普遍得到提高。因此，由地方政府供给效率更高，且能够较好实现公共产品的直接受益者与供给物品的成本分摊的挂钩。

2）信息对称性原则

对信息的控制和管理在组织机构事权配置方面一直占有重要的地位。组织管理学认为，有效地沟通和决策信息的流动对组织结构的形态和运行效率具有重要的塑造作用（西蒙，2008）。特别是在公共服务领域，由于公共事务信息的复杂性决定了不同层级政府具有不同的信息比较优势，更需要根据组织体系中各组成部分的信息比较优势，组织结构之间信息的选择性流动特点等合理配置事权，以提高管理效率。

一般来说，随着行政层级的增加，委托—代理的信息链的延长，信息不对称性逐渐加大。通常低层级政府相比较高层级的政府具有更多的信息优势，更加了解基层的情况，搜集和处理信息的成本相对较低。因此，地方政府也比中央政府更容易识别信息不对称。而信息越复杂，存在信息不对称的可能性也就越高。中国的国情和复杂性决定了中央与地方政府间存在严重的信息不对称，中央政府很难了解基层的真实情况。并且，中央与地方政府间存在持续的动态博弈。为了保证公共服务供给的有效性和监管的效率，相同外部性的公共服务事权应配置在有关信息不对称性差异最大的层级，以形成相对独立的供应关系，减少权限冲突的可能性，提高供给效率；而监督权宜配置在信息完备的管理部门或层级上，这样可以避免因信息不对称导致的公共服务监管失灵问题。

总体来说，信息的复杂性和非对称性决定了中央政府仅承担那些具有高外部性、关涉全局的事务。而将那些高复杂性的事务赋予地方政府。事实上，地方政府贴近基层民众，能准确掌握所在地区民众的需求和偏好，因此更加具有信息优势；而由于信息缺乏和失真，中央政府在提供地方性公共物品时常常并不具有效率优势。因此，按照信息的复杂性和非对称性原则，赋予地方政府更大的自主权，由地方政府负责地方性和复杂性公共产品的供给，则会弥补信息复杂性所带来的效率缺失。

3）规模效应原则

规模效应（scale effect），又称为规模经济（economics of scale），是指因规模增大带来的经济效益提高。政府事权划分中的规模效应则是指某一特定事权的范围和资源在某一特定层级集中，专业化、集中化地进行事权履行和公共服务供给，能够提高服务效率和降低成本。规模效应要求尽可能地分清分别由中央政府、次国家级政府和地方政府负责的事权，尽可能使得某一项事权完全整体性归属于某一层级的主体，最大限度地避免纵向间权力配置不清及责任不明的情况，防止管理上的混乱和缺位。将某一特定的事项集中到某一特定的层级，不仅能够发挥该层级政府在供给某些物品上的信息优势、技术优势，还能够使不同层级政府专注于特殊的事务，提高供给的专业化水平。

具体来说，中央政府具有统领与协调的功能；而省级政府则是本行政区域内事务的管理者和基础设施的供应者；而市县镇级政府则主要是基层公共服务的直接供给者，负责提供与居民生活有着紧密直接关联的服务。

4）能力匹配原则

即一级政府事权与一级政府财权支出能力相适应，并根据公共服务的外溢性范围，使财政能力在各级政府间合理分配。能力匹配原则是保障公共服务供给公平性，实现基本公共服务均等化的重要原则之一。中央财政承担宏观的、全局的、事关全体人民利益的全国性公共服务。对于受益范围仅限于行政区域范围的地区性公共服务，本级政府财政承担，但因自然与经济区位等客观因素限制本级政府、社会组织、市场组织均不能匹配相应的供给能力情况下，上级政府可通过财政纵向转移支付、财政补贴、对社会和市场组织出台激励政策等，匹配地方公共服务供给能力。对于跨区域的公共服务，中央和地方政府联合提供或多个同级地方政府联合提供，但因地方政府间的供给能力不对等，中央及其上级政府需要运用财政以及其他政策予以调节。

3.2.3　生态系统管理方式的基本内容

1. 生态系统理论对环境保护管理的影响

自 1935 年 Tansley 用联系的观点看待生物界及其环境之间关系，提出生态系统的概念以来，生态系统概念模型已经成为科学家观察自然世界的基本方法（马尔特比，2004），并且在很大程度上改进了我们对环境保护管理的理解。

（1）生态系统理论深化了人们对环境问题复杂性和环境问题整体性的理解，突破了单纯从技术角度认识和治理污染的认识局限，使人们认识到污染问题不仅仅是一个化学过程，而且还是一个生态过程，其危害和影响不仅通过食物链的传递得以累积和放大，而且还通过生物迁徙、大气、水的循环运动，在大气圈与水圈之间，陆地与海洋之间，地表与地下之间迁移、转化，并扩散至更广泛的地域，带来更为深远和广泛的影响。

（2）生态系统管理在环境保护管理上是一种综合、系统的方法。生态系统管理非常重视生态系统各组成部分存在功能上的密切联系，敦促分析者和规划者去考虑"大局"，寻求多种目标之间的平衡，以及整体利益最大化，而不是盯着单一的局部目标。虽然从整体入手，但并不一定面面俱到，包罗万象，而是以中心对象为目标、核心问题为导向，界定系统边界，以全面的视角分析问题，确定关键组成要素和联系，寻求解决方案。

（3）生态系统理论使人们认识到生态系统具有多重服务价值，改变了人们对环境保护和自然资源管理的狭隘认识。地球生态系统不仅为人类提供木材、食品、水等产品价值（传统的自然资源概念），还提供了环境价值，如调节气候、水分、净化等功能，支持生态系统运行（矿产、土壤形成、养分循环等），以及文化美学价值等。作为自然环境的一部分，自然资源是人类对自然环境的一种价值判断。生态系统的自然资源观已不再是传统经济理论中的商品价值，而是包括了生态系统的内在价值或自然价值。这两种价值关系就相当于"利息"与"本金"的关系（科特纳，穆特，1999）。因此，保护环境就是保护自然资源的形成基础，恢复生态就是再造自然资源的过程。自然资源管理既要包括资源利用过程的节约、高效使用管理，也要包括对其形成的自然基础即自然生态系统的保护管理。

（4）生态系统理论也告诉人们，任何生态系统对其所能支持的生命物质总量都有一个自然极限。这种自然极限，一方面体现为自然资源供给量的有限性；另一方面就是环境承载力的有限性。因此，需要运用综合、系统的方式管理生态系统，对有限的环境稀缺资源进行规划、配置和保护（conservation），在资源环境承载力基础上开发利用，从而实现资源的永续利用和人类可持续发展。因此，生态系统管理实质也就是要解决生态系统服务功能的稀缺性问题。这种稀缺性也正是生态经济和资源环境经济学得以迅速发展的动力之一。

2．生态系统管理方式对环境管理事权配置的基本要求

（1）从生态系统的整体性出发，强调环境与发展的综合决策。对影响生态环境质量改善的关键驱动力进行系统管理、综合决策。生态系统方式强调社会—生态复合系统观念，将人作为生态系统管理的一部分，以调控人与自然、环境与发展的关系。生态系统的多重功能与管理的多重目标需要综合决策，综合规划是体现综合决策的一个重要手段。在进行经济与社会发展规划的同时，应同步编制环境规划，并使之法制化，保障经济社会的可持续发展。同时，环境规划应统筹资源利用、污染防治和生态保护，将其纳入统一、协调的行动框架下，确定中长期目标与任务，形成源头预防、过程控制和后果治理的环境管理联动体系，破解目前先污染后治理的困境。

（2）从生态要素的关联性出发，注重跨部门和跨地区的统筹协调和合作机制，按照自然要素的功能联系和空间关联性进行综合管理。由于历史和政治原因，生态系统的自然边界往往与行政边界难以一致，加之一些环境要素具有明显的跨区域流动特点，建立跨部门、跨地区的统筹协调和合作机制就显得十分必要。国际上公认的比较成功的跨区域合作范例也主要体现在流域管理方面，一些流域协调机构应运而生，替代单一机构管理难以协调地方政府和各部门关系的尴尬局面，逐步形成了"具有区域协调职能的实体机构+分区设置的专业化执行机构"的流域管理组织体系。例如，莱茵河流域政府间合作机制。

（3）尊重生态系统服务功能的多重价值属性，加强环境综合管理和监督的独立性，以平衡单一目标与整体目标之间的关系，适应生态系统管理具有竞争性、非替代性的多重目标综合平衡的需要。生态系统服务功能的多重价值之间往往是非互补性、竞争性的，经常存在着冲突，需要多目标管理，进行利用价值的权衡与取舍。而且相当一部分环境价值还难以货币化计量、具有公益性等特征。因此，实施生态系统管理，需要一个具有综合协调职能、价值中立的，且有足够权威性的部门进行综合管理，以保证管理政策的统一协调、公平公正，确保公共利益最大化。

（4）遵循平衡利用和保护的原则，强调执行与监督权分离。生态系统的经济价值和生态价值等多重价值决定了平衡与保护的重要性。目前，自然资源开发与保护、执行与监管职能同属同一部门，造成既当"运动员"又当"裁判员"，自然资源过度开发、生态破坏问题日益严重。在资源型路径以来的经济发展模式下，若缺乏有效的权力制衡，就很难做到开发与保护的均衡管理。在统一决策权的前提下，将执行权与监督权分离是普遍公认提高政策执行力的有效方式。

同时，将执行权配置在适当的行政层级或部门，以平衡专业化保护与综合性、统一监督的关系。由于经济、地理、文化等差异，生态系统区域差异明显，命令控制模式下的自上而下的环境政策执行难以有效执行。生态系统方式承认影响自然资源使用的社会和文化因素的多样性，认为管理目标的确定和实现是一个社会选择的过程。因此，将管理权限和相应责任同时适当下放到适当级别，给当地政府或当地管理机构决策执行的自由度和履职能力，有助于适应多样化、多层级的生态系统结构和环境问题利益多元化特点。为应对地区的普遍差异性和中央环保机构能力有限性的矛盾，国外通过两种方式解决：中央政府设立环境保护区域办事处，或者将该职责委派给次国家级政府。例如，美国国家环境保护局成立了 10 个区域办事处，以更好地处理区域问题。韩国环境部成立了区域办事处，并将环境保护政策职能下放，即次国家级环境保护和可持续规划的职能赋予区域和地方政府。澳大利亚的环境政策由地方政府制定并实施，在重点区域设立环境行政主管机构进行统一管理，如在大堡礁设置区域执行机构。

（5）应用信息对称性原理，增强统一、系统的监测网络管理机构的能力建设，以适应多样化、多层级的生态系统结构和环境利益主体多元化特点，提高监管有效性。生态系统过程和功能复杂多变，同社会架构的相互作用更增加了这些过程和功能的不确定性。因此，生态系统方式下的环境保护管理必然是一个学习过程，需要对实施方案和计划进行跟踪、监测、效果评估，并对方案中不能够适应、不可预料的变化做出调整，而不是简单地基于既定的认知而采取一成不变的行动。在决策和执行中也需要灵活性，将生态系统管理设想为一种不断修正、向前发展的长期实验。"边干边学"的模式，将成为重要信息来源，从而获得如何以最佳方式监测其管理结果和评价既定目标是否实现的信息。这需要增强监测管理机构的能力建设，适时反馈生态系统方式下的环境保护管理效果。由于生态系统的完整性和动态性特征，需要建立统一、系统的网络监测，为管理效果的综合评估和综合决策提供技术支持。

（6）建立基于跨学科综合集成研究的科学决策机制。生态系统具有多种物理、化学、生物和人类的组成部分及动态过程。因此，运用生态系统的综合方法，意味着通过生态、经济和社会因素的综合，控制生物学、物理学和人类系统，以达到管理整个系统的目的。

这就需要建立包括水文学家、水利工程师、生物学家、农学家、林学家、土壤学家、物理学家、规划人员、人类和动物健康专家、生态学家、社会学家、统计学家和法律专家在内的跨学科队伍。并主要通过在社会决策过程中建立不同学科之间的关联机制，来发挥支持综合决策的有效性。例如，跨学科的联合监测、评估，建立共享地理信息系统，设立综合集成的跨学科科学研究计划等。

3. 生态系统管理方式下的环境管理事权配置的国际经验

实践中，很多国家在设置环境管理主管部门机构时都运用生态系统管理理论进行事权划分，其特征如下。

（1）除了美国国家环境保护局只负责统一监管污染防治，分部门管理生态保护与自然资源以外，绝大多数国家环境管理主管部门都实行了污染防治、生态保护与可再生自然资源三者的统一管理。

（2）不仅实现了同类环境要素由一个部门统一管理，而且实现了水、气、土、固废等的多环境要素的综合管理。例如，统一管理水质、水量、水生态，陆地与海洋、地表与地下等各种水体，采取从水源涵养到供水、排水管理流程一体化管理；统一管理物种与栖息地保护等。英国、德国、意大利、挪威、澳大利亚、新西兰、日本、韩国等国都将国家公园及类似保护区的管理工作纳入国家环境保护行政主管部门的工作范围，统一规划、指导和监督管理。加拿大、德国、英国、澳大利亚、法国等国的环境主管部门还负责景观和文化遗产等生态系统文化服务价值方面的管理。

（3）从污染源看，绝大多数国家的环境主管部门通过排污许可证制度、污染物排放与转移登记制度、污染物排放清单等制度、统一制定排放标准等方式，实现了对所有污染源——移动源与固定源、点源与面源、工业源与农业源、生活源的统一监管。同时，根据同源性管理原则，将气候变化纳入环境管理部门职能。全球 195 个 UNFCCC 缔约方（国家）中，有 130 多个国家都是由环境部门主管气候变化工作。2014 年，澳大利亚将气候变化重新调整至环境主管部门。英国因温室气体减排重点领域逐渐由工业、固体废物领域转向能源领域，于 2009 年将气候变化减缓职能由环境主管部门调整至新组建的能源与气候变化部，而适应的管理职能则保留在环境主管部门。美国国家环境保护局负责向 UNFCCC 定期提交国家应对气候变化的信息通报和国家温室气体排放清单数据管理工作。

3.2.4　基于生态系统管理方式的环境管理事权整合特点

生态系统方式下，环境管理部门职能整合优先实现五类事权的统一决策和监督。根据环境要素的空间关联和功能关联划定管理职能边界，一是从污染介质的循环过程统一管理所有污染源和环境介质。对所有污染物、所有环境介质、所有污染源实施统一监管，实现岸上与岸下、地表与地下、固定源与移动源、点源与面源、陆地与海洋相结合的全防全控。二是资源节约与末端治理、生态系统功能恢复相结合，改善环境质量。通过降低资源消耗，从源头降低生态系统压力，通过生态恢复，改善水、大气流动性，提高生态系统自净能力，降低末端治理成本，提高治理效果。三是实行排水系统全过程统一监督管理。综合规划和监管污水处理设施、排水管网、排污口设置（含排污入河口），剥离环境基础设施投资、建设和运营招标等市场化管理职能。四是物种与栖息地保护统一监管，保护生物多样性。以栖息地保护作为生物多样性保护的主要渠道，以物种的食物链关联和生存半径为依据，划定管理边界，统一管理多种物种及其栖息地。五是对可再生资源的环境价值保护实行山水林田湖统一监管。临界性的可再生资源具有经济与生态双重价值，需要保护优先，需要将分散于农、林、水、国土等行业生产部门的森林、草原、湿地等可再生资源保护，以及水土流失、荒漠化治理等的规划、标准、政策、监督执法等职能进行整合，统一管理，相关专业化部门作为执行部门可采用市场化机制，负责有关生态建设和修复工程的实施工作。

3.3　环境保护政府组织机构优化和职能整合

3.3.1　组织机构优化的基本理论

政府机构是履行政府职能的载体，并随着政府职能的变化而变化。政府机构的设置要与政府部门的职能定位相匹配，并因管理职能的需要和履行效果而不断地优化调整。因此，政府组织结构优化，是政府机构改革的核心。政府机构设置是否科学、运转是否高效，很大程度上取决于政府组织结构的合理性（石杰琳，2011）。

政府组织结构优化，从本质上讲就是要合理配置政府各个职能部门间的权力关系，以使组织体系整体效能达到最优的状态。有关权力关系的政治学理论、府际关系理论等现代组织理论等都可为政府组织结构优化提供理论指导。所谓府际关系，也称为政府间关系，是指不同层级政府之间的关系网络。这些政府间关系，涉及横向关系、纵向关系、斜向关系、网络关系等多方面，直观地可体现在各政府机构之间的组织关系。从有无行政隶属关系的角度考察，可分为层级关系的组织结构，以及没有隶属关系的部门间的合作型的组织结构。

西方国家对政府机构设置和组织结构优化的研究比较充分，主要的政府机构设置的依据主要有职能需要准则、比例关系准则和法制化准则等。其中比例关系准则强调政府机构各类职能部门之间的适当比例。主要包括政治管理机构、经济管理机构与社会管理机构之间适当的比例；决策、执行、咨询、信息、监督机构的适当比例关系；上下级机构的比例与管理幅度的匹配关系，以及业务机构与事务机构的适当关系等。传统的西方政府比较偏重决策和执行机构的设置，而忽视咨询、信息、监督等机构设置，但近几十年来，这些机构的设置都大大加强，五种职能的机构形成了一个比较合理的比例关系（石杰琳，2011）。

20世纪70年代以来，英美发达国家率先启动的以政府部门归并与精简为特点的大部制改革，是西方一种优化政府组织结构，带有新公共管理倾向的政府组织"再造"的实践。

本节重点介绍新公共管理背景下的行政组织体制"再造"、监管独立性的体制设计模式、权限冲突理论和大部制改革理论与实践。

1. 新公共管理背景下的行政组织体制"再造"

传统的行政组织结构设计理论以韦伯的官僚制理论为代表。这种组织结构的特点突出地表现为严格的等级制度、权力集中、层次分明。官僚制的组织体系的技术性、专业性的运作能有效提高行政效率，各种制度性规定也能使组织有条不紊，按部就班地运行，有利于组织目标的实现。但是，到了后工业化社会或信息时代，专业化分工越来越细，日益暴露出部门林立、机构臃肿、繁文缛节、效率低下等弊端。现代新的公共行政理论应运而生。新公共管理理论[①]提出了一系列改造传统公共行政组织体系的主张。

（1）通过决策部门与执行部门分开，来卸载臃肿的政府机构，将政府职能核心化为决策，用于宏观调控，掌舵而非划桨，而承担具体的政策执行和公共服务供给的执行职能，可通过签订绩效合同的方式，由分离出去的带有独立性质的单位来承担，适宜采用市场运作方式运作，也可以交给社会和市场承担，实行企业化管理。英国自 20 世纪 80 年代末开始设置执行机构，到 1995 年，已经建立了 97 个执行机构，占英国公务员总数一半左右（毛寿龙，1998），目前，已经成立了大约 150 多个执行机构，拥有公务员人数占总数的 78%（朱昔群，2014）。西方国家处理执行机构与大部的关系时，一般有两种模式，一种以英国等欧洲国家为代表的，将执行机构处于大部体制内，把行政官僚留在政府内部；另一种是以美国为代表的，将一些执行机构置于大部体制之外，设置独立执行机构。美国两种类型的执行机构都大量存在。

（2）利用相对信息技术对组织结构进行重组。官僚制的层级式组织关系，如果管理层级过多，会降低执行效率和信息传递失真。现代信息技术的发展改变了信息传递的形式和效率，对政府组织结构再造的趋势是扁平化和网络化。

（3）采用市场化方案的"弹性替代结构"，在凡是可以由私营部门或非政府组织完成得更好的任务都可以用合同制形式转包出去，而不留在政府部门，这样可大大精简机构，提高服务供给效率。

新公共管理的这些改革主张对提高政府公共服务效率具有积极意义。但这种分权管理模式并没有最终导致传统官僚制的解体。事实上，随着改革的进展，新公共管理"去官僚化"的一些改革措施在西方国家得到纠正（石杰琳，2011）。20 世纪 90 年代中后期以来，许多西方国家针对公共治理里出现的组织"碎片化"问题，又提出了整体政府、协同政府、合作治理等府际关系理论来优化、整合政府的组织结构。

[①] 新公共管理实际上是对 20 世纪 80 年代以来 OECD 国家采取的公共行政改革的一些新的信条和做法的一种统括，其核心内容是将私营部门和工商企业管理的方法用于公共部门。它的理论基础主要有管理主义、公共选择论、产权理论、新古典经济学理论、新制度经济学、博弈论等。正如罗茨所言："新公共管理的实质是管理主义和新制度经济学"。引自：[美]乔治·弗雷德里克森.公共行政的精神. 张成福等译. 北京：中国人民大学出版社，2003：20.

总体来看，新公共管理理论中有关如何处理综合管理与专业化执行关系的组织优化理论成为大部制改革成功具有重要意义。

2. 整体政府和协同政府理论

新公共管理运动主张减小政府规模，压缩政府职能空间，充分发挥市场的作用。但是在实践过程中发现，"以市场机制解决公共问题违背了政府存在的目的"（邱聪江，2008），如果没有处理好分权过程中各个执行机构之间的协调合作，这一模式同样也存在着严重的负面效应，如政府空心化和权力碎片化问题。用罗宾·巴特勒爵士（Sir Robin Butler）的话说："在整个公共部门，各部门和它们的执行局之间变得互不相干，根本没有真正意义上的合作决策机制"（刘伟，2008）。同时，由于过分苛求"小而能"，原本由政府来承担的职能被大量外放，造成了"职能悬浮"与"政府空心化"。为此，从 20 世纪 90 年代中后期开始，西方国家的政府改革运动出现新的趋势，改革的重点已经从结构性分权、机构裁减和设立单一职能的机构转向整体政府。

这种改革理念，在英国，布莱尔提出了合作政府/协同政府的改革方案。在澳大利亚、新西兰和加拿大等国这种新的实践模式也被称为整体政府（WOG，Whole- of Government），其改革主旨也是解决由部门分割、职能划分带来的政策、服务碎片化的问题。虽然不同国家的改革举措呈现出多元化的特点，如加拿大非常强调"横向合作主义"，而澳大利亚在其第二轮改革中则注重把横向协作和中央集权重新结合起来，但其核心思想都在于通过发挥部门间协调机制的作用，建立一个回应迅速、便捷高效的现代服务政府（徐超华，2012）。

协同型政府在理念上倡导调适政府与市场的关系，既要看到两者都存在着失灵的潜在风险，也要看到两者有着各自不同的"活动场域"，不能互相替代。不能过分强调政府规模小、职能少，而是要将机构调整、职能转变与增强治理效能结合起来。在正确认识政府角色的基础上通过机构调整以控制政府规模，通过职能转变以规范与市场的关系，通过增强效能以实现公民社会的合作共治（刘伟，2008）。

Ryan 和 Walsh（2004）在综合相关文献的基础上认为，整体政府是指一种通过横向和纵向协调的思想与行动以实现预期利益的政府改革模式。它包括四个方面内容：排除相互破坏与腐蚀的政策情境；更好地联合使用稀缺资源；促使某一政策领域中不同利益主体团结协作；为公民提供无缝隙而非分离的服务。

曾维和（2009）认为作为新公共管理的替代模式，整体政府进行了一系列创新和突破。例如，整体政府坚持合作主义的政策导向，致力于解决跨部门（机构）的协调与合作问题，即采用协调、合作和整合的整体方法，为民众提供无缝隙的公共服务，提高公共管理水平和公共服务质量。以结构和目标为导向，而不是像传统官僚体制和新公共管理围绕功能或活动对组织进行设计和管理，并建立整合型预算，以克服部门间的不协调问题。整体政府建设要整合组织结构和运行机制，整合信息系统，实现各方信息共享；包容不同的组织文化等。尽管这种政府改革模式还不够完善，但它在当代西方政府改革中产生了深刻的影响和积极的作用。

整体性治理的基本要义是以满足公民需求为主导治理理念，以信息技术为治理手段，以协调、整合和责任为治理策略，实现治理层级、功能和公私部门的整合及碎片化的责任机制和信息系统的整合，充分体现包容性和整合性的整体型政府组织运作模式，整体政府和协同政府理论对大部制改革构建部门协调机制具有重要借鉴意义（曾凡军，2009）。

3. 监管独立性理论

监管独立性不仅是权力制衡基本要求之一，而且也是保证公共利益不受部门行政和利益集团随意干扰的重要制度条件。在利益主体的多元化的市场经济和公共服务领域，监管机构必须基于一种客观、中立、超然的立场，维持公平公正的社会运行秩序。为了防止权力的滥用，提高权力行使的效益，权力的适当分离和相互制约，中外古已有之（尤光付，2013）。权力过于集中在某个职能部门，公共利益将因部门利益缺乏制约而受到侵害。因此，政府组织体系优化通常采取"以权力制约权力"的分权设计方式，也是实现监管独立性的行政权力配置的重要原则（孙晓莉，2007）。

法律化、独立化和透明性原则是监管体制形成的条件。国际经验表明，监管机构的职权范围和监管程序是通过法律得到了充分的授权和限定的。监管的独立性不仅仅体现在它与任何产业运营商没有任何关系，更重要的是独立于其他政府部门（或名义上隶属于某个部门，或是实际也是相对独立的），体现在权力的独立性上。作为监管机构应当具备独立性、专业性、透明性和可问责性，同时要通过行政激励和能力培训提高其监管能力（孙晓莉，2007）。为了促进各成员国的公共治理水平的提高，OECD 公共治理委员会提出了良好的监管应具备的七个基本条件（刘树杰，2011），见表 3.2。

表 3.2　OECD 公共治理委员会关于良好监管的原则*

原则维度	具体指标内容	解释
独立性	监管的专业性、监管机构从政府部门独立	监管不能与其他政府职能混同；监管不为政治家选举利益左右
规则和程序明晰	规则的法定性、程序的透明性和公正性	规则和标准基于法治；过程透明公正
监管机构职能完备	职能完备性、协调成本	职能能够覆盖监管事项；职责不能分散；协调成本低和效率高
可预见	监管机构行为的可预期和确定性	监管标准、规则等具有稳定性和可预见性，不能朝令夕改
公众参与	监管决策的公众参与	公众能够有效参与监管决策过程，防止"监管俘获"
透明	监管决策的原则、过程和信息的公开性	监管机构决策依据的原则、过程和信息向公众公开
可问责性	监管者犯错的可问责性	监管者的独立性和制衡性之间的平衡

* 杨志云整理。

目前，我国学者对监管独立性研究还不多见，以"监管独立性"为主题词检索到的期刊文献仅有49篇，并且全部集中在经济领域，其中金融监管独立性占32篇。刘树杰（2011）在借鉴OECD的良好监管的有关原则，结合中国监管体制现状指出，独立性、规则与程序明晰、监管机构职能完备、可预见、公众参与、透明、可问责，是保障监管绩效的必备条件。实现我国的监管现代化，首先要通过监管业务独立和监管者决策独立，使监管机构能独立有效地行使监管职能。要有分层的系统规则设计，建立和完善监管的规则体系。应集所有监管职能于同一机构，并以行业技术经济特性及财政责任为主要依据设置监管层级，建立职能完备、分工合理的监管组织体系。被监管企业的经营信息、监管者的决策信息都必须公开，建立新型的消费者组织，以真正做到监管的公开、透明和公众参与，形成对监管者的监督制衡机制。

国际经验表明，加强监督独立性的体制设计有五种模式（尤光付，2013）。一是许多国家所采用的司法独立监督作用。二是利用国会的特设委员会对政府组成部门的制衡作用，如美国农业部的很多工作就要接受国家农业委员会密切监督。三是设置直接对议会或最高首脑负责的监督机构，如英国则将具有监管职能部门不列入内阁管辖，而直接对议会负责。EPA独立于各政府组成部门之外，直接对总统负责，并有向司法机关移交政府部门不执行联邦环境政策和标准的权利。四是政府行政体系内部，专设一个特别授权的具有监督职能的强势部门负责监督其他部门，例如，新加坡和中国香港特别行政区主要通过改革强化反腐机构，来加强对行政机构的监督。五是利用行政层级，通过上级对下级的监督，来实现本级政府监督的独立性。如果以政府行政体系为中心，前两者监管独立的体制架构属于利用外部监督制衡行政权力，后三种属于行政体系内监督，因此，从对行政主体的约束角度，五种机构模式的监管独立性和稳定性依次降低。但是，无论是采用上述哪种独立监督模式，国际普遍重视把社会监督作为监督政府的重要外部监督力量。

4. 有关组织协调的理论

现代组织理论认为，组织是一个促进协作的协调系统，其成功的关键在于实现有效的协调。随着组织规模的增大将导致工作分工的增加，而工作分工的增加则增大了组织在水平和垂直两个方向上的复杂性。因此，大部内部各部门之间需要在横向与纵向上进行交叉协调（海尔·G. 瑞尼，2002）[①]。为了适应组织环境的挑战，必须采用高强度的协调机制，使复杂组织系统的各个部分共同协作应对危机。

1）影响组织协调的主要因素

组织管理学认为，组织结构形态及其协调机制构建成本是影响组织协调有效性的主要因素。其中影响组织结构形态的主要变量又包括组织各部分之间相互依赖的程度、范围、不确定性，利益的一致和信息专用性的程度。组织各个部分之间的利益一致程度越高、信息交流越充分，协调成本往往越低（威廉姆斯，2002）。

---

① 根据贝尔（Beyer）与特莱斯（Trice）研究。

专业化分工和等级制是组织两个最重要的结构形态特点。但是组织的专业化分工程度越高，对协调机制的依赖程度越高，构建协调机制所需要的人力、物力和时间的投入就越高，因此组织的有效协调需要牺牲一定程度的专业化分工，以期获得适当的管理成本。通常等级化程度越高，协调机制的正式化程度越高，同时也意味着组织的灵活性和专业化程度越高，组织各部分间的相互依赖性逐步增强，信息在组织各部分之间的对称性差异会加大，信息控制和协调成本都会随着增大。

根据詹姆斯·汤普森（2007）的研究，组织部分之间的相互依赖有三种，即集合的相互依赖、序列的相互依赖、互惠的相互依赖。相应地，这三种依赖形式分别对应着三种不同的协作模式，即基于标准化的协作模式、基于计划的协作模式、基于相互调整的协作模式。而且，三种相互依赖模式的偶然性程度是递增的，这导致协作难度也呈上升趋势。基于标准化的协作模式指的是通过例行程序、规则等实现的协作。基于计划的协作模式则是靠一系列日程来完成。基于相互调整的协作模式指的是在行动过程中进行新信息的传递、沿着级别秩序进行沟通。

2）组织协调机制的类型

组织内部的协调机制是多种多样的。马奇和西蒙比较重视规则、计划和相互调整等协调方式。而汤普森将部门化和层级制作为协调机制的主要内容。明茨伯格（2007）则划分了六类协调机制。而马克思·韦伯认为层级制和规则是组织协调的两个基础手段，这也是官僚制最核心的组织特征。李文钊（2014）将上述主要协调机制归纳为两种机制的三种类型，即以人际关系为基础的协调机制和以结构为基础的协调机制，后一协调机制又可细分为组织结构和组织规则两类协调机制，人际关系协调机制主要依靠非正式惯例进行。

对于大部门间的协调，西方主要国家普遍采用两种方式来加强部际沟通：①以行政首脑的办事机构或政府委员会作为综合协调机构。如美国目前设立的 14 个总统办事机构分别负责相关领域内的综合协调工作，日本的内阁官房和英国的内阁办公厅均作为本国的最高协调机构来主导部门间协调，德国相当于部级的总理府事务部协调各个部门的工作。②以部门间会议形式开展部际交流协调。如法国的部长会议、部际会议，日本"特命内阁大臣"主持召开的相关阁僚联合会议。此外，在美国，直接把企业经验引进政府，就某一项目成立跨组织、跨地域的公关、协作小组，通过加强组织间的横向联系网络，把不同的利益统一到共同的任务上（杜治洲，2009）。

5. 权限冲突理论

权限冲突是发生在行政机关各部门之间的职权冲突，它不仅是一个法律问题，而且也涉及国家组织行为学、行政学的相关问题（金国坤，2010）。冲突理论认为，冲突在组织中的存在是一个客观事实。传统的组织行为学理论往往对冲突持消极态度，认为冲突的产生会导致严重的负效应，会使各种资源的使用远离组织目标。例如，美国社会学家乔纳·特纳（1987）认为"冲突是两方之间公开与直接的互动，在冲突中每一方的行动都是意在禁止对方达到目标"。我国组织行为学者孙彤（1990）也认为"冲突是指两个或两个以上的社会单元在目标上互不相容或互相排斥，从而产生出的心理或行为上的矛盾"。但是，对于其他学派看来，冲突也有其正面效应。例如，人际关系学派认为，某些冲突的存在往往会有利于组织的发展，有时冲突会创造性地找到某一问题的替代性的解决方法。在公关管理领域，冲突理论认为，行政冲突是一个非常重要的激活因素。一定程度的不合作、分歧、对立和竞争，往往是最终将公共管理体制联结在一起的因素。行政冲突能使行政主体内部达成共识、推进合作。因此，行政冲突是保持公共管理结构均衡所必需的，如果没有释放攻击性行为和行政参与的机制，行政主体会感到压抑，可能会表现出行政冷漠或激进的行为冲突。通过释放被抑制的冲动，有限的行政冲突可以起到调整行政关系结构的功能（宋衍涛，2005）。因此，可以认为，组织体系中权限冲突越大越频繁的部分，就是越需要进行结构调整或重新划分事权的地方。识别冲突点及其原因是寻找体制改革切入点的一个重要依据之一。

传统冲突理论认为，资源的稀缺和欲望的无限之间的矛盾是冲突产生的最根本原因。组织行为学家罗宾斯（2000）认为，冲突的来源可以分为沟通因素、结构因素和个人因素。其中结构因素包括规模、任务的专门化程度、管理范围的清晰度等具体因素。组织规模越大、层次越多、任务越专业化的组织，职能联系越紧密，产生冲突的可能性也就越大。现代行政组织的矩形结构（参谋机构和直线机构）本身也存在着潜在冲突的可能性。参谋机构一般负责横向协调和对首脑机关的咨询辅助，而直线机构一般负责的是专业化的业务领域。由于两类机构所站的角度不同，总体目标与具体目标之间就不可避免地存在着潜在冲突之处。行政冲突的来源，主要原因在于权力的争夺和责任的推卸。因此，清晰的权力分配和职责分工是避免所有不同规模和结构特点的组织冲突的重要前提之一。

为了解决管理权限冲突，组织理论家们为管理者提出了五种解决方案：①设置超级目标；②找出共同的"敌人"；③加强沟通和交流；④组织重构；⑤求助于外在力量。前三种方法都属于行政协调的途径，只有在前三种方法都无效的情况下，可以考虑改变组织结构、合并对立部门、进行资源的重新分配等方式来消除潜在的对立因素。此外，第三方介入也是一种解决冲突的方式，主要有调停、仲裁和裁决。由于裁决并没有消除引起冲突的原因，其结果的有效性依赖于仲裁者权威性的持续存在（金国坤，2010）。可见，行政协调、组织机构的调整和组织行政资源分配是减少行政冲突的三个基本途径。而组织机构的调整只是提高组织管理有效性的三类途径之一，也非必需的首选途径。

组织行为学者托马斯认为，行政协调方式的适用条件主要包括五个方面，如果发生冲突时，不具备这五个条件，通过双方的自我协调机制就会无效。这五个条件是：①相互之间能够充分信任，值得将时间和精力花在协调工作上；②力量均等，具有自在的交往关系的存在；③有互利和双赢的潜力；④需要依赖他人或出于情感的需要；⑤有既定的制度支持。

3.3.2　大部制改革的一般规律

目前，对西方或国外大部制改革的经验总结与借鉴，主要是集中在对英国、日本、美国、俄罗斯、法国、韩国等发达国家的研究，尤其是英国，作为大部制改革的先驱，被奉作典范（朱建伟，韩啸，2014）。从改革实践效果看，目前除了俄罗斯外，国外大部制改革经过不断调试，都取得了较为显著的改革成果（朱昔群，2014）。

始于 20 世纪 60 年代末，英国的大部制政府机构改革，发展至今已经成为国外主要国家普遍采取的政府组织形态。截至 2012 年 6 月统计，多数国家政府部门数量在 12～18 个（朱昔群，2014）。大部制是一种政府组织结构类型，主要通过拆分和重组政府部门，将职能目的相近、管理过程和技术手段相似的部门整合为大部门，以相对较少的政府组成部门履行尽可能多的政府基本职能，旨在强化政府公共服务、降低部际协调成本、提升行政效率。新自由主义、新公共管理理论是影响大部制改革的主流理念，20 世纪 90 年代以来的新公共服务理论、整体政府理论等也在影响着大部制改革的调试渐进过程。大部制改革从早期的以政府职能核心化、部门整合与执行权下放为主要特点，发展到中后期，重视政府部门间整体运行机制的构建。

1. 国外大部制改革的基本特点

大部制改革表面表现为部门机构的重组，实质是西方国家对政府部门权力结构的调整优化。从政府部门的决策、执行、监督等职能配置看，大部制的政府部门的内部机构架构由三个基本要素构成：一是核心化的行政决策中枢，把握战略决策的领导权，调控决策价值的选择；二是综合化设置的政府组成部门，以最大限度地覆盖政府的基本职能；三是专门化的执行机构，以提高执行效能。机构重组并不必然带来大部门的整体运行，必须同步推动"决策集中化"的权力整合进程，建立决策权、执行权、监督权既相互制约又相互协调的运行机制（宋世明，2014）。从改革实践的效果看，除了俄罗斯以外，国外大部制改革经过多次调整完善，大部分国家都取得了较为显著的效果（朱昔群，2014）。大部制改革成功的关键在以下 4 个方面。

（1）重新界定政府职能为部门整合创造前提条件。现代国家的政府扮演着双重角色，即非排他性的公共产品和服务的提供者与"经济稳定和增长的主舵手"。政府的作用是"掌舵而非划桨"，而非万能的大政府，应当采用决策制定（掌舵）和决策执行（划桨）分离的体制，即政府应当集中力量设定好的政策和制度、建立适当的激励机制、监督政策执行，引导市场和社会共同为公民提供高效、廉价的公共服务。

（2）要求构建行政决策中枢以掌舵政府的综合战略决策。为了有效履行决策中枢的战略职能，需要强化综合管理部门行政首脑和核心部门的控制能力来实现政策方面的整合和执行方面的综合协调职能。核心化决策中枢要求政府组成部门数量相对较少（发达国家一般 20 个左右），以便于相对集中审议重大战略决策。政府的内阁部门主要是那些需要进行综合协调管理、综合决策的部门。同时，合理配备大部的部长和副部长，突出部长地位，增强其部际协调能力和权威性。

（3）要求综合化、宽职能的部门设置以覆盖政府的基本职能。发达国家经验表明，通常在经济、社会保障、能源、环保等综合事务部门实行大部制，以强调决策和执行的统一性，而政务部门基本上不采用大部制。例如，大交通部、大农业部、大环境部等。有些国家还将资源管理并入环境部。多数国家将经济产业与贸易管理归并，建立大商务部，或工业贸易部、经济产业省等。在协调困难、交易成本高昂和政策性强的领域实施大部制有利于提高管理效率。与部门职能利益相悖的部门，为了避免职责冲突不能整合为一个部门，如建设等经济发展部门就不适宜与生态环保等部门进行整合。

（4）在同一部门内实行决策和执行适度分离，以平衡综合与专门化管理关系。从国际经验可以看出，政府的内阁部门主要是那些需要进行综合协调管理、综合决策的部门，大量执行职能分权给政府、社会等多种专业化组织、下放给地方政府，综合部门下的执行行政机构多为专业化强的部门。这一管理体制安排，既有利于宏观综合决策，又可以避免中央本级管理队伍因综合管理范围过大带来的大量膨胀、管理离心化、貌合神离的弊端，有助于行政组织内部的机构专业化和合理分权。例如，一方面许多国家执行的管理职能部门改为半自治的行政机构，通过预算控制等监管方式督促其履行执行功能；另一方面，多数国家建立了大量的执行机构，例如，日本的独立行政法人，美国的独立行政机构（直接对总统负责的执行机构和监管机构），英国的直接服务于内阁决策部门的执行局，法国的独立行政机构，加拿大的特别运作局等。

从国际经验看，目前决策与执行关系主要有三种模式：①英国为代表的决策执行彻底分离模式；②俄罗斯为代表的执行从属决策部门模式；③日本、韩国为代表的执行部门相对独立模式（王霁霞，2013），同时对中央与地方的2 000多名公务员进行调查显示，英国模式整体支持度最高，中央公务员倾向于日本、韩国模式，地方公务员与中央公务员分歧较大。

2．中国有关大部制组织权力结构优化的若干理论认识

1）关于集权与分权问题

目前，我国政府和学术界都将大部制改革组织结构优化的重点放在决策、执行、监督的权力关系配置，以及大部制下如何进行部门权力监督等问题上，即如何处理大部制改革中集权与分权的问题。

关于行政分权必要性的认识基本统一。目前，我国决策职能与执行职能和监督职能不分现象突出，监督流于形式，使决策部门普遍受到执行利益的干扰，导致问责更加困难，国家利益部门化。设立专门的执行机构，将公共服务和行政执法等方面的执行职能分离出来，避免集决策、执行、监督于一身的弊端。有些职权的分工与制约，还需要从与人大、司法部门的关系上来考虑（石亚军，施正文，2008）。杜倩博（2012）在对比了我国与国外的机构形态进行分析后，指出我国的权力结构体现为"决策集中控制权"与"执行自主权"的双重缺失。一些领域权力过于分散，例如运输、医药卫生、能源、农业、环境保护等领域的部委职能交叉突出，改革的外部呼声大、社会需求高（舒邵福，2008）。因此，合理配置权力结构成为新一轮政府机构改革，特别是大部制改革成败的关键问题。

例如，竹立家（2013）认为，政府机构改革一个很重要的方面是对政府机构进行"分类改革"，形成政府内部的"行政分权"。不能混淆政府政策机构和执行机构这两类机构之间的界限，简单合并同类项会使政府机构的职能更为混乱。汪玉凯（2013）认为减政，即减少政府对市场、社会不必要的干预和对市场配置资源的过多干预，以及放权，即对政府过大权力的实质性削减和下放，是大部制改革成功的重要前提条件。周志忍（2008）通过溯源英国大部制的改革历程，也提出"与大部制改革同时进行的是卸载、分群和设立执行机构"，同时他还强调"有限政府和决策/执行的适度分离，在一定程度上是大部制有效运作的基础和条件"。

于安（2008）则从建设服务型政府的角度提出，服务型政府不仅需要职能复合决策统一的大部门，分散型的执行性和功能性机构也是政府现代化的重要标志，是政府提供有效公共服务和应对时代变化的政府组织形式。2008 年设立的中央政府的几个大部门，在统一管理新纳入职能业务的同时，以国家局的形式保留了一部分机构的相对独立性。这种在一个大部门内实行集中重大决策和分散执行功能相统一的新体制，会成为今后设置中央政府组成部门的一个基本模式和走向。分散型行政机构不应当是整齐划一和一成不变的，而应当完全按照有效实施相关职能的需要进行创新式设置。

范广根（2009）从现代组织理论角度指出，大部制改革不只是把职能权力在部门之间做横向转移，有些微观管理方面的职能和职权应该减给地方、企业或市场。实行大部制，还要根据环境变化转变政府职能，甚至要下放一些权力，才能使组织与环境保持密切的联系和及时的沟通。

少数学者也对于执行分权可能面临的负面问题，进行了理论阐述。例如，刘伟（2008）在考察 20 世纪 90 年代以来西方政府改革动向的基础上认为，如果没有处理好分权过程中各个执行机构之间的协调合作，执行分权模式同样也存在着严重的负面效应，如政府空心化和权力碎片化问题。此外，不少学者从整体政府、协同政府理论角度，指出了缺乏良好协调机制下的执行分权带来的弊端，以及国外 20 世纪 90 年代中后期以来的相关政府改革实践经验（邱聪江，2008；徐超华，2012；曾维和，2009；曾凡军，2009）。

在如何实现决策、执行监督相互制约相互协调的具体路径上，学者们仁者见仁，难有共识。例如，沈荣华（2008）认为可借鉴参考国外一些成熟经验，如政策制定与执行相分离的政府模式的英国，来进行决策与执行相对分开的改革试点，可将执行性、服务性、监管性的职责及相关机构分离出来作为大部制的执行机构，将所属事业单位改为独立法人单位，使部门本身主要负责政策制定，执行机构和法人单位专门负责政策执行，形成决策与执行相互制约和协调的权力结构和运行机制。

舒邵福（2008）认为，理论界通常认为有两种大部制模式：一是在部与部之间实行决策、执行与监督的三分制，使不同部委分别行使决策权、执行权与监督权；二是在大部委内部实行权力分工，使决策权、执行权与监督权由同一部委的不同机构专门行使。

吴永和刘飞（2008）认为，要做到决策权、执行权与监督权的相互制约、相互协调，要把调整、整合政府的议事协调机构、事业单位改革，特别是有行政职能的事业单位的改革进行统一的考虑。也就是说，要把有些议事协调机构改革为决策机构，把有行政职能的事业单位改革为执行机构或者法定机构。只有这样，才能实现功能的整体分化，确立起权力的结构性约束机制。当然，对大部制的约束监督，更值得我们关注的还是如何从外部对其进行监督。

汪玉凯（2007）则对具体行政三权的机构设置方式上，提出要把有些议事协调机构改革为决策机构，把有行政职能的事业单位改革为执行机构或者法定机构。这样才能实现功能的整体分化，确立起权力的结构性约束机制。

2）关于大部制改革的部门间协调机制问题

虽然大部制改革强调对职能的明确划分，但是事实上很多现代公共管理问题和公共事务都有着错综复杂的联系，其解决往往需要多个部门的协同配合。合并机构、建立大部制之后所遇到的沟通协调局面必将会更加复杂（舒邵福，2008）。因此，大部制改革在归并职能、明确部门职责的同时，更应当注意建立跨部门的协调配合机制。从国外大部制改革经验来看，如英国政府提出的"协同政府"，以及美国政府提出的"跨部门合作机制"等，都是在强调大部制间协调配合机制的重要性（周志忍，2008）。

而刘伟（2008）则从国外政府执行体系改革的反面教训，借鉴西方 20 世纪 90 年代以来倡导的"协同政府"理念，论述了大部制改革的部门协调机制构建的必要性。为了克服大量公共服务外包、下放所造成的政府职能空心化和权力碎片化问题，需要准确界定政府与市场、政府与社会各自不同的"活动场所"，不能相互替代，构成合作共治关系。"大部制"改革的关键不是将政府部门归大堆，而是要通过职能重组和部门调整在各部门内部和部门之间构建科学、高效的协调联动机制，形成"大职能、宽领域"的政府事务综合管理体制。施雪华和陈勇（2012）还提出大部制部门内部协调困境，认为大部制部门内部有效协调既是大部制改革顺利推进的保障，也是确保大部制组织整体效能的需要。

关于如何建立部门间协调机制，郭子久（2008）认为，要建立有效的"部门间的协调配合机制"，首先，"大部制"的推动必须在横向协调机制的建构上，积极搭建一个有利于部门协调沟通的平台，进而有效整合各方资源，形成强大的工作合力。其次，纵向联结机制建设方面，务必将地方机构改革纳入中央行政体制改革视野，进行整体系统设计，实施科学有效推进。

在解决大部制下的部门协调问题时，范广根（2009）提出，在注重规章制度的标准化、部门相互之间的信息传递与级别沟通的同时，要注重构建部际之间的协调配合机制，可以通过诸如正式会议与非正式交流、构建任务小组等适当打破部际界限以完成特定工作任务，也可以委派专职协调角色，通过设计矩阵结构交叉协调等多种方式来进行部际之间的协调。

3）关于大部制改革下的部门监督问题

作为公共行政性质的大部制，在大部制改革的职能整合过程中要特别注意保持监管的独立性（马英娟，2008；谭波，2009）。大部制可以抑制政府职能交叉、令出多门、相互扯皮的现象，但其本身并不能解决权力部门化、部门利益化、利益集团化，为此需要加强对公权力的监督，尤其是外部监督。外部监督不仅仅促进行政效率的提高，更重要的是保证公共行政的服务目标的公民取向（范广根，2009）。

在具体的监督体制设计上，任剑涛（2008）认为，我国探索的行政三分，可在一个部门内部，政务官负责决策，事务官负责执行，同时也进行内部监督，而统计局、审计署、监察部等负责外部监督，各个部门之间的制衡形成一个大的布局。吴根平（2008）、吴永和刘飞（2008）则指出，对大部制的约束监督，更值得关注的还是如何从外部对其进行监督。实践证明，对公权力的制约，最有效的还是外部的监督，特别是来自人大、司法、公众、媒体等的监督。

4）关于大部制改革中综合管理与专业化管理的关系问题

在处理组织结构设计时的两个最基本核心问题——分工与协调上，现代组织理论对古典组织理论进行了修正，认为未来适应复杂、多变的环境，组织职能设置上应适当扩大职能边界，尽量吸收环境的不确定性，在专业分工的基础上进行适当的综合与协调，以增强组织的适应性。

大部制改革是现代组织理论在政府公共服务领域改革的一项重要实践。在此实践中，我国学者对于如何处理事权配置的核心问题：综合管理与专业化分工方面提出了一些有价值的观点。

专业分工是行政管理现代化的内在需求，要通过大部制改革有效地加强政府综合协调的能力，使专业分工与综合协调达到有机统一（曾维和，2008）。在具体如何处理综合管理部门与专业管理部门的关系问题方面，石亚军和施正文（2008）认为，我国目前综合管理职能与专业管理职能配置不科学。综合管理部门权力过于集中，行业或产业管理部门的行政管理职能不到位、权力分割，项目立项、资金支配等事项都要经过综合管理部门的层层审批，统筹协调困难，对一些问题难以及时出台有效的政策。因此，必须进一步理顺综合部门与专业管理部门的关系，做到各负其责、相互协作关于大部制改革的配套条件。

（1）综合管理部门的基本定位是服务、协调、指导、监督，主要研究制定国家战略、重大规划、宏观政策，协调解决经济社会发展中的重大问题，及对各个产业或行业存在的共性问题。减少微观管理和具体审批事项进行统筹协调。实现从项目管理向宏观管理，从直接管理向间接管理的转变。

（2）按照大部制的要求适当拓宽专业管理部门的管理范围，其工作重点是研究解决产业或行业存在的重大问题，拟定相关法律法规草案和中长期发展规划及政策，统筹配置行业资源，发布行业与标准，维护行业市场秩序、配置行业资源，发布行业信息标准，维护行业市场秩序，开展行业执法监督检查，提供行业相关信息服务。

（3）设立专司统筹经济社会事务的办事机构，统一协调解决职责交叉和综合管理事务。

3.3.3　国外环境管理组织机构优化模式

1. 环境管理大部制职能整合的两种模式

从环境事务事权划分的角度看，国外环境保护大部制改革管理组织机构优化同时存在跨领域组织体系优化与职能整合和环境领域内职能整合两种方式。

1）跨领域组织体系优化与职能整合

主要以英国、法国、澳大利亚等国为代表。这些国家结合本国环境问题的驱动力特点，依据不同阶段本国环境问题重点领域变化而不断调整，不同阶段将不同的经济社会领域管理事务纳入环境"超级部"。

英国是后工业国家，又十分重视农产品自给，国土 77% 的面积为农用土地，环境问题主要集中在能源、交通（特别是内河航运和海洋运输）和农业、农村方面。1971 年，英国组建环境"大部"，将原住房和地方政府部、运输部、公共建筑工程部重组为环境事务部，原内阁办公厅下的污染控制小组划归环境事务部（周志忍，2008）。特别是 20 世纪 80 年代末以来，陆续爆发的疯牛病、口蹄疫以及由农药引发的食品安全问题，直接促成了 2001 年英国环境、食品和农村事务部（DEFRA）的组建，整合了原农业、渔业和食品部（MAFF），以及原环境、运输和地区（DETR）部和内政部的部分职能。随着温室气体减排重点从废弃物、工业过程和农业部门转移到能源和交通领域，能源安全又成为英国最大的挑战，遂于 2008 年 10 月将能源领域减缓职能调整到新组建的能源和气候变化部，而适应气候变化、废弃物及其他领域减缓职能依然保留在环境、食品和农村事务部。

法国是发达的工农业大国，国土面积的 56% 为耕地，28% 为林地，土地开发不仅成为威胁法国乡村传统，而且也是影响法国自然保护的重要因素。因此，法国环境部起步于自然保护和国土资源管理，1971 年，法国成立"自然与环境保护部"，与国家设在农业部的国家自然保护委员会共同管理环境事务，环境政策的跨部门协调主要与区域发展与规划委员会（DATAR）共同承担。20 世纪 90 年代成立内阁部以来，多数情况下都将国土/城市规划或空间规划与环境保护放在一个大部中，但直至 2007 年法国环境"大部"才在国家部委中被赋予了较高的地位和行政级别，并将区域与规划委员会职能并入其中（拉克霍，扎卡伊，2011）。但这其间环境保护主管部门名称随着领域调整而频繁变化，曾使用过"环境与生活部"（1978—1981）、"地区发展规划与环境部"（1997—2001）、"生态与可持续发展部"（2001—2007）、"生态、可持续发展和可持续整治部"（2007）、"生态、能源、可持续发展和空间规划部"（2008）、"生态、能源、可持续发展和海洋部"（2009）等名称。2010 年 11 月 14 日，总理菲永组建的第三任内阁中又改为"生态、可持续发展、交通和住房部"，虽然能源一词从大部的名称中去掉，但其职能依然保留在下属业务司的名称中。如今，法国的环境"大部"已逐渐发展到能源、海洋、交通、住房等领域，几乎涵盖了所有自然和经济的环境保护重点领域，大多数情况下都将国土/城市规划或空间规划与环境保护放在一个大部中。近十余年来还以可持续发展理念来统领环境保护工作，不仅在大部的名称上有所体现，而且还将国家环境与可持续发展总理事会和可持续发展部标代表等机构放在法国的环境"大部"中。

澳大利亚在不同时期，曾经分别将住房、旅游、文化遗产以及人口等归入环境部统一管理。1971 年成立澳大利亚环境、土著和人文部，随后的 40 年间，澳大利亚环境主管部门曾经与不同部门领域整合，先后调整职能范围十余次，主要是一些非环境保护核心领域的调整。2007 年，为了应对干旱和气候变化的影响，以及履行《拉姆萨尔湿地保护公约》，澳大利亚出台了《水法》[①]，并在澳大利亚的环境"大部"名称中将水管理与环境并列，突出了水管理的重要性。2014 年，澳大利亚将气候变化重新调整至环境主管部门，2016 年更名为环境和能源部。

2）环境领域内的职能整合

第二种方式是国外普遍根据生态系统整体性特点，进行环境领域内部的职能整合，从资源可持续利用和源头控制的角度，将自然资源管理（部分或全部）、生态保护、建筑和污染防治等统一管理。例如德国联邦环境、自然保护、建筑和核安全部等。有些国家环境管理主管部门的名称是环境部或自然保护部，但其管理范围涉及全部或大部分环境事务。例如，瑞典环境和能源部、挪威气候和环境部、加拿大环境和气候变化部、新西兰的自然保护部等。因国家政体差异和政治文化传统不同，职能整合采取的统一管理方式不同，由此可分为如下三种类型。

（1）欧洲及英联邦国家的"大部制"模式。

德国联邦环境、自然保护和核安全部成立于 1986 年，切尔诺贝利核事故的发生促使德国政府组建环境部时，着重加强了核安全监管。1986 年以前，德国的环境事务主要由内务部、农业部和卫生部共同负责。组建之时，整合了内政部的水资源司、核辐射安全，农业部自然保护和林业，卫生部的医疗辐射防护、食品安全等三个内阁部有关环境保护方面的职能（国冬梅，2008）。目前，德国联邦环境、自然保护和核安全部主要负责一般环境政策的制定、立法建议、常规和基础性的管理工作。州政府的环境管理职能主要是环境政策的实施，同时也包括部分地方环境政策的制定（国合会，2009）。除核与辐射安全外，德国联邦环境、自然保护和核安全部网站[②]公布的主要环境管理领域还包括：

- 保护气候，环境和能源；
- 空气质量控制；
- 削减噪声；
- 保护地下水，河流，湖泊和海洋；
- 污染场地土壤保护和整治；
- 封闭的物质循环管理和废物政策；

---

① http: //en.wikipedia.org/wiki/Murray-Darling_Basin_Authority. -last modified on 10 December 2012.
② 德国环境部网站：http://www.bmu.de/english/the_ministry/tasks/principal_functions/doc/3094.php. update：2012-06-26.

- 化学品的安全，环境与健康；
- 针对工业厂房突发事件的预防及措施；
- 生物多样性保护、维护和可持续利用。

2013 年 12 月，德国政府机构调整，将原联邦交通、建设和城市发展部的核心职能建设、住房业管理划转给原环境、自然保护与核安全部，人员增加到 2014 年的 1 200 左右，宜居城市规划职能随之纳入新的德国联邦环境、自然保护、建设与核安全部[①]。

加拿大地处高纬度地区，森林、矿产和淡水资源丰富。资源开发与环境保护、跨界水、大气环境问题以及气候变化影响等是加拿大面临的主要问题。1970 年加拿大环境部初创时，以保护生物圈为主，此后其授权管理范围不断扩展，1980 年引入生态系统管理方法，1990 年将可持续发展融入加拿大绿色发展计划。加拿大环境部创建于 1971 年，整合了加拿大的气象服务局和野生动物服务局的职能，负责管理大气环境服务局、环境保护服务局、渔业服务局、土地、森林及野生动物服务局、水管理服务局五个部门的运行。加拿大环境部一直致力于平衡环境保护需求与经济发展关系，形成了应对空气污染排放、温室气体、废水和化学品管理的规制框架，将环境因素融入经济决策过程中[②]。根据加拿大环境部网站公布的主要职责有：负责协调全国环境政策和方案，保护并提高自然环境与可再生资源。加拿大法律授权的主要工作范围如下：

- 保护和改善包括水、空气与土壤、植物和动物在内的自然环境质量；
- 保护可再生资源；
- 保护水资源；
- 每日天气预报和预警，以及为全加拿大提供详细的气象数据；
- 执行有关跨界水问题的条例；
- 协调联邦政府的环境政策和计划。

此外，根据《加拿大环境保护法》，环境部是确保清除有危险污染物及油轮漏油的联邦部门。环境部也负责产品生态标签管理、国际环境议题（如美加空气议题）等。2015 年更名为环境和气候变化部。

俄罗斯联邦的环境行政主管部门（目前名称为自然资源与生态部）成立于 1991 年苏联解体后，由俄罗斯国家自然保护委员会、水文气象委员会、地质委员会、林业和水利委员会合并为联邦环境保护与自然资源部，之后虽几次更名，但统一管理全国地质矿产资源、林业、水利和环境保护的职能没有根本改变，主要负责自然资源管理并实施环境保护工作。根据俄罗斯自然资源与生态部网站公布的部门工作职责主要包括负责制定与环境相关的政策法规，包括环境保护、环境再生、林业和野生动物保护；负责勘探，管理和保护自然资源，包括供水管理，矿藏开发，以及国家领土和大陆架的勘探；负责调节工业和能源安全，监控地质和地震活动。2012 届政府的俄罗斯自然资源与生态部，大大强化了环境保护

---

① 德国环境部网站：http：//www.bmub.bund.de/en/bmub/tasks-and-structure/#c22078，last update：2014-06-03.

② 加拿大环境部网站：http：//www.ec.gc.ca/default.asp？lang=En&n=BD3CE17D-1. Date Modified：2012-06-08.

和生态安全、地质矿藏利用、水资源、动物资源以及水文气象和环境监控等方面的国家政策调节职能。

（2）行政资源统一调配权下的环境经济一体化管理模式。

国外一些未采取环境与经济跨领域整合大部制的国家，在基本统一管理环境事务本身以外，通过统一行政资源调配权推动产业部门履行环境责任。这类国家最为典型的是日本和韩国。

例如，日本环境管理起步于 1970 年，由首相直接领导的公害防治总部，同时还成立了直属总理府的"中央公害等调整委员会"，以处理环境纠纷。此时，日本的公害防治职能广泛分散在厚生省、通商产业省、经济企画厅、林业厅等几个省、厅之内，在采取综合治理措施时经常面临部门相互掣肘，环境管理出现一系列瓶颈现象，由此促成了 1971 年日本环境厅的组建，将这些部门的污染控制和自然保护等环境监督管理职能整合在一个部门内，而其他行业部分承担本行业环境保护责任。随着生活型环境问题和全球环境问题越来越突出，日本环境厅在协调管理上越来越面临很大挑战，2001 年 1 月 6 日正式升格为"环境省"，成为政府内阁部门之一，强化统一协调、综合决策的职能，如负责环境政策的制定和推进、协调相关行政机关的环保事务及预算分配①、制定土地利用规划和环境标准等，此外将固体废弃物进行了统一管制。但在具体政策执行方面，经济产业省、农林水产省、国土交通省等几乎所有政府内阁部门都参与相关领域的环境保护事务，有些生产活动中的环境事务则是环境省与相关省共同管理。产业活动相关环保工作的部际协调机制主要以事权和财权匹配的规划机制为基础，依法开展的行政资源协调。

《环境省设置法》（2012 年修订）第三条规定环境省的任务是保护地球环境、防止公害、保护和建设自然环境以及其他环境的保护（包括创造良好的环境，以下仅称为"环境保护"）；第四条列出环境省负责管理的事务，主要职责有：

- 环境保护基本政策的策划、起草和推进；
- 协调相关行政机构的环境保护事务；
- 调整相关行政机构在保护地球环境、防止公害、自然环境保护和建设方面的经费预算，以及相关行政机构下属试验研究单位的地球环境保护等研究经费及相关行政机构的试验研究委托费的分配计划；
- 制订国土利用计划；
- 制定环境标准。

韩国环境部是政府内阁成员部门之一，源于 1967 年成立的保健与社会部下设的一个

---

① 日本环境省设置法（1999 年 7 月 16 日法律第一百零一号，最终修订 2006 年 2 月 10 日法律第四号）第 4 条规定：环境省，为达成前条所规定任务，掌管以下所规定事务：第 3 款：与地球环境保全、公害防止及自然环境保护与完善（以下本款称"地球环境保全等"）相关的有关行政机关的预算经费的方针的调整，以及与地球环境保全等相关的有关行政机关的实验研究机关的经费（大学及大学共同利用机关所管理的相关经费除外）以及有关行政机关的实验研究委托费用的分配计划相关事务。

污染防治小组。1973 年这个小组成为韩国健康与社会部的污染防治处，负责环境管理。经过多次改革和部门扩张，1980 年韩国环境厅成立，成为保健和社会部的一个附属机构。为了有效整合和协调管理环境问题，1990 年 1 月，环境局晋升为环境部，直属总理办公室。

根据韩国环境部网站公布的韩国环境部主要职责有：制定和修订有关环境保护的法律法规，引进环保机构，建立环境保护的管理框架，起草和实施中长期环境保护综合措施，制定环境标准，为地方政府环境管理提供行政和财政支持，负责韩朝两国的环境合作，以及与其他国家的环境合作。除了负责环境保护以外，环境部还负责有关环境法规的执行、主持生态学研究，以及管理韩国的国家公园。为了加强应对气候变化的工作，2008 年 2 月，韩国气象局成为环境部的直属机构。

（3）统一决策和监督权下的分部门环境管理模式。

美国环境管理体制是世界最为独特的一种管理模式。多部门参与国家层面的环境管理，如图 3.4 所示。根据联邦不同法律授权，参与美国环境管理的主要部门还有农业部及其所属执行局（主要负责自然资源保护）、内务部及其所属执行局（主要负责自然保护、灌溉和饮用水、土地、地质监测等）、商务部及其附属机构（主要负责气候、天气、海洋监测、海岸带、部分濒危物种保护）、劳工部的美国职业与健康管理局负责工作场所的环境问题、美国陆军工程兵团办公室主要负责湿地和水道的规制和许可证管理、生态修复工程、污染场地清理、军事用地的环境保护，以及为美国国家环境保护局管理的超级基金提供支持等[①]。部际协调机制是建立在议会决定的法律程序基础上的程序协调。

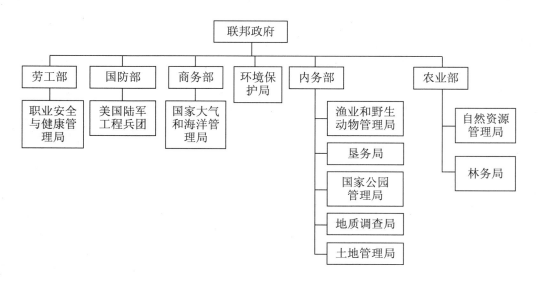

图 3.4　美国联邦政府中参与环境管理的主要机构

---

① 美国工程兵团网站：http://www.usace.army.mil/about/Pages/Mission.aspx。

美国虽然采用分部门共同管理环境事务的体制模式。但是，为了克服分部门管理可能带来的管理冲突，这些国家的分部门管理是建立在统一决策、集中协调、统一监督的基础上的，分散的职能也主要在执行权方面，而不是决策权。即使是同一环境要素的环保职能分属不同部门履行，各相关行政机构也必须根据统一的国家环境法律政策分别执行相关职责。例如，美国有关环境保护方面最终的决策权、立法权在国会。美国的环境管理决策权在总统，隶属美国总统办公室下的国家环境质量委员是总统有关环境政策方面的咨询机构和政策制定主体，协助总统协调有关行政部门的环境保护事务。

对监管机构充分授权是保障分散执行体系有序运行的前提条件。例如，美国国家环境保护局作为联邦政府的一个独立行政机构，直接向总统负责，根据国会颁布的环境法律制定和执行法规细则，制定国家环境标准，帮助州政府和部落制定其实施细则，在国会或总统授权下监督并执导联邦政府有关机构、州政府执行联邦法律的情况。在三权分立的联邦体制背景下，美国国家环境政策的真正执行者是地方政府和企业。美国国家环境保护局主要通过环境信息公开，利用司法、民众这两种监督力量，促进国家环境政策的执行。对州政府，美国国家环境保护局主要以执行协议体系对各州进行监督管理，一是通过法律赋予的行政资源分配权来引导州政府合作。例如，美国国家环境保护局组织实施或赞助环境研究及环保项目，环境保护局近一半预算用于资助州的环保项目、非营利环保机构、教育机构等。同时，对不执行或违反国家有关环保法律法规的部门、企业、地方政府，美国国家环境保护局可以向法院提起诉讼；部门之间权力冲突也可通过法院裁决（廖红，郎革，2006）。

2. 环境大部制组织结构的三种模式

因国家体制不同，根据决策与执行分离形式的差异，环境大部制组织结构又可分为以下三种模式。

1）"本部+执行机构"模式

独立执行机构制度最早发端于 19 世纪末美国政府机构改革，20 世纪 80 年代开始被英国、法国等国家先后效仿（石杰琳，2010），到 20 世纪末，主要发达国家政府机构改革中普遍奉行决策、执行职能适度分离的原则。这些独立执行机构承接了部分由原政府内阁机构行使的管制职能，负责政策执行和向地方、企业、社会提供服务。与此同时，政策制定仍由内阁部负责，保持决策的统一。

各国环境部在具体设置下属执行局方面，数量不等，管理领域组合各具特色。例如，瑞典环境和能源部负责环保领域整体规划，起草法案和提出政府预算的建议，从宏观决策角度管理全国环境事务，而具体的协调、推动执行的职能则由环境保护局、辐射安全局、国家化学品监管局和海洋和水管理局等直属局（执行局）在瑞典政府授权下开展工作。其中的瑞典海洋和水管理局同时具备科学研究、空间规划、政策执行和监督指导地方四大基本职能。瑞典环境、农业科学和空间规划委员会、气象和水文研究所属于研究机构，为政府规划和决策提供技术支持。

挪威气候和环境部主要负责制定政府环境相关政策，设四个附属机构，其中环境局、文化遗产局是相关领域的政策执行和咨询机构，极地研究所提供技术支持。

德国联邦环境、自然保护、建筑和核安全部主要负责一般环境政策的制定、立法建议、常规和基础性的管理工作，下设联邦环境局、联邦自然保护局、联邦辐射防护办公室三个附属机构，主要为政府决策提供技术支持，为公众提供相关信息和保护方面的服务，也具有少量的行政管理或政策/法规的执行职能。州政府的环境管理职能主要是环境政策的实施，同时也包括部分地方环境政策的制定[①]。

2）"内阁部+区域分支机构"模式

法国、加拿大、日本、韩国等国主要属于这种决策与执行适度分离模式。这些国家的环境行政主管部门都是政府内阁部门之一，具有环境保护方面的决策权，通过设立区域环境管理机构方式实现决策与执行的适度分权。这些国家内阁部的派出机构或分支机构，有些按行政区划设置，有些则跨行政区域设置，机构、编制和经费预算都列入中央部门序列，属于中央部门体系的组成部分。例如，法国设置了隶属环境"大部"的三大类区域服务机构，主要包括大区和跨大区机构、省级和跨省级机构及海外机构。其中大区和跨大区机构主要包括环境、发展和住房大区局，海洋跨大区局，民航安全跨大区局和海外航空服务局，省级和跨省机构主要包括国土省局和海洋国土省局、道路跨省局、特定地区服务局。

加拿大环境和气候变化部主要负责协调全国环境政策和方案，全国划分六个区域，设区域行政执行官，负责监督、协调地方实施联邦环境政策。日本和韩国都是科层制管理体制，环境省/部具有制定环境政策和监督职责，地方部门为执行主体，同时日本环境省设置七个派出机构——地方环境事务所强化执行职能，由其负责区域的环境监察管理，构筑国家和地方在环境行政方面的新的互动关系，并根据当地情况灵活机动地开展细致的施政，涉及广泛的业务；韩国环境部设置四个流域环保办公室和 4 个地区办公室实施区域环境管理，最近一次机构调整又将这些区域办公室升格为"环境厅"，以强化其执行力。

除了法国以外，上述这些国家也或多或少有一些附属内阁部的机构，但其行政执行职能比较弱。例如，日本的独立行政法人主要承担那些已无必要由政府直接管理，但又不能完全交由民间机构实施的公共事务和事业，行政上依然隶属行政省厅，但主管省厅只对其发展战略和经营绩效进行审查和评估，对机构的日常业务活动则不加干预。日本环境省的独立行政法人，主要为环境科研、调查、咨询机构，例如国立环境研究所。韩国的附属机构也有类似性质，如中央环境纠纷调解委员会、国立环境科学院、温室气体综合信息中心等。加拿大的附属机构基本以科学技术服务职能为主。

3）"独立执行局+区域派出机构"的美国模式

美国政府没有专门负责环境保护的内阁部。美国国家环境保护局于 1970 年 12 月 2 日成立并开始运行，是联邦政府的一个独立执行机构，直接隶属总统领导，由总统负责人事

---

① http://www.cciced.net/zlk_1/ztbg/subjectpolicy07/200907/t20090701_153589.htm.

任命和预算拨款，不受行政部门的控制，主要管理职责范围[①]包括：

（1）美国国家环境保护局根据国会颁布的环境法律制定和执行法规细则（各领域的污染控制），制定国家环境标准，帮助州政府和部落制定其实施细则，帮助企业理解有关环境要求。

（2）组织实施或赞助环境研究及环保项目，环境保护局近一半预算用于资助州的环保项目、非营利环保机构、教育机构等。

（3）加强环境教育以培养公众的环保意识和责任感。

（4）编写与出版环境保护相关材料，通过网站为公众提供环境信息。

美国国家环境保护局所辖机构包括总部、10 个区域办事处和 17 个研究实验所[②]，美国国家环境保护局的地方派出机构（区域办公室），与州政府进行协商、监督并指导州政府执行联邦法律的情况。

3.3.4　中国环境保护大部制改革的地方实践

在中国的大部制改革实践的国家授权下，具有明显的自下而上推动的特点。地方层面启动较早，但范围很有限，最早于 20 世纪 80 年代启动的海南建省以来的大部制试验，其次为 2000 年以来陆续在深圳经济特区、广东佛山市、浙江富阳、四川随州、成都、湖北随州等地的实践，2010 年以来启动的辽宁省辽河流域等地进行的零星实践。省级层面展开的政府部门综合改革还有 2005 年以来，陆续出现的重庆交通和执法等领域的综合改革，2010 年以来以生态文明建设为中心的贵州省的部门职能整合改革等。

国家层面推进力度较大的是 2008 年、2013 年两次国务院政府组成部门调整，组建了工业和信息化部、住房和城乡建设部、人力资源和社会保障部，以及在交通运输、卫生和计划生育、新闻出版广电、能源、食品药品监督管理领域组建的大部，国务院政府组成部门已减到 25 个。目前学术界对这些案例仅有零星研究。张成福和杨兴坤（2009）总结了大部制改革实践中存在的五大问题：一是职能未有机整合；二是部门内部运转不协调；三是职能未彻底转变；四是改革未突出战略和重点；五是大部门决策协调能力亟待提升。与国外相比，我国目前的大部制改革政府权力的退出和外放不明显；大部制的具体运行机制探索匮乏——过多关注机构增减，而很少关注内在机制建设和关系调整；国家层面缺乏一个整体、全面、清晰和可操作性强的改革规划方案，用于指导各层级的大部制改革（李丹阳，2014）。

广东省作为改革开放的前沿阵地，毗邻香港和澳门两个行政特区及深圳、珠海两个经济特区，具有改革创新的传统和精神，在中央的许可和推动下很多改革都走在全国前列。顺德 1992 年开始的县级机构改革成为全国区县改革的样板，2009 年的大部制改革在全国的力度最大。深圳 2001 年开始行政"三分制"改革成为全国大部制改革的基本原则，2009

---

① 美国环保局网站：http://www.epa.gov/. Last updated on 2012-07-05。

② 美国环保局网站：http://www.epa.gov/. Last updated on 2012-07-05。

年组建的人居环境委员会在全国具有代表性。2006 年，广东省开始推进新一轮行政管理体制改革，在"决策、执行、监督辩证统一"的基本思路指导下，开展了一系列具有很强连贯性和关联性的改革行动，例如，2006 年启动的全省综合执法改革①、2008 年全省事业单位改革、2009 年行政机关机构改革，2012 年实施转变政府职能和简政放权改革。同时，鼓励全省各地市县自主探索、选择改革领域和改革模式，先行先试。在环境领域的改革过程中，广东省环境保护厅没有在省级机关层面与其他部门进行整合，主要将大部制改革的重点放在理顺环境保护厅内部机构之间的关系；理顺不同层级的环境保护部门之间的关系；理顺环境保护部门与社会组织之间的关系。因此，无论是从改革模式的多样性，还是从改革的配套和时间延续性上讲，广东省各地的环境大部制改革主要方式、基本经验都值得参考和借鉴。

1. 海南省环境领域大部制改革的逆向发展历程②

海南建省前，作为广东省的一个行政区，因当时的经济和社会发展需要设置了专门的环境保护机构。1972 年成立海南行政区"工业三废"办公室；1974 年成立环境保护办公室，归口海南行政区工交办③，1975 年归口海南行政区建委。1980 年根据《环境保护法（试行）》的规定成立了海南行政区公署环境保护办公室，1984 年升格为海南行政区环境保护局，作为政府的组成部门。

1988 年海南建省按照"小政府、大社会"的行政管理体制，机构设置和行政层级都严格控制。为精简机构、提高行政效率，环保机构和矿产资源管理机构实行整合，设立海南省环境资源厅。1998 年进一步增加国土管理和海洋保护与管理职能，更名为国土海洋环境资源厅。2000 年省政府机构改革，将海洋保护与管理职能划出，设置国土环境资源厅主管全省环境保护、土地资源和矿产资源的管理和利用（见表 3.3）。此外，为了更好地实现海南生态省建设的目标，成立了生态省建设联席会议，办公室设在国土环境资源厅。

在省以下，海南 18 个市县（不含三沙市）均设立了环境保护管理机构，作为市县政府的组成部门。海口市和三亚市设置环境保护局，其余各市县设立环境资源局。2005 年，海南省对省级以下国土环境资源管理体制进行改革，全省市县统一设置国土环境资源局。2009 年，海口市将环境保护职能划出国土环境资源局，独立设置环境保护局。2014 年 9 月，海南省全省也采取了同样的改革路径，将生态环保与国土资源分设。

由此可见，海南省的环境保护机构设置经历了建省前和建省后两个不同的阶段，建省后又进行了几次大的调整。改革的基本方向是确保环境保护的权威性和有效性，即环境保

① 广东综合执法改革先行先试，环保获得了 2 000 个执法专项编制。此后，全国没有进一步试点执法专项编制改革，但广东的改革成果得以维持和巩固。
② 本案例节选自本项目子课题组中国人民大学子课题组研究终期报告（初稿），2015 年 3 月，杨志云博士执笔。
③ 工交办，即工业交通办公室。1954 年 9 月国务院设置八个办公室，如农林水办公室、交通办公室、政法办公室等。1959 年国务院机构精简后，保留了六个办公室，工业交通办公室是其中之一。

护机构相对其他部门的地位提升，环境管理的机构能力增强，环保机构的职能边界合理，环境监管与执法的手段有效。同时，环境管理领域的机构和职能设置方向是逐渐走向分化的，例如，2000 年划转出去海洋保护与管理职能，以 2009 年海南省两个地级市[①]之一海口市环保局与国土资源管理的分家，再到全省生态环保与国土资源管理的拆分。

　　总之，海南省建省初期，工业基础相对薄弱，环境污染源相对较少，环境保护的机构能力建设在全国处于末端。海南独特的经济地理环境和建设国际旅游岛的定位，让生态环境保护的重要性日益突出。因此，改革过程一直在探索环境保护、资源管理与国土管理、海洋资源保护等职能整合的同时，试图解决环境保护机构能力建设的难题，特别是人员编制缺乏的问题。无论是独立设置，还是与国土资源部门进行整合设置，都是探索机构能力提升的尝试。

表 3.3　海南省国土环境资源厅机构与职能变迁过程（杨志云，2015）

时期	时间	机构名称与属性
建省前	1972 年	海南行政区"工业三废"办公室
	1974 年	海南行政区环境保护办公室，归口海南行政区工交办（工业交通办公室）
	1975 年	海南行政区环境保护办公室，归口海南行政区建委
	1980 年	海南行政区公署环境保护办公室
	1984 年	海南省行政区环境保护局，作为海南行政区政府组成部门
建省后	1988 年	海南省环境资源厅（环保与矿产资源合二为一）
	1998 年	更名为海南省国土海洋环境资源厅（增加土地管理和海洋保护与管理职能）
	2000 年	更名为海南省国土环境资源厅（移出海洋保护与管理职能）
	2014 年	环保厅与国土资源厅分设，组建生态环境保护厅和国土资源厅

2. 中央直属试验田与深圳市人居环境委员会的改革试点[②]

　　深圳作为特区一直享有改革的"先行先试"权[③]，在大部制改革过程中也不例外。早在 2001 年，深圳市就借鉴香港和英联邦国家的经验提出"决策、执行、监督"行政三分制改革，并被中编办确定为全国唯一试点城市。大部制改革整合过程中，一个重要的组织设计准则就是行政三分，将政府机构按照功能定位分别设置委、局、办。深圳市在 2004 年、2007 年和 2009 年连续三次对环境保护局实施机构改革，调整和规范环境保护局的内设机构和职责范围。其中，2009 年按照精简统一效能的原则和决策权、执行权、监督权既相互制约又相互协调的要求，理顺职责关系，优化政府组织结构，规范机构设置，完善行

[①] 2012 年 6 月国务院宣布成立三沙市，在此之前，海南省的两个地级市为海口市和三亚市。

[②] 本案例节选自本项目子课题组中国人民大学子课题组研究终期报告（初稿），2015 年 3 月，杨志云博士执笔。

[③] 2012 年 7 月 18 日，深圳市 M 政府官员表示，"2009 年的改革方案实际上不是深圳市的改革，而是中编办设计和主导的改革。据说，是 2008 年部里改革的另一版本改革方案。直接拿出来让深圳试。市里面改了，每个区都不一样，有的和水务整合，有的和建设整合。整合的标准确实没有。结果，对上对不上；对下也对不上。"

政运行机制实施改革①。这一轮改革，深圳市在全国首次设立人居环境委员会，作为全国生态环境保护大部门体制的典型。

人居环境委员会的组建是为了从根本上解决环境保护与城市建设、水污染衔接不够、环境保护缺乏有效手段等问题，实现环境保护职能由"三废"治理向全面加强生态建设转型。根据"大环保"理念，将环境保护局、建设局、水务局的有关职能划入人居环境委员会，不再保留环境保护局。同时，根据深圳市政府机构改革方案，深圳人居环境委归口联系深圳市住房和建设局、水务局、气象局。归口联系局的"一把手"在人居环境委兼任副主任。依照归口联系事权划分原则，由人居环境委归口联系的各局工作中涉及政策、规划、标准等重大决策制定及重要工作部署，须经人居环境委审核同意，并定期向委员会报告工作，接受指导、监督。人居环境委统筹人居环境政策、规划和重大问题，并加强负责统筹环境治理、水污染防治、生态保护、建筑节能、污染减排和环境监管等工作。人居环境委员会的组织机制是通过归口联系和职位兼任制度来解决"大环保"的协调问题，同时为归口联系的各个局向法定机构和执行局转变过渡。

但从实际运行过程来看，归口联系名存实亡、议事规则难以出台，整个组织机构和运行机制仍然没有按照"大部制"逻辑运行，没有实现环境大部门体制改革的初衷。深圳市政府官员的座谈发言说："人居环境委员会的组建，内部进行了整合划分，名称做了改变，但外部没有什么变化。实话说，最大的变化就是名称变了，编制增加了，机构从 7 个变成了 10 个"②、"以决策为例，我们委的一些委员，不是他们局的委员，他们也不让我们参与决策。我们的会议必须邀请他们参加，否则达不到党组会 2/3 的数量规定。议事规则出不来，市里面也没有牵头解决这个问题。改革作为一种尝试，在地方层面实际上暂缓实施了。"③结果，人居环境委员会与住房和建设局、水务局、气象局以及国土规划局等部门协调仍然比较困难，目前没有实现加强人居环境规划、建设的统筹的目标，也无法有效发挥人居环境规划、政策标准对国土、农业、林业、海洋等部门的导向作用。

3．广东佛山市大部制改革的两种走向

1）省属试验田与顺德区环境运输和城市管理局的探索④

佛山市顺德区一直走在广东省乃至全国体制改革前列，是广东省"先行先试"的典范。1992 年、1999 年被确立为广东省综合改革试验县，一直在进行体制改革的尝试，一度成为全国最精简的县（区）。2009 年《佛山市顺德区党政机构改革方案》获得广东省委、省政府批复，率先加大推行大部门体制力度，创新运行机制，建立机构精干、分工合理、决策科学、执行顺畅、监督有力、运行高效的党政管理体制。

2009 年，《佛山市顺德区党政机构改革方案》（粤机编〔2009〕21 号）将顺德区 41 个

① 深圳市人民政府机构改革方案，2009 年 7 月 31 日。
② 2012 年 7 月 18 日，深圳市 L 政府官员的座谈发言。
③ 2012 年 7 月 18 日，深圳市 H 政府官员的座谈发言。
④ 本案例节选自本项目子课题组中国人民大学子课题组研究终期报告（初稿），2015 年 3 月，杨志云博士执笔。

部门按照"党政联动"、"同类项合并"的原则精简至 16 个大部，精简幅度将近 2/3。其中，区委机构和工作部门 5 个，区政府设置工作部门 10 个。

改革后，在五个部门整合的基础上，组建了顺德区环境运输和城市管理局。根据 2010 年下发的《佛山市顺德区环境运输和城市管理局职能配置、内设机构和人员编制规定》，将"由原区环境保护局承担的环境保护职责，原区交通局（港航管理局）承担的交通运输、港口行政、地方公路路政职责，原区城市管理行政执法局承担的城市管理领域相对集中行政处罚权及市容环境管理职责，原区建设局承担的公用事业管理职责，以及原水利局承担的水行政执法职责，整合组建区环境运输和城市管理局。其中，区气象局由垂直管理调整为区政府管理，加挂地震办的牌子，归口区环境运输和城市管理局联系[①]"。在这一大部门体制之下，内设 10 个部门：办公室、政策法规科、环境评价科、环境监督科、城市管理科、市政公用科（区固体废物管理中心）、运输管理科、港航水政科（区港航管理局）、安全应急管理科（区交通战备办公室）、监察室。

2012 年，顺德区环境运输和城市管理局按照决策、执行、监督分离，强化决策原则，按照中国香港和新加坡等发达地区的经验，进一步优化了内设机构和治理结构，建立法定机构和独立法人，实现了从"物理反应"到"化学反应"的转变。一是构建高规格的政务咨询委员会，组建新的决策事务科作为集中行使决策的平台。在平台中，引入社会认受性的咨询委员会和专业委员会，实现公众参与决策和协同共治的治理结构。二是将区局定位为监督决策执行角色。"区局变成'宪兵'，监督各个乡镇的执法，执法责任到位了很多。责任到位、人财物到位、区一级和镇街一级开展工作到位很多[②]"。三是调整镇街分局、事业单位的职能，定位为执法部门。2008—2009 年年末，顺德区的各个街镇只要达到广东省的一套标准，就赋予执法权和审批权，当时就在各街镇层面设立环境运输和城市管理分局，作为区环境运输和城市管理局的派出机构，依区局授权代表区局在各镇（街道）区域范围内具体行使职权，负责执行区局的各项决策，实施行业管理和社会管理。在监督和服务中，推动事业单位法人治理模式改革和法定机构试点，实现服务市场化和社会化；引入行业协会、咨询委员会等第三方机构进行监督，构建制度清晰和监管有力的管理体制。

顺德区实行大部制改革，取得了很好的效果。"从整个部门角度看，运行效果很好。老百姓感觉也很好。职能的行使，环保、水利、城管效果都很好。确实在大部制下，很多疑难问题都能够很好的解决[③]。"环保工作力量并没有被削弱，相反由于整合有关机构，集中了更多的行政管理和执法资源，大大强化了环保工作的协调能力和处理重大环保案件的执法能力。

---

① 广东省机构编制委员会：《关于印发佛山市顺德区党政机构改革方案的通知》，粤机编〔2009〕21 号，以及笔者 2012 年 7 月 17 日在顺德区环境运输和城市管理局座谈会的访谈。

② 2012 年 7 月 17 日，顺德区 T 政府官员的座谈发言。

③ 2012 年 7 月 17 日，顺德区 T 政府官员的座谈发言。

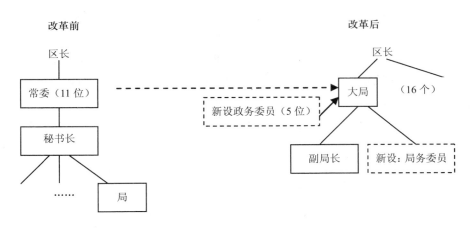

图 3.5　顺德大部制的机构设置和权力结构（杨志云，2015）

2）佛山市其他区环境管理体制大部制改革的失败案例[①]

佛山市是国内较早进行大部制改革的城市。按照简政放权的要求，佛山早在 2004 年就将大量的权力由市下放给区，市级主要负责指导、筹划和服务等工作。在此背景下，佛山市各区都大力进行环境大部制改革的探索和尝试。

除顺德区外，佛山其他各区建立环境大部制的形式并不统一，如禅城区整合环保、交通运输、城管和公共事业局组建环境保护和城市管理局（其中交通运输在 2012 年 1 月独立出来，成立了交通运输局），南海区在环保、城管、交通和市政的基础上成立环境运输和城市管理局，三水区整合环保、交通和城管三大业务板块成立环境运输和城市管理局。

虽然佛山各区都进行了环境大部制改革探索，实际效果却截然不同。顺德环境大部制改革有效地将原环保局的环境保护职责、原交通局的交通运输管理和地方公路路政职责、原城市管理行政执法局的市容环境管理职责、原建设局的公用事业管理职责、原水利局的水政执法职责进行深度整合，通过重新设置内设机构组织模式和运行机制，实现了决策权、执行权、监督权既相互分离又相互协调，保证机构运行的顺畅和效率。

然而，佛山市其他区进行的环境大部制改革仅仅是机构的物理合并，并未实现有机整合。除顺德区，其他各区依然在环境保护和城市管理局（或环境运输和城市管理局）下按照原来的业务板块设置了若干分局，采用分党组的模式来进行决策，各分局依然各自为政。禅城、南海、三水等区实行的环境大部制改革并不是按照业务相关与相近的原则进行的部门整合，而是仅仅为达到削减机构数量而进行的生硬调整。这样一种业务分割的状态，仅仅是物理调整而没有产生化学变化。这种机构设置使得机构运作的效率大大受到影响，决策程序复杂。同时，机构的合并大大削弱了环保执法的力量，专业环保执法人员缺乏，人手不够，力量不足；个别城区还面临环境执法硬件设施配套不足等问题。因此，从环境大

---

① 本案例选自环境保护部政研中心承担的亚行技术援助项目"环境保护管理体制与人力资源开发创新研究"中期报告，2015 年 1 月，中国人民大学王猛博士执笔。

部制改革与综合执法的意义上来讲，佛山市其他区的改革并不算成功。

虽然佛山各区都进行了环境大部制改革，改革绩效差异显著。究其原因，顺德区在进行机构合并的同时，对机构职能、权力责任进行深度整合；而佛山其他区的改革则仅仅将改革停留在物理层面而缺乏机构内部的有机整合。佛山市各区环境管理体制创新的不同模式与不同绩效，为环境大部制改革提供了重要的借鉴和参考。

4．案例评述

海南、深圳、佛山市顺德及其他区的改革，体现了我国环境大部制改革所具有的多样性、多层次性特征，以及改革过程本身具有很强的连贯性。比较分析这些地区针对环境管理决策、执行和监管职能重点进行配置的不同尝试，丰富了大部制改革的体制设计经验。

海南省环境大部制改革的逆向发展，海洋、生态环境等有关部门陆续从大部门中独立出来，一方面反映了社会经济发展水平以及问题压力的程度对政府部门组织结构形成的影响；另一方面也发现，我国干部管理机制等政治因素对组织机构自身增长的诱导作用。

海南省不单设环境保护部门，将环境保护职能配置在省国土环境资源厅利弊俱存。最大的好处有两个方面：一是环评、供地一体化，便民高效；二是统筹公共资源推进生态环保建设。借助相对充裕的国土资金一定程度上缓解了海南省环保资金投入不足的困难。目前，全国只有海南省落实了生态红线，就是得益于借助了国土关于土地权属、植被类型等系统数据。

最大的弊端在两个方面：一是原海南国土环境资源部门的工作重心在国土与资源管理，而不是环境资源保护。国土、资源、环境保护的工作精力分配比例是 5∶3∶2。尤其是在海南省的县一级，专门从事环保工作的人员位数很少——因为地方政府在财政压力之下更关心出让土地、资源开发，在一些特殊时间、任务要求的情况下，环保岗位人员协助国土管理工作的情况也不少见；二是国土开发、资源开发利用、国土资源开发利用监管、对资源开发的保护监管、自然生态系统保护、污染防治等管理内容属于不同性质、不同管理流程的职能。而且，自然资源开发利用管理与资源开发的生态保护监管两项职能也存在的目标、利益等方面的价值冲突。根据公共行政的一般规律，相同或相似性质的职能交给一个部门来履行，利益冲突的职能不宜放在一个部门的组织设计原则，国土资源的产权管理与生态保护职能、污染防治职能分开设置也是有科学道理的。

深圳作为一个特大城市，采用跨部门的委员会制在城市一级进行环境大部制改革，适应了城市等区域性环境保护问题的综合性、整体性的特征，综合协调人居和环境等环境管理工作，发挥了一定积极作用。但是在事权配置时仅仅是"归口联系"其他相关部门，授权不充分，对其他相关部门的行政约束力不足，"大环保"综合决策和统筹协调作用发挥不足，影响了改革预期目标的实现。

而顺德作为一个区，面临的环保问题更具体，采用统一决策和监督执法，强化环境综合执法独立性的权力配置方式，对业务相关部门职能进行高度整合、协调机制重构，环境大部制改革初见成效。但因与省及国家层面的体制大背景不协调，履职绩效与顺德综合体制改革不同，佛山市其他区的环境机构并没有实现决策职能有机整合，而仅仅是进行物理上的合并，非但没有解决管理体制所面临的关键问题，反而削弱了环保执法力量，降低了机构运行效率，最终出现回归分部门管理的局面。

不同的改革模式产生了不同的制度绩效。深圳的综合决策模式，尽管在具体的政策执行和议事协调中面临一定困境，但其在深圳整体性、综合性的环保决策中发挥非常重要的作用。而顺德的独立执法模式，通过职能整合形成更具专业性、独立性和执法能力的综合性环保机构，取得了良好的环境治理绩效。深圳与顺德的两种模式，充分体现了"决策越综合越好，执行越专业独立越好"的思路。总结上述地区环境大部制改革经验教训，未来体制设计应注意以下四个问题。

（1）强调"职能整合"而非"职能合并"。环境大部制改革的核心在于职能整合，而非简单化机构合并来削减机构数量。顺德区将环保、水利、城市管理和建设局等业务局的相关环保职能进行整合，部门资源得到整合优化，原部际协调事宜可通过部内协调完成。而佛山市其他区则是将环保、交通运输、城市管理等业务局职能进行简单合并，表面上减少机构数量，实则改革流于形式，甚至行政成本增加。运行以来，负面效果多，甚至出现已经组建的机构退出的现象。2012 年禅城区已将交通运输局从大局中独立出来，目前正在酝酿将环保局独立。

（2）合理确定大部制的职能边界和权力结构。环境大部制改革并不是意味着环保部门包揽所有事务，而是在统一决策、综合协调的基础上，平衡综合与专业化管理的关系，实行决策、执行与监督权力适度分离。顺德和深圳环境大部制改革均基于决策、执行和监督"行政三分制"原则，但顺德建立了决策与执行、监督与执行相分离的权力结构和运行机制，而深圳人居委未理顺"委"与"局"的关系，归口联系运行机制没有发挥作用，两者制度绩效差异显著。

（3）增强统一领导权下的环境执法独立性。顺德区环境运输和城市管理局是部门职能整合的机构，设立水上执法大队、执法机动大队和执法监察大队 3 个执法大队，整合更多的行政管理和执法资源，强化了环保统一执法能力。相反，佛山市其他区并没有进行机构整合，下设各分局依然各自为政，原环保、水利和城管执法力量悬殊，在此前提下将执法力量进行简单合并，进入综合执法的环保队伍从事很多非环保执法工作，大大削弱了环保执法力量。

（4）环境大部制改革应以职能整合为核心，以适应环境问题整体性、综合性和复杂性的压力状态，按照决策、执行和监督权相互制约和相互制衡的原则，强化大部门的统一决策权，增强执行机构的专业性，理顺大部门与业务局的职能边界和权力结构，并以制度化、规范化的运行机制以保障大部制改革真正落地。

第二篇
中国环境管理体制：问题诊断

第4章 中国环境管理体制的综合评估[①]

4.1 体制评估的范围界定

4.1.1 体制评估的概念范畴

科学化、规范化、系统性地评估中国环境管理体制，有助于咨询专家为管理层准确、客观地描述问题现状、识别问题产生的主要原因、权衡改进方案的优先序和最佳行动步骤，最终提出针对性强，具有可操作性的组织发展和改革方案，提高管理决策科学化。

本课题的评估与评价可以相互替代，也即通俗的说法"问题诊断"。从项目层面评价就是"对象价值和特点的系统调查"（Sander，1994），"对项目的工作、有效性、效率和适合性作出判断，并使用这些判断改进管理有效性的过程"（Thorsell，1982）。世界自然保护联盟 2000 年在其《评价有效性——保护区管理评估框架》手册中提出"评估就是按照预定的一套标准或目标，对其实现程度的判断和评价"。迈克尔·哈里森（2006）针对组织，提出诊断"是运用概念化的模型和实用的研究方法评估一个组织当前的状况，找到解决问题的方法，迎接挑战，提高绩效"。通过组织诊断，可以为决策和管理人员提出组织改进和管理变革的有效意见和方案，以改善组织的战略、结构、过程，提高组织的有效性（Cummings，Worley，2001）。

从以上几个代表性的管理评估定义，可以看出无论对组织（organization）还是对项目，评估的核心目的是管理的有效性，即通俗地讲，有效性评价就是从不同角度评价管理的成功与失败。如果评估或诊断的对象是国家和政府，可以理解为国家治理能力、政府履行职能、管理国家的有效性。从行为和过程角度理解管理有效性评估，与"环境执政能力"评估内涵相似。如果从政府管理行为的结果、效果、效率角度考虑，可以理解为"绩效"（performance）评估。

根据本课题用户需求和国家体制改革精神，本课题评估的重点应是基于行为科学、制度经济学的国家环境治理体系和治理能力、环境执政能力（履职能力）的管理有效性评估，

---

① 本章作者：殷培红、杨志云、马茜、梁璇静。

而非管理的投入产出的"绩效"评估。

本课题所谓的环境管理体制（institution），以狭义的政府体制为研究对象，研究生态环境保护领域中，我国政府行政部门职能定位、机构设置、权力关系，以及部门间的监督、合作协调机制等。因此，本课题所谓的环境管理体制评估，是对环境管理行政主管部门及其他环境保护相关部门在内的环境管理组织体系及其职能定位、事权配置、履职能力的有效性评估。因此，本课题的体制评估，不是微观组织层面的评估，而是属于宏观组织体系的评估范畴。同时，因宏观组织体系运行离不开相关国家管理制度（即机制问题）的支撑，此外，还需要考虑中央与地方关系、部委间关系、政府与企业、与公众之间的关系等重要影响因素。因此，本课题评估的这些视角也是环境治理体系的评估。

4.1.2　体制评估的标准设计范围

根据上述体制评估范围的界定，本课题体制评估标准设计范围包括治理体系评估、环境管理职能评估、事权配置合理性评估、履职能力评估四个方面。

从服务于用户需求角度，治理体系评估中，重点侧重分析制度能力中的核心影响变量——约束—激励结构，描述和评价与环境治理体系基本特征高度相关的几个维度与本届政府体制改革总目标"国家治理体系和治理能力现代化"的匹配性，而不是治理体系现代化标准的全部。由于国家治理体系现代化这一理论命题正式提出才一年多，有关科研攻关正在进行，尚未有一个权威的评估标准体系，参照俞可平先生 2013 年提出的治理体系现代化的五个标准，结合本课题牵头单位为环境保护部生态文明体制改革研究报告中总结的"治理体系"基本特征，本课题组整合、改造提出了环境治理体系评价框架和标准。

由于支撑宏观组织体系运行的是一整套制度体系，本课题不可能针对这些体系逐一评估，而是主要借鉴权威学者的评估结论，运用文献计量方法、深度访谈等方法集成有关学者和资深环境管理者的观点和判断。本课题就不专门针对管理制度和法律法规的有效性进行评估标准设计。

4.2　管理体制有效性评估的国际经验

管理有效性是多维的（Denison，Mishara，1995），而且很多难以测量，并因评估对象不同而有不同的有效性评价标准和方法（迈克尔·哈里森，2006）。通常习惯用"问题解决"（即目标完成度）方法来评价管理的有效性。但是对于环境管理体制评估，这种评价范式却存在很大的局限性。因为，一方面环境问题的解决可以用多种措施和手段解决；另一方面，通常体制因素只是环境问题解决的一个间接因素。而一个体制的形成和有效运行又往往受多种变量影响，因此，要在体制所产生的影响与一个既定问题的现状之间，建立一种因果关系通常是非常困难的（斯蒂凡·林德曼，2012）。因此，目前国内外有关体制评估，都是采用描述性的非定量化的评估方式。

但是，如果从组织有效性评估的角度看，组织建立的目的是为了更好地推动个人和集体按照既定目标采取行动，那么就可以通过考察组织管理对象的行为变化情况来判断组织或体制的有效性，有关行为科学、社会科学、管理科学、心理学等都可以为构建体制评估方法提供理论依据。通过分析组织运行所需要的一系列规则制度体系对行为的激励约束结构，就能够在一定程度上判断组织及其制度体系对问题压力的响应情况，从而判断体制的适应性。

迄今为止，国内外还没有成体系的规范化的体制、制度等的评估方法，大多数体制评估都是一种描述性的，并不系统的方式进行讨论。相对比较成体系，有一定影响力的体制评估方法主要有：全球治理评价方法、环境绩效评估、世界自然保护联盟的保护区管理评估框架，以及几名著名学者分别针对国家治理、公共卫生系统、国家可持续发展战略制度、国际河流流域管理提出的评估框架。这些评估框架和方法为本课题的体制评估方法设计提供了有益的借鉴。

4.2.1　国际组织的有关体制有效性评估方法

1. 国际治理评估体系

20 世纪 90 年代，对主权国家的治理状况进行整体性评估成为理论研究和实际应用的热点。世界银行、联合国开发署、经济合作与发展组织等著名国际组织也都纷纷发表自己的治理评估指标体系。根据世界银行统计，目前各国和组织机构经常使用的治理评估指标体系大概有 140 种。其中，影响较大的有世界银行的"世界治理指标"（Worldwide Covernance Indicators，WGI），联合国人类发展中心的"人文治理指标"（Humane Governance Indicators，HGI），联合国奥斯陆治理研究中心的"民主治理测评体系"（Measuring Democratic Governance）和 OECD 的"人权与民主治理测评"（Measuring Human Rights and Democratic Governance）（俞可平，2009）。

上述指标体系中，世界银行的 WGI 体系研发较早，从 1996 年开始已经先后对全球 213 个国家进行了 7 次评估。这套评估指标体系包括发言权与责任性（Voice and Accountability）、政府管理有效性（Government Effectiveness）、管制质量（Regulation Quality）、法治（Rule of Law）、遏制腐败（Control Corruption）。该指标体系中的政府管理有效性和管制质量两个维度的有关评价指标可为本课题管理体制有效性评价所借鉴。联合国人类发展中心的 HGI 体系包括经济管理、政治治理和公民治理三个方面，其中后两个维度的有关指标和评估方法也对本课题管理体制有效性评价指标设计具有启发性。

2. 环境绩效评估

环境绩效指数（Environmental Performance Index，EPI）是由美国耶鲁大学环境法律与政策中心、哥伦比亚大学国际地球科学信息网络中心联合实施，在可持续发展指数（SDI）基础上发展而来。EPI 的建立是为了填补"千年发展目标"提出了可持续发展观念，但却缺乏相关测评的缺口，着眼于用数据驱动环境决策。

环境健康和生态系统活力是 EPI 的两个环境政策目标，自 2006 年发布以来一直未变，但政策领域和指标随环境问题关注点的变化却在后续的 9 年实践中不断调整。2014 年的 EPI 共包括 9 个政策领域，20 个反映国家层级的环境指标（图 4.1），对全世界 178 个国家进行排名，以评估各国家、地区的环境表现。2014 年，在废水处理影响全球水生态系统质量这一环境问题关注点的影响下，EPI 首次将废水处理绩效纳入评价指标。此外，首次用统一标准评估了各国家、地区近十年的环境变化，为被评估国家对比过去与现在的环境绩效提供支持。该指标没有精确数据，但可以反映当前全球环境面临挑战的焦点问题，为环境决策的制定提供有效可靠的定量工具，顺应将"大数据"运用到环保决策中的潮流。有了这些数据，环境政策决策者可以通过数据，而非经验来制定决策，从而大大降低环境决策中存在的不确定性。此外，在 EPI 实施过程中，可以帮助国家发现环保数据中的空白和缺口，及早完善环境数据。

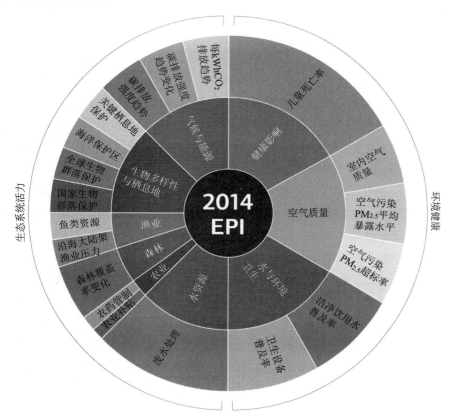

图 4.1　2014 年度 OECD 的 EPI 评估指标体系

六大原则指导 EPI 指标体系的建立，主要包括与环境问题高度相关、为反映该环境问题实际状况的最佳指标、指标的科学性、可提供的高质量最佳数据、全球适用性。指标选择主要参考大量的环境政策文献、"千年发展目标"和"全球展望"对话达成的政策共识、专家评判意见等，尽可能地涵盖现有数据能测评的所有重大环境问题。通过参考国际协议、国际组织或各国政府制定的标准，并接受环境专家意见，形成全世界范围的衡量长期环境可持续性的统一基准。在此基础上计算出每个国家针对每个指标的目标渐进数值。采用"目标渐进"测评法，根据国家、地区在各项指标的表现与既定目标的差距对其进行打分。

EPI 计算方法为：

$$EPI = \frac{总范围 - 距目标的距离}{总范围} \times 100$$

以环境卫生指标为例：

最高基准为 100%，最低基准可能为 5%的人口达到该指标，则总范围为 100−5=95

对于一个有 65%的人口达到该环境卫生指标的国家来说，其

$$EPI=[（95-35）/95] \times 100 = 63.1$$

式中，具体指标的权重分配运用主成分分析（PCA）法和文献及专家分析决定（图 4.2）。

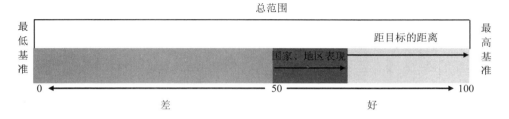

图 4.2　"目标渐进"测评法[①]

从以上简介可以看出，环境绩效指数的评估体系和评估方法主要针对环境管理本身，重点在环境保护措施与政策、生态环境质量状况的评价，而对环境管理的组织体系本身有涉及，但也比较简单，且主要是定性评估。以组织体系为评估核心的体制有效性评估中，环境管理措施和政策的有效性是影响体制有效性的一个重要的影响因素。该指数对管理目标差距的评估结果，特别是相似资源环境条件、经济发展特征的相关国家评价 EPI 水平，可为本课题评估环境管理目标—结果差距等级提供参照系。

3. 世界自然保护联盟的保护区管理有效性评估框架

世界自然保护联盟（Marc，Sue，Nigel，2005）发布了保护区管理有效性评价的评估框架和指南。世界自然保护联盟认为，评价保护区管理的有效性需要从保护区的地位、保护区的设计的方式到管理行动的结果和保护区综合保护状况等多方面进行测度。而且还要在不同水平展开，既要做到快速评价，也要满足详细的监测研究的需要，以便将评估结果用于反馈到适应性管理中。保护区管理有效性评价主要包括三个方面：①系统设计的科学合理性；②管理系统和过程的适合度，即如何开展管理，管理如何恰当地应对挑战；③目标完成度。

---

① 耶鲁大学环境绩效指数。http://epi.yale.edu/our-methods。

该管理有效性评估方法中，对保护区管理机构予以了高度重视，有关评估分析框架和工具就有较好的借鉴意义。例如，世界自然保护联盟认为，保护区管理的主管部门是否有能力有效地管理保护区，管理方式选择的是否得当，并得到了落实是影响管理有效性的关键问题。管理能力受多种因素影响，主要包括管理体制、管理资源的提供和社区的支持水平，如图 4.3 所示。

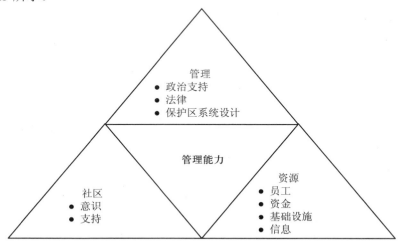

图 4.3　管理能力内容（改编自 Hockings 和 Phillips，1999）

4.2.2　著名学者提出的有关体制有效性评估方法

1．俞可平的国家治理评估

俞可平（2009）提出中国治理评估框架应当包括公民参与、人权与公民权、党内民主、法治、合法性、社会公正、社会稳定、政务公开、行政效益、政府责任、公共服务、廉洁12 个方面。其中的法治、政务公开、行政效益、政府责任、公共服务等方面的评价指标和方法直接与本课题的环境治理体系和环境管理体制有效性评价具有重要的参考意义。

（1）法治，体现国家法治现状的主要评价内容包括：国家的立法状况、宪法和法律的权威性、党和政府的依法执政和依法行政程度、公民和官员对法律的了解和尊重、法律在实际政治生活中的作用、立法活动和司法活动的自主性和权威性、律师的作用、官员和公民的法律意识、政府政策的法律审查和司法审判的执行情况等。

（2）政务公开，主要关注点包括：政务公开的法规及效果、政治传播渠道的数量和质量、决策过程的公开化程度、行政机关、法院、检察院等活动的公开化程度、公民对政治事务的了解程度、新闻媒体的自主性、公民获取政治信息的权利和渠道，以及党政干部财产收入申报的真实和透明情况等。

（3）行政效益，主要包括：政府的行政成本、党政干部的行政能力、政府的行政效能、党政机关的协调程度、决策失误的概率、公共项目的投入产出率、电子政务、政府的快速反应和处事能力，以及公民对政府决策和处事效率的满意度等。

（4）政府责任，主要体现在：官员对其行为的负责程度、对渎职官员的惩罚、官员与公民的沟通渠道、官员对公民意见的尊重、党和政府接收和处理公民诉求的机制、党和政府的决策咨询机制、政策反馈及决策部门对政策的修订、政策反映或代表公民要求的程度、公民意见对政府决策的影响，以及行政诉讼的数量及后果等。

（5）公共服务，直接影响中国政府提供公共服务的状况：公共服务支出与政府预算的比例、基本社会保障状况、九年制义务教育普及率、基本医疗覆盖率、政府对穷人和困难者的帮助、政府一站式服务的普及率、国家提供公共基础设施的力度、公民对政府服务的满意度，以及政府的生态治理及其效果等。这个评价维度中，公共服务支出与政府预算的比例、教育普及率、国家提供公共基础设施的力度、公民对政府服务的满意度，以及政府的生态治理及其效果等指标可借鉴到环境治理体系评价中，公共服务支出与政府预算的比例和政府的生态治理及其效果等的评价方法和结论可用于本课题环境管理体制有效性评价中。

2．哈里森的组织有效性诊断方法

组织有效性评估方法是组织和卫生系统领域著名的社会学家哈里森于1999年提出的。他认为，一个系统的有效性很大程度上取决于其相互依赖的各个组成部分或功能间的配合性（fit），也称为协调（alignment）、一致性（congruence），是指系统中一个部门的行为或组织需求与限制和系统其他部门的需求与限制协调一致的程度。

如果配合性差，组织单位之间的活动或功能之间相互侵蚀和削弱，相互之间的交流导致不可避免的时间、资金或精力的浪费，组织的有效性就会受到影响，甚至出现无效的状态。好的系统配合（协调）意味着系统的组成部分或功能的彼此增强，而不是相互削弱。一个组织或系统的有效性，还极大地取决于它处理内部系统需要的能力，这包括组织中的人员安排、驾驭改革的过程、成功经营以及适应环境等。

关于配合性的评估方法主要可选择三种可行的方法。第一种实用的方法是考察不同单位或系统组成部分中的要求，需要或程序的相容性；第二是调查受访者是否感觉到有相互冲突的期望与压力，并且鉴别这种冲突是否由较差的配合性引起的；第三种可行方法是评估系统的构成和子系统是否按照组织远景所建议的方式相互配合。

对于一个开放的系统，以及一个政治领域，可运用系统分析的方式，对整个制度领域、一群组织、单个组织，各国分部或组织内部其他单位进行诊断。常用的主要有四种方式。第一种是输出—目标法，该方法的前提假设是将组织看作是一个实现目标的工具。本课题组认为，这种方法对于复杂系统，多因素影响的目标实现情况评价具有局限性，如何确定明确的因果关系是关键。如具有广泛主体参与的环境保护领域，就不适合以环境质量为输出的目标，对环保系统的有关输入因素评价其有效性。第二种方法是结构化考察内部系统状况，如系统内相关组织之间、组织各分部之间的联盟关系（合同协议、战略联盟、网络合作、信息与人员流动等），层级关系和横向关系、集权与分权等关系。具体评估工具可用网络测量法等描述各部门之间人员工作往来关系等。也可用利益相关者满意度综合评估。第三种方法考察系统资源和适应性。该方法有其适用于开放系统，了解系统从环境中获得的稀有资源和能力，以使适应外部变化，并在竞争中占据有利地位的能力。第四种方法是利益相关者评估。这种方法是针对用户需求导向的系统有效性评估。

在具体评估工具选择方面，哈里森也认同严格的评估方法遵循公认的科学研究标准，但不必是定量的（King，Keohane，Verba，1994）观点。科学的评估是可以接受外部评估和重复检验，为此，需要运用结构化、标准化的资料收集方法和策略技术。例如，封闭式问题构成的问卷、标准化结构式观察法、半结构化的访谈、开放式访谈，并收集关于组织的对立意见和观点等方法。

3. 林德曼的国际水资源管制体制有效性评估方法

针对当前国际河流管理研究领域中，一直都是以描述性的，并不系统的方式讨论河流管理问题的现状，斯蒂凡·林德曼（2006）根据体制理论，尝试性地提出了一个国际水资源管制体制有效性的分析框架，如图 4.4 所示。该体制有效性评价，主要关注于问题的改进情况，并采用体制有效性的政治解释，即主要着眼于行为的变化来判断体制的有效性：水资源管治体制引起了相关行为体的行为变化，从而引起了对各自问题管理的改进。林德曼认为，能够解释国际水资源管治体制成功的各变量之间也是相互作用的。这些决定水资源管治体制形成及其有效性的变量有五组自变量：①问题因素：不同问题的动力结构以及根本的问题压力；②进程因素：平衡动力结构和减少交易成本的政治工具；③制度因素：制度体制的设计；④具体国家的因素：河流流经国家的政治、经济社会和认知状况；⑤国际背景因素：河流流经国家与第三方支持国家之间的政治背景。

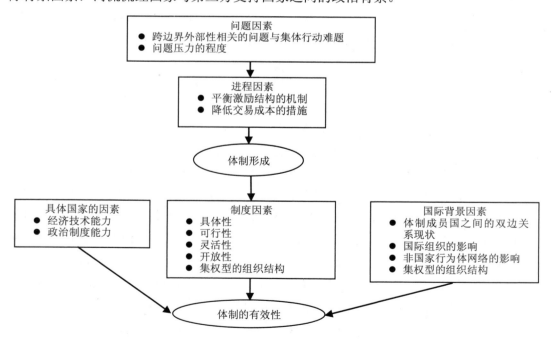

图 4.4　水资源管制体制形成与有效性的政治决定因素（斯蒂凡，2006）

4. 国家可持续发展战略行动的有效性评估框架

可持续发展战略是一个跨多个领域，具有交叉性的评估对象。因此，该战略行动的有效性主要取决于是否能够成功整合有关领域的政策与行动。鉴于这种评估对象的特点，沃尔凯利、斯万逊等学者（2006）将可持续发展战略行动有效性评估定位于对一系列功能性领域状态的描述，主要采用定性方法，构建了一个包括领导，计划，实施，监督、学习和适应，协调以及管理参与和协商六要素的战略行动有效性分析框架。评估信息来源主要是公开的可获得资源（政府的战略文件、网络资源、文献资源等）以及与政府官员的访谈。主要评估维度的内容如下：

（1）领导，可持续发展关系到政府的所有部门和层面。所有相关行为体的有效承诺只有在一个积极领导者的带领下才能实现，这样的领导者能够为各个行为体提供清新的前进方向，并积极跟踪它们的实际表现。评价领导承诺，可以通过战略路径的选择、战略目标的量化程度和实现目标的具体程度，即共同标准，以及有无评价工具。例如英国发布了综合政策评价方法、瑞士的战略性可持续评价等。其中战略路径的选择有四种方式：综合多维度途径（如德国的国家可持续发展战略、菲律宾的 21 世纪议程）、跨部门途径（如咯麦隆的可持续发展战略与建设贫困战略白皮书）、部门途径（如加拿大和英国各部门的可持续发展战略）、融入其他计划中的途径（如墨西哥的国家发展计划）。

（2）计划，计划是战略性管理的一个组成部分，主要从以下三个方面进行考察评价：为计划进程确定一个清晰的法律授权；战略性地构建引领计划实施进程的制度，并加以贯彻实施；对已有的政策计划、方案和动议进行可靠的评估。其中，影响计划实施有效性的重要制度安排是领导机构的设置，由政府首脑或其他核心领导机构来承担，由环境部等部门牵头，或是权限共享形式，没有强烈的核心协调部门，三种形式的制度安排有效性递减。

（3）实施，主要从目标的责任和义务的明确、一个多样化的政策组合工具包、一个混合多元的金融制度等方面评价。

（4）监督、学习和适应，监督对国家可持续发展战略至关重要。只有在取得的成就能够测量的情况下，管理才能成为可能。主要对实施过程、结果等进行明确而综合的监测、监督，创建一套有助于学习和适应的制度。

（5）协调，是管理战略进程的一个核心要求，主要从战略目标和动议与国家预算过程的协调；与其他战略进程的协调、与此国家和地方战略进程的协调等方面评价。

（6）管理参与和协商，另一种可能增强管理协调能力的途径是利用利益相关方的参与和协商。这样不仅可以改善政府行动的信息基础，还有助于打破现存封闭的网络。那种缺乏从利益相关方获得反馈的战略进程是政府对可持续发展不重视的一个标志。通过参与和协商，决策者与各利益相关方之间相互学习和对话，可以建立信任基础。这一过程可从参与的制度化和信任的建立等方面评价。

5. 环境政策一体化制度措施有效性的评估框架

2011 年，雅各布和沃尔凯利（2006）从政策实施的有效性角度，提出了一个旨在评估代表国家可持续发展（环境政策一体化）战略制度安排有效性的评估框架。他们假设环境政策一体化对政府、企业等行为体的影响主要根据以下几个维度而变化：一是改变现存行为体的相对力量；二是有助于新行为体的塑造；三是导致纳入环境行为体并且打开先前封闭的网络。然后，再根据上述三个维度可进一步提出几个程度性的分类指标：改善领导作用；有助于新政策观念的传播；改进知识的利用。同时，对环境政策一体化的潜在影响进行评估：①促进环境政策一体化的部门议程的建立；②提高政策实施过程中环境政策一体化的考量。此外，沃尔凯利、斯万逊等还对影响政策有效性的政治因素提出了评估维度：行为体及其利益结构的构成；整体规范和观念框架；制度的设计。其中制度设计维度，主要是有关管理制度的政治可管理性和政治的可推广性。

4.3 环境管理体制评估的理论基础

环境管理的客观对象（生态系统、环境系统）和环境管理组织体系都是一个复杂而庞大社会—经济—自然的复合系统。有效的环境管理需要运用系统论和控制论的理论与方法，组织体系设计也不例外。

系统论的核心思想是系统的整体观念。贝塔朗菲强调，任何系统都是一个有机的整体，它不是各个部分的机械组合或简单相加，系统的整体功能是各要素在孤立状态下所没有的性质。他用亚里士多德的"整体大于部分之和"的名言来说明系统的整体性，反对那种认为要素性能好，整体性能一定好，以局部说明整体的机械论的观点。同时认为，系统中各要素不是孤立地存在着，每个要素在系统中都处于一定的位置上，起着特定的作用。要素之间相互关联，构成了一个不可分割的整体。要素是整体中的要素，如果将要素从系统整体中割离出来，它将失去要素的作用。正像人手在人体中它是劳动的器官，一旦将手从人体中砍下来，那时它将不再是劳动的器官了一样。系统论的基本思想方法，就是把所研究和处理的对象，当作一个系统，分析系统的结构和功能，研究系统、要素、环境三者的相互关系和变动的规律性，并优化系统观点看问题，世界上任何事物都可以看成是一个系统，系统是普遍存在的。大至渺茫的宇宙，小至微观的原子，一粒种子、一群蜜蜂、一台机器、一个工厂、一个学会团体……都是系统，整个世界就是系统的集合[①]。

此外，系统论还强调系统是有序的，其内部各要素在一定时间和空间上表现出结构的有序性和运行的有规则性。系统的任何联系都是按等级和层次进行的。系统功能的有序性取决于结构的有序性。实现系统的有序目的依赖于输出的有序性。目前，我国生态环境系统表现出的功能紊乱与退化，在很大程度上是由于生态环境管理系统无序、混乱造成的（冉瑞平，2010）。因此，要改善生态系统服务功能必须从完善系统控制的管理过程，即通过完善体制、机制，引导自然—经济—社会复合系统内的微观主体（政府部门、企业、个人）

---

① 本段摘自百度百科。

的环境行为，使其向着有利于环境友好的方向转变，目标一致、行动统一，才能使人类生存的生态系统健康有序发展。

从控制论角度看，所谓管理有效性，就是系统控制的有效性，即控制者（管理者）对被控制者（被管理者，或行政相对人）所施加的能动作用有效。有效控制的实质是激励或约束对被控者的行为产生预期影响。系统控制设计的目的，就是通过制定设计，激励和约束各微观主体按照预定系统目标行动。从控制论角度，根据控制的主体可划分为组织控制和自我控制。组织控制是指由管理者设计和建立起一些机构或组织，通过制定政策、法规、规划等方式引导和督促检查行为主体的活动。自我控制主要是指系统内的成员自我调控适应系统需要的过程。由于每个系统内的成员身处局部，并不一定掌握系统的全部信息，这种自我控制的有效性往往有限，通常只会在简单的系统内有效。复杂系统的管理组织控制过程更为重要。

根据系统论，对于复杂系统可采用黑箱分析方法，从系统的输入和输出过程的宏观角度，可将现有环境管理的控制阶段划分为预先控制、过程控制和事后控制三个阶段。预先控制手段包括环境与发展的综合决策（一体化政策）、战略环评、产业结构调整、经济增长方式的改变等。过程控制手段包括资源开发利用过程的现场监管、清洁生产、循环经济等。事后控制包括污染末端治理、生态的修复与建设、问责、环境审计等。因此，要评价环境管理体系的有效性，一方面要看组织结构的有序性；另一方面根据组织行为学原理，也要看不同控制过程中，各种制度和手段的有效性。而衡量制度和管理手段的有效性则重点考察受控对象（行政相对人）的行为变化，以及行为是否符合管理目标要求。

4.4　环境管理体制有效性综合评估的分析框架

为了克服以往体制评估规范化、标准化的不足，本课题结合环境管理特点，将"治理"、公共管理、政府组织设计、生态系统（管理）方式等方面的基础理论，以提升国家环境治理体系和治理能力现代化为总目标，运用系统分析方法，对现有国内外相关体制评估框架，迁移转化、筛选鉴别、体系重构，从环境问题压力回应性、治理体系、治理能力三大方面设定评估目标，选择治理结构的集权度、事权配置的合理性（目标相容/协调，合作/冲突、授权充分度）、运行机制的有效性（制度完备性及其执行率）、能力匹配度（人员数量与专业化水平）4 个维度，尝试构建了一个管理体制有效性的基本评估框架（图 4.5 和表 4.1），并运用于环境管理体制中外对比、体制改革历史经验教训、体制现状问题诊断与体制设计等研究之中。

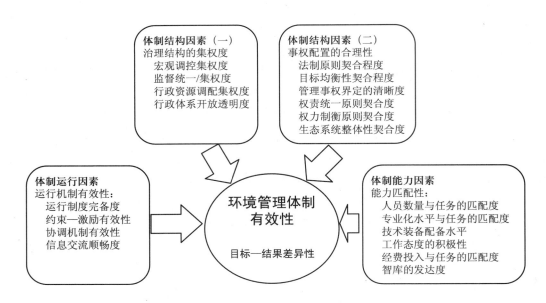

图 4.5 中国环境管理体制综合评估框架

表 4.1 中国环境管理体制综合评估框架：参照量表与结果

目标	维度	高	较高	中	较低	低	指标评价标准描述
环境治理体系	A. 治理结构的集权度				●		1. 环境决策权的集权度，如宏观调控政策制定权的权力分配
					●		2. 环境监督统一/集权度
				○			2-1：污染防治
						○	2-2：生物多样性保护
						○	2-3：资源开发的生态保护
					●		3. 环境行政资源调配集权程度，如人事、经费的管控权的分配
					●		4. 行政体系的开放透明度
	B. 事权配置的合理性				●		5. 法制原则契合程度
					●		6. 目标均衡性契合程度
					○		6-1：事权配置是否能够处理好环境与发展、资源开发与保护关系
					○		6-2：是否能够处理好综合管理与专业化分工的关系
						○	6-3：是否能够处理好源头—过程管控与末端治理的关系
					●		7. 管理事权界定的清晰度
					●		8. 权责统一原则契合度，如与财权匹配、管理工具相分离等的程度
				○			8-1：污染防治（责大权小）

目标	维度	高	较高	中	较低	低	指标评价标准描述
环境治理体系	B. 事权配置的合理性					○	8-2：生物多样性（责任不清，权力小）
					○		8-3：资源开发的生态保护（权大责小）
					●		9. 权力制衡原则契合程度（重点监督权的独立性）
						●	10. 生态系统整体性原则契合度，如要素、流程、空间等的破碎程度
环境治理能力	C. 运行机制有效性			●			11. 运行制度完备性，主要指管理过程、管理对象、管理手段等方面重要管理制度的缺失程度
					●		12. 约束—激励机制是否有效，从重大环境管理制度执行率、环境守法行为、政策、规划、标准执行程度等进行综合评估
				○			12-1：地方政府
			○				12-2：大中型企业
					○		12-2：小型企业
					●		13. 部门间的合作协调机制有效性
				●			14. 信息交流顺畅度，信息公开透明度、真实性等
				○			14-1：污染防治
					○		14-2：生物多样性保护
					○		14-3：资源开发的生态保护
	D. 能力匹配性				●		15. 管理人员数量与任务的匹配度
					○		15-1：国家级
				○			15-2：省、地级市
					○		15-3：县、乡
				●			16. 专业化水平与任务的匹配度
		○					16-1：国家级
			○				16-2：省、地级市
					○		16-3：县、乡
					●		17. 技术装备配备水平
					●		18. 工作态度的积极主动性
					●		19. 经费投入与任务的匹配度
							20. 智库的发达度

（1）环境治理体系评估，重点从环境治理结构的集权度和事权配置的合理性两个方面进行评估。环境治理结构的集权度，针对环境管理的宏观决策权（包括环境宏观调控政策制定权和行政资源调配权等）的集权度、监管权（污染防治、生物多样性保护、资源开发的生态保护）的统一性/集权度、管理事权专属性、环境管理行政体系的开放度（公众参与）

等进行评价。治理结构的集权度大小本身是判断合理性和有效性的依据，而且需要综合考虑集权型体制下具体环境管理目标的绩效。分析治理结构的集权度有助于决策者和管理者辨识体制无效的权力配置方面的原因。

其中，关于事权专属性，也可称为职能专属性，主要用于描述部门分权关系，部门管理事权专属性越低，对组织体系中的部门协调机制要求就越高。反之，则集权度高，部门协调机制要求低。通常执行权的专属性比较低，以适应专业化分工的特点，本评估框架用管理事权专属性进行评价。而监管权的专属性要求较高，强调统一性和独立性。本评估框架专门设监管权的集权度或统一度进行评估。

事权配置的合理性，主要针对相关环境管理部门之间管理事权划分与有关事权配置基本原则的契合程度、权力制衡性、事权界定的清晰度和配合度、责任与权力是否匹配，主要部门管理目标及政策之间是否价值相容和协调（目标均衡性）等进行评价。其中后三项是影响管理行动冲突程度的主要因素。此外，从环境综合管理的科学角度，还要评价事权划分是否符合生态系统整体性的要求。

（2）环境治理能力评估，重点从运行机制的有效性和能力匹配程度两个方面进行评价。组织体系的运行机制有效性，主要影响与变量有关管理制度的完备性、重大制度的执行率、管理部门间的合作协调机制是否有效性、约束—激励机制是否健全而有效，信息沟通交流是否顺畅、信息公开透明度和真实性等。针对环境管理对象的差异性，制度执行率针对不同类型执行主体，信息对称性针对三大环境管理领域，进行分类评估。能力匹配评估，重点从环境管理系统的行政管理人员数量配备、人员专业化水平、技术装备水平、经费投入与任务的匹配性4个方面进行评估，考虑纵向地区差异，进行分层评估，如图4.6所示。

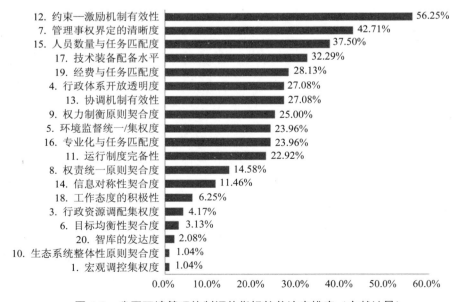

图4.6　我国环境管理体制评估指标的关注度排序（文献计量）

4.5　环境管理体制有效性评估方法及数据采集

本课题评估方法遵循目前国际两大比较流行的管理体制评估范式：制度—法律分析范式和行为—过程分析范式（齐晔，2008），依据定性为主，定量为辅原则，选择制度语法、半结构性访谈等规范化的定性评估工具获得一手评估资料，对相关部委"三定"方案及法律文本进行职能分析，收集国内外权威机构和知名学者的相关独立评估报告等二手评估资料，运用文献计量、封闭性问卷等主观意见集成方法，以及相关统计数据分析等定量评估手段增强评估结论的客观性。

在如何客观评价部门事权划分合理性方面，除了使用本课题建立的规范性评估框架，进行结构化主观意见集成外，还引入了公众感知问卷调查结果（部门分工错认度）作为部门事权划分合理性的客观性评价方法，作为补充评价机制。这样设计评价方法，主要是考虑到职责交叉、权限冲突是困扰中国政府行政体制改革和痼疾。历次国务院机构改革都以"理顺关系"为目标，寻找各种解决的方案。但是，政府部门职责边界划分涉及组织结构、部门间利益博弈、政治考量等多层次变量的影响，部门间博弈主导的传统思路不仅无法厘清职责交叉和理论关系，也使得任何科学的事权配置判定标准都难以说服处于权限冲突核心的博弈方。本课题也是基于这样一种研究困境，转换评价角度，以人为本，从政府公共服务的对象——公众角度考察政府职能分工的合理性。合理、清晰的政府职能分工，不仅有助于公众了解政府、提高公众找政府办事的效率和政府公信力，也有助于增加政府运行透明度，提高公众监督政府履职的针对性和有效性，让真正的责任人接受监督、履行环境责任。

调研范围覆盖六大区域督查中心、东、中、西地区的大量省、市、县（区）、乡镇等各行政层级，深度访谈对象包括高端环境管理者、企业中层管理人员、407 名国内四所著名高校研究生以上学历的师生。

本书以国家知识基础设施中国知网（CNKI）作为数据源，采用积木型策略，将检索需求分解为"环境管理体制"、"治理结构集权度"、"事权配置合理性"、"运行机制有效性"、"能力建设"五个主题概念，对每个主题概念列举相关主题词，以"或"的方式连接成子检索式，再以"并且"的方式连接起子检索式，构成每个主题的总检索式。

为保证检索结果的时效性和权威性，检索时间范围界定在 2005—2015 年，且检索来源选择"核心期刊"。删除"重复"、"偏离主题"、"国际经验"等与检索主题不相关联的学科噪点，再针对课题内容进一步筛选出符合统计需求的文献，该部分可计入统计数据的有效文献为 73 篇，见表 4.2。

另外，在 CNKI 中搜索该领域权威专家王凤春、马中、周志忍、董克用、汪劲、王毅、宋国君、王金南、吴舜泽、汪纪戎、解振华、周生贤、潘岳、吴晓青、李干杰、胥树凡、王玉庆、常纪文、齐晔、杨朝飞等的文献，并参考《从头越：国家环境保护管理体制顶层设计探索》（任景明，2013）、《中国环境监管体制研究》（齐晔等，2008）等著作，针对课题内容进一步筛选出符合统计需求的文献，该部分可计入统计数据的有效文献为 23 篇。

表 4.2　CNKI 中各主题指标的文献检索结果

主题概念 （指标）	检索式及主题词	核心期刊文献总数/篇	删除"重复"、"偏离主题"、"国际经验"后文献数/篇	进一步筛选符合需求的有效文献数/篇
环境管理体制	"环境保护"或"环保"或"环境监管"，并且"管理"并且"体制"	387	55	34
治理结构集权度	"集权"并且"环境"	214	12	4
事权配置合理性	"事权配置"或"权责统一"或"独立性"或"权威性"，并且"环境管理"或"环境保护"	41	10	5
运行机制有效性	"运行机制"或"约束激励"或"部门协调"或"信息对称"，并且"环境管理"或"环境保护"	83	10	5
能力建设	"环境监察"或"环境监测"或"环境执法"，并且"能力"	297	53	25
检索总数		1 022	140	73

综合以上 CNKI 主题词与权威专家两种文献选取方式，最终可计入统计数据的有效文献为 96 篇。

4.6　中国环境管理体制的基本框架

4.6.1　中国环境管理体制的法律框架

20 世纪六七十年代，欧美发达国家环境运动风起云涌，最终促成了各国政要汇聚瑞典首都斯德哥尔摩，于 1972 年成功召开了人类第一次全球规模的联合国人类环境会议。中国政府派代表团也参加了这次大会，由此拉开了中国环境保护事业的序幕。经过 40 年的发展，中国环境管理体制逐步确立，环境保护行政管理机构从无到有、由小变大，有曲折，更有发展。

目前已形成较为完善的环境政策、法律、法规、标准体系和环境管理架构，环境保护主要领域基本有法可依。1979 年第一部《中华人民共和国环境保护法（试行）》颁布，1982 年宪法做出"国家保护和改善生活环境和生态环境，防治污染和其他公害"的规定以来，有关水污染防治、大气污染防治、海洋环保等法律也于 20 世纪 80 年代初相继问世。同国内其他部门立法相比，环境立法起步较早。截至目前，全国人大常委会制定了环境保护法律 10 件、资源管理法律 20 件。此外，刑法、侵权责任法设立专门章节，分别规定了"破坏环境资源保护罪"和"环境污染责任"。国务院颁布了环保行政法规 25 件。地方人大和政府制定了地方性环保法规和规章 700 余件，国务院有关部门制定环保规章数百件。国家还制定了 1 000 余项环境标准。全国人大常委会和国务院批准、签署了《生物多样性公约》等多边国际环境条约 50 余件（杨朝飞，2012）。此外，还有 2 件由最高人民法院、最高人民检察院对环境违法案件、环境公益诉讼案件的司法解释。

环境保护主要法律制度基本建立。环境法律制度按其性质，可以分为事前预防、行为管制和事后救济三大类。一是事前预防类，主要是指为避免经济发展产生环境危害而设置的制度，是预防原则在环境立法中的具体体现和适用，主要有环境规划制度、环境标准制度、环境影响评价制度、"三同时"制度等；二是行为管制类，主要是指监督排污单位和个人环境行为的制度，其目的在于为环境监管提供可操作的执法手段和依据，包括排污申报登记制度、排污收费制度、排污许可制度、总量控制制度等；三是事后救济类，主要是指对污染行为及其后果进行处理处置的制度，其目的是防止损害扩大、分清责任和迅速救济被害方，包括限期治理制度、污染事故应急制度、违法企业挂牌督办制度、法律救济制度等。同时，在生态保护方面，还建立了生态功能区划制度、自然保护区评审与监管制度、自然资源有偿使用制度、自然资源许可制度等（杨朝飞，2012）。

4.6.2　中国环境管理体制的组织体系

经过 30 多年的发展，中国政府层面形成了分部门与分层级相结合、按生产要素分部门管理的环境管理组织体系。目前，有关国务院政府部门的环境管理职责授权主要来自国务院和省政府的政府机构"三定"方案和相关环境法律法规依据。由于我国法律修改周期滞后于国务院政府机构"三定"方案修改周期，一些环境管理部门的法律职责与国务院政府机构"三定"方案也会有所不同。因此，要根据前述法律框架，想要准确说清目前中国环境管理组织体系中究竟有多少个国务院政府部门具有法定环境管理责任，是一件十分困难的事情。

如果仅依据国务院各政府部门 2008 年"三定"方案字面统计，目前，有关污染防治、生态保护等环境管理职责共被授予 7 个政府组成部门、1 个国务院直属局，2 个部直属局，如图 4.7 所示，其中自然资源保护管理涉及 7 个部门。

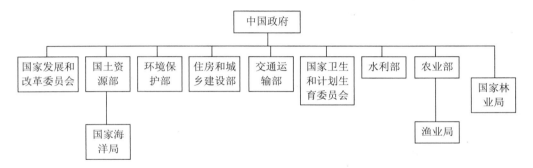

图 4.7　中国政府机构"三定"方案中涉及环境管理的主要部门机构

现行环保法中，主要分国家、负有环境保护监督管理职责的国务院职能部门、地方政府，以及负有环境管理职责的地方政府职能部门四个层次授权，具有以下几个特征。

1. 新颁布实施的环保法中，国家层面有关政府部门的环境管理职责分工尚待明确

《环境保护法（2014年修订）》对相关环境管理的部门主体责任和法律授权作出了重要调整。例如，《环境保护法（2014年修订）》中，明确以"国家"冠名的环境保护职责共计16项，还有2项职责没有明确部门主体，其中除了"提高环境保护科技水平"、"建立、健全环境监测制度"和2项没有主体分类的管理事项以外，全部都是2014年新入法的国家环境管理职责，见表4.3。

表4.3　《环境保护法（2014年修订）》中国家环境管理职责

主体分类	相关职责	条文序号
国家	促进经济社会发展与环境保护相协调	第四条第二款
	提高环境保护科技水平*	第七条
	建立、健全环境监测制度*	第十七条
	建立跨行政区域联防联控机制	第二十条
	鼓励和支持环境保护产业发展	第二十一条
	实行环境保护目标责任制和考核评价制度	第二十六条
	划定生态保护红线	第二十九条第一款
	建立生态保护补偿制度	第三十一条第一款
	保护大气、水、土壤，建立调查、监测、评估和修复制度	第三十二条
	鼓励绿色采购、绿色消费	第三十六条
	建立环境与健康监测制度与研究	第三十九条
	促进清洁生产和资源循环利用	第四十条第一款
	实行重点污染物排放总量控制制度	第四十四条第一款
	实行排污许可管理制度	第四十五条第一款
	实行工艺、设备和产品淘汰制度	第四十六条
	鼓励投保环境污染责任保险	第五十二条
无明确主体	开发利用自然资源，应当合理开发，保护生物多样性，保障生态安全，依法制定有关生态保护和恢复质量方案并予以实施	第三十条
	城乡建设应当……保护植被、水域和自然景观，加强城市园林、绿地和风景名胜区的建设与管理*	第三十五条

注：*表示1989年环保法已有的环境管理职责。

同时也减少了1项授权，在国务院、国务院有关主管部门和省、自治区、直辖市人民政府划定的风景名胜区、自然保护区和其他需要特别保护的区域内，不得建设污染环境的工业生产设施；建设其他设施，其污染物排放不得超过规定的排放标准。已经建成的设施，其污染物排放超过规定的排放标准的，限期治理。目前，国家还没有关于这些保护区域管理的上位法，仅为条例。

2．国务院环境保护主管部门，对全国环境保护工作实施统一监督管理

《环境保护法（2014 年修订）》明确授予国家环境保护主管部门的监管事项共计 10 项，其中 2 项体现在对下级进行监督方面，见表 4.4。其中，第十条明确授予"国务院环境保护主管部门，对全国环境保护工作实施统一监督管理"。对于《环境保护法》（1989 年）第七条"国家海洋行政主管部门、港务监督、渔政渔港监督、军队环保部门和各级公安、交通、铁道、民航管理部门，依照有关法律的规定对环境污染防治实施监督管理"，在《环境保护法（2014 年修订）》第十条中，已将此授权删除，并将这些数量众多的行业环境管理部门事权定位于地方政府层级，修改为"县级以上人民政府有关部门和军队环保部门，依照有关法律的规定对资源保护和污染防治等环境保护工作实施监督管理"，用有关部门的模糊性为今后调整环境管理组织结构的集权度预留了法律空间。

表 4.4　《环境保护法（2014 年修订）》中国务院环境管理主管部门的法律职责

行政层级	相关职责	条文序号
国务院环境保护主管部门	统一监督管理全国环境保护工作*	第十条第一款
	编制国家环境保护规划（生态保护和污染防治）	第十三条
	制定国家环境质量标准*	第十五条第一款
	制定国家污染物排放标准*	第十六条第一款
	统一发布国家环境质量、重点污染源监测信息及其他重大环境信息	第五十四条第一款
省级以上人民政府环境保护主管部门	对总量或环境质量目标未完成的地区，暂停审批新增项目环评	第四十四条第二款
各级人民政府环境保护主管部门和其他负有环境保护监督管理职责的部门	依法公开环境信息、完善公众参与	第五十三条
上级人民政府及其环境保护主管部门	上级政府及其环保部门对下级进行监督，发现有关工作人员有违反行为，依法应当给予处分的，应当向其任免机关或监察机关提出处分建议	第六十七条第一款
上级人民政府环境保护主管部门	依法应当给予行政处分，而有关环境保护主管部门不给予行政处罚的，上级环保部门可以直接行政处罚	第六十七条第二款

注：*表示 1989 年环保法已有的环境管理职责。

此外，对统一监管环境保护的国务院主管部门，新环境保护法还增加了对下级人民政府及其环保主管部门的监管权力，包括行政处分建议权和行政处罚权。这一授权强化了环境保护统一监管部门对地方环境责任监管，以及地方环保部门的实质控制权。因为，单一体制下，我国各级环保主管部门并不实行垂直管理，地方环境保护行政主管部门是地方政府的职能部门，实行属地化管理，在业务上接受上级环境保护行政主管部门的指导，"人、财、物"接受地方政府管理，并纳入同级纪检部门和人大监督。

同时也减少了 1 项明确授权，"建立、健全环境监测制度" 1989 年环境保护法明确授予环境主管部门，新环境保护法改为"国家"，具体主管部门待定。

3. 地方人民政府环境保护主管部门统一监督管理下的多部门参与的监督管理体系

《环境保护法（2014 年修订）》中对有关不同层级地方人民政府的环境管理授权调整幅度更大，共计 16 项，其中 2 项体现在对下级进行监督方面，市县级环保主管部门管理授权 15 项，见表 4.5。这些授权中仅有"对本行政区域环境保护工作实施统一监督管理" 1 项是原环境保护法中的授权。省级与市县级环保主管部门权限主要区别在于对总量或环境质量目标未完成地区的新增项目环评审批权（第四十四条第二款）上。

表 4.5　《环境保护法（2014 年修订）》中有关各级地方政府环境保护主管部门的法律授权

行政层级	相关职责	条文序号
省级以上人民政府环境保护主管部门	对总量或环境质量目标未完成的地区,暂停审批新增项目环评	第四十四条第二款
各级人民政府环境保护主管部门和其他负有环境保护监督管理职责的部门	依法公开环境信息、完善公众参与	第五十三条
县级以上地方人民政府环境保护主管部门	对本行政区域环境保护工作实施统一监督管理*	第十条第一款
	会同有关部门编制本行政区域的环境保护规划	第十三条第三款
	企业环境违法信息记入社会诚信档案	第五十四条第三款
	对超标准或总量排污者责令限制生产、停产整治,严重的责令停业、关闭	第六十条
县级以上地方人民政府环境保护主管部门	对不公开或不如实公开环境信息的责令公开,处以罚款,并予以公告	第六十二条
	将尚构不成犯罪的,企业违法案移送公安机关	第六十三条
	对资源的保护实施监管（删除）	1989 年第七条第二款
	会同有关部门开展环境状况调查、评价（调整为政府事权）	第十二条
县级以上人民政府环境保护主管部门和其他负有环境保护监督管理职责的部门	受委托的环境监察机构和其他负有环境保护监督管理职责的部门,有权对企业进行现场检查	第二十四条
	查封、扣押造成污染物排放的设施、设备	第二十五条
	应依法公开环境质量、环境监测、突发环境事件以及环境行政许可、行政处罚、排污费征收和使用情况等信息	第五十四条第二款
	依法作出处罚决定的行政机关,对违法排污进行按日计罚	第五十九条
	（环评）对擅自开工建设的, 负责环境保护监督管理职责的部门责令停止建设并罚款	第六十一条

行政层级	相关职责	条文序号
上级人民政府及其环境保护主管部门	上级政府及其环保部门对下级进行监督，发现有关工作人员有违反行为，依法应当给予处分的，应当向其任免机关或监察机关提出处分建议	第六十七条第一款
上级人民政府环境保护主管部门	依法应当给予行政处分，而有关环境保护主管部门不给予行政处罚的，上级环保部门可以直接行政处罚	第六十七条第二款

注：*表示 1989 年环保法已有的环境管理职责。

4. 地方各级政府对环境质量负责

《环境保护法（2014 年修订）》第五条第二款"地方各级人民政府对本行政区域的环境质量负责"，第二十八条第一款"各级人民政府……采取措施，改善环境质量"，共同界定了地方政府是环境保护的责任主体。明确界定在省级及以上地方政府的环境责任共计 15 项，明确界定在县级以上政府环境责任的共计 9 项，1 项授予乡级人民政府，见表 4.6。另有 2 项模糊地进行了界定，主体责任还不明确具体落在哪一层级政府，2 项通过上级对下级的监督管理授权。可见，国家级以下环境保护事项共计 29 项。

表 4.6　《环境保护法（2014 年修订）》中有关各级人民政府的环境保护管理授权

行政层级	相关职责	条文序号
各级人民政府	对本行政区域的环境质量负责。采取措施，改善环境质量*	第五条第二款、第二十八条第一款
	加大环境保护财政投入	第八条
	加强环境宣传和普及工作	第九条
	采取措施，保护各种……自然遗迹，以及人文遗迹、古树名木	第二十九条第二款
	加强农业环境保护……加强对农业污染源的监测预警……防治土壤污染和土地沙化、盐渍化、贫瘠化、石漠化、地面沉降以及防治植被破坏、水土流失、水体富营养化、水源枯竭、种源灭绝等生态失调现象，推广植物病虫害的综合防治	第三十三条第一款
	组织对生活废弃物的分类处置、回收利用	第三十七条
国务院有关部门、地方各级人民政府	做好环境应急和风险控制、事后恢复	第四十七条第一款
	各级人民政府及其农业等有关部门应当指导农业生产的环保工作	第四十九条第一款
	应安排农村环境保护的财政预算	第五十条
	应统筹城乡环境基础设施建设并保障其正常运行	第五十一条
	国务院、沿海地方各级人民政府加强海洋环境保护	第三十四条
省级以上人民政府	建立环境资源承载能力监测预警机制	第十八条
省、自治区、直辖市人民政府	制定政策考虑环境影响	第十四条
	制定地方环境质量标准	第十五条第二款
	制定地方污染物排放标准	第十六条第一款

行政层级	相关职责	条文序号
县级以上人民政府	将环境保护纳入国民经济和社会发展规划	第十三条第一款
	组织环境状况调查、评价	第十八条第一款
	建立环境资源承载力检测预警机制	第十八条第二款
	将环境保护目标完成情况纳入本级负有环境保护监督管理职责的部门及其负责人和下级人民政府及其负责人考核	第二十六条第二款
	每年向本级人民代表大会或人大常务委员会报告环境状况和环保目标完成情况，依法接受监督	第二十七条
	未达到国家环境质量标准的重点区域、流域的地方政府，采取措施，限期达标	第二十八条第二款
	建立环境污染公共检测预警机制	第四十七条第二款
县、乡级人民政府	县、乡级人民政府应当提高农村环境保护公共服务水平，推动农村环境综合整治	第三十三条第二款
	县级人民政府负责组织农村生活废弃物处置	第四十九条第四款
上级人民政府及其环境保护主管部门	上级政府及其环保部门对下级进行监督，发现有关工作人员有违反行为，依法应当给予处分的，应当向其任免机关或监察机关提出处分建议	第六十七条第一款
上级人民政府环境保护主管部门	依法应当给予行政处分，而有关环境保护主管部门不给予行政处罚的，上级环保部门可以直接行政处罚	第六十七条第二款

注：*表示1989年环境保护法已有的环境管理职责。

此外，新环境保护法也减少了地方政府 2 项环境管理事权界定，见表 4.7。其中，将《环境保护法》（1989 年）第十五条的"跨行政区的环境污染和环境破坏的防治工作，由有关地方人民政府协商解决，或者由上级人民政府协调解决"的授权删除，但也没列入国家层面部门授权。

表 4.7　1989 年和 2014 年《环境保护法》中有关减少政府环境管理法律责任的条款调整对比

《环境保护法》（2014 年修订）	《环境保护法》（1989 年）
无	第十五条："跨行政区的环境污染和环境破坏的防治工作，由有关地方人民政府协商解决，或者由上级人民政府协调解决"
第三十三条："各级人民政府应当加强对农业环境的保护，促进农业环境保护新技术的使用，加强对农业污染源的监测预警，统筹有关部门采取措施，防治土壤污染和土地沙化、盐渍化、贫瘠化、石漠化、地面沉降以及防治植被破坏、水土流失、水体富营养化、水源枯竭、种源灭绝等生态失调现象，推广植物病虫害的综合防治"	第二十条："各级人民政府应当加强对农业环境的保护，防治土壤污染、土地沙化、盐渍化、贫瘠化、沼泽化、地面沉降和防治植被破坏、水土流失、水源枯竭、种源灭绝以及其他生态失调现象的发生和发展，推广植物病虫害的综合防治，合理使用化肥、农药及植物生长激素"
第三十五条："城乡建设应当……保护植被、水域和自然景观，加强城市园林、绿地和风景名胜区的建设与管理"（无行为主体）	

4.7　主要体制评估指标分析

4.7.1　管理目标与结果的差距分析

本评估指标遵循全球环境展望的压力—状态—响应的综合评估框架进行，结果如下。

1. 环境压力前所未有

1）重工业化驱动下，污染排放总量高居不下

目前，中国各类污染物排放量均居世界首位，并远远超过自身的环境容量。目前，中国消费了世界约 21% 的能源，11% 的石油，49% 的煤炭，排放了占全世界 26% 的二氧化硫，28% 的氮氧化物，21% 的二氧化碳。在大气污染物排放方面，2011 年，中国二氧化硫排放量达到 2 218 万吨，与 1981 年美国排放量相当。而目前美国排放量为 1 036 万吨，欧盟 27 国 598 万吨，日本 78 万吨，见表 4.8。主要污染物排放强度远远高于其他代表国家，如图 4.8 所示。

表 4.8　中国与欧美等国主要污染物排放量　　　　　　　单位：万 t

	SO_2	NO_x
中国	2 218	2 404
美国	1 036	1 394
欧盟	598	1 041
日本	78	187

引自：《中国可持续发展战略报告 2013》（中科院）。

注：中国为 2011 年数据，美国、欧盟 27 国、日本为 2008 年数据。

资料来源：国家统计局等，2011；环境保护部等，2012。

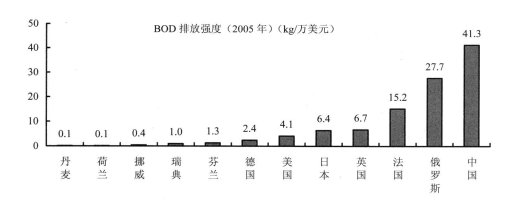

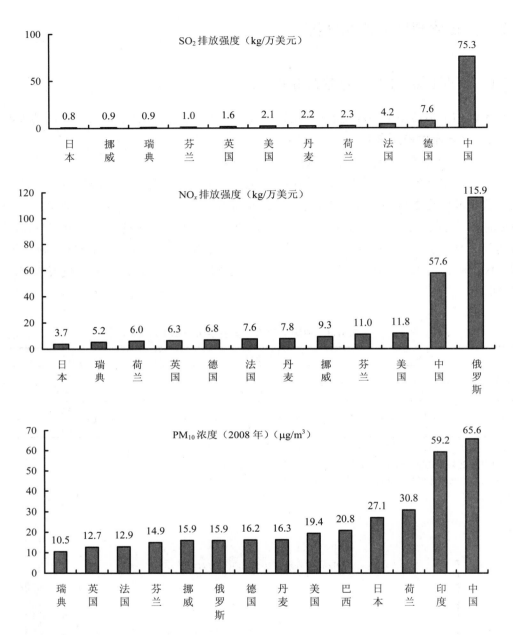

数据来源：（1）GDP、水体有机污染物（BOD）排放量（2005）、PM₁₀浓度来自世界银行数据库，http：//data.worldbank.
　　　　　org.cn/indicator；以 2000 年不变价美元计算；

（2）中国 SO₂ 排放总量、NOₓ 排放总量来自 2009 年环境统计年报，http：//zls.mep.gov.cn/hjtj/nb/2009tjnb/；

（3）其他国家的 SO₂ 排放总量、NOₓ 排放总量来自 OECD 数据库，http：//stats.oecd.org；

（4）未注明的数据均为 2009 年数据。

图 4.8　主要污染物排放强度的国际比较

2）快速城镇化引导下，大量生态空间被挤占

据第二次全国土地调查显示，最近 13 年间，中国城镇化用地增加 4 178 万亩[①]占用的大都是优质耕地。仅东南沿海 5 省市就减少水田 1 789 万亩，相当于减少了福建全省的水田面积。京津沪琼未利用土地已近枯竭，苏徽浙黔所余极为有限。1980—2010 年，城镇化水平每提高一个百分点，新增城市用水 17 亿立方米，其中新增城市生活用水 9.4 亿立方米；新增城市建设用地 1 004 平方千米；所消耗能源为 6 978 万吨标煤。城镇化是未来中国经济社会发展的必然趋势，到 2020 年，城镇化率将达到 60%左右，资源环境的压力还将进一步加大。据中科院预测，未来城镇化进程对能源的需求将净增 1.89 倍，对水的需求将增加 0.88 倍，对建设用地需求净增 2.45 倍，生态环境超载压力净增 1.42 倍（方创琳，2009；方创琳，方嘉雯，2013）。

3）粮食安全压力下，食品产地环境安全问题突出

目前，农业面源污染已经成为影响环境质量的主要因素之一。根据第一次全国污染源普查显示，2007 年农业污染源已占"半壁江山"，农业源占总氮、总磷排放总量的 57.2%和 67.4%，规模化畜禽养殖每年产生 27 亿吨动物粪便，约为工业固体废料的 3.5 倍。化肥农药施用量已超过国际安全上限。化肥单位面积平均施用量达到 434 千克/公顷，是国际施用安全上限的 1.93 倍；农药施用量平均每亩为 150 克左右，是欧盟国家的 3 倍。与此同时，化肥生产量却已经出现产能过剩。2013 年中国石油化工行业联合会的《化解产能过剩矛盾专题研究报告》中，将化肥列入需要化解过剩产能的八大行业之中。其中氮肥、磷肥产能过剩明显。尿素产能过剩 25%左右。就其危害而言，据中国社会科学院农村发展研究所和国家统计局农村社会经济调查司的调查结果显示，全国大约有 10%的粮食、24%的农畜产品和 48%的蔬菜存在质量安全问题（夏青，2002）。据农业部统计，全国每年被重金属污染的粮食达 1 200 多万吨，经济损失 200 亿元[②]。

2．生态环境状况令人担忧

1）局部环境改善尚不足以扭转整体环境退化趋势

（1）中国水环境质量不容乐观：在长江、黄河等十大水系的国控断面中，四条水系轻度污染，一条中度污染；在监测营养状态的 61 个湖泊（水库）中，富营养状态的占 27.8%；在 4 778 个地下水监测点位中，较差和极差水质的监测点比例为 59.6%。

（2）中国近岸海域水质总体一般：一类、二类海水点位比例为 66.4%，东海近岸等八个近岸海域水质较差。

（3）中国城市环境空气质量形势严峻：在新的《环境空气质量标准》颁布后，74 个新标准监测实施第一阶段城市环境空气质量达标城市比例仅为 4.1%，其他 256 个城市执行空气质量旧标准，达标城市比例为 69.5%；酸雨区面积约占国土面积的 10.6%（新华网，2014）。

一些原来环境问题比较严重的城市和流域地区，由于实施了重大的环境保护政策措

---

① 1 亩=1/15 公顷。
② 2006 年，周生贤部长在全国土壤污染状况调查及污染防治专项工作视频会议提出。

施，环境质量有所好转，如图 4.9 所示。但同时，过去一些环境质量较好的地方，如农村地区，却由于城市产业的转移、畜禽养殖规模的增加、农村人口城市化和缺乏相应的环境保护管理力量等原因，出现了越来越突出的环境污染和生态退化问题。自然生态状况为优的地区面积在减少，如图 4.10 所示。一些人口密集的大中城市因过度城镇化，城市环境质量有所下降，环境质量标准（1996）不变的情况下，重污染城市从 2009 年的 14.3% 增加到 2013 年的 35.2%，见表 4.9。

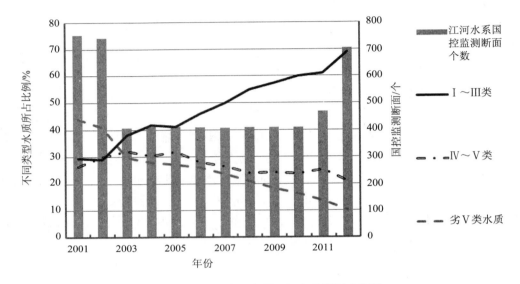

图 4.9 中国主要江河水质类型变化图

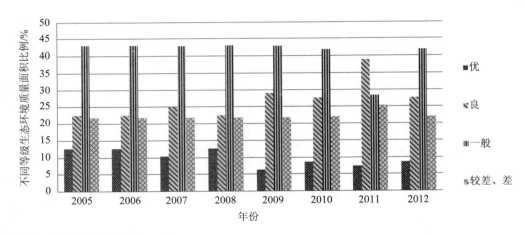

数据来源：中国环境质量报告（MEP）。

图 4.10 中国生态环境质量等级（省域）不同类型面积变化图

表 4.9　中国地级以上城市首要污染物及污染频度一览表

污染等级	首要污染物	累计污染天数/天			累计出现城市数/个		
		2009 年	2011 年	2013 年	2009 年	2011 年	2013 年
轻度污染	SO$_2$	484	381	387	89	82	71
	NO$_2$	15	36	16	11	15	11
	PM$_{10}$	6 150	6 185	15 491	395	420	513
中度污染	SO$_2$	0	0	0	0	0	0
	NO$_2$	2	1	1	2	1	1
	PM$_{10}$	124	151	789	64	85	231
重污染	SO$_2$	0	0	0	0	0	0
	NO$_2$	0	0	0	0	0	0
	PM$_{10}$	150	190	981	45	64	116
地级城市数量					314	325	330

2）生产型环境问题尚未解决，消费型环境问题又成关注热点

2000—2012 年，生活消费总量增加了 154.10%，交通运输、仓储和邮政业消费总量增加了 180%，批发、零售业和住宿、餐饮业消费总量增加了 180%；汽车尾气成为城市大气污染的重要来源；电子、电器废弃物产生量不断攀升，回收利用、电磁辐射等环境问题凸显；由氮氧化物、二氧化硫、挥发性有机物等引起的臭氧、细颗粒物等二次污染物，以及汞、持久性有机、有毒污染物（POPs 和 PTS）、挥发性有机物等污染治理压力越来越大。

3）生物多样性下降趋势未得到根本遏制（环境保护部，2014）

现有 34.7%的无脊椎动物受到威胁，35.9%的脊椎动物受到威胁，受到威胁的植物约占评估高度植物总数的 10.9%。根据全国第二次畜禽遗传资源调查的结果，超过一半以上的地方品种的群体数量呈下降趋势。因植树造林、园林绿化、农业引种、旅游、进口贸易等多种原因，目前中国成为世界上遭受外来入侵物种危害最严重的国家之一，给环境和经济带来巨大损失。

2008—2012 年，全国填海造地面积达 650.6 平方千米，自然岸线减少明显。由于滩涂围垦，中国的红树林资源下降了约 2/3，直接造成了部分重要保护物种栖息地和繁殖场所遭到破坏。第二次全国湿地资源调查结果显示，中国湿地面积十年间减少了 8.82%，达 339.63 万公顷。

4）自然生态系统自我调节功能下降

过度放牧，长期超载放牧是造成草地生态系统质量低下，草原退化，沙化的主要原因。全国重点天然草原的牲畜平均超载率为 28%（农业部草原监理中心，2012）。目前，全国 90%的草原存在不同程度的退化和沙化现象（环境保护部，2014）。自 20 世纪 50 年代以来，中国共开垦了 19.3 万平方千米的草原，全国现有耕地的 18.2%来自草原开垦（环境保护部，2014）。

我国主要河流水坝林立，河流水体片段化、静止化，河流自净能力大大降低，影响水

质改善；海河、辽河、淮河、黄河水资源利用率远远超过国际公认的40%安全线，一些河流基本径流难以保障甚至几近消失，河流枯水期更加剧了水环境质量超标问题，河流生物多样性急剧下降，流域生态环境恶化。地面硬化、湖滨石岸化、河道渠化、物种单一化、植被人工化、景观简单化等人工化趋势严重，城镇生态系统自我调节能力低，功能减弱（Zhou xiao 等，2011；Zhao Juanjuan 等，2013）

3．全面响应建立应对体系

经过四十年的努力，中国从一个低收入国家走向中等收入国家，从工业化初期走向工业化中后期，从一个乡村型社会走向城镇化社会，经济社会发生了巨大变迁（曲格平，2013）。环境管理体系从无到有，环境治理能力不断增强。

1）基本形成了资源环境保护的法律框架

国家层面制定了10件环境保护法律、20件自然资源管理法律、5件国务院颁布的环保行政法规、1 000 余项环境标准。地方人大和政府制定了地方性环保法规和规章700 余件（杨朝飞，2012）。2015 年1 月1 日起新修订的《环境保护法》开始实施。

环境司法力量不断加强。2013 年，最高人民法院、最高人民检察院联合公布了《关于办理环境污染刑事案件适用法律若干问题的解释》。截至2014 年7 月，全国16 个省市已陆续设立134 家环境法庭，国家也成立了专门的环境资源审判厅。同年，最高人民法院又发布了《最高人民法院关于审理环境民事公益诉讼案件适用法律若干问题的解释》。

2）不断加大环境保护投入力度

20 世纪80 年代初期，全国环保治理投资每年为25 亿～30 亿元，约占同期国内生产总值（GDP）的0.51%；到80 年代末期，投资总额超过100 亿元，占同期国民生产总值的0.60%左右；"九五"期末，投资总额达到1 010.3 亿元，占同期国民生产总值的1.02%，首次突破1%；"十五"期末，投资总额达到2 388 亿元，占同期国民生产总值的1.30%；2007 年，全国环境污染治理投资总额达3 387 亿元，是1981 年25 亿元的135 倍（国家统计局，2008）。2008 年以来的五年间，全国财政用于节能环保投入累计达1.14 万亿元（张高丽，2013）。但与西方国家污染治理高峰期和中国污染治理的实际需要相比，环保投资力度还存在明显差距。

3）环境管理组织体系不断完善

从中国环境管理组织体系初创的1974 年开始，经过40 余年的发展，无论从机构地位还是到组织体系的复杂程度，都已经发生了重大变化。1973 年召开第一次全国环境保护会议，成立了以原国家计委和国家建委主要负责人为首的国务院环境保护领导小组，下设办公室（以下简称"国务院环办"）来管理全国环境保护工作。1978 年在我国改革开放前夕，国务院环办只有十几位工作人员（王扬祖，2008）。改革开放30 年来，我国环境保护机构连上4 个台阶。1982 年城乡建设环境保护部成立，国务院环办改为环境保护局，成为城乡建设环境保护部代管的二级局。1988 年国家环境保护局改为国务院直属局。1998 年国家环境保护局升格为国家环境保护总局（正部级）。2008 年正式成立环境保护部。

环境监管组织体系不断健全。2002 年组建环境应急与事故调查中心。2003 年增设了环境监察局。自 2006 年 7 月陆续组建区域派出机构，目前已经成立了东北、华北、华东、华南、西南、西北六大环境保护派出机构和六个核与辐射安全监督站。全国各行政层级的环境监察机构已有 3 000 多家。

目前，全国已经形成了国家、省（自治区）、市（地）、县四级环保机构，部分发达地方的乡镇一级政府也设置了环保机构。截至 2012 年，全国环保系统机构总数达到 13 225 个，机构数比 2007 年增加 10.8%。环保系统人才队伍人员从 1988 年的 5.4 万增加到 2012 年的 20.5 万，增加了 2.8 倍[①]。

4）环境管理制度基本建立

1979 年 9 月 23 日第五届全国人民代表大会常务委员会通过的《中华人民共和国环境保护基本法（试行）》建立了环境影响评价、“三同时”和排污收费老三项制度。1989 年召开的第三次全国环境保护会议在此基础上，提出新五项环境管理制度，即环境保护目标责任制、城市环境综合整治定量考核、污染集中控制、排污许可证和限期治理污染制度。随着环境保护形势的发展和实践的推进，环境管理制度得到进一步的完善和发展，现行的环境管理制度还包括总量控制、环境监测、环境监察、信息公开与公众参与制度等。

表 4.10　中国环境保护制度分类（葛察忠等，2013）[②]

序号	环境保护制度类型	具体制度
1	环境法律法规体系	宪法关于保护环境资源的规定、环境保护基本法及单行法、其他部门法中关于保护环境资源的规定、国际公约、环境标准、环境保护行政规章及地方环保规章等
2	八项基本环境管理制度	环境影响评价制度、“三同时”制度、排污收费制度、排污许可证制度、排污集中控制制度、环境保护目标责任制、城市环境综合整治定量考核制度、污染限期治理制度
3	环境保护经济激励制度	绿色税收制度、排污交易制度、环境财政和绿色信贷制度、绿色保险制度等
4	信息公开与公众参与制度	信息公开制度、公众参与制度

总体判断：中国环境管理目标与结果差距较大，管理体系整体有效性有待提升。

虽然中国政府采取多种措施保护生物多样性，治理污染，但环境质量恶化、生物多样性下降的趋势并未得到根本遏制。持续深入的环境保护和生态建设工作缓解了一部分资源消耗型产业高速增长带来的环境压力，如图 4.11 所示。但因污染物排放总量高位运行，自然资源开发利用强度过大，且明显超出资源环境承载力，中国政府采取的大量应对措施，还不足以根本遏制生物多样性下降趋势，环境质量总体改善尚不明显，生态系统服务功能下降。

---

① 《全国环境统计公报》数据。

② 第 3 项有修改。

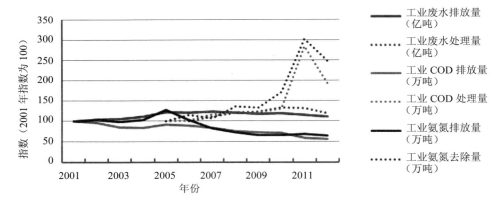

图 4.11（a）　中国工业废水排放及处理量变化图

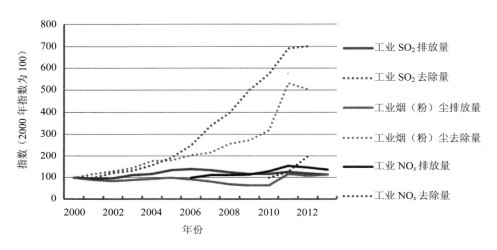

数据来源：2007—2013 中国环境统计年报。

图 4.11（b）　中国大气工业污染物排放量及去除量变化图

　　虽然目前高污染行业增长趋缓、煤炭消费总量下行，传统污染源减排压力有望缓解，但城镇化加速、消费转型带来的环境压力增大，企业成本持续上升，减排阻力增大。现行环境管理体制存在职能交叉、职责模糊和跨部门协调困难，不能有效面对农村环境保护、面源污染、食品安全和化学品管理等跨学科、跨部门复杂环境问题的挑战。总之，中国现行的环境管理体制不能适应当前巨大的环境压力挑战，防控复合型、系统性的环境风险的任务要求，迫切需要全面改革。

4.7.2　治理结构的集权度评估

1. 环境宏观调控政策制定权的集权度

公共财政具有资源调解、行为引导和资金保障功能，特别是在末端治理环节（逯元堂，吴舜泽等，2010）。掌握公共财政政策制定权的部门，具有通过环境经济政策影响和塑造经济发展相关部委的宏观调控能力。然而，以"十二五"期间环境经济政策为例，发改委和财政部出台政策最多，反映出财政、价格宏观经济调控部门在环境经济和产业政策方面占据主导权，如图 4.12 所示。而环保、林业等部门出台的政策非常少，环保部门尚未在环境经济政策中发挥应有的作用。

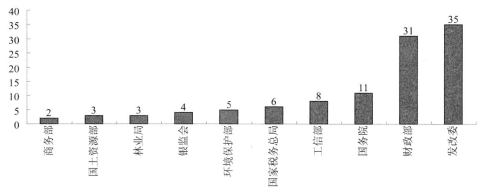

数据来源：根据环境保护部环境与经济政策研究中心编《中国环境政策述评报告（2014）》附录统计。

图 4.12　"十二五"期间环境经济政策出台部门及数量（杨志云，2015）

环境保护部自 2008 年组建作为新一届政府组成部门以来，主要通过环境准入和项目环评履行等手段，调控微观层面的企业。从宏观层面，绝大多数综合协调手段部门分散配置，对其他职能部门、地方政府及地方环保部门基本没有任何调控手段。环保技术政策主导权主要在发改、工信部门；政策环评法律地位不明确，自愿备案式的规划环评和生态建设项目环评，法律和行政约束力不足，基本没有开展。环境保护相关规划职能按要素分部门制定，涉及多个部门，各类专项规划与环保综合规划缺乏衔接和整体协调。缺乏有效授权，规划和标准实施与执行监督难以执行。

基本结论：环境经济政策制定集权于发改、财政部门，环境保护部侧重微观且调控无力。

2. 环境管理事权的专属性：统筹协调职能

2008 年，国务院办公厅印发的环境保护部"三定"方案中所列 56 项（类）事权中，15 项统筹协调职能没有一项为专属事权，只有 1/4 事权为部门专属事权。这 14 项专属事权中，有 6 项属于环境质量监测与评估、信息发布。重点经济、技术政策制定 1 项事权，见表 4.11。"十二五"期间环境保护部牵头出台环境经济政策总数分别只有发改、财政部门的 1/7 至 1/6，也低于工信部和国税总局。环境功能区划、规划环评、国家环境信息监测网 3 项事权，受有关部门掣肘影响，部门会审会签始终无法通过，工作无法开展。环境保护部具有"制定/拟定"权力的 12 项事权中，只有 5 项是专属事权，却又有 2 项因有关部门不配合而不能正常履职。15 项统筹协调职能中组织、牵头只有 6 项，且主要为重大污染事故和生态破坏事件、履约和宣教。总体来看，环境保护部不具备生态保护统一监管、统筹协调的职能。自然资源开发的保护监管存在权力真空和事权错配问题。

基本结论：环境主管部门管理事权专属度低，多中心松散管理体系统筹协调困难，政出多门。

表 4.11　环境保护部"三定"方案职能配置分析

职责分类	主要事权内容	决策 · 制定/拟定	决策 · 指导	协调 · 统筹协调	协调 · 组织/牵头/负责	协调 · 会同	监督 · 审批	监督 · 监督	执行 · 开展/推动/解决/实施	执行 · 参与/配合	是否专属职能
决策类	国家环境保护政策	√			√						
	起草环境法律法规草案	√									
	制定部门规章	√									是
	各类环保标准、基准和技术规范	√			√						
	生态保护规划	√									
	重点海域污染防治规划					√					
	环境功能区划	√			√						是
	负责提出环保固定资产投资规模和方向、国家财政资金安排意见	√									
	环境监测制度和规范	√									是
协调类	重点流域区域、海域污染防治工作			√							
	生态环境质量状况评估				√						是
	生物物种（含遗传资源）保护工作				√						
	生物多样性保护			√	√						
	环保科研和技术工程示范				√						
	国际履约			√	√						
	特大环境污染事故调查处理			√	√						
	特大生态破坏事件调查处理			√	√						
	重特大突发环境事件应急、预警		√		√						
	环境监测				√						
	环境信息发布				√						是
	环境质量监测				√						
	污染源监督性监测				√						是
	环境质量状况调查评估、预测预警				√						是
	建设和管理国家环境监测网络和全国环境信息网络				√						是

职责分类	主要事权内容	决策		协调			监督		执行		是否专属职能
		制定/拟定	指导	统筹/协调	组织/牵头/负责	会同	审批	监督	开展/推动/解决/实施	参与/配合	
监督类	重大开发建设区域、项目环评文件						√				是
	生物技术环境安全							√			
	自然资源开发利用活动的生态环境影响							√			
	重要生态环境建设和生态破坏恢复工作							√			
	环境保护国际合作							√			
执行类	制定国家主体功能区划									√	
	指导和推动循环经济和环保产业发展		√						√	√	
	国务院委托的重点经济、技术政策、规划环评								√		是
	环保目标责任制								√		是
	环保科技工作								√		
	环保技术管理体系建设								√		是
	跨区域环境污染纠纷				√				√		
	环保公众参与和社会管理								√		
	应对气候变化工作									√	
	处理涉外环境保护事务									√	
混合类	区域、流域污染防治规划	√			√			√			
	饮用水水源地环境保护规划	√			√			√			
	主要污染物总量控制和排污许可证制度	√									是
	水体、大气、土壤、噪声、光、恶臭、固体废物、化学品、机动车等的污染防治	√									
	饮用水水源地保护工作						√	√			
	城镇环境综合治理工作			√	√						
	农村环境综合整治工作			√	√						
	农村生态环境保护		√	√							
	海洋环境保护工作		√	√							
	野生动植物保护				√			√			
	各类自然保护区、风景名胜区、森林公园的环境保护工作			√	√			√			
	湿地环境保护				√			√			
	荒漠化防治工作				√			√			
	核与辐射安全	√						√			是
	重大环境问题				√	√		√			
	环保固定资产投资				√					√	
	环境保护宣传教育工作		√	√					√		
总计	56	13	8	15	25	2	1	17	8	5	14
	专属事权数量	5	0	0	7	0	1	2	3	0	是

注：专属职能的判断根据其他政府部门"三定"方案或国家法律法规中的授权判断。

3．环境行政资源调配集权程度

2007 年起，在中央财政科目中增列单独的环境保护科目（211 科目）。但在实际具体预算分配时，大量与环境保护密切的财政支出分散于各个传统的生产性行业部门预算中。环境主管部门能够相对独立支配的只有农村环境综合整治专项（以奖代补），国家级自然保护区管理能力建设经费等，但经费总量不足，分到每个项目对象上，通常只有有关部委同类财政下拨量的零头，财政资源调配能力对地方、企业影响不大。

在表 4.12 中所有财权事项的主管部门中，减排专项又因减排具体管理事权按管理环节分部门管理，有关管理环节的财政预算实施上依据相关部门意见共同安排，而且环境保护部没有对预算经费使用环境绩效评估的权利。

基本结论：环境主管部门财政资源调配能力弱，对地方和企业激励—约束影响效果甚微。

表 4.12　中央财政支出科目中与环境保护相关活动的科目

类级科目	款级科目	项级科目	事权主管部门
十、节能环保	退耕还林	粮食折现挂账贴息；退耕现金；退耕还林粮食折现补贴；退耕还林粮食费用补贴；退耕还林工程建设；其他退耕还林支出	财政部
	风沙荒漠治理	京津风沙源禁牧舍饲粮食折现补助；京津风沙源治理禁牧舍饲粮食折现挂账贴息；京津风沙源治理禁牧舍饲粮食费用补贴；京津风沙源治理工程建设；其他风沙荒漠治理支出	财政部
	退牧还草	退牧还草粮食折现补贴；退牧还草粮食折现挂账贴息；退牧还草工程建设；其他退牧还草支出	发展改革委、农业部、财政部
	已垦草原退耕还草	已垦草原退耕还草	财政部、发展改革委
	能源节约利用	能源节约利用	发展改革委
	污染减排	减排专项支出	财政部、环境保护部
		清洁生产专项支出	财政部、工信部
		其他污染减排支出	财政部、环境保护部
	可再生能源	可再生能源	能源局
	能源管理事务	能源预测预警；能源战略规划与实施	能源局
十二、农林水事务	农业	对外交流与合作	农业部
	林业	森林培育；林业对外合作与交流	林业局
九、医疗卫生	公共卫生	应急救治机构突发公共卫生事件应急处理	卫生部
十一、城乡社区事务	城乡社区管理事务	工程建设标准规范编制与监管；工程建设管理	住建部

类级科目	款级科目	项级科目	事权主管部门
十二、农林水事务	农业	技术推广与培训；病虫害控制；灾害救助；农业资源保护与利用；农村道路建设对外交流与合作	农业部
	林业	林业技术推广；森林资源管理；森林资源监测；森林生态效益补偿；林业自然保护区林业对外合作与交流	林业局
	水利	水土保持；水资源管理与保护；防汛；抗旱水利技术推广和培训	水利部
十八、国土资源气象等事务	海洋管理事务	海洋环境保护与监测；海洋防灾减灾	海洋局
	国土资源事务		国土部
	气象事务	气象技术研究应用与培训；气象台站建设与运行保障	气象局
一、一般公共服务	统计信息事务	专项统计业务	统计局
六、科学技术	科技交流与合作	重大科技合作项目	科技部
	基础研究	重大科学工程专项基础科研专项技术基础	科技部
二、外交	外交管理事务	国际组织	外交部
六、科学技术	科技交流与合作	国际交流与合作	环境保护部
十、节能环保	环境保护管理事务	环境保护管理事务环境国际合作及履约	环境保护部

注：根据中央财经大学《中国气候融资管理体制机制研究》报告"中央财政支出科目中有应对气候变化活动的科目表"修改。事权主管部门依据 2008 年国务院政府机构的"三定"方案确定。

4. 环境监督权的集权程度

环境保护部 56 项（类）主要事权中只有 14 项具有监督权，但其中只有总量控制、核与辐射安全 2 项职能是部门专属事权。其余 11 项与其他部门分享的监管职能主要为自然生态保护、海洋环境、饮用水水源地保护、生物安全、生态建设与恢复、资源开发生态环境影响评价等。这些管理内容不仅存在法律空白，而且监管权配置的统一、独立性差。相关监管部门的职能配置错位，集资源开发、保护与监管于一身，事权配置和管理目标存在价值冲突，产权所有者与使用者权力不分，权力制衡机制失灵，导致生态保护边缘化。在干扰监管和执法独立性方面，核心期刊核心作者选择企业干扰执法的比例明显高于行政部门，如图 4.13 所示。

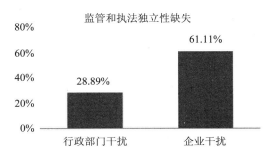

图 4.13　环境监管/执法不力原因的文献计量分析

此外，在具体履行监督职责中，环保监管还面临行政执法依据不足，法律位阶低，即使有处罚依据，处罚标准普遍偏轻，对违法者没有震慑力等问题。据本课题407份高校师生关于环境执法力认同度调查中，只有平均14%左右的人认同法律规定的罚款额度（即数值最小的选项）。又如，2011年哈药集团超标排放，硫化氢气体超标近千倍，氨气超标20倍，化学需氧量超标近10倍，罚款额度仅为企业年收入的万分之一。2010年紫金矿业重大水污染事故，被法院判罚金加行政罚款不足企业净利润的千分之三，环境损害赔偿也不足以弥补其造成的损失（杨朝飞，2012）。

基本结论：环境主管部门授权不足，统一监管职能被肢解，环境执法没有威慑力。

5. 行政体系的开放透明度

目前，我国政府部门设置过多、分工过细，部门职责分工和职责配置缺乏科学依据和理性标准。环境领域涉及的相关管理部门高达十多个，职责交叉重叠程度较高。经常出现多个部门针对同一管理对象进行不同角度的多重管理，专业性有余但对协调的依赖过高，而且还容易导致职责不明确。政府部门"三定"方案规定原则性强，具体部门职责分工的规定散落在各项法律法规中，即使是政府公职人员都未必完全清楚，普通公众更无法知晓。

本课题组对清华大学、北京大学、中国人民大学、北京师范大学和中国政法大学5所高校硕士和博士学历的师生407份问卷调查显示[①]，高知人群对环境关注度总体较高，但对中国现行环境管理体制部门分工的总体了解程度很低，准确区分不同部门的环境管理分工存在不小困难，处于非常不了解的范畴。而且，不同专业背景之间的差异并不明显。例如，教师的环境管理体制部门分工知晓度仅为12.92%，略高于学生（11.59%）；环境类专业的师生均值最高位（12.4%）；其次是环境相关专业（11.7%）；其他专业均值最低（11.3%）。

同时，公众对环境管理部门之间的职责认知与法定职责之间存在较大的偏差，公众"主观赋权和主观赋责"情形突出。经常将大量现行环境管理体制下本应由其他部门承担的职责主观"赋予"和归结为环保部门的职责范围，其中最容易混淆职责分工的是发展改革委，其次是住建部门，如图4.14所示。且学历高低和专业背景等"理性因素"与环境管理部门职责分工认知度并无显著性相关关系。

这种认知偏差在环境宏观综合协调和各种环境要素领域均具有显著性体现。例如，问卷中"目前以制定国家环境保护的技术、经济政策为主要手段综合协调环境保护工作的部门"，选择环保部门的高达75.5%，选择发改部门的只有20.4%，而按照"三定"方案，实际上是发改部门。又如，"污水处理厂的规划和建设应由哪个部门负责"的问题，选择环保部门的高达57.4%，选择住建部门的仅有19.7%，而现行职责配置中，实际上由住建部门"指导城镇污水处理厂的规划、建设和监管"。

---

① 问卷有效回收率99.27%。调查对象中，环境类专业152人，占样本总数的37.3%；环境相关专业47人，占样本总数的11.5%；其他专业207人，占样本总数的50.9%，两个类别的样本比例大体相等。按照人员身份，教师38人、博士研究生280人、硕士生69人，分别占比14%、69%和17%。

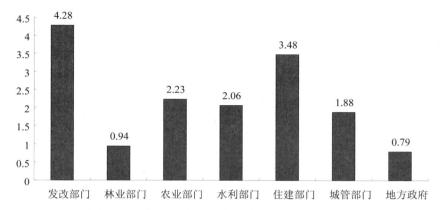

图 4.14　相关部门与环保部门职责公众感知的错认系数（杨志云，殷培红等，2015）

这种职责交叉重叠的复杂程度大大超出了公众的常识和经验认知，甚至具有较高教育层次和专业背景的公众也无法准确理解和判断。这既不利于公众判断和监督具体事务的政府责任主体，也不利于公众接受政府的服务。另据影响环境监管和执法的体制因素的文献计量分析结果，核心期刊核心作者认为监督机制的不完善程度，外部监督机制要高于内部监督机制，如图 4.15 所示。总之，中国环境保护的部门分工认知偏差，导致了公众办事难和监督难，让真正的责任人逍遥法外，助长了管理部门的推诿扯皮，导致社会监督的最终失效。

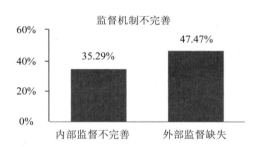

图 4.15　有关环境监督机制的文献计量结果

基本结论：环境管理事权划分复杂程度超出公众的认知水平，外部监督机制失灵。

总体判断：治理结构的集权度方面，多中心松散环境管理体系的决策和行政调控权集权于经济综合主管部门，相关环境管理部门各自为政，环境绩效远低于经济发展水平。

4.7.3　事权配置合理性评估

根据本课题开发的环境管理体制综合评估框架和方法，本节主要针对相关环境管理部门之间管理事权划分与有关事权配置基本原则的契合程度、责任与权力是否匹配，主要部门管理目标及政策之间是否价值相容和协调，管理行动冲突的程度（互不提供有效信息，部门会签不合作等）等方面，对中国环境管理综合性事权配置的合理性进行评估。

1. 法制原则契合程度

中国政府部门的职责授权来源多样，主要依据国务院"三定"方案、国家法律法规，以及一些国务院出台的规范性文件，目前还没有环境行政组织法。由于我国立法程序一般滞后于国家行政决定，立法技术崇尚宏观原则性立法，具体细则由部门立法主导编制的条例、部门规章落实。结果导致不同文件之间对职责的规定，存在一定程度的不一致。整个法律法规体系庞杂，尚未形成法典化。因此，要准确依据法律法规判断各部门的事权划分轮廓是一件很困难的事情。例如，依据国务院各政府部门 2008 年"三定"方案字面意义统计，目前，有关污染防治、生态保护等职责共被授予 10 个部门，自然资源管理涉及 7 个部门。如果依据人大法制办出版的环境法汇编和国务院有关重大国家规划、落实任务分工通知等规范文件的授权，还会涉及更多部门，缺乏稳定可比部门数字，很难说清究竟有多少个部门具有环境管理的职责。例如，国家"十二五"环保规划重点任务分工方案中，几乎涉及国务院所有委办局，最多一项工作共涉及 13 个部门。生态环境监测，还涉及包括国家气象局、中科院生态中心等 11 个部门。

根据中国知网文献主题词检索"自然保护区（含国家公园）"中有关"体制"研究的有效文献统计，管理体制、法律法规和资金保障是制约我国自然生态保护的三大因素，如图 4.16 所示。体制因素也是制约我国自然生态保护立法的首要因素。目前，我国立法体制以部门立法为主体，国家及各部门为了部门立法通过人大法制办的法律协调性审查，往往不遵循规范的科学技术术语，自编自造了一些含义相似，用词不同的行政术语，加之科学立法程序不完善，导致部门履职中依法打架，问责时则借法律规定的原则性、模糊性而依法推责。污染防治、生态保护、核与辐射安全三大环境管理领域中，后两大领域尚未形成法律体系，存在法律空白、法律位阶低等问题。立法滞后，影响依法行政最突出的领域就是自然保护区、生物多样性等生态保护和环境监测领域。

基本结论：受我国行政组织法发展整体滞后制约，环境事权配置法制化水平有待提高。

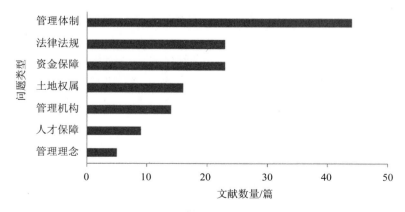

图 4.16　自然保护区（含国家公园）体制问题分类统计情况

2．目标均衡及权力制衡原则契合程度

1996 年国务院召开的第四次全国环境保护会议提出"环境保护工作要坚持防治污染和保护生态并重"，但是由于生态保护体制权力制衡、目标均衡性设计存在明显缺陷，在环境保护工作中一直处于边缘化状态，生态安全问题日益突出。目前，我国生态保护分要素行业管理体制特点突出，相关自然资源管理部门既是资源开发利用部门，又是资源开发和保护的监管部门，集裁判员与运动员职能于一身，因资源开发与资源保护存在内在利益冲突，自我约束和监督的内在动力不足，在缺乏有效制度约束情况下，在实际履职中，自然资源管理部门存在重资源开发、轻资源和生态保护的倾向。例如，为了充分开发河流的水力资源，我国主要河流水坝林立，河流水体片段化、静止化，河流自净能力大大降低，影响水质改善；海河、辽河、淮河、黄河水资源利用率远远超过国际公认的 40% 安全线，一些河流基本径流难以保障甚至几近消失，河流枯水期更加剧了水环境质量超标问题，河流生物多样性急剧下降，流域生态环境恶化。

一些地区甚至还存在资源管理部门监守自盗现象，如 2013 年"两会"结束不久，中央电视台曝光了云南马关县林业局，作为监管部门熟悉并直接掌握全套管理程序，很便利地办完所有手续，将 70 年树龄以上的天然次生林变更为需改造的低产林，皆砍伐一空。

表 4.13　资源环境管理相关部门的职能分析

部门	市场化机制		政府管理职能		
	行业经营类	基础设施/工程	产权所有权管理	用途监管	
				经济	生态
林业	国有林经营管理	绿化造林、森林公园	林权	采伐许可、非农用湿地使用许可	陆生野生动物进出口许可
水利	水电开发	防洪、灌溉、供水水利设施、水土流失防治工程	水权	取水许可	入河库排污口设置许可
				河道挖砂、岸线使用许可	
国土		防沙治沙工程、地质公园	农业、建设用地	耕地变更建设用地许可	
				非能源矿采矿许可、地下水开采许可	
住建	保障房建设	污水排水管网、垃圾、污水处理设施、风景名胜			
农业	生物资源利用生态农业			野生动物狩猎、捕捞水生野生动物进出口许可	
发展改革委	环保产业、循环经济		能源		
工信	清洁生产、绿色技术				

从系统论和控制论的角度看，污染防治的根本在于源头预防。国际经验表明，环境与经济协调的宏观调控手段是降低污染排放和治污成本的关键，提高资源利用效率，降低经济发展的资源消耗。但是，我国环境管理体系中，经济发展部门和资源利用管理部门缺乏监管，节能管理职能配置分散。传统能源管理部门与新能源管理部门之间，环境主管部门与经济综合管理部门之间，机构能力、行政资源调配权力量对比悬殊，现有管理授权不足，难以形成有效的监督制约，大量高污染、高资源消耗的产业爆发式投入生产，导致污染治理能力远远赶不上污染新增量，资源环境超载程度不断加大，生态环境质量难以改善。

资源型经济发展模式下，依赖传统经济发展的路径以及在既得利益影响下，经济发展部门经常成为环境与经济一体化、环境保护、新能源替代的最重要的阻力来源。由经济发展部门控制能源可持续利用、环境保护的综合协调管理事务，存在明显的利益冲突，难以平衡经济发展与资源环境保护的关系。

基本结论：资源开发利用与保护监管归属同一部门，缺乏权力制衡边缘化了保护职能。

3. 管理事权界定的清晰度

现有的财政体制规范文件中，对政府间事权划分的相关内容偏宏观，过于原则，缺乏相应的分类指导，且缺少政府责任。在具体的环境保护、污染治理中，又存在政府和企业事权划分模糊、中央和地方事权不清，没有科学合理的分类分级的事权财权划分目录（吴舜泽，逯元堂等，2014）。资源环境管理，无论是从源头、过程还是事后监管，每个管理环节都有若干部门参与决策和监督，见表 4.14。这种事前配置方式，带来很多体制运行中的问题。

我国的政府决策机制是民主集中制，因环保管理内容广泛性导致环境管理政策的出台，必须正视有关部门意见，会签通过才能正式发布。在这种平级部门会审会签机制下，不少环境管理政策，往往因部门利益冲突，经常受到部门掣肘影响，统筹协调难度大，行政效率低下，一些好的综合性政策或被肢解，或被曲意变形和拖延，甚至难以出台，胎死腹中。一些环境管理重要的基础性法律法规，如自然生态保护、环境监测条例等法律至今因有关部门反对迟迟不能出台。一些法律法规为了出台投入了大量的时间精力用于部门之间沟通协调，不断妥协博弈，导致立法的科学逻辑被部门政治逻辑所扭曲，严重影响科学决策、法律执行和行政效能。

总之，决策权和监督权分散配置，导致整个环境管理系统管理混乱，各自为政，权限冲突严重，协调成本高，行政效能低下。同时，对同一管理对象，政出多门、多头执法，也严重影响政府公信力。

基本结论：相关环境管理部门系统配合性不足，权限冲突明显。

表 4.14　国务院"三定"方案中有关污染防治相关部门的职能分工

部门	源头管理		过程管理			事后管理	综合管理
	资源节约	宏观调控	固定源	移动源	面源		
环境保护部		1. 参与制定国家主体功能区划 2. 受国务院委托对重大经济和技术政策、发展规划以及重大经济开发计划进行环境影响评价，对涉及环境保护的法律法规草案提出有关环境影响方面的意见，按国家规定审批重大开发建设区域、项目环境影响评价文件	1. 监督实施主要污染物排放总量控制和排污许可证制度 2. 组织实施环境质量监测和污染源监督性监测 3. 组织指导城镇和农村的环境综合整治工作，协调指导农村生态环境保护		制定水体、大气、土壤、噪声、光、恶臭、固体废物、化学品、机动车等的污染防治管理制度并组织实施	1. 牵头协调重特大环境污染事故和生态破坏事件的调查处理 2. 指导协调地方政府应对重特大突发环境事件的应急、预警工作 3. 协调解决有关跨区域环境污染纠纷	1. 起草国家环境保护法律法规草案、制定部门规章 2. 组织制定各类环境保护标准、基准和技术规范 3. 组织编制环境功能区划，按国家要求会同有关部门拟订重点海域污染防治规划 4. 负责提出环境保护领域固定资产投资规模和方向，按国务院规定权限，审批、核准国家规划内和年度计划规模内固定资产投资项目
						1. 督察、督办、核查各地污染物减排任务完成情况 2. 实施环境保护目标责任制、总量减排核算，总量减排核算结果并公布考核结果	拟订并组织实施国家环境保护政策、规划，拟订生态保护规划，组织拟订并监督实施流域污染防治规划和饮用水水源地环境保护规划

部门	源头管理 宏观调控	源头管理 资源节约	过程管理 固定源	过程管理 移动源	过程管理 面源	事后管理	综合管理
水利部		拟订节约用水政策、编制节约用水规划、制定有关标准,指导和推动节水型社会建设工作	1. 负责水文水资源监测,对江河湖库和地下水的水量、水质实施监测 2. 核定水域纳污能力,提出限制排污总量建议 3. 指导饮用水水源保护工作 4. 指导地下水开发利用和城市规划区地下水资源管理保护工作				1. 负责生活、生产经营和生态环境用水的统筹兼顾和保障 2. 组织编制水资源保护规划,组织拟订重要江河湖泊的水功能区划并监督实施
农业部		指导农村可再生能源综合开发与利用			承担指导农业面源污染治理有关工作		制定并实施农业生态建设规划
国土资源部		承担保护与合理利用土地资源、矿产资源、海洋资源等自然资源的责任		监测、监督防止地下水过量开采和污染			
住房和城乡建设部		承担推进建筑节能的责任	承担城镇减排的责任			1. 指导城镇污水处理设施和管网配套建设 2. 指导城市市容环境治理	
国家海洋局		组织开展海洋领域节能减排	1. 组织、管理全国海洋环境的调查、监测、监视和评价 2. 监督陆源污染物排海				1. 组织拟订并监督实施海洋主体功能区规划 2. 按国家统一要求,会同有关部门组织拟订海洋环境保护与整治规划、标准、规范,拟订污染物排海标准和总量控制制度

部门	源头管理		过程管理			事后管理	综合管理
	资源节约	宏观调控	固定源	移动源	面源		
国家发展和改革委员会	负责节能的综合协调工作	组织拟订发展循环经济、全社会能源资源节约和综合利用规划及政策措施并协调实施					1. 承担组织编制主体功能区规划并协调实施和进行监测评估的责任 2. 负责减排的综合协调环保产业和清洁生产综合协调促进有关工作 3. 参与编制生态建设、环境保护规划
工业和信息化部	拟定并组织实施工业、通信业的能源节约和资源综合利用政策，参与拟订能源节约和资源综合利用规划		拟定并组织实施工业、通信业的清洁生产促进政策，参与拟订清洁生产促进规划				
交通运输部	指导公路、水路行业环境保护和节能减排工作		负责防止水上交通污染				
国家卫生和计划生育委员会			组织开展相关监测、调查、评估和监督				负责制定职责范围内的饮用水卫生管理规范、标准和政策措施

4．权责统一原则契合度

事权和财权的统一是各级政府有效履行其责任的另一个基本要求。但是，中央和地方事权与财权不匹配是中国政府行政体系的通病，只是因环境公共服务外部性比较明显，央地矛盾更为突出而已。部门职责和财政支出责任在处理跨部门、跨界治污问题上并未清晰界定等，导致上下游政府间对基础设施建设和运营投入不足，存在集团行动的"囚徒困境"。

宏观层面，公共管理理论认为，宏观调节、统筹协调（以下简称综合协调）是现代政府组成部门的基本职能之一。综合协调手段主要包括制度供给（法规、标准、准入/许可）、财政金融政策调节、战略规划引导等，从协调环境与发展角度还有政策与规划环评。但在现实中，绝大多数综合协调手段部门分散配置，对其他职能部门、地方政府及地方环保部门基本没有任何调控手段。例如，环境经济和产业政策主导权在发展改革委和财政部，环保技术政策主导权主要在发改、工信部门；政策环评一直没有获得国家和法律明确认可，自愿备案式的规划环评法律和行政约束力不足，基本没有有效开展。环境保护相关规划职能按要素分部门制定，分别牵头规划的部门就涉及多个部门，环保综合规划与各类专项规划缺乏衔接和整体协调，因缺乏对规划和标准实施与执行监督的有效授权，很多规划、标准难以发挥作用，见表4.14。

微观层面，政府部门的管理职责要与其享有的管理手段相匹配，管理对象与管理手段脱节配置，或将同一对象管理的不同手段配置给不同部门，不仅会使管理责任主体不明，履职互相推诿，而且对行政相对人形成"多头"管理、重复执法的问题。中国环境管理中此类权责配置不统一的问题十分突出，微观层面主要体现在饮用水、排水管理、自然保护区、企业排污监督检查方面。例如，在地表水质管理方面，事权配置交叉分割了排水流程。环保部门负责监管企业的排污口，但是，如果企业将污水排入河道，则需要获得水利部门的许可。同时，污水处理厂的规划与建设职责属于住房与城乡建设部门，如图4.17所示。

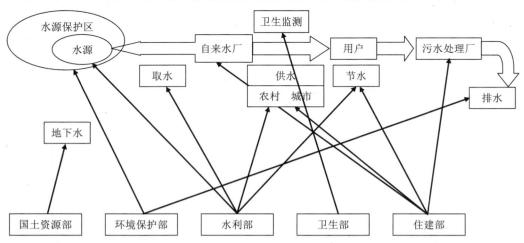

图4.17 基于管理流程的饮用水管理部门职能分工

基本结论：事权与财权、管理手段与责任分离授权，导致职能虚置、履职困难。

5．生态系统整体性原则契合度

中国环境管理职责分散在十多个部门。在涉水管理中，地表水质、水资源、河道管理、水生态和地下水管理职责被配置给多个部委，水质与水量管理分离，地表与地下水污染防治不统一，见表 4.15，陆地排污入海与近岸海域环境质量管理各自为政。

表 4.15　基于"三定"和法律的饮用水管理部门职能分工

| | 水源地 | 取水 | | 供水 | 节水 | 排水 |
		取水许可	水量分配			
环境保护部	监督管理饮用水水源地环境保护					▲对城镇污水集中处理设施的出水水质和水量进行监督检查（水污染防治法）
水利部	○指导饮用水水源保护	组织实施取水许可制度	拟定水量分配方案并监督实施	指导农村饮水安全、节水灌溉等工程建设与管理工作	负责节约	
卫生部				组织开展饮用水卫生安全监测、调查、评估和监督		
国土部		▲制定地下水开发利用规划应当征求国土资源主管部门的意见				
住建部				指导城市供水	指导城市节水	指导城镇污水处理设施和管网配套建设
发展改革委			▲审查批准水量分配方案			

注：○有"三定"授权，无法律依据；▲有法律授权，无明确"三定"授权。

同样破碎化的事权划分也体现在生物多样性、湿地保护等方面，如图 4.18、图 4.19 所示。自然环境的过渡性、空间叠加性、动物的迁徙特征等特征很难依据要素划定保护边界。导致有关资源要素管理部门在空间上重叠，从而出现了鄱阳湖的一个县内聚集着两个部门主管的 6 个不同级别保护区的奇怪现象。

基本结论：相似的环境管理职责分散交叉授予多个部门，违背了自然整体性规律。

总体判断：事权配置的合理性方面，环境管理事权配置不符合生态系统整体性、管理科学和组织行政学等多种科学规律要求，权限冲突明显，保护和监管的职能虚置。

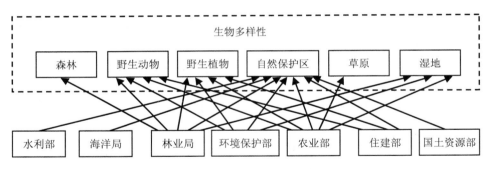

图 4.18　基于生物多样性管理要素的部门职能交叉

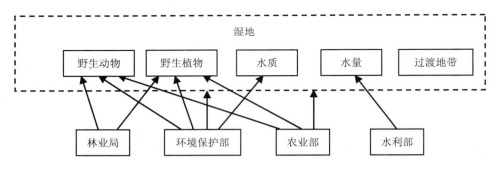

图 4.19　湿地要素分割管理的部门职能交叉

4.7.4　运行机制有效性评估

1. 约束—激励机制有效性

（1）组织体系的激励结构偏向经济发展，环境保护占干部政绩考核比重低，以及环境保护部约谈次数都还没有成为影响干部任免和升迁的重要影响因素，行政约束性弱。总量考核目标责任制具有一票否决作用，但因环境保护部与地方政府环境信息不对称，统计监测体系不独立，使得总量考核手段的监管效能大打折扣。

（2）环境问责体系不健全，法律依据不充分。目前我国将地方政府的环境责任管理主要纳入行政调解范畴，法律调节能力有限。除适用于《行政处罚法》的渎职、失职罪等严重环保不作为以外，其他法律依据并不充分。《环境保护法》（2014 年）依然没有对政府部门不履行环境责任的法律后果进行规定。对于政府决策部门行政负责人的问责制度和终身责任追究制度迟迟没有着手构建。轻视政府环境责任的法律强制性和司法救济作用，这也是环境治理"政府失灵"的重要原因之一。

（3）从环境责任各相关主体行为角度看，国家层面存在不少不符合环境保护要求的经济、产业规划与政策，地方政府尽责不到位、企业环境违法现象普遍、环境监管不力。这些现象说明中国环境管理的激励与约束机制并没有对相关责任主体行为形成有效的引导作用。

基本结论：组织体系的责任结构、激励—约束机制失衡，主要环境管理制度有效性低。

2. 部门协调机制有效性

全国环境保护部际联席会议制度是我国国家层面环境保护管理体制中的部际协调机制，亦是我国跨部门环境管理重要的协调手段。联席会议成员由国家发展改革委、环境保护部等各部委的主要负责人组成，主要通过定期联席会议的形式行使职权，通报主要环保工作，协调重大环境问题和履行国际环境条约等方面的环境管理的部际协调职能。这种协调机构是一种临时议事机构，协调职能履行不稳定。每年固定召开会议次数很少，所议定的一些事项执行的约束力不强，也不具强制性。各个成员单位的目标—激励结构一致，彼此相互信任且职责界定清晰，是这种协调机制发挥作用的重要前提条件。根据前一约束—激励机制有效性评估结论，显然目前中国环境管理体系运行，不具备这样的前提条件。从实际运行情况看，部门间高层次的议事协调机制不健全，目前环境保护部际联席会议机制作用难以有效发挥；环保部门组织协调各部门开展环境保护工作存在很大困难，统一监管难以到位（中国工程院，环境保护部，2011）。

反而是地方政府层面，为了完成总量减排、环保目标责任城市、环境综合治理考核，或其他一些综合性环境治理任务，而成立的各种专项环保行动的领导办公室或环境质量/生态文明建设委员会（地区分管行政首长任一把手）等基于行政层级的临时议事协调机构，学术界和政府管理人员普遍认为这种协调机制比较有效。加之其他领域的综合性政府行动计划，一些地区也因此出现这些临时的领导办或委员会的数量大大超过政府组成部门的机构数的怪现象。

基本结论：国家层面部际协调机制作用有限，行政层级式临时议事协调机构发挥了重要作用。

3. 信息公开透明度、真实性不尽如人意，部门间信息共享程度低，监测统计数据可比性不足

随着全社会环境意识的不断增强，公众了解环境状况、参与环境决策、监督政府和企业环境责任的利益诉求越来越强烈，对环境信息的需求日益增大。但是，目前我国环境信息无论从获取渠道、内容、质量等多方面饱受公众，包括研究学者和政府管理人员的诟病。各相关环境管理部门之间的环境信息共享性差，沟通交流不顺畅，数据可比性不足。从核心专家核心期刊对我国环境信息存在问题进行文献计量分析的结果看，部门间信息共享不足问题最突出，如图 4.20 所示。

造成这种局面的主要原因在于，环境监测统计信息采集和管理高度分散各专业部门管理中，例如，水环境监管与信息共享分散在 7 个部门，见表 4.16，却没有建立起统一技术规范、统一监测统计规划布局、统一信息发布等综合管理和监督机制，对同一事物的监测统计数据，对数据造假没有严格的法律制度约束，受政绩考核影响，监测统计数据受到来自多方面的行政干预等多种原因，造成数出多门，数据打架，无法为科学研究和决策提供符合质量要求的数据。

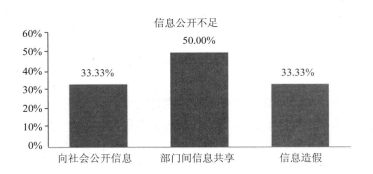

图 4.20 环境信息公开问题的文献计量结果

表 4.16 环境监管与信息共享：以水环境为例（杨志云，2015）

事项/部门	环境保护部	水利部	住建部	农业部	卫生部	海洋局	国土资源部
地表水	水质监测	水量监测		面源污染	饮用水水质		
地下水		水量监测					水质监测
海水						海洋环境监测	
城市饮用水			城市供水				
农村水源地	水源地						

基本结论：信息公开不足，部门间信息共享程度低，监测统计数据可比性不足。

总体判断：运行机制有效性方面，激励—约束、部门协调、信息共享等关键运行机制有效性不高、地方政府尽责不到位、企业环境违法现象普遍。

4.7.5 能力匹配性

1. 行政编制与部门职责的匹配度

2008 年"三定"方案中十二大类职责分解到各业务司、处的管理事项将近 300 件，而人员配备仅为 311 人，扣除部级、司级领导，每个公务员要负责 1 件以上全国范围的管理事项。例如，污防司流域处只有 4 人，管理着 7 大流域、2 个国家重大水利工程、跨国界河流和重点城市的水污染防治管理（组织拟订规划、监督实施、跨界河流水质考核评估等）、指导全国河流污染防治工作等近 20 项大的管理事项。海洋处 2 人，负责指导、协调和监督海洋环境保护工作；拟订重大海域污染防治规划、统筹协调国家重点海域污染防治工作、监督管理海岸工程、陆源污染、拆船等海洋环境污染防治工作 5 大类管理事项，人员配置严重不足。

我国与别的国家相比人员配备差距也很悬殊。我国环境保护部机关、区域派出机构和部直属科研单位的人员配置水平明显低于以污染防治为主的美国国家环保局同类组成人员配置水平，见表 4.17。连人口只有不到中国 1/13 的瑞典，2011 年其环境部财政供养人

员也达到了 150 人（0.16 人/万人）。中国环境保护部机关编制人员也仅与印度相当（0.06
人/万人），与目前中国 GDP 排名世界第二大国的地位十分不相称，更与世界主要污染物排
放第一大国的责任要求严重不相符。

表 4.17　部分国家环境行政主管机关的人员配备情况　　　　　单位：人

环境行政主管机构	总数	其中：总部	区域办	直属机构	人口总数（2011）
美国国家环境保护局	17 359（2011）	6 000	10 000	地方直属技术人员约 2 000	311 591 900
德国环境、自然保护、建筑和核安全部		814	无	联邦环境局 1 400 多人；自然保护局 290 人（2011）	81 374 000
俄罗斯自然资源与生态部		700 多（2000）	无		142 822 500
加拿大环境和气候变化部	6 800（2011）	2 380	4 420		33 909 700
印度环境、森林与气候变化部的环境局	735（2011）	267	468（1989）		1 241 948 000
英国环境、食品和农村事务部	约 10 000（2009）		无		61 761 000
瑞典环境和能源部		约 150（2011）	无	下设瑞典环境保护局等 7 个政府性机构,工作人员数百人	9 449 000
法国环境、能源和海洋部		2 300（1995）	22 个大区环保局有 1 127 人；与工业部协同管理地区工业研究与环保局的 743 人		65 000 000
日本环境省	1 260（2008）	853	407		127 799 000

基本结论：环境保护部公务员配备与"三定"职责明显不匹配、明显低于主要国家环
境管理部门的人员配备。

2. 专业技术人员数量与工作任务量的匹配度

从 20 世纪 70 年代的工业治"三废"，到 90 年代的环境优化经济，到 21 世纪初的在
保护中发展、在发展中保护，再到建设生态文明的基本措施和主阵地，旨在同一时期内将
环境监测、监督、监管集于一身，人力、物力、财力配备速度远不及组织使命数倍的增长
速度，导致环境监管能力不足，从业人员责任压力大，工作量超负荷，已影响到监管队伍
的工作积极性。核心期刊核心作者的文献计量数据结果显示，67%的专家学者认为人员编
制严重不足，与任务量不符，是影响监督执法能力的第一大因素，其次是授权不足和技术
装备落后并列第三（分别占 50%）。人员素质、能力和经费投入等影响排名较后（均不到

40%)，如图 4.21 所示。

基本结论：现行环保系统人力资源配备严重不足，难以应对当前环境压力。

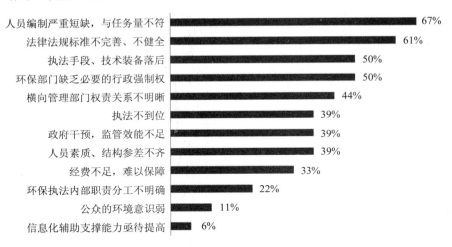

图 4.21 影响中国环境执法有效性主要原因的文献计量分析结果

3. 专业化水平与工作质量要求的匹配度

人才队伍结构失衡，2010 年，环保系统中级及以上职称人才仅占 31.97%，大学本科比例为 41.9%。博士、硕士学历的人才仅占 6.32%，并且主要集中在国家部门，如图 4.22 所示。区县一级人才大专及其以下学历为 77.5%，中专以及以下学历为 81.4%。

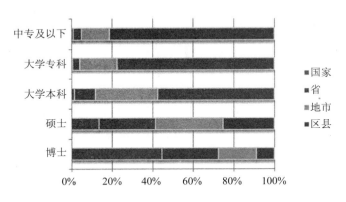

图 4.22 各学历段环保人才在各层级单位人数（卢亚灵，蒋洪强等）

从人才专业背景构成看，环保系统非环境相关专业背景的人员占到 58.2%。综合性管理的专业技术化水平不高，2010 年，从事环境监察、监测信息、政策法规、规划、标准、国际合作、宣传等综合业务专业人才，只占 56.31%。目前环保工作，多是基于信息化基础上的综合监督监管、综合分析、综合决策与管理过程，地方低学历环保人才比例高，难以适应环保工作的要求，综合分析与决策工作效率低。

　　从人才供给关系看，一方面环境专业技术人才紧缺；另一方面，环境类高校应届毕业生就业率又是全国最低的四大学科专业方向之一，只有极少数硕士与博士研究生进入资源、生态、环保行政、监测、监察等核心管理部门。此外，我国高校向社会培养和输送的人才以环境工程技术为主，环境公共政策、环境社会、环境经济等跨学科复合型人才培养和供给严重不足。生态、农村、土壤等领域各类人才奇缺，具体如图 4.23 所示。

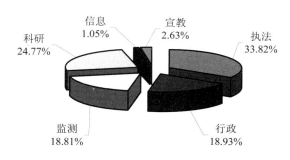

图 4.23　我国不同机构环保人才分布（卢亚灵，蒋洪强等）

　　基本结论：人才专业化程度与传统环境管理和生态系统综合管理需求都有很大差距。

4. 环境科技支撑能力

　　环境管理具有很强的专业技术，需要更加高水平的科技成果支撑国家政策制定。这类科技成果产出具有明显的公共物品特征，并具有全局性，因此需要由国家承担起更多的财政支出责任，以支持国家环境政策制定。但是，2010 年度全国生态环保人才数据统计发现，环保系统对国家级环保科技服务和决策管理支持比较多的基本在国家级，其次是省级事业单位，其专业技术人员严重不足，国家级只有 2 801 人，仅占环保系统事业单位专业技术人才总量的 1.56%，这些科研人员基本满载超负工作。省级事业单位专业技术人员为 10 128 人，占 5.65%。而且环保系统从事科研的事业单位编制人员工资经费自筹自支比例很高，地方科研事业单位越向下，越以环评、地方规划等为主业，维持单位运行和人员收入经费，真正从事环境科研的人才数量更少。

　　与美国相比，我国环保系统专业技术人员的层级分布和工作专业结构有很大差异。在纵向层级上，我国的环境科技人员层级配备与美国是完全相反的，美国地方财政供养的环境科技支撑人员约 2 000 人，美国国家环境保护局总部为约 6 000 人，其中 60% 以上是决策技术支撑的人员，在十大区域办公室的 12 000 人中从事政策研究和环境科技服务的人员比例更高，工程技术类人员与法律、经济、社会、管理等软科学人才比例均衡。而我国从事环保政策法规、规划等宏观决策技术工作的人员（含机关行政编制）比例极少，仅占环保系统总人数的 1.52%。从事污染防治、生态建设与保护、核与辐射、监测信息等工程技术类的专业人员（含机关行政编制）占 65.9%。如以从事环境科研活动的事业单位统计，比例仅为 24.8%。

在环境科技成果绩效和人员待遇看，美国和德国等国家级科技人员实行终身聘用制，享有较高的固定薪酬和稳定多样的科研经费来源，并设立了严格的科研绩效和信誉保障制度。美国国家环境保护局还有固定比例的联邦财政预算支持临时任务需要，聘用科研人员的权力。

而我国，由于环境科技经费来源不稳定，分散配置，高等院校作为非环保系统科研力量的主要力量之一，因受科研项目化生存，教育和科研双肩挑，学术要求与管理咨询应用研究双重考核标准不兼容、对环境管理本身了解不深入等多种因素影响，其项目成果支撑管理工作的程度还远远不够。

基本结论：现行环境科技体制难以满足环境管理科学决策的需要。

5．环境保护财政支持度

虽然，中国政府不断加大环境保护投入力度，但是，无论是从财政支出统计，还是用环保投资[①]计算，中国政府对污染治理的投入比例都是很低的，与西方国家污染治理高峰期和中国污染治理的实际需要相比，环保投资力度还存在明显差距。例如，2007 年以来，中央和地方两级财政支出占本级财政总支出平均比例不到 3%，仅在 2007 年这一年突破 4%，如图 4.24 所示，而德国联邦政府的环保财政投入一般在 4%以上（孙晓莉，2007）。但是自 2008 年以来，不论是中央财政环保支出占国家环保财政总支出的比例，还是地方财政环保支出所占比例都呈现下降趋势。

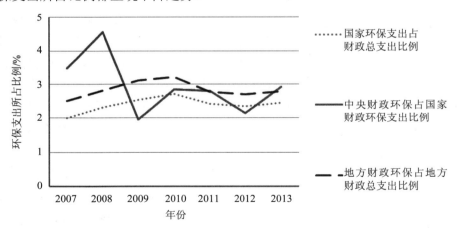

数据来源：中华人民共和国国家统计局网站 http：//data.stats.gov.cn/workspace/index？m=hgnd。

图 4.24　中国国家和地方财政环保支出所占比例变化图

伴随着 2002 年以来我国重化工行业大规模发展，2000 年以来环保投资占社会固定资产投资的比例一直处于明显下降趋势。钢铁、水泥、化工、煤电等高耗能、高排放的大批建设项目的上马，致使"十五"期间，我国环境保护目标没能完成。"十一五"期间增大

---

① 环保投资和财政支出数据指污染治理方面的投入，生态保护与修复投入没有公开数据，而且国外政府基本没有生态建设这种财政支出项目。对于生态恢复，主要强调自然恢复。

了污染治理设施投入后，初步遏制了排放增速，但污染物排放总量仍处于高位运行状态。从环保投资占 GDP 的比例看，除了 2010 年这一年突破 1.5%，2002 年以来一直徘徊在 1% 附近，如图 4.25 所示。与美国、日本等国家污染高峰期的环保投入水平存在很大差距。可以认为，环保投入不足，是中国环境污染尚未得到有效控制的重要原因之一（中科院可持续发展战略研究组，2013）。特别是工业固废产生量迅速增加，但治理费用投入基本没有变化，如图 4.26 所示。

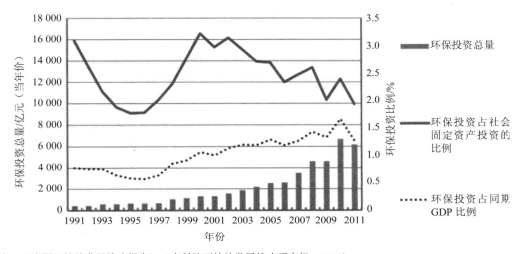

引自：《中国可持续发展战略报告》（中科院可持续发展战略研究组，2013）；

数据来源：环保投资数据来源于历年的《中国环境统计年鉴》；社会固定资产投资数据来源于历年的《中国统计年鉴》。

图 4.25　中国环保投资及其占 GDP 和社会固定资产投资比例变化（1991—2011）

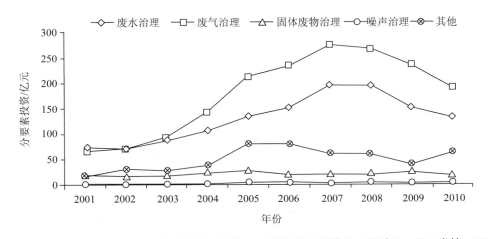

图 4.26　2001—2010 年中国工业污染源污染治理分要素投资情况（吴舜泽，逯元堂等，2014）

根据联合国 20 世纪 70 年代委托美国诺贝尔经济学奖获得者瓦西里·里昂惕夫一项研究表明（W. 里昂惕夫，1982），如果按照美国 1970 年的环境标准，污染治理仅包括对大气悬浮颗粒物的处理，对生活污水一级、二级、三级的处理，以及对生活垃圾进行填埋或焚烧，消除和控制污染的总费用（包括投资和经常性费用）将达国民生产总值的 1.4%～1.9%，而实际上美国 1972 年用于消除和控制污染的总费用达到国民生产总值的 1.6%；消除和控制污染的总投资占投资总额的 2.5%～4%，而美国 1973—1975 年用于消除和控制污染的私人投资估计约占新厂房设备私人投资的 5%。同时，根据日本一项经验研究表明，1970—1987 年，日本民间用于防治公害投资占全部设备投资的 3%～7%，在治理最高峰的 1973—1976 年，这一投资比例甚至高达 10.6%～17.7%（见图 4.27）。由此看出，一个国家要对污染进行基本控制，其环保投资的低限应是占 GDP 1.5%～2%，这仅仅是控制大气中悬浮颗粒物，以及对城市生活污水和垃圾进行处理，采用的是美国 1970 年的环境标准，而不包括控制二氧化硫、氮氧化物、PM_{10}、$PM_{2.5}$、挥发性有机物等污染指标。如果按现在的标准，对大气、水和固体废物污染进行控制，污染控制的投入（包括建设费用和运行费用）占 GDP 比重起码应达到 2%～3%，工业污染治理投资占总投资比重应达到 5%～7%（日本和美国的经验）。

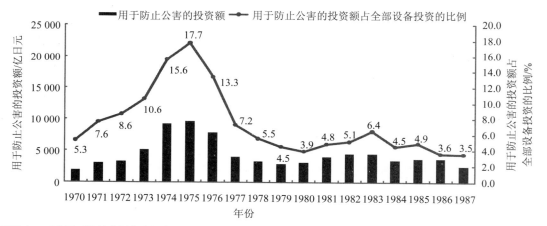

转引自：《中国可持续发展战略报告》（中科院可持续发展战略研究组，2013）。

图 4.27 日本民间产业防治公害投资的变化情况（1970—1987）（宫本宪一，2004：20）

基本结论：环保经费投入规模不足以支撑有效治理污染的需求。

总体判断：能力匹配性方面，环境行政、科技人才保障、经费投入等能力建设与任务要求不匹配，难以有效胜任环境监管职责。

综上所述，造成中国环境管理体制整体有效性低的原因是多方面的，除环境管理制度不完善、管理队伍自身能力不足以外，从影响环境监管能力的组织体系及其运行机制看，中国环境管理关键短板在于三个方面：组织架构过于分权、职能授权不充分，环境管理机构能力建设、治理经费投入不到位，以及环境责任追究制度不健全等原因。面对当前巨大的环境压力、防控复合型、系统性的环境风险，中国现行的环境管理体制已难以适应和应对这些严峻挑战，迫切需要全面改革。

4.8　中国环境治理结构的综合评估结论

总之，中国环境管理体制无论是职责配置、机构设置，还是运行机制都处于不断变动中，变动中的环境管理体制存在一系列问题和改革需求。特别是，中国的环境管理体制相关联的环境问题有两大特点：一是压缩式爆发，即在短期内由于经济快速发展集中呈现和凸显；二是环境要素的全面恶化，无论是大气、水，还是整个生态系统都面临前所未有的压力。这反过来对环境管理体制的部门权威性、目标整体性、协调有效性、（行政）资源充分性等都提出了更高要求。

在这一严峻和环境形势和压力下，中国当前正在面临着严重的国家治理困境，与西方发达国家相比，中国的环境保护管理体制存在政府、市场和社会三重失灵问题，突出特征是国家治理主体力量对比悬殊，政府一家独大，企业、公众履行社会责任不强，能力薄弱，市场化机制尚未建立；公共权力运行缺乏有效监督和制衡，依法行政意识不强、能力不足；政府在经济管理职能上是"强政府"，占用了较多的行政资源，政府机构规模较大，而在公共事务管理方面是"弱政府"，政府机构和行政资源配置不足，在提供教育、医疗、环境保护等公共服务领域，所提供的环境基本公共服务与社会期望之间存在明显落差。国家环境保护职能能力不强、权威性不足。地方政府和企业履行环境责任不到位，社会环保力量薄弱。其中，最为突出的特征表现在以下三个方面。

4.8.1　现行政府与市场关系的制度安排不利于资源环境的可持续利用

对资源环境产生根本影响的土地、矿产、能源等核心资源的产权几乎均为国家所有，但尚未建成完善、有效的产权制度、管理制度。国家的主体当然是人民，而人民委托政府行使权利、实现和保障利益，也就是说，中国的主要资源由政府代理管制和经营。作为中央政府，面对拥有近 700 个城市、近 3 000 个县、4 万多个乡镇、近 80 万个行政村的辽阔国土，以及 13 多亿人口，自然通过科层制，逐级委托代理。这意味着，在理论上中国的多数资源最终实际控制在地方政府手里。而改革开放又创造了这种理论转化为实践的契机。在改革开放中，历史与现实、国内国际多种因素决定了经济发展必然作为主线。怎样发展经济？作为对改革开放前中国计划经济发展模式的反思，自然而然地选择走市场经济道路。

市场经济的模板，是西方发达国家。而西方的市场经济，是自然演化来的，其制度基石是私有产权；其微观行为是竞争；而竞争中的核心符号是价格。具体到资源环境的治理上，市场的价格竞争，国家的税收政策，是起有效作用的基础性机制。

与西方不同，改革开放伊始，中国并不存在真正意义上的市场。中国政府吸纳、推广、制度化农村土地承包经验，推进城市、工厂改革发展。与此同时，中国政府进行了集权向分权的改革，发展经济、治理社会的权力和责任基本转交地方政府。在同一背景和逻辑下，地方政府又向更为基层的政府分权。

在这样的分权模式下，各级政府掌握了当地经济发展的决策和管理大权，但甚为关键的金融资源掌握在中央政府手里，加上迄今为止仍未达到国民财政开支的均等化，以及考核选拔任用干部的核心标准是 GDP、干部异地任职、提升变迁迅速等制度性安排，刺激缺少资金的地方政府（以县级政府为典型和主体），理性地选择用廉价的资源，特别是土地资源，以及对污染环境的容忍甚至庇护，吸引资本、吸引生产、吸引消费。在此过程中，同构的发展思路，累积起庞大的过剩生产率，经济低效，升级艰难；资源快速消耗，环境严重污染。

4.8.2　现行国家与社会关系的制度安排不利于社会对资源环境可持续的参与

国家几乎取代了社会，一方面国家无力做好社会的事（小事）；另一方面无组织、资源不足的社会又无力自主做事。其本质是，有组织的国家，无组织的社会。即使现实中存在着一些行业组织和 NGO，但要么是政府的替身，要么是因缺少专业能力、资金等难以壮大、难有社会影响力。形成这样的格局，原因有很多，包括中国尚未建成现代国家，现代国家的一大特点是社会组织的大量存在，这方面美国是典型；历史上仅有的乡村士绅自治在现代革命进程中已经消失；当代中国政府在相当长时期内对独立、自主社会组织的重要性认识和积极扶持不够。奥尔森的集体行动理论认为，有组织的利益集团相比虽然庞大但无组织的人民，能够更有效地参政、争取权利、获得利益。西方环保历程中，绿色和平组织、美国大自然保护协会等民间组织在激发民众环境意识、环保运动、绿色消费以及推动政府保护环境政策和行动上都发挥了积极、甚至引导的作用。

4.8.3　现行资源环境管制职能的分割削弱了政府综合管制的能力与效应

资源环境是个整体，有效利用资源是环境稳定和改善的基石。中国是一个资源相对贫乏的国家，从水到土地，以及石油、铁矿石等，节约资源必将是长期的需要；中国是一个资源分布高度不均衡的国家，合理计划和开发资源是题中之意；中国至少在可预期的相当长时段内，如果持续大规模进口国外资源，存在巨大的对外依赖和安全风险。这样的硬约束，需要将资源开发利用与环境治理和保护紧密结合，但相关职能却分散在若干部委和地方，部门信息共享程度低以及协调成本高造成分散的组织架构之间未能合理整合与配置，无法形成环境保护的合力。

4.8.4　总体结论

综上所述，中国环境管理体系经过 40 余年的不断发展演变，逐步形成完整体系。伴随着持续快速的经济增长，环境绩效水平逐步提高，持续深入的环境保护和生态建设工作缓解了一部分资源消耗型产业高速增长带来的环境压力，但是，因为污染物排放总量高位运行，自然资源开发利用强度过大，且明显超出资源环境承载力，中国政府采取了大量应对措施，还不足以根本遏制生物多样性下降趋势，环境质量总体改善尚不明显，生态系统服务功能下降，环境管理目标与结果差距较大。同时，现行环境管理体制职能交叉、职责模糊和跨部门协调困难，还难以应对农村环境保护、面源污染、食品安全和化学品管理等跨学科、跨部门等多层次、复杂环境问题的挑战，全面改革中国环境管理体制，重新进行顶层设计势在必行。

在部门立法下，项目导向的部门财政分配机制成为各部门事权交叉、权限冲突的内在动力。干部终身制和部门公务员待遇的事实不平等，人事、财政、政策工具权高度集权，经济社会的历史发展阶段、行政文化等因素共同形成的环保主管部门的弱势，都成为未来部门整合的内在阻力。未来改革需要从强化政府责任、创建市场机制和社会管理体系三方面齐头并进。

第5章 中国环境管理体制改革路线图^①

5.1 环境管理体制改革的总体框架

5.1.1 改革的基本思路

中共十八届三中全会和四中全会提出的构建现代国家治理体系和治理能力现代化、依法治国两大战略目标，以及生态文明制度体系改革等要求，为中国环境管理体制改革与创新带来了前所未有的机遇。未来中国的环境管理体制在行政管理部门职责法定化、环境要素职责系统配置、跨部门综合协调机制和行政资源配备四个层面，改革需求最为强烈。需要从落实政府环境责任、理顺部门间职责关系，强化综合协调、统一监督能力，完善部门合作机制，通过环境管理体系的开放度等多方面协同并进。

根据国际经验和新一轮政府体制改革要求，重点处理好以下四个方面的关系。

（1）管理部门职能定位时，要正确区分政府、市场与社会的关系：生态环境质量的公共物品属性，要求强化国家责任和政府监督指导，发挥政府管理的基本职能，即制定有效的政策、规则、标准，建立合理的激励—约束机制，引导市场和社会共同为公民提供高效、价廉的公共服务。

（2）大部制改革部门权力配置时，要正确处理决策权、执行权、监督权关系：推动"决策集中化，执行专门化，监督独立化"（宋世明，2014），就必须"建立决策权、执行权、监督权既相互制约又相互协调的运行机制"（中共十八大报告，2013）。

（3）大部制改革中事权划分时，要正确处理综合管理与专业化分工的关系：组织管理学认为，组织的专业化分工程度越高，越需要综合协调管理。国际经验也表明，政府的内阁部门主要是那些需要进行综合协调管理、综合决策的部门，专业化强的政府公共管理部门多作为综合部门下的执行机构，负责相关专业领域内的综合协调管理，大量的具体执行职能则分权给地方政府和社会专业化组织。

（4）公有制下，要正确处理自然资源产权管理中的所有者、使用者、监管者关系：根

---

① 本章作者：殷培红。

据监管独立性要求和事权划分同质性原则，应当将产权所有权、使用权管理与监管者分开，分别统一行使全民所有自然资源资产所有权职责，以及所有国土空间的用途管制职责；自然资源具有经济价值和生态价值双重属性，除了分布在重要生态功能区内，以生态功能为主的自然资源以外，可推动所有权和使用权相分离。

借鉴相关国际和国内实际经验，以及现行环境管理体制存在的突出问题，建议未来中国环境管理体制改革的基本方向应重点把握以下六个关键点。

1．环境管理体制改革必须明确并落实每一级政府、每一个部门的环境责任

环保部门需要集中控制生态环境保护的核心决策职能。同时，由于生态系统的不确定性和动态性，因此适应性管理对于应对生态系统的需求至关重要。所有的生态系统都具有嵌套性，相应的管理知识具有地方性。因而，公共管理必须具有弹性和灵活性，应将微观决策权和执行权授予给尽可能与生态系统吻合的地方政府层级，"社区导向的政府"和"分权导向的政府"是这一改革取向的代名词。此外，在明确每一级政府的核心职能需要遵循两个基本原则，一是分权和权力下放原则。明确中央和省级政府在生态环境保护中的专属性职能、共享性职能是纵向合作机制的前提。这也是属地管理原则和生态环境本身的复杂性决定的。二是将部分核心执行职能尽可能地独立出来，设立专门的部属执行机构以确保关键职能的落实。三是构建有效追责机制和监督机制。

2．环境管理体制改革事权配置必须兼顾目标、项目和政策执行的协同性

为理顺环境管理体制，必须从政策目标协同、项目协同、政策执行协同三个层次上把握环境保护综合协调的整体性和执行的整体性。环保部门需要运用委员会、小组、财政资金等协调机制实现对其他生态环境相关部门和专业化执行局的有效协调。重要的是重建独立于环境保护部、农业部、水利部等部委的国家环境保护委员会对生态保护的整体协调功能。在机构整合和职能整合未改革到位的情况下，资源整合和政策整合是重要整合方式。横向上，环境保护部需要积极推动财政部发挥资源整合的功能，在行政资源整合的基础上，推动政策整合。纵向上，中央可以通过项目和转移支付的方式实现对地方生态环境保护结果的适度干预和控制。

3．环境管理体制改革必须明确加强环境保护主管部门统一监管的权威性和独立性

传统的资源环境管理将资源开发与维护、环境破坏与保护归结为人与环境的关系，将二者纳入不同的系统进行分析。在这个过程中，由于经济发展的需要，普遍的重视资源和环境的经济价值，资源开发部门远比环保部门强势。而在生态系统管理方式下，生态系统自身除了经济价值，还拥有固有价值。因此，为了实现保护"社会—经济—自然"复合生态系统的价值和社会综合决策实现公共利益的最大化，必须加强各级人民代表大会这一权力机关在环境保护方面的代表性和权威性。各级人民代表大会作为聚合社会不同利益相关者利益诉求的权力机关，具有融合多元价值的功能，应积极制定和完善涉及自然生态和污染防治的宏观法律法规，取代目前的"部门立法"传统。

4．环境管理体制改革要以决策、监督职能整合为核心，同一体制内适度分离执行职能

环境问题整体性、综合性和复杂性的压力状态，以及环境问题的外部性和利益主体多元化等特点，既需要全社会共同努力，也要求环境治理必须加强综合决策和管理的协调性，兼顾不同利益主体合理的环境利益。同时，更需要加强监督，建立一种权力和利益制衡机制，防止环境外部性的肆意扩展。综合决策者通过统一监管，直接掌握反馈信息，有利于改善决策的可操作性，而执行权与监督权分离是普遍公认提高政策执行力的有效方式。而中国环保法规定地方政府对地区环境质量负责，也为中央层面分离执行权和监督权提供了法律基础。因此，环境大部制改革应以职能整合为核心，按照决策、执行和监督权相互制约和相互制衡的原则，强化大部制的统一决策权，增强执行机构的专业性，理顺大部门与业务局的职能边界和权力结构，赋予环境行政主管部门更大的行政资源调配权，并以制度化、规范化的运行机制以保障大部制改革真正落地。当前需要在资源开发利用领域首先需要将资源开发利用与资源的生态保护监管分离，资源产权所有权监管与使用权相分离，以有效应对资源型经济扩张时期资源开发利用与资源的生态保护之间的内在利益冲突和挑战。

5．增强环境行政主管部门的综合协调职能，同时完善部门间协调机制

环境保护是全社会共同的责任，需要各利益相关方共同治理。环境问题的复杂性和专业性也要求多部门共同参与环境管理。多主体参与的治理结构，要在统一决策与规划下，一致行动，避免政出多门，增加内耗，更不能是多中心的松散治理状态，各自为政。为了适应环境管理的跨领域、跨区域、多目标优化管理等特点，需要以统一决策权为首目标，行政资源调配权为保障，在完善合作和协调机制的同时，以环保综合规划管理和监督实施职能为核心，强化主管部门的综合协调职能，以促进政府、职能部门间，企业、社会与政府之间的协同共治，以提高环境治理绩效，推动环境管理体制由多中心松散管理向统一监督下的协调共治管理体制转变。

6．强化跨领域环境问题综合管理能力，区域（流域）环境问题应该鼓励地方政府自愿合作治理

地方政府之间通过签订行政协议或合作章程等自愿方式具有很强的灵活性和适应性，如跨区域大气联防联控协议、流域生态补偿协议。中央政府可以资助和搭建地方自主合作平台，并在地方政府之间无法合作或无法实现生态环境保护目标时，采取行政区划合并的做法，如将流域周边的辖区进行合并设立独立的流域生态环境特区等。

5.1.2 环境管理体制设计的基本原则

综合借鉴政府部门事权配置、公共服务领域事权配置、生态系统管理方式的事权配置等研究领域的理论与实践，参考俞可平先生提出的国家治理体系和治理能力现代化的评价标准，结合环境管理的特殊性，中国环境管理体制设计应当遵循依法行政、协同治理、权力制衡、权责统一、能力匹配、目标均衡、系统整体性、事权同质性、环境外部性和信息对称性十大基本原则。其中依法行政、权力制衡、权责统一、能力匹配、事权同质性、信息对称性六个原则是通用的组织设计原则，其他四个原则是生态系统管理方式所必需的体制设计要求。

（1）依法行政原则。是指政府部门职能授权、事权划分要依据国家宪法、行政组织法、相关领域专项法律规定。体制设计要有助于落实有关法律要求的职能和责任，不与现行法律规定相冲突。

（2）协同治理原则。环境问题是集体行动的困境，需要各利益相关方共同治理，一致行动。环境问题的复杂性和专业性也要求多部门共同参与环境管理，构建政府、职能部门间的合作和协调机制，提高行政效能。因此，环境管理体制设计需要尊重环境治理主体多元化的特点，体制构建的关键是要建立起能够调动全社会共同履行环境责任的激励—约束机制，形成政府、企业、社会协同共治的治理结构。

（3）权力制衡原则。权力过于集中在某个职能部门，公共利益将因部门利益缺乏制约而受到侵害，为了防止权力的滥用，需要通过合理分权、限权，使政府的公权力之间形成既相互制约又相互协调的权力结构。我国政府改革要求决策权、执行权、监督权相互制约又相互协调，是同一体系内的权力配置关系，而非西方所强调的三权分立。政府职能的分权设计要注意部门利益和动机的平衡性，保持各分权部门之间权力和能力的均势。保证监管独立性是权力制衡的基本要求之一。

（4）权责统一原则。是指部门的管理责任要与相应管理手段匹配，要与相应的财政支出能力相适应。事权配置时要避免将管理对象与管理手段分离配置给不同部门，分权设计要避免出现只有管理事项没有管理手段的虚设部门。

（5）能力匹配原则。是指部门的人员数量配置要与部门职责和任务要求相匹配，人员的专业化水平要与其同程度的任务要求相适应，既要避免人员冗余，降低行政效率，又要避免只增加任务要求不相应配备人员力量，因小马拉大车导致履职不到位、管理粗放，员工健康受侵害问题。

（6）目标均衡原则。是指管理事权配置和组织体系设计时，要能够平衡环境与发展（资源开发与保护）、综合管理与专业化执行、源头—过程管控与末端治理等一系列对立统一关系，以适应生态系统多重服务价值的特点，进行多目标权衡与取舍的综合管理需要。实施多目标综合管理，一方面需要多利益相关方充分参与决策和监督过程；另一方面更需要一个长效、稳定机制，如由一个价值中立的且有足够权威性的综合管理部门而非专业化部门进行综合管理，平衡利益关系。

（7）系统整体性原则。根据整体性观点，生态（环境）系统由多种环境要素构成，但各个环境要素之间并不是孤立存在的，而是相互作用、相互影响的。如通过大气、水的循环运动将山水林田湖，陆地与海洋，地表与地下环境连成一个普遍联系的有机整体。生态系统中任何一个环节和过程的变化都会产生连锁反应，进而影响整个系统的平衡状态。因此，管理生态系统需要运用综合、系统方法，根据环境要素的功能联系及空间影响范围，界定管理边界，寻求解决方案，而不是肢解环境要素分别采取治理对策。同时，还需要利用控制论原理，将环境管理组织体系的预先控制、过程控制和事后控制的系统运行全过程进行一体化整体设计，确保环境管理目标的实现。

（8）事权同质性原则。即部门事权要以工作或技术的同质性、程序的同质性、目的的同质性为依据进行分类配置，有助于提高多部门、多主体参与的体制运行效率，减小权限冲突的可能。事权同质性原则，为合理处理综合管理与专业化分工关系提供了一个判定标准，有助于识别适合专业化配置的事权归属。管理目标存在价值取向冲突的事项不宜放置在一个管理部门，如开发利用与保护监管职能要适度分离，以形成权力制衡关系。

（9）环境外部性原则。是指环境管理事权配置时，要根据环境影响的溢出效应和环境公共服务的受益范围，确定不同层级政府及横向政府间的环境事权，合理性确定环境责任。通常，全国性环境问题和公共物品由中央政府承担；而区域、流域性环境问题，以及准全国性的公共物品具有利益外溢性和区域性特征，需要进行跨区域的协调和分工，则由中央和地方政府联合提供或多个同级地方政府联合提供；地方政府独立负责地区性环境管理事务。

（10）信息对称性原则。公共事务信息的复杂性决定了不同层级政府具有不同的信息比较优势。为了保证公共服务供给的有效性和监管的效率，相同外部性的公共服务事权应配置在有关信息不对称性差异最大的层级，以形成相对独立的供应关系，减少权限冲突的可能性，提高供给效率；而监督权宜配置在信息完备的管理部门或层级上，以避免因信息不对称而导致监管失灵的问题。

5.1.3　环境管理体制改革阶段目标与任务

综合考虑国家部门财政分配管理、干部和公务员管理等关键性制度改革条件的成熟度和改革难度，以及中国政府职能转变到位程度等体制背景因素，未来中国环境管理体制改革，应采取渐进性策略，分以下三个阶段进行。

1. 近期改革，以强化统一监管的部门授权、手段能力配套为重点

着力解决污染防治与自然生态保护监管体制有效性低的问题。近期改革职能整合优于部门整合。与其他国家环保部门相比，差距主要在综合协调、统一监管职能的履职能力上。在环境主管部门的授权、政策工具和人员配备等方面，尚有较大的改革调整空间。当下需要侧重两类改革：一是针对明显不符合生态、环境科学和组织管理学规律，又严重影响环境质量改善、生态系统服务功能提升的职能交叉、权限冲突的职能进行调整；二是增强环境监管独立性和监管能力建设。

目前，需要加强部门授权的重点包括：进一步明确政策环评的法律地位，提高规划环评的约束执行性；增大环境主管部门针对突出环境问题制定环境经济政策的决定权，加强环境保护部统筹监管生态和污染防治、流域等环境专项规划的能力，完善环保规划的资金配套落实机制，并将地方政府落实环境保护相关规划和环境标准情况纳入干部考核范畴，提高权重，同时赋予环境保护部相应的监督和考核权力。

2. 中期改革，以统一决策权、综合协调为首要目标，以行政资源调配权为保障

目前，世界上多数国家都采取将同类管理事务尽量归为一个部门统一管理的事权配置方式，并且都有相应的法律和财政机制做保障，以减少部门间管理冲突，提高政府宏观综合调控的绩效。例如，日本环境省具有统一规划环境事务和调配各部门环保和环境科研预算的职能。多部门管理环境的美国，其环境决策权和部门预算批复权统一在议会，各部门在联邦法律框架下履行职能，国家环境质量委员会仅是总统的咨询机构，有政策动议权，但没有最终决策权。为此建议如下。

高方案：建议借鉴日本环境省的综合协调职能配置经验，在环境保护（含生态恢复）治理财政经费分配方面，赋予环境保护部具有经济综合部门同样的权力，强化环境保护部对其他部门、地方政府和地方环保部门的影响力。

低方案：在不能全面实现有关环境领域统一决策、综合协调的情况下，建议采取两个途径同时并进的改革路径。路径一，可优先通过授予环境主管部门在区域、流域性问题的行政资源调配权，强化环境保护部综合协调职能，增强多中心分散管理体制下，环境管理的整体性、协调性。该方案的实施主要受国家政府间财政关系的配套改革进展的影响。但这些改革也是中共十八届三中全会经济体制改革的重点，推动改革的力量将有助于该方案的实现。路径二，建立国务院生态文明建设领导小组，下设生态环境质量委员会，履行环境领域的统一决策、综合协调职能，由国务院分管副总理任委员会主任，国土资源部和环境保护部部长任副主任。根据权力制衡和目标均衡原则，国家发展改革委作为经济社会领域的宏观调控的综合管理部门，作为生态环境质量委员会的成员单位，而不作为领导单位，以保障国土和环境两部门独立监督经济发展部门履行环境责任。

在从行政层级内部监督有效性的角度看，高方案能够有效实现的前提条件是，中国真正建立起依法行政、司法独立、健全的人大政协和社会等外部监督机制。

3. 远期改革，建立资源环境大部制，实现资源保护、自然生态保护与污染防治的统一监管和综合决策

实现生态空间的全过程管控，并与国际环境综合系统管理方式相接轨，提升参与解决全球环境问题的能力。资源环境大部制改革成功与否，取决于林业、水利、海洋等部门的改革。这些部门的改革的关键在于政府职能转变、国家市场化机制、自然资源资产管理和用途管制制度的建立，包括农业大部制改革等前提条件的成熟度。在没有明确林业、水利、海洋等部门的职能定位之前，受历史传统原因和事业单位分类改革现实因素的共同影响，对这些资源监管部门进行大幅度调整的难度较大，适宜作为中远期改革方案。

5.2 环境管理体制改革职能调整建议方案

5.2.1 环境管理事权配置部门关系调整的优先领域

针对当前明显影响环境管理体制有效性、权限冲突严重、明显不符合生态系统整体性和组织管理学要求的领域，需要优先调整的管理职能如下。

（1）遵循系统整体性和事权配置同质性原则，按照管理流程一体化的要求，统一污水排放管理的决策权和监管权，将污水处理厂的规划职能纳入环保规划中，实行企业排污许可、排污管网、污水处理厂运行监管、排污口设置（含排污入河口）的全过程一体化排污监督管理，住建部门保留污水处理厂、垃圾填埋场等环境基础设施投资、建设和运营招标管理职能。

（2）遵循目标均衡和权力制衡原则，剥离林业、水利、农业、海洋等生产管理部门的自然资源保护的监管职能，将监管自然资源开发的生态保护监管事权统一到环境保护部。将生态建设规划和建设项目的环境影响评价变为强制性要求，纳入环境保护部强制监管范畴，并将生态建设环境影响评价的结果用于财政部核准生态建设经费的重要依据，而生态建设的规划和执行权保留在原部门。生态建设项目招投标的监管权纳入市场监管部门。

（3）遵循事权配置同质性、目标均衡和权力制衡原则，将自然资源的经济属性和生态属性分部门管理，以平衡自然资源开发利用与保护之间的价值冲突和空间重合的关系。建议由国土资源部统一行使经济利用为主的自然资源分布区域的所有权管理及空间用途管制（使用权监督），由自然资源利用管理（使用权）由生产性行业主管部门承担，可以是国土资源部下的独立执行局，也可以是国务院直属局承担。从共有产权监管独立性的角度，后者机构设置方式部门阻力小。

对生态敏感、脆弱区、重要生态功能区、生态保护红线的区域，由一个不具有经济管理或开发（产权使用）职能的政府职能部门统一行使生态空间用途管制权力，实现山水林田湖一体化保护管理。如果国土资源部定位于经济开发的所有土地利用类型产权综合管理部门，生态空间用途管制的事权，当前最适宜交给环境保护部。未来当中国的陆地资源空间开发饱和，达到拐点后，才具备合并国土和环境这两个具有综合调控职能部门的现实条件。

（4）遵循生态系统整体性和权责统一原则，强化生物多样性保护，将物种和栖息地保护统一监督和综合管理，优先整合国家级自然保护区管理职能，强化自然保护区监督管理职能。

高方案：按照我国新一轮政府改革要求"决策权、执行权、监督权相互制约又相互协调"，"一件事由一个部门管理"，无论是否组建农业大部（整合农林水部门的生产管理职能），都需要分离林业、水利、国土等部门的资源开发与保护监管的职能。从改革阻力最小，备选方案实施管理风险最小的要求，宜采取统一管理土地所有权和空间用途管制、组织指导生态修复工程实施、统一监督生态保护三部门分别管理方案，主要职能调整建议见表 5.1。备选方案风险分析见表 5.2。

低方案：在不能整合现有强势的农、林、水等可再生资源开发利用的生产管理职能，并剥离相关保护监管，以及建立农业大部制的情况下，建议依据保护地的生态敏感性、脆弱性和珍稀性分级逐步推进生态保护地统一监管。依据物种与栖息地整体性保护的科学规律，优先整合自然生态系统种类相同、空间关联相近相邻的自然保护区，改变同一保护地域内，多头管理的混乱局面，以及人为碎化野生动物栖息地的问题。

表 5.1　生态保护与修复领域职能配置方案

主管部门	职能整合	职能划出
林业主管部门（生态工程管理）	统一管理矿山生态恢复、植树造林、荒漠化和水土流失防治等生态建设工程管理，负责生态建设规划和项目实施监管，具有市场监管职能；林业生产中的生态保护（执行职能）	生态保护为主的土地（林地、湿地）用途管制权（国土资源管理部门）
国土资源管理部门	统一行使森林、草原、滩涂、耕地等经济用途的自然资源所有权和用途管制（使用权监管）管理职能	组织实施矿山地质环境生态恢复工程管理职能（生态工程管理部门）
环境保护主管部门	负责生态建设工程生态环境绩效评估，生态建设规划的生态环境影响评价改备案制为审批制，统一监督自然资源开发的生态保护	负责实施重点海域区域性海洋环境保护规划、海洋环境污染的防治和海洋生态保护工作（海洋主管部门）

遵循能力匹配、权力制衡、目标均衡原则，借鉴美国国家公园体制经验，剥离生产性行业管理部门监管自然保护区的职能，坚持保护为主，禁止经营性开发、严格有限使用的原则，以相关行政资源分配权利为保障，切实落实环境保护部综合管理、统一监管的职能。优先加强国家级自然保护区管理机构能力建设和监管独立性，将跨省界自然保护区管理机构升级为环境保护部区域派出机构的直属机构，并作为环境执法类机构进行管理。

依据环境外部性（受益范围）原则，省内国家级自然保护区的监管为中央与地方共享事权，建立国家级自然保护区管理财政专项，整合各部门相关财政经费使用管理，根据保护地自身的生态价值，分级、分类、分区确定央地财政经费分配比例和标准，改变同类自然保护区经费支持标准因主管部门、地区财政能力而不同的局面。

目前，各部门负责的自然保护区管理人员缺口都很大，与当地社区矛盾比较突出，建议与国家减贫计划相结合，优先采取政府鼓励国内外社会资本进入、政府购买社会服务等多种方式缓解保护区人力资源、经费等匮乏的困难。

表 5.2　生态恢复与修复领域*部门职能配置方案优选

序号	决策职能 生态恢复与修复规划；生态保护目标和标准；相关制度建设与政策制定	执行职能 组织实施国家生态恢复与修复规划工程（HOM.&INTEG）	执行职能 生态空间日常管护（CAP.）	监督职能 生态环境质量监测；生态工程绩效、规划、政策、标准执行等评估/考核（L.&A.）	行政执法职能 生态恢复封禁区、生态红线	备选方案管理风险
1	发展改革委	B 部门	B 部门	环境保护部	国土部 R	1. 生态用地与建设用地执法宽严不一； 2. 片面追求经济效益，降低保护标准和力度； 3. 规划的环境影响； 4. 执法力量薄弱； 5. 割裂生态系统的整体性。
			四部门方案			
2						三部门方案
2.1	发展改革委	B 部门	B 部门	环境保护部	B 部门	2.3.4.5.
2.2	发展改革委	B 部门	B 部门	环境保护部	环境保护部	2.3.4.5.
2.3	国土部 R	B 部门	B 部门	环境保护部	环境保护部	3.4.5
2.4	国土部 R	B 部门	B 部门	环境保护部	B 部门（CAP.）	3.4.5.6.
2.5	国土部 R	B 部门	B 部门	环境保护部	国土部 R	1.3.4.5.6.
2.6	环境保护部（L.&A.）	B 部门	B 部门	环境保护部	国土部 R	1.4.7.牵头部门的协调能力
2.7	B 部门	B 部门	B 部门	环境保护部	国土部 R	1.3.4.6.
3		两部门方案（A 部门环境保护部或者 B 部门和环境保护部）				8. 部门职能调整幅度大
3.1	环境保护部（L.&A.）	A/B 部门	A/B 部门	环境保护部	环境保护部	A: 8.7.4.；B: 7.4.
3.2	A/B 部门	A/B 部门	A/B 部门	环境保护部	环境保护部	A: 8.5.3.6.4.；B: 5.3.4.

备选方案前置条件：

1. 生态空间用途管制（划定、变更）由上级政府及人大批准，而非部门决议；国家级自然保护区、国家公园的资格认定和土地审批，不宜由资源开发部门（含旅游资源）负责，应依据现有法律授权分别由环境保护部和土地所有权行政综合管理部门负责；
2. 分离资源开发利用管理部门的资源开发利用的监管权；
3. 提高监督执法部门的权威性；
4. 加强监督规划和政策对执行部门的刚性约束；
5. 健全人大、政协、社会监督机制和规划编制、政策、标准制定的公众参与；
6. 生态修复工程实施：国家或地方政府购买社会服务，发挥市场力量

备选方案	序号	决策职能	执行职能		监督职能	行政执法职能	备选方案 管理风险
		生态恢复与修复规划；生态保护目标和标准；相关制度建设与政策制定（L.&A.）	组织实施国家生态恢复与修复规划工程（HOM.&INTEG）	生态空间日常管护（CAP.）	生态环境质量监测；生态工程绩效、规划、政策、标准执行等评估/考核（L.&A.）	生态恢复封禁区、生态红线	
	3.3	环境保护部（L.&A.）	A/B 部门	A/B 部门	环境保护部	A/B 部门	A: 8.7.1.4; B: 7.4.
	3.4	A/B 部门	A/B 部门	A/B 部门	环境保护部	A/B 部门	A: 1.3.4.5.6.8.; B: 3.4.5.
	4	C 部门	地方政府组织实施，政府购买社会服务，C 部门的按环境要素设置的专业化执行局	政府购买社会服务	C 部门	C 部门	8. 部门职能调整幅度大； 9. 核心决策职能的集权程度、影响部门职能履职能力； 10. 政府外部监督力量是否形成有效的权力制衡关系

前置条件：7. C 部门不具备资源开发利用的行业经营职能，为克服综合管理隔度过宽、效率降低同题，平衡专业化管理关系，采取同一部门体系内下设相对独立的专业化直属机构的组织结构

（一个部门方案）

注：

* 生态恢复与修复包括：生态空间管控（生态空间管控：包括自然保护区、国家公园等各类生态用地的划定、变更、管护），以及退耕还林、退牧还草、退田还湖等生态恢复工程、荒漠化防治、水土流失治理、矿山生态治理等生态修复工程。

L.&A. 表示职责来源为法律或 2008 年"三定"方案；CAP. 表示该部门履行职责工作技术具有较好的能力基础；HOM.&INTEG 表示责任工作或技术具有同质性，可以整合为一个部门统一管理。

A 部门（资源管理部）：是整合了国土部（土地所有权综合管理部门）、国土部 R 和 B 部门自然资源经济利用的产权管理职能的大部门，即统一管理土地的经济所有权管理部门。

B 部门（生态修复工程管理总局）：根据生态修复工作和技术的同质性，整合了荒漠化防治（林业）、水土流失（水利）、矿山生态恢复（国土）职能，根据部门履职能力和管理现状优势，以及生态系统的空间叠加性，整合了生态保护地（含国家级自然保护区、国家公园）的日常管护职能（动植物保护、护林防火等）、指导、组织生态修复工作。

国土部 R 统一负责土地所有利用类型的产权管理，包括确权、产权及用途变更登记，使用权许可，使用权交易或转让等，收益分配，将矿山生态恢复、地下水监测与开采许可等生态保护 R 关系密切的职责分别划转给 B 部门、水资源管理部门。

C 部门（环境保护部）：对污染防治、生物多样性保护与自然资源开发的生态保护监督与生态修复环境绩效进行统一监督、考核。

（5）遵循环境外部性和系统整体性原则，建立区域大气、流域水污染联防联控的管理体制。关于管理机构模式选择，建议选择从横向机构协商模式逐步过渡到纵向机构管理模式的渐进式改革路径。短期内，采用横向机构的协作模式，即自发行动签订减排协议通过利益协商实现区域合作，以最小制度成本取得最优治理效果，协同努力解决跨界污染。从长效化、制度化角度看，纵向机构的管理模式，即设定自上而下的机构层级通过行政手段实现区域合作，有利于区域空气质量管理机制和环保工作。现阶段，通过增加区域环境督察机构的综合协调职能，提高协调机制的行政等级，结合区域环境协商是适用于我国区域空气质量管理的最佳模式，且相对容易实施。

大气区域联防联控，建议增加环保部门有关机动车船和非道路移动机械污染管理，以及相关能源使用、含挥发性有机物的产品质量标准等 5 项职能。强化环境保护部在清洁生产、清洁能源与可再生能源产等方面的 2 项职能，有关职能调整的详细建议见附录 5 的 5.5 节。

流域水污染联防联控，长江黄河以一级支流为单元，建议开展流域统一规划、统一标准、统一监测、统一执法的综合管理体制试点，管理机构模式选择按照流域跨行政区域的行政等级选择两级三种管理模式：一是跨省流域采取区域督查中心综合协调、督政，与流域管理机构监测预警的管理机构模式；二是跨地级市、县流域采取省环保厅综合协调，省、市环境监察部门联合监督执法，或设立直属省厅的流域管理机构，负责综合协调和监督执法，省水质水量监测部门负责监测预警的管理机构模式。省及地方水利水务部门及流域机构统一管理流域水权分配、节水绩效考核，统一负责流域内城乡饮用水供给与排水，防汛抗旱、农业灌溉等工程建设管理。

1）需要增加环保部门的机动车船污染管理职责

（1）环境保护部按照排放标准对新定型的机动车、非道路移动机械进行大气污染物排放达标情况评估。经评估合格的，列入工业和信息化部发布的有关产品公告。

（2）环境保护部制定机动车环保检验规范。

（3）环境保护主管部门可以会同住房城乡建设主管部门，对工程机械的大气污染物排放状况进行监督检查。

（4）国务院质量监督检验检疫部门会同国务院环境保护主管部门，建立机动车和非道路移动机械环保召回制度，调查确认机动车或者非道路移动机械超标排放，属于设计、生产存在缺陷的，通知生产企业实施召回。

（5）国务院标准化主管部门会同国务院环境保护等有关部门，制定燃煤、燃油、石油焦、生物质燃料、烟花爆竹、涂料等含挥发性有机物的产品以及锅炉的产品质量标准，明确环保要求。

2）需要强化环境保护部在清洁生产、清洁能源与可再生能源等方面的职能

（1）明确国务院环境保护主管部门会同国务院经济综合主管部门、国务院工业和信息化主管部门公布高污染、高环境风险产品名录。

（2）各级电力管理部门会同环境保护主管部门完善节能减排调度规则，电网企业应当优先安排清洁能源以及节能、环保、高效火电机组发电上网。

5.2.2　关于各级地方政府环保事权划分的建议

1. 关于加强环境监管独立性的建议

监管独立性是保证公共利益不受部门行政和利益集团随意干扰的重要制度条件。根据国际经验和我国国家结构特征，在逐步推动社会监督机制和司法独立进程中，优先完善行政层级监管独立性是当前体制条件下最现实的选择。目前，我国不具备设置独立于各部委，直接向人大或国务院负责的监督机构的体制条件，如干部任免权在中组部而非国务院，干部管理体制的封闭性和干部选用的相互制约等体制背景因素，不适宜采用设置非政府组成部门、直属国务院或其他中央高层部门的独立监管机构设置模式，而适宜借鉴我国国土资源督察组织体系设计的经验。有关完善行政层级监管独立性的具体建议如下。

根据新修订环保法以及监管独立性原则，有关完善各层级环境管理职能的具体建议如下。

（1）将环境监察局升格为副部级单位，行政关系隶属环境保护部，在国家监察部门和环境保护部双重领导下，履行对省级人民政府和央企的环境督察职能。同时，根据自然、经济地理特征、生态保护和污染防治特征问题的区域差异性，增设 1～2 个环境督察区域派出机构，并强化其综合协调跨省域影响的环境管理职能。

（2）省、地级市或省直管县等地方环境保护政府管理职能，依据环保法，以及决策、执行、监督权的职能分类，可分为三大部分：①以牵头组织、统筹协调的中观决策职能和常规事物行政执行管理职能；②监督下级地方政府及生态环保行业主管部门履职，依据对排污单位的行政执法的监督执法职能；③监测管理职能。依据监管独立性原理，建议地方实行环境监察和监测部门省以下垂直管理，在省级人民政府的授权下开展对省内各级政府和有关部门履行环境责任的监察工作。这样设置，可以有利于进入环境监察系列的干部在省内政府系统流动。有关各层级环境管理部门职能调整见表 5.3、表 5.4 和表 5.5。

（3）县级环保行政主管部门职能定位为执行职能，作为县级人民政府的组成部门，协助地方政府履行环境责任，在县域范围内，实施国家、省的环境保护政策与规划，指导乡镇一级政府执行有关环保规划与政策。为了克服县级监察部门难以坚守监管独立性的困扰，县级环保部门不再保留环境监察职能，环境监察权上收至地级市，已有监察人员编制充实到县环境行政管理岗位，增强县乡两级环境日常行政管理能力。

（4）地级市环保机构职能以监察、监督性监测等管理职能为主，监督县乡政府执行国家和省的环境法律法规、规划计划等，根据地区经济、社会和地理条件，向县、乡派驻分支监察机构。

（5）乡镇一级环境管理职能，受现行财政体制影响，建议由地级市或县环保部门的派出机构承担，主要履行信息收集、信访投诉、一般日常巡查和行政执法等基本环境管理职能，环境宣传、环境技术咨询服务等可鼓励和培育社会组织承接。

（6）尽快落实环保部门统一环境监测、统计管理和环境信息发布的真正权力，如在监测、统计的财政预算分配使用等方面享有更大的影响力。负责国家统一生态环境监测网络和信息采集、发布和共享的归口管理，监督各类社会、政府监测主体在统一技术规范下开展监测，对环境监测、统计信息的准确性、可比性进行监督，为科学决策和监督执法提供准确依据。

表 5.3　省级环保部门的事权划分

	行政主管部门		监督执法部门	监测管理部门
	决策权	执行权	监督权	
职能定位	省域环境保护综合决策职能	省域内牵头组织各部门执行国家、省环境政策法规、规划计划的统筹协调、牵头督办职能	督察（监政）；（企业）行政执法	省域环境监测市场监督、环境质量评价、监督性监测
行政隶属	省、直辖市、自治区环保厅（局）为省政府组成部门		省级环境监察总队为本级环保厅（局）直属行政编制管理部门	省级环境监测总站为本级环保厅（局）直属事业编制管理部门
基本职责	1. 制定国家环保法律法规的实施细则，有关政策、规划的实施方案； 2. 起草地方环保法律法规； 3. 制定地方环境质量、污染物排放标准； 4. 会同有关部门编制本行政区域的环境保护（生态保护和污染防治）、环境科技发展规划、环境功能区划、生态保护红线等； 5. 省域污染排放总量分配； 6. 地级市社会经济发展、行业生态环保专项规划环评	1. 省政府委托下履行环境保护工作的统筹协调、牵头督办职能； 2. 跨市域影响的重大突发环境事件应急、预警； 3. 统一发布省域环境质量、重点污染源监测信息、企业环境信用及其他重要环境信息； 4. 省权限内的项目环评备案、审批，以及排污许可证管理； 5. 公众环境信访投诉的行政复议	1. 省监察部门、省级环保厅局双重领导下，省级环境监察总队负责监督下级地方政府履行环保职责，向本级干部组织管理部门提出环保政绩考核评价意见履行； 2. 省级环境监察总队对省、市所属管辖排污单位的行政执法职能； 3. 省级环境监察总队监督下级环境保护行政主管部门的排污申报登记、收费情况	1. 负责省域监测行业的规范化管理； 2. 省域环境质量评价和环境统计； 3. 组织跨地级市行政界限环境监测断面的联合监测； 4. 本辖区内省、市所属管辖的排污单位的监督性监测

表 5.4 地级市环保部门的事权划分

	行政主管部门		监督执法部门	监测管理部门
	决策权	执行权	监督权	
职能定位	地级市政府组成部门，地级市域内环境保护综合决策职能	市政府委托授权下，牵头组织各部门执行国家、省环境政策法规、规划计划的统筹协调、牵头督办职能	督察（监政）；（企业）行政执法	辖区内环境监测市场监督、环境质量评价、监督性监测
行政隶属	地级市环保局、省直管县环保局为本级政府组成部门		市级或省管县环境监察大队为本级环保局直属行政编制管理部门	市级或省管县环境监测站为本级环保局直属事业编制管理部门
基本职责	1. 制定省环保法律法规的实施细则，有关政策、规划的实施方案； 2. 会同有关部门编制本行政区域的环境保护（生态保护和污染防治）规划； 3. 市域污染排放总量分配； 4. 县级社会经济发展、行业生态环保等专项规划的环评	1. 市政府委托下履行环境保护工作的统筹协调、牵头督办职能； 2. 跨县域影响的突发环境事件应急、预警； 3. 统一发布市、县管辖的重点污染源监测信息、企业环境信用及其他重要环境信息； 4. 市权限内的项目环评备案、审批，以及排污许可证管理； 5. 公众环境信访投诉的行政复议	1. 省监察部门、省级环保厅（局）双重领导下，市级或省管县环境监察大队履行监督下级地方政府履行环保职责，向上级和本级干部组织管理部门提出环保政绩考核评价意见； 2. 市级或省管县环境监察大队履行对县所属管辖排污单位的行政执法职能； 3. 市级或省管县环境监察大队履行监督下级环保行政主管部门的排污申报登记、收费情况	1. 省级环境监测总站领导下，地级市辖区内监测行业的规范化管理； 2. 地级市辖区内环境质量评价和环境统计； 3. 组织跨县域行政界限环境监测断面的联合监测； 4. 县级所属管辖的排污单位的监督性监测

表 5.5 县级市环保部门的事权划分

	行政主管部门	监督执法部门	监测管理部门
	执行权	监督权	
职能定位	县政府组成部门，在县政府委托授权下，牵头组织各部门执行国家、省环境政策法规、规划计划的统筹协调、牵头督办职能	督察（监政）；（企业）行政执法	监督性监测
行政隶属	县级环保局、省直管县的乡镇环保局为本级政府组成部门	市级或省管县环境监察大队的派出机构（支队）	市级或省管县环境监测站的派出机构（分站）
基本职责	1. 县政府委托下履行环境保护工作的统筹协调、牵头督办职能； 2. 县辖区内突发环境事件应急、预警； 3. 县权限内的项目环评备案、审批，以及排污许可证管理； 4. 处理公众环境信访投诉	1. 市监察部门、市级环保厅（局）双重领导下，市级监察支队履行监督乡镇地方政府履行环保职责，向上级和本级干部组织管理部门提出环保政绩考核评价意见； 2. 市级监察支队对县乡所属管辖的排污单位的行政执法职能； 3. 市级监察支队监督县级环保行政主管部门、乡镇的排污申报登记、收费情况； 4. 向上级环保行政主管部门报送县、乡管辖的企业环境信用及其他重要环境信息	1. 组织跨乡镇行政界限环境监测断面的联合监测； 2. 乡镇所属管辖的排污单位的监督性监测； 3. 向上级环保行政主管部门报送县、乡管辖的污染源监测信息

2．具体环境管理事权纵向配置的建议

为了提高公共服务的针对性和有效性，需要适当分权，并按照外部性原则（受益/影响范围原则）、效率原则（规模效应、信息对称）、能力原则配置公共服务事权。中央政府、上级政府提供具有普适性、外溢性的公共服务，地方政府负责受益/影响在辖区范围内的环境治理。具体事权划分建议如下。

（1）中央事权：国家级生态保护地（自然保护区、国家公园等）、跨省区域大气、水污染联防联控的综合协调、监督执法。

（2）中央与地方共享事权：生态环境质量监测、评价、区域总量分配、跨省的区域环境治理，大气、大江大河治理，末端治理设施建设与运行监管、危险废弃物管理，城乡环境综合整治等，政府与企业共担成本，第三方市场化机制。

（3）地方事权：生活垃圾和工农业固废处置、噪声治理，第三方市场化机制。

第三篇

若干专题研究

附录 1   生态系统管理方式研究进展[①]

1.1   生态系统管理和生态系统方式的研究进展

1.1.1   管理实践中的国际进展

生态系统理论是现代资源环境管理的重要理论基础之一。生态系统理论源于荒野和野生动物保护。1988 年，美国学者 Agee 和 Johnson 发表的《公园与野地生态系统管理》专著，标志着生态系统管理理论的诞生。自 20 世纪 90 年代开始逐渐被国内外学术界所接受。但是到目前为止，不同学科背景的学者对生态系统管理的理解存在着令人惊讶的多种多样的定义（M. A. Stocking，2006），理论研究的文章非常之多。虽然实践中也存在一些比较、局部管理的成功案例，但还未形成系统的管理理论的表达体系。

实践层面上，将生态系统思想引入其他环境保护领域，主要在渔业、森林等资源管理、流域治理、海岸带管理以及自然保护区和生物多样性保护等方面积累了一些地方案例经验。国内相关理论与实践起步较晚，近些年开始引起学术界的关注。主要由国家林业局和全球环境基金组织推动。目前，国内将生态系统管理主要用于森林资源可持续利用的理论与管理实践中，而流域生态系统管理主要在理论和规划研究中，管理实践较少。但从管理学角度，都尚未形成系统的理论体系。

从实践推动角度，一些国际著名组织提出了很多具有重要意义的管理指导技术文件和项目，对于理解生态系统管理和生态系统方式如何运用于组织体系设计中，具有重要启发。目前，国际上主要有以下著名组织机构，提出了有关生态系统管理的要求。

世界自然保护联盟下设生态系统管理委员会，1996 年提出了生态系统管理的 10 项原则。

联合国缔约方第六次会议 V/6 号（2000 年）决定通过的《生物多样性公约》，将生态系统方式具体化为 12 个原则和 5 项操作指南。

《欧盟水框架指令》（欧洲议会于欧盟理事会 2000/60/EC 号令）写入了流域综合管理，

---

① 本附录作者：和夏冰、殷培红。

把实行流域综合规划和管理规定为欧盟各成员国的义务。

世界自然基金会帮助建立了加拉帕戈斯国家公园，在平武县启动了"综合保护与发展项目"，资助成立了"国合会流域综合管理课题组"。

全球环境基金会把生态系统管理确定为第 12 个业务领域（OP12），主要为解决多领域问题提供概念支撑和新的解决方法。这种解决方法强调综合管理，打破部门观念和行业限制，通过建立伙伴关系式的综合管理体制，加强跨部门、跨行政区之间在政策、法律、规划和行动方面的沟通和协调，统一规划和行动（韩俊，2006）。

1.1.2　国内研究进展

生态系统管理和生态系统方式研究源于国外。相关理念引入中国以后，从目前研究成果发表形式看，除江泽慧主编的《综合生态系统管理（国际研讨会文集）》以外，还没有专门的研究著作出版，国内主要成果见于学术期刊。从中国知识网期刊文献学术趋势搜索结果（关键词）看，国内对生态系统方式一词还很不了解，学术热度低于综合生态系统管理，更远远低于生态系统管理。

生态系统管理，截至 2015 年 3 月的中国知网学术趋势（主题检索）期刊发文量 1 048篇，自 1995 年以来逐渐成为学术关注的一个热点，年发文数量逐步增长。其中关键词检索发文量 652 篇，自 1980 年零星断续 1～2 篇以来，从 1995 年的 6 篇增加到 2014 年的 55篇，如图附 1.1 所示。主要应用和研究领域集中在环境科学和资源利用（占总篇数的 52.6%）、林业（73 篇）、生物学（71 篇）、农业经济（35 篇）、宏观经济管理与可持续发展（27 篇）。研究层次上，以自然科学类基础与应用研究为主，占 52.5%，政策研究（自然及社科类）仅有 29 篇。政策研究类的成果没有形成核心作者和研究机构，且学科领域分散。研究机构（发文数量前五位）主要有中科院地理科学与资源研究所、中国海洋大学、中科院生态环境研究中心、北京师范大学、中科院沈阳应用生态研究所。

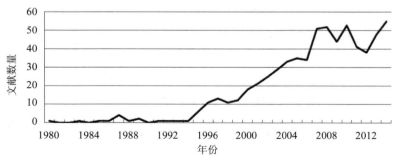

图附 1.1　1980—2014 年中国知网"生态系统管理"关键词的期刊学术趋势

综合生态系统管理，中国知网学术趋势（主题检索）统计显示，最早自 2005 年发文 2篇以来，除了 2008 年、2009 年分别达到 11 篇和 21 篇后，年发表文章数量一直没有超过10 篇，2011 年以来呈下降趋势，总计文章数 75 篇，如图附 1.2 所示。研究层次主要为基础与应用基础研究，自然与社科类分别为 20 篇和 19 篇，行业技术指导类（自然与社科）为 16 篇，政策研究（自然与社科）仅有 5 篇。其中关键词检索学术期刊发表文章总计 25 篇，发刊集中在法学和林业期刊上，主要代表作者（关键词和主题次检索被引频次 10 次以上）有蔡守秋、李建勋、王明远、俞树毅、刘树臣、江泽慧。研究机构分散，仅有武汉大学发文超过 4 篇。

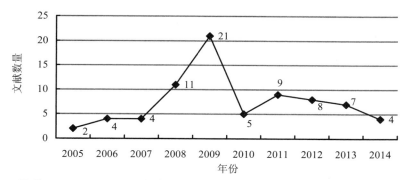

图附 1.2　2005—2014 年中国知网"综合生态系统管理"主题词的期刊学术趋势

　　生态系统方式，虽然最早见于学术期刊时间上比综合生态系统管理要早几年，但是从中国知网学术趋势（主题检索）统计显示，自 2001 年有 2 篇文章发表以来，年发文数最高 2 篇，断续共发文章 13 篇（其中关键词检索 5 篇），如图附 1.3 所示。主要代表作者（被引频次 10 次以上）有张丽荣和杨朝飞，发文 2 篇次的作者有杨朝飞、燕乃玲、虞孝感 3 名作者。学科背景主要为环境科学与资源利用，共涉及 10 篇次，涉及农学、生物学的共计 3 篇次，工业经济、基础医学、心理学各涉及 1 篇次。研究层次上，以行业技术指导（自然及社科）为主，为 6 篇，自然基础与应用基础研究类的 3 篇，政策研究仅 1 篇。

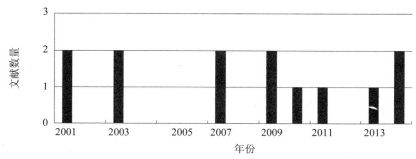

图附 1.3　2001—2014 年中国知网"生态系统方式"主题词的期刊学术趋势

　　综上所述，国内在生态系统管理的自然学科的基础性及应用研究中成果丰富，但是从管理学角度，目前国内对生态系统管理、生态系统方式，无论是理论还是实践研究都很薄弱。鉴于以上国内期刊检索的研究进展，针对本课题研究定位于管理决策、政策研究领域，可供总结用于本研究的学术进展，主要依据倡导推动生态系统管理和生态系统方式的有关国际组织从管理角度发布的文献，并结合相关外文文献，提炼可供本课题借鉴的经验，迁移转化用于管理体制设计。

1.2　生态系统管理理论综述

1.2.1　生态系统管理思想起源与发展

1932 年，美国生态学会的植物与动物委员会提出"综合自然圣地计划"。该计划中提出了保护生态系统和特殊生物种，正确处理生态波动性（自然扰动），建议自然保护区设计采用"核心保护区+缓冲带"的思想。该委员会还认为机构间的合作对计划成功很重要，生态学家有必要采取一切手段去说服和教育公众，让他们认识到"圣地计划"的价值。在这个计划中实际上已经触及了"管理可以改进自然状况"的观点（Grumbine，1994）。

Leopold（1949）最早尝试性地描述了生态系统及其管理方面的整体性观点，认为人类应该把土地当作一个"完整的生物体"，并应该尝试使"所有齿轮"保持良好的状态。

Walter（1960）强调在景观生态学和管理上整体对待生态学各因子的必要性，其中特别强调了人类因子。

美国政策分析家 Caldwell（1970）提倡公共土地管理政策的指定应该把生态系统作为土地管理政策制定的依据。

1979 年，Craighead 通过 12 年的大灰熊种群的生态研究得出结论，仅仅黄石国家公园不能满足大灰熊种群的需求。他的开创性工作，为生态系统管理的定界问题奠定了一个基本标准，即系统的面积必须能够满足维持最大的食肉动物栖息地的要求（Grumbine，1994）。

20 世纪 80 年代，用生态系统的理论和方法管理土地的思想得到了许多科学家、经营者的支持（Keiter，1989；1990），大量生态系统管理的论文出现，生态学研究开始强调长期定位、大尺度和网络研究，生态系统管理与保育生态学、生态系统健康、恢复生态学相互促进和发展。

Agee 和 Johnson（1988）出版了《公园和野生地生态系统管理》，认为生态系统管理应该包括生态学上定义的边界、明确强调管理目标、管理者间的合作、监测管理结果、国家政策层次上的领导和人们参与等 6 个方面。这是第一部关于生态系统管理学的专著，它标志着生态系统管理学的诞生。

1990 年以来，关于生态系统管理的专著陆续问世。这些专著支持大多数的资源经营活动，并将生态管理与可持续发展相联系。自此，生态学界开始注意生态系统管理，并将生态管理与可持续发展相联系。

在 1991 年美国科学发展协会（AAAC）年会上，"以生态系统为基础的多目标管理"的资源管理专题中，发表了对生态系统管理学的发展具有重大贡献的两份倡议（Swank，Van Lear，1992）：其一是美国生态学会（ESA）提出的"可持续生物圈建议"（SBI）（Lubchenco

等，1991），其二是美国农业部森林局（USDA）提出的关于自然森林系统管理的新设想（Kessler 等，1992）。这两个倡议都提出了通过生态系统的基础研究来达到合理管理自然资源，实现保护地球—生物圈持续性的设想。

然而，1993 年 Ludwig 等（1993）在 *Science* 上发表了一篇题为"不确定性，资源开发与保护——历史的教训"的论文，就科学研究对维持生态系统可持续性的贡献提出了质疑。作者认为，人类的短视和贪婪总是导致对资源的过度开发和消耗，依据科学数据对生态系统的管理必然要受到自然过程的大尺度、高度的自然变异性、复杂的生态系统和人类行为所固有的不可预测性所制约。

1994 年，Grumbine（1994）发表了《何为生态系统管理》一文，全面地论述了生态系统管理概念的历史演变、结构框架以及主要议题。作者在他的论文中认为生态系统管理学产生的背景和原因为：生物多样性危机加速，阻止环境恶化还没有得到政府的重视，保育生物学的理论发展与生态系统管理的集合，工业膨胀、人口增加和资源消耗型的社会发展越来越趋于环境承受能力的极限，传统的资源管理政策和措施越来越受到公众的反对，美国的森林立法使公众参与保护动物的愿望落空，以及人与自然关系的社会观发生了重大变化。他通过调查有关生态系统管理的文献发现最为广泛的生态系统管理学家论及的议题有：生物多样性的等级关系、生态学的边界、生态学的完整性（包括人口承载力、生态系统格局与过程、生物种的更新）、生态系统的数据收集、生态系统监测、生态系统的适应性管理、管理者的协作、管理组织变化、人类与自然的关系、人的价值观等。他认为，这10 个主题构成了生态系统管理工作的基础。

1996 年 ESA 发表了"关于生态系统管理的科学基础的报告"（Christensen 等，1996），报告中全面地论述了生态系统管理的定义，生态系统管理的生态学基础，人在生态系统管理中的作用，生态系统管理原则和基本科学观点以及行动步骤等科学命题。

在 *Ecological Application* 上，Haeuber & Franklin（1996）以"生态系统管理展望"为题，就生态系统管理中的资源管理尺度、行政管理事务、财产权、生活方式与生态系统管理矛盾的解决方法等组织了讨论。

美国一位环保顾问艾伦（Allan K. Fitzsimmons）在《保护幻想：联邦对生态系统的保护》一书中探讨了生态系统管理的科学、哲学和法律问题，认为生态系统的概念本身是虚无的，难以界定和过分灵活的，在实际过程中无法把握其大小，因而不能将联邦环境政策建立在不牢固的科学基础上，不能将生态系统的利益放在人类利益的前面。

美国马里兰大学教授马克（Mark Sagoff）在《生态系统幻想：一篇反映科学技术问题的文章》一书中对艾伦的观点进行了分析、评价和反驳。《生态系统——平衡与管理的科学》一书，对生态系统、生态系统管理、生态系统管理方法以及生态系统管理框架等术语、概念及其具体内容作了专门分析（K. A. 沃尔物等，2002）。

1.2.2　生态系统管理的定义

生态系统管理（ecosystem management）的定义和理论框架尚处在争议之中。关于什么是生态系统管理，因科学家们的研究对象、目的和专业角度的不同，各自所提出的定义相差很大，目前还没有一个统一的或被一致公认的定义。

Agee & Johnson（1988）：生态系统管理指调控生态系统内部结构和功能、输入和输出，使其达到社会所期望的状态。

Overbay（1992）：生态系统管理是将生态学、经济学、社会学和管理学原理仔细巧妙地应用到对生态系统的管理中，以产生、修复和长期保持生态系统整体功能和期望状态，包括其用途、产品、价值和服务。

美国森林学会："生态系统管理关注生态系统的状态，目的在于保持土地生产力、基因保护、生物多样性、景观格局及生态过程的组合"（SAF Task Force，1992）。

Goldstein（1992）：生态系统管理强调生态系统的自然流（如能流、物流等）、结构和循环，在这一过程中要摒弃传统的保护单一元素（如某一种群或某一类生态系统）的方法。

美国林务局（Under DG，1994）：生态系统管理是一种基于生态系统知识的管理和评价方法，这种方法将生态系统结构、功能和过程与社会和经济目标的可持续性融合在一起。

美国内务部土地管理局（USDOI BLM，1993）：生态系统管理要求考虑总体环境过程，利用生态学、社会学和管理学原理来管理生态系统的生产、恢复或维持生态系统整体性和长期的功益和价值。它将人类、社会需求、经济需求整合到生态系统中。

美国东部森林健康评估研究组（Falk DA，1993）：生态系统是"对生态系统的社会价值、期望值、生态潜力和经济的最佳整合性管理"。

Society of American Foresters（1993）：生态系统管理是对一个集合体中的全部森林的价值与功能配置进行景观水平维持的一种策略，包括所有者在内的景观水平上的协调管理。

Forest Ecosystem Management Team，USA（1993）：生态系统管理与单一生物种的规律相反，是通过关联生态系统中所有生命体来管理生态系统的一种策略或计划。

American Forest and Paper Association（1993）：生态系统管理是在刻意接受的社会、生物和经济风险条件下生产必需的生活品，在满足公众的需求和期望的同时维持生态系统健康和生产力的一种资源管理系统。

Grumbine 等（1994）：生态系统管理是以长期地保护自然生态系统的整体性为目标，将复杂的社会、政治记忆价值观念与生态科学相融合的一种生态管理方式，这种管理是以顶级生态系统为主要对象，维持生态系统结构和功能的长期稳定性，保护当地（顶级）生态系统长期的整体性。

Wood（1994）：生态系统管理是综合利用生态的、社会的和经济学原理，经营管理生物和物理系统，以保证生态系统可持续性、自然界多样性和景观生产。

美国国家环境保护局（Lackey，1995）：生态系统管理是指恢复和维持生态系统的健康、可持续性和生物多样性，同时支撑可持续的经济和社会。

美国生态学会生态系统管理特别委员会（Ad hoc Committee on Ecosystem Management，Ecological Society of America，1995）：生态系统管理是具有明确且可持续目标驱动的管理活动，由政策、协议和实践活动保证实施，并在对维持生态系统组成、结构和功能必要的生态相互作用和生态过程最佳认识的基础上从事研究和监测，以不断改进管理的适合性。

Christensen 等（1996）：生态系统管理是具有明确且可持续性的目标，由政策、协议和实践活动来保证实施的一种管理活动，它在对维持生态系统组成、结构与功能所必需的生态相互作用和生态过程的最佳理解基础上从事研究和监测，以不断改进管理的适合性。

Boyce and Haney（1997）：生态系统管理是对生态系统进行合理经营管理以确保其可持续性。生态系统可持续性是指维持生态系统的长期发展趋势或过程，并避免损害或衰退。

Dale 等（1999）：生态系统管理是考虑了组成生态系统所有生物体及生态过程，并且基于对生态系统的最佳理解的土地利用决策和土地管理的实践过程。

任海等（2000）：生态系统管理是基于对生态系统组成、结构和功能过程的最佳理解，在一定的时空尺度范围内将人类价值和社会经济条件整合到生态系统经营中，以恢复或维持生态系统整体性和可持续性。

于贵瑞（2001）：生态系统管理就是以保护生态系统持续性为总体目标，把复杂的社会学、政治学、生态学、环境学和资源科学的有关知识融合为一体，认识生态系统的时空动态特征，整体系统功能、结构与多样性的相互关系，综合管理自然资源和生态环境。

综观前人对生态系统管理的定义，多数将生态系统与社会经济系统之间的协调发展作为生态系统管理的核心，而将对生态系统的组成、结构和功能的最佳理解作为实现生态系统管理目标的基础（赵云龙等，2004）。

由于研究对象、目的和专业角度不同，生态系统管理的定义也存在三类具有较大差异的相关观点：一是由学术界特别是生态学家提出，主要强调保持生态系统的结构和功能的稳定性、整体性和持续性，使其达到社会所期望的状态（Grumbine，1994）；二是由美国林务局（1994）、美国森林学会（1992）、美国国家环境保护局（1995）、世界自然保护联盟（1999）等相关管理机构提出，侧重于强调各自的管理目的和资源管理的方法（Lackey，1998）；三是由专业社团和非政府组织提出，更强调生态、经济和社会目标的协调管理（Christensen，1996）。

表附 1.1   国内外有关生态系统管理的主要代表性定义关键词分类对比表

学者/机构	生态系统结构、功能和过程	整体性	多学科应用	景观水平	期望状态	可持续	生物多样性	适应性管理
Agee & Johnson	√				√			
Overbay		√	√					
美国森林学会				√			√	
Goldstein	√							
美国林务局	√					√		
美国内务部土地管理局		√	√					
美国东部森林健康评估研究组		√			√			
美国林业协会				√				
美国森林生态系统管理小组		√						
美国森林和纸业协会					√			
Grumbine		√						
Wood			√	√		√	√	
美国国家环境保护局						√	√	
美国生态学会生态系统管理特别委员会	√						√	√
Christensen	√					√		√
Boyce and Haney						√		
Dale	√	√				√		
任海	√	√				√		
于贵瑞	√		√			√		

1.2.3   生态系统管理的目标

生态系统管理的目的是维持自然资源与社会经济系统之间的平衡，确保生态服务和生物资源不会因为人类活动而不可逆转地逐渐被消耗，从而实现生态系统所在区域的长期可持续性。生态系统管理的核心内涵是以一种社会、经济、环境价值平衡的方式来管理自然资源，包括生态学的相互关系、复杂的社会经济和政策结构、价值方面的知识。其本质是保持系统的健康和恢复力，使系统既能够调节短期的压力，也能够适应长期的变化（赵云龙，2004）。

一个超越各种生态系统类型的生态系统管理目标就是：维持生态系统产品和服务功能的可持续性。为此必须：①维持现有天然生物种的活性群体；②保护自然范围内的所有天然生态系统、自然景观和自然资源；③维持正常的系统演替和生态学过程（扰动、水文过程和养分循环）；④维持生物种和生态系统的良性演替；⑤维持良好的生态系统产品和生存空间及环境服务的持续供给（于贵瑞，2001）。

1.2.4　生态系统管理要素

生态系统管理的要素包括：①根据管理对象确定生态系统管理的定义，该定义必须把人类及其价值取向作为生态系统的一个成分；②确定明确的、可操作的目标；③确定生态系统管理边界和单位，尤其是确定等级系统结构，以核心层次为主，适当考虑相邻层次内容；④收集适量的数据，理解生态系统的复杂性和相互作用，提出合理的生态模式及生态学理解；⑤监测并识别生态系统内部的动态特征，确定生态学限制因子；⑥注意幅度和尺度，熟悉可忽略性和不确定性，并进行适应性管理；⑦确定影响管理活动的政策、法律和法规；⑧仔细选择和利用生态系统管理的工具和技术；⑨选择、分析和整合生态、经济和社会信息，并强调部门与个人间的合作；⑩实现生态系统的可持续性。此外，在生态系统管理时必须考虑时间、基础设施、样方大小和经费等问题（Pastor，1995）。

1.2.5　生态系统管理与传统资源环境管理比较

对于生态系统管理有两种不同的理解：一种观点认为生态系统管理是传统的自然资源管理方式的延续和发展；另一种观点认为生态系统管理是基于另外一种世界观的不同于自然资源管理的方式（Lackey，1998）。Lackey 认为，生态系统管理会作为一个政策行销概念被政府机构所采用，但是在实际操作中将会被限定为生态政策延伸的一个步骤。它只是便于处理更大容量的信息，提高这些信息与管理决策和政策进行综合理解的能力，从而将自然资源管理提升到一个更高的层次。归结起来，生态系统管理和传统的自然资源管理的区别表现见表附 1.2（Pavlikakis 等，2000；Sextonwt 等，1998；蔡运龙，2001）。其中生态系统管理把人类作为系统的一个组分，对公众的特性和需要更敏感；它依赖模型和 GIS 等现代工具，目标是区域的长期可持续发展；它具有等级特征，多重边界和尺度增加了生态系统的复杂性，但也提高了对于土地和资源可持续管理的理解。当前面临的问题是不同的组织如何开展有效的合作，在可持续发展管理中，如何利用多重边界和可利用信息合理地解释人与环境的相互作用。

生态系统管理区别于传统资源环境管理之处是，后者专注于对资源的调控和收获，在这一过程中人类起到的是调控作用，相反，生态系统管理关心的是保护生态系统的内在价值或者自然状态，保护生态系统的完整性处于优先地位（Corner，While，2000）。

生态系统管理不同于传统的资源管理就在于它包括多重应用的概念，即致力于环境的生物和非生物成分，以及它们在景观场景中的相互作用，而且包含了丰富的文化成分（顾传辉，桑燕鸿，2001）。

与传统的管理方法不同，生态系统管理方法最基本特点体现在它的整体性，它明确承认自然生态系统与经济、社会政治和文化系统间的相互关系，通过生态、经济和社会因素综合控制生物学、物理学的和人类系统，以达到管理整个系统的目的（Wood，Roland，1992）。

表附 1.2 生态系统管理和传统的自然资源管理的区别

比较内容	生态系统管理	传统的自然资源管理
目标	所在区域的长期可持续发展	短期的产量和经济效益
重点	强调生物多样性保护	强调单个物种的保护
尺度	区域—国家—全球范围，尺度较大	限于地方—区域层次，一般尺度较小
人类活动	把人类作为系统的一个组分，在一定阈值范围内，允许和鼓励人类活动	人与自然是分离的两个组分，人类活动受限制并在必要时被禁止
价值取向	考虑政治、经济和社会价值，提出的所有措施必须能被各方面接受	主要考虑经济价值
敏感性	对公众的特性和需要更敏感，这些都包括在区域保护、恢复和发展的总体规划中	典型的商品导向型，对公众的特性和需要不太敏感
区域协调性	从景观和生态系统尺度考虑，具有等级特征，它有一个自上而下的程序，它的行动和建议的措施与整个区域规划一致	注重解决局部的问题，可能干扰或影响更大范围的生态系统
科学基础	使用诸如模型和 GIS 等现代工具，有利于增强整体特征，并可能在一个更加广泛的空间框架中使用	基于传统的生物学、地学、经济学以及资源利用的技术科学（如农学、森林学、土壤学、矿物学等）
信息资源	以多重因素，在多重尺度上使用多重边界去采集、组织信息资源	通常过分简化信息收集，依靠有限的分类和信息基础进行分析

1.2.6　生态系统管理的不确定性

生态系统管理中通常有三类不确定性（Ad hoc Committee on Ecosystem Management，Ecological Society of America，1995）：第一类包括由生态系统复杂性和动态特征引起的不可预知的反应和突变事件以及生态系统对干扰的不同响应，它是多种环境变化的累积效应，但在管理实践中可以估计它们的幅度和相对重要性。第二类不确定性是缺少赖以建立生态模型的生态学知识和原理引起的，这类不确定性的减少已有较大进展，但是控制和重复在这样的研究中很难应用，在时间和空间尺度上外推这些结果也非常困难。第三类最容易减少的不确定性就是由数据质量差、取样偏差和分析错误引起的不确定性。由于不确定性的存在，在确定收获量时应考虑到与此有关的"安全因素"。

1.2.7　生态系统管理原则

世界自然保护联盟的生态系统管理委员会提出的生态系统管理的 10 项原则是：管理目标是社会的抉择；生态系统管理必须考虑人的因素；生态系统必须在自然的分界内管理；管理必须认识到变化是必然的；生态系统管理必须在适当的尺度内进行，保护必须利用各级保护区；生态系统管理需要从全球考虑，从局部入手；生态系统管理必须寻求维持或加强视听系统的结构与功能；决策者应当以源于科学的适当工具为指导；生态系统管理者必须谨慎行事；多学科交叉的途径是必要的。

Pavlikakis 等（2000）认为生态系统管理的主要原则包括 4 个方面：①必须强调生态系统管理所涉及的相互协作；②考虑生态系统管理所涉及区域内居民的特性、目标和行为的敏感性；③必须允许和鼓励局部水平的多种利用和行为，以达到区域的长期管理，同时需要对个人利用加以法律约束，必要时禁止个人利用；④在规划、设计和决策过程中，需要收集关于区域的高质量的科学信息，以便对整个管理过程提供帮助。

1.2.8　生态系统管理的生态学基础

①生态学的完整性与边界和时空尺度；②生态系统的结构、功能与生态学整体性；③生态系统演替与系统动力学特性；④生态系统的干扰与系统稳定性；⑤生态系统的复杂性与不确定性；⑥生态系统多样性与可持续生态系统；⑦生态模型与数据收集和监测；⑧人类活动对环境影响的双重性（破坏者/管理者）（于贵瑞，2001）。

1.2.9　生态系统管理学术研究热点问题

当前的有关生态系统管理的学术研究热点问题主要包括（于贵瑞，2001）：生态系统的生态学完整性与边界和时空尺度，生态系统的结构、功能与生态系统整体性，生态系统演替与系统动力学特性，生态系统的干扰与系统稳定性，生态系统的复杂性与不确定性，生态系统多样性与可持续生态系统，生态模型与数据收集和监测，人类活动对环境影响的生态学基础等。

在区域尺度的生态系统管理研究中，其研究重点是（于贵瑞等，2001）：①生态系统的综合评价与适应性管理理论。包括生态系统服务功能的评估理论和方法，生态系统可持续性的生态学机制及其评价和预警，生态系统的复杂性和不确定性评价及其适应性管理理论。②自然资源保护、生态系统健康与生态系统退化后恢复的生态学基础。包括生态系统健康、恢复生态学、生态系统工程的价值和风险评估。③生态系统管理的基础生态学过程。包括生态系统生产力与碳循环的生理生态学过程与区域模型，土壤—植物—大气系统相互作用关系及其能量交换与物质循环，生态系统过程模型与尺度转换理论，生态系统内部亚系统间的耦合生态学过程。④生态系统网络研究、监测和成果集成的理论与方法。⑤区域尺度生态系统管理的综合研究或专题研究。

1.2.10　生态系统管理的实施体制

生态系统管理的实施体制由科学家、政策制定者、经营管理者和公众所组成。

（1）作为生态系统管理的科学家，其主要任务是通过数据收集、系统监测和综合性的科学研究来回答生态系统管理中的众多科学问题；同时还要担当起生态系统管理实施的组织任务，组织有政策制定者、经营管理者和公众广泛参加的科学讨论，研讨生态系统管理模式的可行性；制定相应的管理目标和管理策略，组织实施生态系统的适应性管理。

（2）政策制定者主要是制定相关政策和法律，保障生态系统管理的有效实施，组织区域经济和人口政策研究和规划。

（3）经营者是生态系统的直接管理者，应保证对生态系统管理计划的充分理解，培养有关的专业技术人才。

（4）生态系统管理还必须得到公众的支持和参与，应对公众进行生态文化、环境意识的教育，使他们能够支持和参与生态系统管理计划，发挥他们的监督作用。

1.2.11　生态系统管理框架

（1）制定管理目标。生态系统管理以生态系统的可持续性为总体目标，下设一系列的具体管理目标，如涉及生态系统的结构、功能和动态的可持续性及其所提供服务的可持续性的一系列目标。这些目标一起构成了一个生态系统可持续性管理的目标体系。

（2）确定管理的时空尺度。生态系统的管理计划是与其时空尺度密切相关的，涉及的时空尺度不同，管理的措施也不相同。就时间尺度而言，几年和几十年的管理计划是不同的；就空间尺度而言，对一片林地的管理计划与对整个流域森林生态系统的管理计划是不同的。因此，管理尺度的确定是生态系统管理工作中非常重要的一个环节。

（3）生态系统及其服务状况评估。生态系统及其服务与人类福祉之间的联系是生态系统评估的核心。以生态系统及其服务变化对人类福祉状况的影响为重点，对生态系统的历史变化、目前状态以及未来的变化趋势进行科学的评估，是制定生态系统管理计划的基础。

（4）分析生态系统及其服务变化的驱动因素。影响生态系统及其服务变化的驱动因素包括直接因素和间接因素两大类。直接驱动因素包括局部地区的土地利用和土地覆被变化、本地物种绝灭、外来物种入侵、气候变化、森林采伐、采集林副产品、施用化肥及农业灌溉等；间接驱动因素包括人口增长、经济发展、社会体制变革、技术进步，以及文化和宗教信仰等。以上因素有些是生态系统管理措施可以改变的，而另外一些因素，如气候变化、体制变革和宗教信仰等，却是生态系统管理措施所难涉及的。因此，在确定管理计划前，分析影响生态系统服务变化的驱动因素，对于制订切实可行的管理计划是十分重要的。

（5）确定管理计划。根据科学分析，制订出一整套科学、具体、切实可行的生态系统管理计划是生态系统管理工作的核心。该计划应当有具体的目标、各阶段的任务、负责的单位和个人、经费来源和配套的政策和法规等。

（6）实施管理计划。在管理计划制订以后，应当认真实施。在实施过程中，一是应当承认管理计划的权威性，不应当随意改动；二是保证实施管理计划所需要的各种条件，如管理队伍、所需设备等；三是要严格按照管理计划的要求，认真完成管理计划中所规定的各项任务。只有这样，管理计划才不至于流于形式，生态系统管理工作才能真正得到改善。

（7）监测和研究管理措施的效应及影响。对管理措施导致的生态系统变化进行监测，并研究管理工作和系统变化之间的作用机理，对于了解管理计划的成效，发现管理计划存在的问题，进一步提出改进措施是十分重要的。

（8）对实施管理的生态系统服务进行评价。因为改善生态系统及其服务是实施生态系统管理的核心，因此，在监测和研究管理措施的效应及影响时，特别应当关注对生态系统服务进行评价。任何一项生态系统管理措施都会有正面和负面的影响，所以在这一工作中，特别应当注意这些正负影响的相互关系，对制定的整套管理措施进行综合评价和利弊权衡。

（9）调整管理计划。通过监测和研究管理措施的效应和影响，以及综合评价管理措施对生态系统及其服务可持续发展带来的利弊，扩大或加强对生态系统可持续发展有利的管理措施，同时避免或减弱有害的管理措施，是完善生态系统管理的重要步骤。就一片林地的管理而言，假如采伐措施可以满足管理者对木材的需求，但同时已严重损害了生态系统的结构完整性和功能稳定性，若按该强度采伐，几十年后该片林地将不复存在，这种情况就要考虑调整当前的管理措施了。总之，调整管理计划是在监测和评价的基础上不断改善生态系统的管理状况，为逐渐接近生态系统的可持续管理目标而对计划内容不断更新的过程（张永民，席桂平，2009）。

1.2.12　生态系统管理必须包含的内容

（1）可持续性：生态系统管理将长期的可持续性作为管理活动的先决条件。

（2）目标：在生态系统可持续性的前提下，具体的目标应具有可监测性。

（3）生态系统模型：在生态学原理的指导下，不断建立适宜的生态系统功能模型，并将形态学、生理学及个体、种群、群落等不同层次上生态行为的认识上升到生态系统和景观水平，指导管理实践。

（4）复杂性和相关性：生态系统复杂性和相关性是生态系统功能实现的基础。

（5）动态特征：生态系统管理并不是试图维持生态系统某一种特定的状态和组成，动态发展是生态系统的本质特征。

（6）动态序列和尺度：生态系统过程在广泛的空间和时间尺度上进行着，并且任何特定的生态系统行为都受到周围生态系统的影响，因此，管理上不存在固定的空间尺度和时间框架。

（7）人类是生态系统的组成部分：人类不仅是生态系统可持续问题的因素，也是在寻求可持续管理目标过程中生态系统整体的组成部分。

（8）适应性和功能性：通过生态学研究和生态系统监测，人类不断深化对生态系统的认识，并据此及时调整管理策略，以保证生态系统功能的实现（Ad hoc Committee on Ecosystem Management，Ecological Society of America，1995）。

1.2.13 生态系统管理步骤

生态系统管理方法论一般包括 9 个步骤（Pavlikakis 等，2000；BRUSSARD 等，1998；沃科特等，2002），如图附 1.4 所示：①调查确定系统的主要问题；②当地居民的认知和参与；③政策、法律和经济分析；④确认管理的目标和对象；⑤生态系统管理边界的确定，尤其是确定等级系统结构，以核心层次为主，适当考虑相邻层次内容；⑥制订管理计划，将社会经济数据和生态数据在一个适宜的模型中关联；⑦实施和调控；⑧评价、明确管理方案的缺陷和局限性；⑨制定矫正措施，通过反馈机制进一步促进适应性管理的进行。

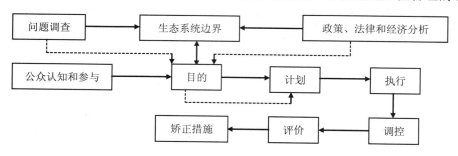

图附 1.4　生态系统管理的一般步骤

生态系统管理从概念向实践的转移要求以下的步骤和行动（Ad hoc Committee on Ecosystem Management，Ecological Society of America，1995）：①确定可持续的目标和对象。可持续性是生态系统管理的首要目标，然而仅仅只注重资源管理和利用，忽视多样性和复杂性的重要作用，只关心自己的短期行为是不大可能长期可持续发展的。②协调空间尺度。如果管理区的划分和生态系统过程的发生在空间上是一致的，则生态系统管理的实施会极大简化。由于不同生态过程在空间区域上的变化，使一种确定的划分适合所有的过程肯定是不可能的。③协调时间尺度。实施生态系统管理既要考虑到长期的计划和目标，也要认识到短期决策的必要性，以应付可能发生的突变事件。④生态系统管理的适应性和功能性。生态系统管理需要适应生态系统的动态特征和人类认知的动态发展，同时不确定性是生态系统管理中不可避免的客观存在，适应性管理是实现生态系统管理功能不可分割的组成部分。

生态系统管理是把生态学的理论和方法应用于自然资源管理之中，要完成这种从概念走向实践的转化需要采取相应的步骤和行动（于贵瑞，2001）：①定义可持续的、明确的和可操作的管理目标；②收集适当的数据，在对生态系统复杂性和系统内各种要素相互作用关系充分理解的基础上，提出合理的生态模型，分析并检测生态系统的动态行为；③明确被管理生态系统的空间尺度和空间边界，尤其是要合理确定生态系统管理的等级关系，以核心等级为主，考虑其相邻等级的内容；④分析和综合生态系统的生态、经济和社会信息，制定合理的生态系统管理政策、法规和法律；⑤确定管理的时间尺度，并制订年度财政预算和长期的财政计划；⑥履行生态系统的适应性管理和责任分工，主要协调管理部门与生态系统管理者、公众的合作关系；⑦发挥科学家的科学研究和组织实施作用，及时地对生态系统管理的效果进行确切的评价，提出生态系统管理的修正意见，真正落实生态系统的适应性管理计划。

1.3　生态系统方式

1.3.1　生态系统方式发展历程

生态系统方式（Ecosystem Approach）的发展主要经历了三个阶段：①20世纪70年代以来，在美国五大湖流域管理与森林管理中的探索与应用过程中，形成了生态系统方式的基本概念与内涵；②20世纪90年代中期以后，该概念被《生物多样性公约》所接受，逐步发展成该公约的指导原则；③21世纪初以来，生态系统方法在《生物多样性公约》以及相关国际机构的促进下，在全世界生物多样性保护、生态系统管理与自然资源管理中进行了推广应用。

1.3.2　生态系统方式定义

根据《生物多样性公约》缔约方第六次会议第V/6号决定，生态系统方式是一种综合管理土地、水和生物资源的战略，旨在推动以公平方式养护和可持续使用资源。

生态系统方式的基础是运用以各级生物结构为重点的适当科学方法，包括生物及其环境的基本进程、功能和相互作用。它承认人类及其文化多样性是生态系统的一个组成部分。

生态系统方式为落实《生物多样性公约》的目标提供了综合框架。这一方法综合了三个重要考虑：①生物组成部分的管理应与组织的生态系统层面的经济和社会考虑同时进行，而不是简单地将重点放在管理物种和生境上；②如要使土地、水和生物资源的公正管理具有可持续性，就必须进行统一管理，必须以自然限度为界限，并利用生态系统的天然机能；③生态系统管理是一个社会进程，涉及许多社区的利益，必须通过建立有效的决策和管理结构与程序，让这些社区参与管理。

1.3.3　生态系统方式原则

2000年《生物多样性公约》缔约方第六次会议制定了生态系统方式的12条原则（COP 5，2000），内容如下：

（1）土地、水和生物资源的管理目标是一个社会选择问题。

理由：社会的不同部分按照自己的经济、文化和社会需要看待生态系统。土著人民和居住在土地上的其他当地社区人民是重要的利益相关者，他们的权利和利益应当得到承认。文化和生物多样性都是生态系统方式的中心组成部分，管理部门应考虑到这一点，应尽可能清楚地表达社会选择。应该以公正和公平的方式为保护生态系统自身的固有价值以及对人类的有形或无形的惠益管理生态系统。

（2）应将管理权下放到最低的适当一级。

理由：分散的系统可取得更大的效率、效果和公平。管理部门应使所有利益相关者参与，并兼顾地方利益和更广泛的公众利益。管理越接近生态系统，职责、所有权、责任制，以及参与和利用当地知识诸方面的程度就越高。

（3）生态系统管理者应考虑其活动对相邻和其他生态系统的（实际和潜在）影响。

理由：对生物多样性最大的威胁在于用其他土地使用制度取代生物多样性。这往往是市场扭曲造成的，市场扭曲降低自然系统和各种群的价值，采用错误的鼓励措施和补贴方法，有利于把土地变为多样性减少的系统。往往那些获益于保护工作的人不支付与保护工作有关的费用，同样，那些造成环境代价（如污染）的人逃避了责任。对鼓励措施进行调整，将使那些控制资源的人能够获益，并确保产生环境代价的人做出赔偿。

（4）考虑到管理可能带来的利益，因此，通常需要从经济的角度理解和管理生态系统：①减少对生物多样性有着不利影响的市场扭曲现象；②调整奖励措施，促进生物多样性的保护和可持续利用；③使特定生态系统的成本和效益内部化，直到实现可行性。

理由：对生态系统的管理介入常常对其他生态系统产生未知或不可预测的影响，因此必须仔细考虑和分析。这也要求决策机构做出适当妥协和权衡。

（5）保护生态系统的结构和机能，以维持生态系统服务，这是生态系统方法的优先目标。

理由：生态系统的功能和复原力取决于物种内部、物种之间和物种同非生物环境之间的动态关系，并取决于环境内部的物理和化学互动。对于长期维持生物多样性而言，养护并酌情恢复这些互动和进程比单纯保护物种更加重要。

（6）必须在生态系统的功能限度内管理生态系统。

理由：在考虑实现管理目标的可能性或难易程度时，应注意限制自然生产率、生态系统结构和功能及多样性的环境条件。暂时、不可预测或人为保持的条件可能在不同程度上影响生态系统功能的限度，因此在管理时应当采取适当的谨慎态度。

（7）应在适当的时空范围内应用生态系统方法。

理由：此种方式应具有同目标相适应的空间和时间上的界限。管理的界限在业务上应由使用者、管理人员和科学家以及土著和当地居民确定。应在必要时促进这两方面之间的联系。生态系统方式建立在以基因、物种和生态系统之间的互动和一体化为特征的生物多样性等级性质之上。

（8）由于生态系统过程具有的不同的时间尺度和滞后效应，生态系统管理的目标应当是长期性的。

理由：不同时间尺度和滞后效应是生态系统进程的特点。这在本质上同人类喜欢短期利益和当前的好处而不是未来的利益和好处这一倾向相矛盾。

（9）管理必须认识到变化的必然性。

理由：生态系统在变化，包括物种的构成和种群。因此，管理应适应变化。除变化的固有动态外，生态系统还受到人类、生物和环境领域错综复杂的不确定因素和潜在的"出乎意料情况"的影响。传统的干扰方法对生态系统的结构和功能可能是重要的，可能需予以维持或恢复。生态系统必须采取具有适应性的管理，以便预见到并适应这些变化和事件，并应在做出可能妨碍决策的任何决定时谨慎行事，但又同时考虑采取减轻影响的行动来应付诸如气候变化等长期变化。

（10）生态系统方法应寻求生物多样性保护和利用的适当平衡与统一。

理由：生物多样性的重要意义既在于其自身的固有价值，也在于它在提供我们最终依赖的生态系统和其他服务方面发挥着关键作用。过去有一种倾向，在管理生物多样性的各部分时，或者将其作为受保护的部分，或者作为不受保护的部分。必须转而采取比较灵活的做法，根据背景情况看待保护和使用，对于从受严格保护的生态系统到人造生态系统这一连续体采取一整套措施。

（11）生态系统方法应考虑所有形式的相关信息，包括科学知识、乡土知识、创新做法和传统做法。

理由：所有来源的资料对于制定有成效的生态系统管理战略是必不可少的。应该更好地了解生态系统的功能以及人类使用产生的影响。任何有关领域的所有有关资料均应同所有利益相关者和行动者分享，同时除其他外，考虑到根据《生物多样性公约》第 8（j）条做出的任何决定。应明确阐述做出拟议的管理决定所依据的设想，并根据现有知识和利益相关者的观点来对照检查这些设想。

（12）生态系统方法应让所有相关的社会部门和学科参与。

理由：大多数生物多样性管理问题都是复杂的，具有许多互动、副作用和牵连问题，因此应当在地方、国家、区域和国际各级酌情吸收必要的专家和利益相关者参加。根据《生物多样性公约》的理解，生态系统方法不是一种具体的自然资源或生态系统管理方法，而是一种综合各种方法来解决复杂的社会、经济和生态问题的生态系统管理策略，它提供了一个将多个学科的理论与方法应用到具体管理实践的科学和政策框架（周杨明等，2007）。

1.3.4　生态系统方式业务指导

在运用生态系统方式的 12 条原则时，《生物多样性公约》缔约方第六次会议提出了 5 点业务指导：①侧重生物多样性在生态系统中的功能；②加强惠益分享；③采用适应性管理方法；④在适合所处理问题的规模上采取管理行动，并酌情将权力下放到最低一级；⑤确保部门间合作。

1.3.5　生态系统方式实施步骤

世界自然保护联盟的生态系统管理委员会将生态系统方式的 12 条原则进行了重新组

织，分别划归到如下 5 个实施步骤中：

（1）确定生态系统的范围和主要的利益相关方，并确定两者之间的联系［相关的原则有（1）、（7）、（11）和（12）］。

（2）描述生态系统的结构和功能特征，制定合适的管理和监测机制［相关的原则有（2）、（5）、（6）和（10）］。

（3）确定影响生态系统及其居民的重要经济问题［相关的原则有（4）］。

（4）空间上的适应性管理：确定管理措施对相邻生态系统可能造成的影响［相关的原则有（3）和（7）］。

（5）时间上的适应性管理：制定长期目标和实现目标的可行办法［相关的原则有（7）、（8）和（9）］。

1.4　综合生态系统管理

1.4.1　综合生态系统管理的概念

综合生态系统管理（Integrated Ecosystem Management，IEM）是一个系统集成概念，它应由三大要素组成：综合生态系统管理目标、综合生态系统管理内容和综合生态系统管理方法（Burke，2001）。这三者之间处于一种相互联系却又分层递进的关系，表现为目标决定内容，而内容又决定方法。

综合生态系统管理，是指基于对生态系统组成、结构和功能过程的理解，在一定的时空尺度范围内将人类价值和社会经济条件整合到生态系统经营中，以恢复或维持生态系统整体性和可持续性（曾永成，2003）。

中国/全球环境基金干旱生态系统土地退化防治伙伴关系项目（PRC-GEF—OP12）方案对综合生态系统管理的定义是：综合生态系统管理是"强调生态系统各生态功能和服务之间的关联（比如碳的吸收和储存，气候稳定和流域保护，有益产品）、生态系统与人类社会、经济和生产系统之间关联的一种综合管理的方法"。该项目对综合生态系统管理的进一步解释是："IEM 承认人与自然资源的直接和间接的相互依赖性，比如土、水、森林是必然紧密联系的，而不是将自然资源独立看待。IEM 选择综合方式管理生态系统因子并因此创造多元惠益。"

从环境资源法学上进行概括，综合生态系统管理是指管理自然资源和自然环境的一种综合管理战略和方法，它要求综合对待生态系统的各组成成分，综合考虑社会、经济、自然（包括环境、资源和生物等）的需要和价值，综合采用多学科的知识和方法，运用行政的、市场的和社会的调整机制，来解决资源利用、生态保护和生态系统退化的问题，以达到创造和实现经济的、社会的和环境的多元惠益，实现人与自然和谐共处（蔡守秋，2006）。

1.4.2　综合生态系统管理的目标

在探索人类与自然和谐发展的道路上，生态系统的可持续性已成为综合生态系统管理的首要目标（Slocombe，1998）。

综合生态系统管理的主要目标是促进持续发展，从而保证满足当代和后代人类的持久需要。它应与管理计划所涉及的具体的区域发展目标相联系，这样才具有指导性和可操作性。

1.4.3　综合生态系统管理的基本特征

综合生态系统管理的一个基本特征是在景观水平跨行政边界的协调性管理（李明辉等，2003；角媛梅等，2003）。

综合生态系统管理的最终目的在于保护自然资本、长期保护生态系统和生态过程，以持续方式利用和收获资源特别重视认识和保护传统知识的重要性。所关注的是符合区域总体利益的生态系统、生态过程及其资源的综合利用。

1.4.4　综合生态系统管理的一些原则

（1）综合生态系统是自然系统，具有时空尺度上的可变性。自然过程维持着自然系统的有效性，如森林、草地、湿地、农田等生态系统的生态特征，由一系列时空尺度上的自然演化过程所控制。重要的管理问题是如何协调人类的需要与自然资源的平衡关系。

（2）综合生态系统管理必须有整体的观念，要正确理解持续性和入侵性。自然环境生态属性长期的持续性要求维持好自然变化的环境体；当这种环境体遭到改变，生态系统将进行适应新入侵的外来有机体条件的联合的调整，在综合生态系统管理中如何认识和量化物种和生态过程的持续性和入侵性十分重要。

（3）管理必须考虑连接性和不确定性，综合生态系统管理的目标是让人类活动和自然系统之间保持一种相对的动态平衡，在多个尺度上充分认识到社会和环境的联系。由于管理连接性的数量方法还不十分精确，在考虑社会环境问题时所做出的决定仍存在一定的风险，也即是不确定性。

（4）综合生态系统管理必须将人类文化、生活方式考虑进去，发展一个综合的、可持续的社会环境系统（杨朝飞，2001；李茂摘，2003）。

1.4.5　综合生态系统管理遵循的基本科学规范

（1）空间和时间尺度因素。生态系统功能包括物质和能量的输入、输出和循环以及有机体的相互作用，研究和管理一个过程所定义的边界常常不适用于另一个过程，因此生态系统管理需要广泛地考虑到生态系统的时间和空间尺度。

（2）生态系统功能取决于其结构、多样性和整体性。生态系统管理寻求保持生物多样性作为增加生态系统抗干扰力的一个重要组分，因此生物多样性管理需要对任何特定位置的复杂性和功能强烈受周围系统影响有广泛认识和透视。

（3）生态系统在时间和空间上是动态的。生态系统管理正接受挑战，部分原因是生态系统不断变化，在几十年或几个世纪的时间里，许多景观被自然干扰所改变，景观动态对生态系统的结构和功能是非常重要的。

（4）知识的不确定性、意外性和有限性。生态系统管理承认，如果给以足够的时间和空间一些不可能事件也能发生，一个合适的管理通过结合民主原则、科学分析、教育和学院知识，以增加我们对生态系统过程和管理干扰后果的理解，并提高做决策时所依据数据的质量而降低这种不确定性（周道玮等，2004）。

1.4.6　综合生态系统管理的理解

可以从如下几个方面来理解综合生态系统管理（蔡守秋，2006）：①它承认并重视人与自然之间存在的必然联系，承认并重视人类与其所依赖的自然环境资源有着直接或间接的必然联系。②它要求全面、综合地理解和对待生态系统及其各个组分，它们的自然特征，人类社会对它们的依赖，以及社会、经济、政治、文化因素对生态系统的影响；③它要求综合考虑社会、经济、自然和生物的需要、价值和功能，特别是健康的生态系统提供的环境功能、服务和社会经济效益，生态系统中的自然资源对人类福利和生计的需要的满足；④它要求多学科的知识（如农学、生态学、环境学、管理学、社会学、经济学和法学等），需要自然技术科学和人文社会科学的结合，重视将生态学、经济学、社会学和管理学原理综合应用到对生态系统的管理之中，需要不同部门机构的协调和合作，特别是负责林业、农业、畜牧业、水利、环保、国防、科技、财政、规划以及立法和司法机构的协调和合作；⑤其主要目的是创立一种跨越部门、行业或区域的综合管理框架，确保生态系统的生产力、生态系统的健康和人类对生态系统的可持续利用，以达到创造和实现多元惠益。

1.4.7　综合生态系统管理方法的主要特征

（1）综合性。该方法注重综合运用现代自然技术科学和人文社会科学的基本理论和科学方法，综合考虑生态、社会、经济、法律和政策多方面因素，从生态系统整体上考虑其功能和生产力，系统地分析生态系统内部和外部因素及其相互关系，综合采用行政的、市场的、社会的调整机制，寻求经济效益、社会效益和环境效益相统一的最佳综合效益，促进经济、社会和环境的全面、协调和可持续发展。它不是仅对单项环境介质、单个资源要素的单项管理，也不仅仅局限于单一的土地类型、保护区域、政治或行政单位，而是多种介质、多种目标的全过程管理，它是一种跨部门、跨区域、多元主体参与的系统管理，它涵盖所有的利益相关者，将经济、社会和环境因素有效整合到管理目标中。

（2）可持续性。它着眼于生态系统中自然资源的可持续利用，照顾到生态系统的长期的可持续发展和良性循环，避免"竭泽而渔、毁林而猎"的短期行为，注意综合地权衡各种生态系统的功能、优势资源、生产能力以及生态系统中多种多样的产品和效益，强调为了当代和子孙后代的利益。

（3）科学性。它尊重社会经济发展规律和自然生态客观规律，将管理建立在生态学、环境学、管理学等科学理论和科学技术的基础上。它注重在生态系统功能和承载力的限度内对生态系统进行管理，管理措施力求科学和谨慎。例如，在一些物种陷入受威胁状态时要通过保护来恢复，在种群增长过量时则采取适当调节的措施以防止对整个生态系统带来不利的影响。

（4）和谐性。它既关注人的利益，又关注生物和生态系统整体的内在价值；既重视人与人的关系，又重视人与自然的关系。它以人为本，以自然为根，以人为主导，以自然为基础，它服务于人类，把人类需求放在适当位置，承认并允许人类在不过分损坏自然的基本原则下，最大限度地发挥其生产能力。同时，一旦发现已超过生态系统允许的限度，就应立即改变自己的计划，将人类的需求控制在合理的范围内。它强调并追求人与自然的和谐共处，统筹实现城乡发展、区域发展、经济社会发展以及人与自然的和谐发展。

（5）灵活性。它是适应性管理，是一种因时因地制宜、与时俱进的一种管理方式。它强调充分考虑不同地区自然、经济、社会条件的特点，以及生态系统的区域差异性、复杂性、动态性和不确定性，要求管理计划应具有一定的灵活性和适应性，以便管理策略能对出现的新情况进行相应调整，对发现的问题做出适当的修改与纠正（蔡守秋，2006）。

1.5　复合生态系统管理

1.5.1　复合生态系统发展历程

复合生态系统管理（Complex Ecosystem Management）理论作为一门新兴边缘交叉学科，其理论渊源发端于 1935 年英国生态学家 Tansley 提出生态系统概念、20 世纪 30 年代末 Lindeman 提出"百分之十定律"、20 世纪 40 年代维纳提出生物控制系统论以及 50—60 年代的 Golley、Odum E P、Odum H T 等生态学家对生态系统理论的基础研究。

由于人与自然复合生态系统的多层次和复杂性，直到 Miller（1978）总结出 19 种不同尺度的生命系统的结构与功能，德国著名的生物控制论专家 Vester（1981）总结出生物控制论的 8 条定律，Haken（1978）的协同学理论和 Prigogine（1984）的耗散结构理论为社会经济系统和生态系统分析开辟了一条新的思路，美国生态学家 Odum H T（1987）提出一种用于测度能量在生态系统不同营养级的累积效应和生态复杂性的生态系统能值概念，Checkland（1981，1990）在定量与定性数据、主观与客观信息的结合上以及系统与环境间的适应性策略方面实现了理论突破，才在 1988 年由 Agee 和 Johnson 出版了第一本有关生态系统管理的著作《公园和野生地的生态系统管理》，该书提出了实现生态系统管理的基本目标和过程的理论框架，标志着生态系统管理学的诞生。这些不同学科、专业学者的创新性理论为复合生态系统管理理论的形成、发展和完善起到了至关重要的推动作用。

　　之后，国外诸多学者对复合生态系统管理理论和实践展开了深入研究。例如，Boyce 等（1997）对森林及其野生动植物资源利用进行了理论研究；Costanza 等（1997）对世界自然资源及其生态系统服务进行了理论研究；Brussard 等（1998）对生态系统理论进行了探讨；Haeuber（1998）对生态系统管理与环境政策进行了对比分析研究；Wagner 等（1998）对生态系统管理在一些具有争议的领域进行了经济学分析。在实证研究方面，Lackey（1998）对 7 个生态系统区域进行了生态系统管理方法的对比实证分析；Gentile 等（2001）对美国 South Florida 的可持续发展框架和模型进行了案例分析；Berberoglu（2003）对土耳其的东地中海海岸生态系统可持续管理进行了实证研究。

1.5.2　复合生态系统概念

　　复合生态系统管理理论是在生态系统管理理论基础上发展起来的。最初生态系统管理理论的产生、发展和应用主要集中在自然生态系统领域。复合生态系统管理是一门新兴交叉边缘学科，是运用系统工程的手段和人类生态学原理去探讨复合生态系统的动力学机制和控制论方法，协调人与自然、经济与环境、局部与整体间在时间、空间、数量、结构、序理上复杂的系统耦合关系，促进物质、能量、信息的高效利用，实现技术和自然的充分融合，人的创造力和生产力得到最大限度的发挥，生态系统功能和居民身心健康得到最大限度的保护，经济、自然和文化得以持续、健康的发展（王如松，2003）。

　　复合生态系统管理研究更强调一种新的管理理念和方法论，强调生态系统结构、功能、生态服务以及对社会和经济服务的可持续性，为环境决策者提供有效参考和决策依据；特别注重区域各种自然生态、技术物理和社会文化因素的耦合性、异质性和多样性；注重城乡物质代谢、信息反馈和系统演替过程的健康度以及系统的经济生产、社会生活及自然调节功能的强弱和活力。其中生态资产、生态健康和生态服务功能是当前复合生态系统管理的热点（于贵瑞等，2002）。

1.6　关于几个相似概念比较的初步结论

1.6.1　综合生态系统管理

　　为了区别传统源于野生动物保护的生态系统管理思想，改变以往按生态要素管理自然资源生态系统，强调多种生态系统的综合系统管理，林业生态学背景的学者提出了综合生态系统管理的思想，并在国内产生了较大的学术影响。但综合生态系统管理，作为一个独立术语，还很少在英文期刊中检索到有关研究文献，并且主要为中国学者发表的文章。其中一个原因可能是"系统"、"生态系统"本身就具有综合的含义，再在生态系统前加修饰，不符合英文构词法习惯，此类问题与生态环境一词找不到符合英文习惯的独立英文单词是同样的原因。但是，从综合生态系统管理所阐述的主要观点和实践内容看，与国际语境下的生态系统管理、生态系统方式等完全一致，不无矛盾，抛开体制之争的政治因素，从科学角度，这些相近用语是可以互用的。

1.6.2　生态系统方式与生态系统管理

如果为了有意区别于传统野生动物保护的狭义理解，将这一理论用于资源可持续管理，或从地球系统科学角度解决全球环境问题时，将非生命环境要素作为关注的中心，如大气、河流、陆地、海洋等作为整体看待，进行系统分析，通常也被称为气候系统、河流生态系统、陆地生态系统、海洋生态系统等，甚至将这些子系统称为更大尺度意义上的地球系统，这些语境下，可使用《生物多样性公约》中首次定义的生态系统方式一词，强调的是管理方法、手段、措施等的综合性、系统性，而以物种为核心的生态系统保护，可用生态系统管理。本项目招标指南所用的"生态系统管理方式"即是这一初衷。根据本课题研究的主要概念范畴，不对这三个用词严格区分，并以项目指南为准。

1.6.3　关于本项目指南中的生态系统管理方式

基于以上认识，总结现有中外文献成果，比较不同学科背景的学者对生态系统管理的解释或定义（见表附 1.1）以及典型案例，本课题组认为，生态系统管理方式主要是针对自然系统整体性的特征而提出的一种综合系统管理理念和管理方法，可以定义如下。

生态系统管理方式是一种运用生态系统整体性规律解决资源环境问题的综合管理方法。与传统资源环境管理方式相比，生态系统（管理）方式打破部门观念和行业限制，以维护生态系统健康为核心，统筹管理资源与环境、污染防治和生态保护，重视保护生态系统的系统性、完整性和多重服务价值，平衡保护与利用。管理方式上，以公共利益最大化为核心，进行多目标的综合管理，通过综合决策、统一规划和行动、信息沟通与共享，实现跨部门、跨行政区之间的合作治理。主要具有以下七个管理学基本特征：①强调社会—生态复合系统观念，以及生态保护与社会经济发展的协调互动作用；②强调多目标管理、跨学科、多利益相关方参与的综合系统管理；③管理的最终目的是追求公共利益最大化；④取最小损害生态系统整体性的管理方式选择策略；⑤强调环境管理方式的地方适应性和多样性；⑥在管理手段上，重视环境管理的综合政策、强化规划；⑦强调将综合管理单元放在适当的空间尺度，以消除环境问题的外部性。

附录 2　中国环境管理体制研究进展^①

　　截至 2015 年 3 月，用环境管理体制及环境保护管理体制的主题词、关键词分别检索（去重）的中国知网学术趋势发文量 858 篇和 570 篇。其中按照主题词分析文献构成，属于基础研究的 328 篇，行业技术指导类的 239 篇，政策研究的 86 篇，行政法及地方法制类的 53 篇。文献数量从 2000 年以前的 20 篇以下，到 2005 年增加到 29 篇，随后明显增加，年度发文量突破 50 篇，达到 2014 年的文献高峰（101 篇），如图附 2.1 所示。从体制设计角度发文 3 篇以上且单篇引文次数超过 10 次的代表作者有汪小勇、缪旭波、万玉秋、宋国君、曾维华、马中、曾贤刚。

　　研究机构（发文 8 篇以上）主要集中在中国人民大学（18 篇）、中国海洋大学（13 篇）、武汉大学（11 篇）、环境保护部（12 篇）、中国政法大学（9 篇）、环境保护部环境与经济政策研究中心（9 篇）、湖南师范大学（9 篇）。

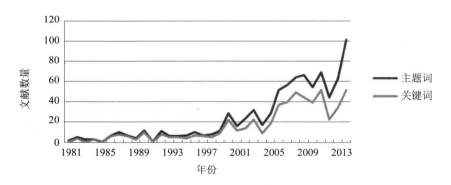

图附 2.1　2004—2014 年中国知网"环境管理体制"及"环境保护管理体制"的期刊学术趋势

　　以环境管理体制及环境保护管理体制为题的专著类文献主要包括两类来源。一类是世界银行、亚洲开发银行、经济合作与发展组织、中国环境与发展国际合作委员会等知名机构，近年来在对中国环境管理的相关研究报告中都将中国环境管理体制问题列入优先改革领域，并提出了相关体制调整建议。另一类是国内学者独立研究著作，例如，从宏观整体

---

① 本附录作者：殷培红。

角度研究中国环境管理体制的专著有《中国环境监管体制研究》(齐晔等，2008)、《中国环境宏观战略研究（战略保障卷）》第三章"中国环境管理体制保障"（中国科学院、环境保护部，2011）、《从头越：国家环境保护管理体制顶层设计探索》（任景明，2013），以及在《中国可持续发展战略报告：创建生态文明的制度体系》中的第四章"生态文明建设的体制改革与法律保障"（王凤春，2014）。其中前三项专著类成果是从宏观整体角度进行研究，王凤春的研究重点在自然资源管理体制。中国环境宏观战略和任景明的体制研究侧重生态环境保护领域。齐晔的研究主要从"治理"角度，全方位地对比了中美环境监管体系，识别出中国环境监管体制的主要问题。

综合以上文献研究，目前有关环境管理体制及环境保护管理体制研究主要关注的热点问题集中在环境管理行政主管部门的职能定位、部门管理授权、部门协作、跨行政区域管理、垂直管理、大部制改革、国际经验借鉴等。也有少数文献回顾总结了以往环境管理体制改革的经验教训以及环境管理体制改革的保障措施等。专门对环境管理中有关央地关系的文献很少，主要集中在国际经验借鉴中。

2.1 关于职能定位

目前，无论是学术界还是管理部门对环境管理主管的职能定位始终没有形成共识。主要表现为对综合决策、综合管理/统筹协调、统一监督执法、执行层面的行政管理这些职能如何配置上。

1. 主要定位于监督执法部门

曲格平从政府管理角度，提出"环境管理是指各级人民政府的环境管理部门按照国际颁布的政策法规、规划和标准要求而从事的督促监察活动"（白志鹏，王珺，2007）。

胥树凡（2009）认为对环境管理部门的职能定位不准确是造成环境管理体制不顺的主要原因。主要表现为三个方面：一是把具体做环境保护的职能与环境保护监督执法的职能混淆起来，没有把环保部门定位为监督执法部门，而是当作综合管理部门，存在职能定位错位；二是环保部门职能定位没有体现不同层级的差异性；三是职能定位层次不高，侧重于做具体事务，针对企业的直接管理。为此，他建议进一步改革环境管理的思路是：监管分离，强化监督，突出执法，明确责权，垂直管理。

杜群（1993）认为，环境管理体制与我国行政管理体制一样，长期存在机构职责不明确，部门之间职责交叉、关系不顺问题。环保法赋予了环保专门机构统一监督管理的职能，但由于法律并未就这一原则的内涵和外延作进一步的规定，也就没有从实质上厘清统一监督管理部门与分工负责部门的职权界限，横向主次关系模糊。在实际工作中，这一原则的操作性十分柔弱。进一步改革需要加强监管的统一性。

2. 多种职能定位

1980 年，时任国务院环境保护领导小组办公室副主任的曲格平提出，环境管理的基本职能主要有三项：一是编制环境保护规划；二是组织环境保护工作的协调；三是进行环境保护工作的监督[①]。

马中和吴健（2004）提出，为了深化市场经济改革和实施可持续发展战略，新的环境管理体制应当能够更充分地代表国家和人民的利益，也具有更高的权威和更强的能力，应该具备这样一些基本特征。①新的体制是高度统一的，在统一决策的基础上，由代表国家利益又没有部门色彩的政府主管机构统一监督其他政府部门和地方政府执行环境保护法律法规。由于环境问题的整体性和事关国计民生，污染和生态分而治之的局面应当改变。②新的体制应是分工合作的，环境保护的国家性、全民性、长期性和跨部门性，决定了环境保护管理工作必须有多部门参与，各司其职，分工执行。③新的体制应真正落实综合决策，过去的经验和教训已经无数次地证明：环境与发展综合决策是最有效率也是效果最好的保护环境、解决环境问题的途径，主要有两种形式：一是通过参与决策过程，包括主持拟订或制定环境保护的法律、法规、规章、规划和标准；参与拟订和制定有重大环境影响的法律、法规、政策和规划，对与环境保护有关的法律、法规和政策草案提出建议和意见；二是通过监督机制，对发展战略、社会经济政策、发展规划和建设项目实施环境影响评价；监督部门、地方的环境保护工作；对生态状况、环境质量和污染物排放实施监测。④新体制应具备跨部门协调的功能，在有关环境保护的事务超越有关政府部门职能范围时，在国务院的层次上协调和解决部门间、地区间、短期利益与长期目标之间、不同政策之间关于环境与发展的关系和问题。为此，建议中国政府恢复设立国务院环境保护协调机构。

一些学者从历年的《环境保护部机关"三定"实施方案》和当前的实际职能分析，发现国家授权时，环保部门的职能已从"统一监督管理"转向"综合协调"（王曦，邓旸，2011；高晓露，2012）。亚行（ADB，2012）报告分析发现，中国环境保护部的 12 项职能中，其中 4 项涉及环保机构的建立、环境研究和技术开发，开展国际环境合作、开展环境宣传和教育，其余 8 项均与监督、监测、监察和管理环保活动有关。同时提出，中期的改革目标是统筹整合相关部委的生态保护职能，由环境保护部统筹协调和监督管理国家环境事务和生态保护工作。

任景明（2013）认为，环境保护职能与现代政府的四大职能（经济调节、市场监管、社会管理、公共服务）均有涉及。1998 年国家环保总局成立时的"三定"方案 12 项职能可以概括为行政立法、执法和监督三大类。并建议将环境保护部的职能专注于首尾两端：定规则和看结果。如果环保部门热衷于具体治污职能，将存在"运动员"与"裁判员"合二为一，弱化监管力度的问题。

3．关于加强综合决策、综合管理/统筹协调职能

环境问题产生的主要原因是"市场失灵"和"政府失灵"。"政府失灵"的主要表现是环境管理体制存在弊端，如管理机构设置不尽科学、缺乏综合协调机制、管理模式单一、

[①] 摘自环境管理干部讲习班上的讲课提纲（节录），载于《中国环境问题及对策》一书。

公众参与缺失等，为此，李亚红（2008）建议必须创新环境管理体制与制度。现代环境管理体制应该能够实现环境保护的统一决策和统一监督，实现部门之间良好的分工与协作，应该建立有效的协调机制和多元化的管理模式，应该能够在国家管理的基础上引入公众参与的力量。国冬梅（2008）认为，新成立的环境保护部还不能很好地解决与相关部门的职能交叉问题，因此建议恢复组建新的国务院环保委员会或可持续发展委员会，办公室可设在环境保护部，另外可推动制定协调部际环保工作的法律性或授权性文件，从而推动综合决策落实到位。

龚亦慧（2008）提出，全面提升环境保护在国家执政体系中的地位，要赋予环境管理部门更高、更强的决策和综合协调权力。王怡、王艳秋等（2011）提出，环境管理体制模式应以统一监管机制、协调机制、综合决策机制、三元机制为运行机制，消除环境问题中的体制性障碍，实行垂直和扁平化管理相结合。马中和吴健（2004）认为，环境保护没有部门色彩，所代表的是国家和社会的整体利益，强化环境保护职能，能够抑制一些部门的利益动机。新的环境管理体制应当是高度统一的，应当是分工合作的，应当真正落实综合决策，还应当具备跨部门协调的功能。

任景明（2013）比较系统完整地研究了环境保护参与宏观调控职能的历史、现状、经验教训以及改革建议。他认为环境问题的复杂性和环境管理的系统性，使人们认识到统一监管是环保工作的基本要求，综合决策是其重要宗旨。为此，他提出要进一步建立环境与发展综合决策机制，设置跨部门高规格环境管理协调机构。关于环保参与宏观调控的手段，任景明认为，除运用传统的财政和货币等经济宏观政策手段以外，也包括政府直接干预市场主体的行为的发展规划、法律手段和行政手段等非传统意义的宏观调控手段，如市场准入、数量管制和价格管制、自然垄断和共有资源管理等。2004 年以来，国家环保总局根据国务院要求，运用环境标准、环评等手段，组织开展钢铁、水泥、电解铝行业投资项目专项清理，2006 年进行的绿色 GDP 核算，以及开展环境功能区划，研究不同区域的功能定位和发展方向、资源环境禀赋、经济条件，制定不同的产业准入门槛，2007 年提出的"区域限批"等都是环境管理部门参与宏观调控的形式。

在反思环境管理主管部门参与宏观调控的效果未达预期的主要原因时，任景明认为主要是：①项目资金来源的多元化，宏观调控着眼点以外的"自筹和其他资金"项目从 1981 年的 55% 上升到 2006 年的 72.6%；②以重点行业规模以上企业为重点宏观调控对象，导致占企业总数的 99.9%、国内生产总值的 50.5%，污染负荷约占 50% 以上的中小企业未纳入宏观调控范围；③在 GDP 考核和生产型增值税的体制背景下，彻底将中国推向了一个不计资源环境后果的国际产业大规模转移下的"世界工厂"。在前两个因素影响下，"十五"期间，国家环保总局共审批建设项目仅占全国审批建设项目的 0.17%，计划投资占同期全社会固定资产计划投资额的 11.6%。由此，他认为现行的环境管理制度（主要指宏观调控）的体制机制很难抵挡各利益主体膨胀的低质"增长"的动力。

综上所述，学者们对强化统一监督执法基本没有太多分歧，同时也倾向于在监督执法基础上增加综合管理的权限，但是对于如何配置综合决策、统筹协调权的方式以及现有体制下的可行性方面有不同认识，对具体执行职能的分权、放权还是争议较大，学者观点相对同意执行分权，但管理者担心监督执法权很弱的情况下，将执行权分权、下放可能进一步弱化环境管理主管部门。

2.2　关于环境管理的授权

我国现行环境管理体制没有根据激励相容的原理，以利益为基础，合理的划分中央政府和地方政府、各种行政环保部门和各级环境保护局之间权限，导致环境管理的行为往往偏离环境管理的目标，环境管理的成本与环境管理的收益呈不对称性。要改变政府环境管理的现状，必须对政府环境管理的事权进行合理的界定和重新划分（康琼，2006）。

王灿发（2003）系统梳理了我国现行环境管理体制的法律授权中存在的诸多问题。①没有专门的环境管理机构设置的法规和规章，单行立法对环境管理体制的规定过于简单，规范性文件授权经常代替正式的立法授权；②部门职责立法内容存在交叉和矛盾（如规划、监测、生态保护、污染纠纷处理等法律规定交叉重叠严重），统一监督管理部门与分管部门的关系不明晰，法定职责不配套（如标准、认证等）；③某些立法授权不符合科学管理的规律，如让行业管理部门行使了监督管理部门的职权，让综合决策性管理部门行使了专业管理部门的职权，让专业管理部门行使了综合决策性部门的职权；让政府行使了其所属部门的职权；④缺乏对管理机构不履行法定职责责任追究和公众对执法机关执法监督的规定等问题。

此外，许卫娟和张健美（2010）还指出了其他环境管理部门授权存在明显错配现象，例如，作为监督职能的政府管理环境行政事务的职能部门要对本级政府负责，而非上级环境主管部门，因此监管容易受到人为因素干扰。赵成（2012）提出首先要强化管理主体的独立性和权威性，即完善环境管理主体的法律地位，改革现行环境管理机构的隶属关系以及人事、财政管理体制，构建以区域生态环境特点为基础的跨省区环境管理协调机构。其次，应改革现行政府评价体系、财税制度和环境补偿机制，调动各级政府的环保积极性，即切实推动地方政府环境管理绩效评价体系建设，建立环境保护的专门财税制度，完善资源有偿使用制度和生态环境补偿机制。

王清军和 Tseming Yang（2010）认为，环境督察体制与土地督察体制相比，在权力来源、管理体制及职能权限方面存在诸多差异。比照土地督察体制，创新环境督察体制，使其法定授权职能有效发挥，或可作为解脱环境管理体制困境的纾缓之策。

2.3　关于部门协作

环境资源作为公共资源，由于其自身属性和使用方式的多样化决定了环境保护需要多个部门的配合和合作。由于立法、历史等原因，条块分割的环境管理体制下各部门之间管理机构重叠、职能交叉、权限不清，缺乏有效的跨部门环境管理协调机制（刘洋，万玉秋，2010）。我国法律关于行政协助仅有零星规定，未能形成制度。我国环境与资源保护行政管理历来都是多部门条块分割，各自为政，仅有分工而少有配合，即使少有的配合和协调也因未形成法律机制，随意性太强（武从斌，2003）。

根据国外环境管理的先进经验，政府各部门间的有效协调，需要在完备法律体系的基础上，构建一个高规格、跨部门的环境管理协调机构，并采用多种形式的协调手段，建立健全部门协调管理体系；同时加强各部门间的合作和交流，建立起法制化、规范化的行政协助制度（刘洋，万玉秋，2010）。例如，德国的"共同部级规则程序"（GGO），法国的部际委员会联席会议，意大利的"112 号部门协调关系法案"等。由于有了这种整体协调制度，环保部门与其他部门之间的沟通较为顺畅，有利于环境问题的最终解决（王奇，刘勇，2009）。

2.4　跨行政区域环境管理

环境问题的区域差异性，要求按自然区域进行分区治理，分类指导；环境问题的跨界性要求不同自然区域之间进行合作治理。不断强化区域环境管理职能，是国际环境管理机构设置的一个普遍趋势。为了解决水污染、酸雨污染、海洋环境污染、生物多样性保护等跨区域和跨流域环境问题，美国、日本、法国等许多国家环保部门建立了强有力的区域派出机构，人员编制属于国家环保机构（殷培红，2014）。但是目前，中国环境跨行政区域管理能力还很薄弱。我国环境管理体制中的不足主要是缺乏强有力的跨区环境管理机构、高规格的专门性法定协调机构及专门性法定咨询机构（杨兴，2001）。环保督查中心在执法过程中遇到了法律地位、执法身份、执法权限等诸多难题（蒋桂珍，杜常春，2007）。韩晶（2008）认为，中国现有流域管理机构仅作为"具有行政职能的事业单位"，导致其议事及综合协调能力难以发挥作用。水利部发展研究中心和长江委水政水资源局（2005）指出，我国流域管理机构从设立之初即带有浓厚的基本建设色彩，流域管理机构主要以实施大规模流域治理为目的，工作中偏重水利技术管理和工程管理，还难以担负起流域综合管理的重任。

1.　关于完善跨行政区域环境管理的建议

齐晔（2008）从流域管理角度总结了中国流域管理体制的共性问题，即在处理流域与区域管理矛盾、水资源保护和水资源开发利用矛盾中的不足；政府流域管理理念还未完全树立，流域综合决策机制缺乏；流域污染管理体系设置不合理，制度不完善，管理能力薄弱；社会参与机制未建立等。为此，他提出了如下建议促进跨行政区域环境管理，如建立高层协调机制或机构提高流域综合决策机制的效能、建立流域综合管理的监督机制、建立跨行政区的环境合作机制、建立民众参与管理监督机制、建立独立的信息监测和信息公开机制等。

宋国君等（2008）从环境外部性理论出发，提出跨行政区的环境管理体制架构，建议中国的环境管理体制改革在保留国家、省、市三级环境管理机构的基础上，设置环保总局和省环保局的分局以便直接管理省际、市际等外部性。

曹树青（2014）提出了区域环境治理体制机制的基本框架，重点在于构建三大治理机制和一个管理体制，即环境分区治理机制、区域环境整体治理机制、区域环境合作治理机制以及区域环境管理体制。其中，将区域环境管理体制构建概括为以下三个方面：①建立以整体自然区域为管理对象的区域管理机构，并赋予其相应的环境管理职权。这样一是有助于从环境问题的产生、发展、迁移和转化等进行统一规划、评估和协调治理；二是避免单一项目控制，"只见树木、不见森林"。例如，在污染排放量的控制上，即使区域内所有企业都合法达标排放，但区域整体的污染排放很有可能超标，区域整体环境趋向恶化；三是便于区域机制治理、整合技术、人力和设备资源，例如，一个区域内的排污企业通过付费的方式把污染治理交给专业化的第三方公司来完成，实现治污集约化（朱德明，2013）；四是避免以企业或项目为环境管理对象的治理模式，将企业等行政相对人作为主要的环境责任者，政府作为环境管理者的环境责任得不到体现和突出（赵绘宇等，2007）。②区域管理机构重在管理跨界环境问题、区域共同环境问题，为区域整体环境治理作统一规划、统一分配环境容量、统一监督管理。地方管理部门重在执行权。③建立自然区域环境管理与行政区域环境管理的协调机制，例如，区域环保协商机制，以联席会议、工作小组或联合宣言交流机制。

2．关于跨区域管理类型

任洋（2014）按照行政职能和行政区域划分，可将区域环境管理划分为三大模式：层级治理模式、区域整合模式、府际合作模式。其中，区域整合模式主要有区域派出机构，或流域管理机构等。周成虎、刘海江等（2008）通过运用区域地理学、经济地理学的理论和研究成果，同时借鉴国内外相关案例，并结合我国自然环境、经济发展的区域差异，提出了区域性环保机构设置方案。该方案包括建立 5 个国家直属局和 12 个省级分局。关于府际合作模式，吴坚（2010）从流域"治理"角度建议，以大部制改革为契机，吸收埃莉诺·奥斯特罗姆的公共治理理论精华，构建以协商为基础、以政府为主导的区域多中心跨界水污染治理体系来解决跨界水污染治理问题，强调自主、协商和信任，充分调动政府、市场和民间组织的力量，实现跨界水污染的善治。

3．有关区域环境管理机构的建议

任慧瑶（2013）认为，扩大区域环境保护督察机构的监督管理作用是完善体制、制度和机制的重要步骤，并需要加强区域与流域环境管理的统一监督。关阳（2013）认为，需要建立富有约束力的区域环境保护管理组织与机制，强化立法支持并在财政资金、协调权限上赋予其更高的管理阶位，使其能够有效协调处理地区间环境冲突以及由此带来的生态治理和污染控制问题。

2.5　关于垂直管理

学术界对环境部门实行垂直管理的有效性问题存在较大的争议。支持环境保护垂直管理的学者普遍认为，环境问题较强的外部性和区域性，与地域管理为主的管理体制存在不可调和的矛盾，发展与环境的目标选择以及落实环境管理的具体政策上，地方与中央会产生矛盾与冲突，通过垂直管理，可摆脱环境执法监督的人为干扰（邓志强，罗新星，2007；游霞，2007；吕忠梅，2007；武敏，2009；周玉珠，2014）。此外，还有一些学者认为，垂直管理能够提升环境管理建设水平（鞠昌华，2013）。例如，可以较为真实地反映基层情况，促进政府决策的科学与正确；有利于资源的优化配置，加强国家的宏观调控能力（张朝华，2009），对禁止审批坏项目方面，垂直管理优于属地管理。

反对垂直管理的意见，主要体现在担忧行政监督弱化下的官员腐败（龙太江，李娜，2007），以及对地方政府职能产生的负面影响方面。例如，戴维基和何强（2012）认为环保部门垂直管理存在三点弊端：①环保部门无论是生活还是工作都与地方政府有着密切的关系，无法形成真正意义上的独立；②环境保护职能分散，实行垂直管理工作难度太大，管理成本太高；③环境垂直管理后，会因掌握的信息不对称，使决策的科学性、全面性和合理性受到制约。龙太江、李娜（2007）提出垂直管理会引发一定程度的条块利益冲突：直管机构在上级部门管不到位的情况下容易出现过分强调本部门利益、积极实现本部门利益最大化，甚至脱离地方实际的现象，而直管部门的利益也很容易在地方政府维护本地方利益时被自动排除。王赛德和潘瑞姣（2010）认为，对承担社会发展任务的机构实施垂直化管理，只让地方政府承担经济增长任务，将会降低使代理人施加努力的激励成本。但垂直管理机构本身存在道德风险问题。如果不设计有效的考核机制，这些机构有可能一味追求部门利益，背离中央政府目标。齐晔（2014）从监测角度不支持垂直管理，主要认为与现行环保法规定的地方政府对环境质量负责条款冲突，同时将削弱地方政府的环保能力。此外，他也担心在当前地方环保部门职能虚化的前提下，对环境监管能力提高并无益处。

此外，从其他部门实施垂直管理的实践来看，一些学者认为效果并不理想。真正意义上的垂直不应局限于行政权力上的变动，还应该包括对法律的垂直和对公众的垂直，只有通过加强法制化和公开化建设，构建和完善切实有效的保障制度，才有助于解决我国环境行政管理体制的深层次问题（刘洋等，2010）。但是，在某些领域，也有垂直管理效果较好的案例，例如，国土监察、国家气象局对国家基础站点的垂直管理等。有学者也提出尝试建设类似于国家统计局直属调查队性质的环境监管机构，由环境保护部垂直管理，并将地区环境综合监测、评价以及相应的环境管理监督职能交由垂直管理的环境监管机构负责（关阳，2013）。

还有的学者从环境问题频出的行政性根源因素出发，认为是现行综合体制的不足导致了环境问题，环保的垂直管理只能解决表面现象，而不能根治环境问题的行政性不足。如张绍春（2010）认为，我国环境恶化的根本原因是"GDP 至上"的发展观、政绩观和相应的干部考核选拔制度，以及"分灶吃饭"的财政体制和缺乏法治。

为了避免垂直管理的弊端，任景明（2013）提出，国家采取中央—大区—省三个层次的垂直管理，借鉴税务系统和统计系统的设置建立两套体系，一套是省以下的地方环境保护垂直管理；另一套是国家环保的垂直管理系统。

总体来看，支持垂直管理的学者主要是从监管独立性的角度考虑，而反对者则从垂直管理的实际运行、政府职能部门关系、央地关系等多种角度给出了多种多样的反对理由。此外，可以明显看出，不同学者在各种讨论中，没有明确区别垂直管理与垂直监管两个概念在实际管理中的差异。反对垂直管理的观点中，很多是针对垂管部门的执行职能，而非监督职能。例如，担心垂管部门的利益最大化，地方政府失去管理积极性，垂直管理部门很难游离于地方政府之外，难开展工作等。而这些认为垂直监管可能面临的问题中，主要是监管部门在处理复杂的政府间关系中的道德风险与制度设计是否真正保证监管的独立性方面。

2.6 关于环境大部制改革

目前专门针对环境领域大部制改革的文献还比较少，且主要从国际经验借鉴角度提出改革建议。还有不少研究国外环境管理体制的文献，因文中未以大部制为主题或关键词而不在此主题下进行综述。此外，还有少量文献针对辽河流域（薛刚凌，邓勇，2012）、广东顺德区城市、交通与环境管理局（李文钊，蔡长昆，2014）、深圳人居环境委员会（陈丽园，2009；吴海燕，陈天祥，2014）等的案例研究或介绍。

1. 国外环境大部制改革的发展趋势与基本特征

随着社会经济的发展，环境问题的复杂性、综合性和区域性特点越来越突出。为了适应环境保护的这一特点和发展趋势，20 世纪 70 年代，特别是 20 世纪末以来，许多国家的环境管理体制都经历了由分散管理到相对集中管理的职能整合过程。整合的目标是尽量将类似的管理职能整合到一个行政主管机构，实行环境综合管理，加强环境政策的协调性、系统性，提高环境管理效率（殷培红，2014）。各国环保部门按照生态系统原则逐步实行环境保护大部制，其主要职能范围涉及环境、自然资源、土地、海洋、交通、生态、核安全以及与贸易、投资、消费、生产模式之间关系等诸多内容，并且充分考虑生态系统的完整性，尤其是水资源管理是按照流域进行统一管理（国冬梅，2008）。

从环境事权划分的角度看，国外环境保护大部制改革大致有两种整合方式。第一种是跨领域整合，主要以英国、法国、澳大利亚等国为代表，结合本国环境问题的驱动力特点，将有关经济社会领域的管理事务纳入环境"超级部"。第二种方式是国外普遍采取的环境领域内部职能整合，从资源可持续利用和源头控制的角度，将自然资源管理（部分或全部）、生态保护和污染防治等统一管理，例如，意大利的环境、国土与海洋部，印度的环境、森林与气候变化部（殷培红，2014）。

从权利配置角度看，西方环境大部制在同一体制内实行决策和执行适度分离，有利于平衡综合与专门化管理的关系（殷培红，2014）。以决策权的集中与执行权的社会化及专业化为主线，体现出西方国家环保机构设置"决策—执行"分开的趋势（谭波，2015）。无论大多数国家采取的"大部制"，还是美国和日本等个别国家采取的分部门环境管理体制，有一个共同点，就是环境决策权统一在一个部门，并且都有相应的法律和财政机制做保障（殷培红，2014）。

2. 关于中国大部制改革的建议与应注意的问题

殷培红（2014）从借鉴国际经验角度，提出大部制改革应当注意 4 点：①职能整合应以统一决策权为首要目标，以管理资源调配权为保障，分部门管理不等于多头决策管理，而是建立在统一决策、集中协调基础上，分散的主要是执行权，而不是决策权；②环境管理的综合性与专业性复合的特点，要求设计环境管理体制时，要处理好专门化管理与综合管理的关系，合理界定大部制改革的职能整合边界；③适应环境问题的跨界性，不断强化区域环境管理职能；④强化公共服务职能，提高环境保护部对地方执行国家环境政策的影响力。

沈满洪（2014）提出，生态环境管理体制改革应实现 4 个观点的转变：按照"系统论"的观点改革管理部门，按照"目标论"的观点改革核算制度，按照"协同论"的观点改革条块职责，按照"制衡论"的观点改革治理机制。大部制改革要在过于集中管理与过于分散管理之间，可以寻找到一个合适的度。

李金龙和胡均民（2013）在分析了英美日及加拿大西方国家生态环境管理大部制改革实践的基础上，提出中国环境大部制改革的 4 点建议：①循序渐进地推进资源环境的统一管理；②完善跨区域的环境管理机构和咨询协调机构的设置；③理顺中央与地方政府间的环境权责关系；④推进生态环境管理的市场化和社会化进程。

戴维基、何强（2012）从管理实践角度提出：环境保护大部制改革，一是从决策集中的角度划定大部制组织框架；二是建立定期协调、督促、检查的议事协调机制；三是建立制度化的部门间协调机制。

2.7　关于国际经验借鉴

国际经验借鉴和对比研究的文献很多，本节选取引文频次高，或具有代表性的观点综述如下。

张联和张玉军（2002）在世界银行支持的中国环境管理体制研究项目中，对 OECD 的 30 个成员国（含欧盟 15 国）的环境管理进行了研究，发现环境保护已经成为当代政府最基本的职责之一。这些国家中，除美国外，其余 29 个国家的环保机构都是环境部，也都是内阁成员。多年来，尽管各国政府管理体制不断变革，内阁组成部门不断调整，但环境部的地位不断加强、职能范围也不断扩大，统一管理污染控制、生态保护工作。西方国家的环境管理已经逐渐从专门的、分部门的管理方式发展为积极的、综合的管理方式，把环境保护融入社会经济决策中。

齐晔（2008）通过对比中美环境监管体制，发现主要差异表现在以下方面。①法治基础方面，美国的环境治理体系是法律中心主义的，法律定义治理目标，定义潜在污染者应满足的要求，规定惩罚措施并指导行政资源的分配。通常情况下，环境法律的规定是由公民提供诉讼的方式加以实现，而不仅仅由行政机关执行。而中国的各种环境规划不具备法律地位，而且规划执行情况不完全对公众公开。②政府履行环境责任方面，在美国联邦体系的双主体权体系下，对那些没有实现目标的行政机关和官员，联邦政府直接进行惩罚也是非常困难的，但在美国法律体系下，公民诉讼对推动政府履行环境承诺、避免不采取行动等方面发挥着重要作用。③政府与企业关系方面，美国的污染者主要（但并非全部）来自私人企业，而中国，地方政府和污染企业有着共同利益。④在跨界协调方面，美国有一套完善的法律和行政机制，如流域委员会、州际水污染合同、运营系统的管理局以及州政府向联邦环保局就跨界污染提出诉求的规定等。⑤在中央与地方协调方面，联邦法律的执行和监督职责主要通过各区域办公室完成。区域办公室比中国的区域中心拥有更多的行政权力、行政资源和人力资源。联邦区域办公室可以与州区域办公室进行协作，也可以借助流域管理局、州际合同和法律条文发挥作用。⑥人力资源与信息方面差距更大，美国国家环境保护局超过半数以上的人数在区域办公室工作，其身份是国家公务员，此外还有数以千计的承包方为其服务。环境信息公开制度是帮助美国国家环境保护局推动政府执行环境法律的主要手段。

任景明（2013）分析了美国、欧盟、德国、日本、印度、俄罗斯等经济体的环境管理体制，总结了若干值得中国借鉴的国际经验。①除美国国家环境保护局以外，其他6个经济体的环境管理部门既包括了污染管理也包括了自然生态管理的职能。从自然生态管理的角度，各国的管理力度不同，欧盟、德国和日本主要从宏观政策及国家层面进行协调管理，印度和俄罗斯在自然生态管理方面与其他部门对分工清晰度不够且自身就有较强的开发利用倾向。②从环保管理部门与同级部门对协调合作关系看，各国都倾向于设立一个国家层面的咨询协调机构，例如，美国的环境质量委员会、德国的环境咨询委员会、印度的中央污染控制委员会、日本的中央环境审议会等。这些咨询机构都是环境部长的智囊，有些还是国家领导人在环境领域的智囊。③从中央与地方的权责分配看，中央层面负责环境保护的法规、政策和计划制订，地方具体实施。为了加强中央与地方联系沟通，以及监督地方，美国、日本、印度都设立的区域办公室。印度在中央与地方的环境管理权责分配上还磨合得不够。④环境管理的公众参与都比较充分。⑤在强力环境执法方面，这些国家司法独立，对环境执法发挥的作用很大，印度法院在环境案件上的作用不如发达国家。此外，美国国家环境保护局有联邦环境警察、俄罗斯各地有生态警察。⑥推动环境管理与金融系统的合作。

2.8 关于以往环境管理体制改革的反思

改革开放以来,我国的环境管理体制历经四次大的改革,仍然存在着机构设置不尽科学、职能配置不尽合理、运行机制不尽顺畅等问题。机构改革主要存在以下问题:新的体制更多地注重新机构的授权,不注重原机构的撤销;我国现行的环境管理体制缺乏综合性、权威性的中央协调机构;生态保护无法实施统一监督;有关环境管理机构的设置及其职责的行政规定缺乏系统性和完整性,各规定之间衔接、协调和配合不够,甚至相互矛盾;人员编制不足已经严重影响政府环境保护管理体制的正常运行等(王洛忠,2011)。同样作为 20 世纪 80 年代提出的基本国策,环境保护与管理性质比较类似的计划生育和国土资源相比,在机构设置、领导体制、财政投入、职能定位、管理范围和统一监管等方面都存在严重的发展滞后现象(周舫,朱德明,2007)。

王清军和 Tseming Yang(2010)认为,以往的环境管理体制改革主要存在两大问题。第一,环境主管部门法律地位提升并不意味着其统管环境资源保护职能的有效发挥,在水污染防治、自然保护区管理、生物多样性保护、海洋环境保护、土壤污染防治等统一监管方面,因涉及水利、林业、海洋、土地等资源管理部门等分管部门的分工合作和依法制约,环境主管机构统一监管能力依然显得十分脆弱甚至没有,特别是伴随着土地资源、水资源立法的相继出台,环境主管部门更多呈现的是"形式管理主体"。同时,王清军和 Tseming Yang 进一步指出,如果环境大部制变革不能大幅度地提升环境主管部门更多的人力资源、财政资源和相对明确的监管职责,那么这次变革就不可能达到预期目标,改革就可能成为换汤不换药的改革,环境保护主管部门也将继续成为一个"尴尬"的部门,成为粉饰各地经济发展的门面,并将继续受制于其他部门。第二,中央与地方环境主管机构职权未能实现有效对接。

白永秀和李伟(2009)对我国环境管理体制改革 30 年的历程回顾后,发现我国环境管理体制改革仍然滞后于现实需求,还存在以下问题有待进一步完善:一是有待建立政绩考核机制,将环境管理的绩效纳入到政府官员的考核当中;二是有待完善各种环境管理协调机制,实现区域之间、政府部门之间在环境管理方面的协调合作;三是有待从法律上确定环境综合管理的合理性和权威性,保证综合决策得到真正落实;四是有待建立环境管理的监督机制,对环境管理过程中执行不力、违法乱纪者给予相应的制裁。

2.9 关于环境管理体制存在的问题及改革建议

涉及这个主题内容的文献数量庞大,本节采取文献计量方式汇总专家学者的意见,统计结果见表附 2.1。综述主要代表观点主要依据 2000 年以来国际组织的相关报告和著名学者的研究成果。

表附2.1　著名国际组织关于中国环保体制改革研究代表性观点与政策建议

针对问题	政策建议	采纳情况	文献来源
环境保护部在政府职能体系中的定位	建议国家层面进一步明确环保部门的职能定位和扩大职责范围		国合会，2007；世界银行，2009
	加强监测、监督和执法能力，包括将环境执法职能从地方环保局中独立出来		OECD，2007
	环境保护部职责应该包括：（1）环境保护部在政府职能体系中应定位为监管地方政府，而不是直接负责执行地方污染管理和防治工作	2014年环保法第六十七条	世界银行，2009
	（2）统一监管：监督所有相关行业主管机构（如农业、海产业、林业、土地和资源）在其所处行业的环境管理工作		世界银行，2009
	强化综合的排污许可证管理……进一步将环境保护纳入土地利用规划和法规以及其他环境保护各项规划和法规当中		OECD，2007
	（3）综合决策：通过对发展政策、规划、计划以及重大投资项目进行环境影响评价来参与环境有关的宏观管理决策	2008年"三定"方案已授权	世界银行，2009 亚行，2007 世界银行，2001
	建立更加综合统一的政策制定体系和数据管理		国合会，2007
	扩大环境规划与管理的范围。从目前的单个企业或城市扩展到区域或流域，应对日益复杂和相互联系的环境管理问题		亚行，2012
环境管理机构的规格与协调机制	建立环境大部制，扩大现有环保部门的职权范围，将其他部委与环境资源相关的职责并入环境保护部		亚行，2007
	建立一个协调机构取代和改善1998年被撤销的国务院环境质量委员会的跨部门协调职能		世界银行，2001；亚行，2007
	效仿美国，成立国家环境政策办公室，直接向国家领导人汇报工作		世界银行，2009
	成立由总理任组长、各相关部委负责人参加的环境问题领导小组		国合会，2007；OECD，2007
	基于原国家环保总局的基础上建议其升格为部	2008已实现	国合会，2007 OECD，2007
	环境保护部机关内部建立负责政策整合的办公室		国合会，2007
	加强环境管理，做好统筹协调。近期改革目标是横向上减少部委的职能交叉，适当归并环保职能。纵向上进一步下放职能，加强地方能力建设。中期的改革目标是统筹整合相关部委的生态保护职能，由环境保护部统筹协调和监督管理国家环境事务和生态保护工作		亚行，2012

针对问题	政策建议	采纳情况	文献来源
跨区域环境监管	在缺水地区推进流域综合管理		世界银行，2001
	加强区域环境监管		世界银行，2009
	建设区域环保督查中心	已组建 6 大环境督查中心和 6 个核与辐射管理站	亚行，2007
	将区域督查中心升格为地区分局		世界银行，2009
监管独立性	建立省以下环境垂管制度，赋予省政府任命下级环保局局长的权利并要求省政府为下级环保局提供运行经费	陕西省	国合会，2007
	加强全国人大监督环境法律执行		国合会，2007
环境保护部内设机构	调整环境保护部的内设机构设置		世界银行，2009
人力与财政支撑	加强各级环保局的能力建设和效率，重点放在地方环保局上	正在推进	世界银行，2001
	地方环保局应该从国家财政预算中获取至少部分行政经费，它们不仅向地方政府汇报，还要负责向环境保护部汇报。环境保护部应可获得足够的国家拨款，以便影响和监督地方环保局的行为		世界银行，2009
	中国的环保机构人员和财政规模仍然处于较低的水平，中国政府需要为环境保护部和地方环保局提供履行职责所需的充足财力、增加人员编制和提升人员素质		国合会，2007；世界银行，2009；亚行，2012
	将环境财政支出改革纳入公共财政改革日程，合理确定使用资金的范围和条件		亚行，2012

　　全国人大环境与资源保护委员会法案室王凤春主任（2014）系统全面总结了当前中国资源与生态环境管理体制机制存在一系列重大缺陷。①政府、企业、公众等环保的权力与义务不明确，特别是各级政府及其有关部门的资源与生态环境保护公共责任不落实。②对政府经济决策缺乏有效的资源和生态环境约束机制。③对企业的资源与生态环境保护法律规定和标准常常变成"软约束"。④公众参与缺乏制度性保障。⑤独立监管体制没有确立。⑥政府在提供环境保护基本公共服务方面，职能作用不够，预算支出偏低。⑦对经济发展具有重大决策权力的综合经济管理部门所承担的资源与环境保护职责不明确，不能有效发挥其综合决策和协调职能。⑧自然资源的公共行政管理职能和资产市场运行管理没有分离，国有自然资源所有权代理的法律规定过于原则，各级政府的自然资源管理部门既履行自然资源行政管理职能，又代行自然资源资产的运行管理职能，既有资源开发和经营管理的职能，又有资源保护和生态建设的职能，这些职能直接存在很多潜在的矛盾冲突，综合经济部门在推进各种协调经济发展与资源、生态环境保护方面的职责和作用不足，包括资源税、环境税等在内的综合性经济制度与政策的制定和调整进展迟缓。⑨综合经济部门、自然资源管理部门和环保部门在资源与生态环境保护的规划、政策、标准等制定、监管和

实施上职能重叠交叉，几个重复设置和能力重复建设问题比较突出，多头管理、各自为政、标准各异，缺乏有效的协调机制。2013年，全国人大环资委报告指出，中央政府53项生态环境保护职能中，60%的职能由其他9个部门承担，环境保护部承担的40%项职能（21项）中，有48%与其他部门交叉。[10]地方政府对所辖区域环境质量负责的法律规定与地方环境保护的事权和支出责任不匹配。[11]中央部门对地方部门行政指导关系为主的制度框架下，监督尚难发挥有效作用，在处理跨行政区域的区域性、流域性重大环境问题时缺乏有约束力的体制机制安排。[12]社会基层的资源与生态环境保护治理能力薄弱。

关于改革方案，王凤春（2014）提出三个改革基本路经，如图附2.2所示：一是主要包括改革自然资源资产管理体制、健全国家自然资源资产管理体制的路径，核心内容是建立统一行使全民所有自然资源资产所有权人职责的体制；二是改革自然资源行政监管体制、完善自然资源监管体制的路径，核心内容是建立统一行使所有国土空间用途管制职责的行政部门，并使其同前者形成一种相互独立、相互监督的管理体制架构；三是改革生态环境保护管理体制的路径，核心是建立独立监管和行政执法的体制。

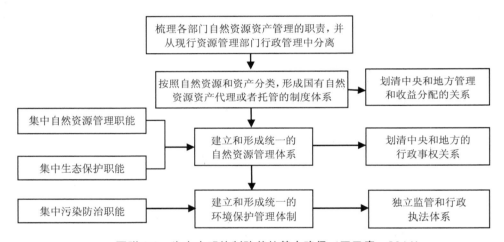

图附2.2　生态文明体制改革的基本路径（王凤春，2014）

中国环境宏观战略研究（中国工程院，环境保护部，2011）在五个重大建议中的第三个建议中，提出了逐步推进"大部制"改革的建议，三个阶段推进的主要内容见表附2.2。由此可以看出，近期的改革强调国家环境保护主管机构强化现有职能，实施好污染控制和污染治理的功能；中期的改革，强调国家环境保护主管机构协调治理各种污染源和污染要素的职能，并且突出预防、规划和评估的职能；长期的改革，强调国家环境保护主管机构生态保护的职能，达到更高层次的环境保护，实现污染预防、污染治理和生态保护的统一。

表附 2.2　《中国环境宏观战略研究》中的大部制推进路线图

改革时期	总体思想	具体思路	环保行政主管部门的职能和内设机构
近期 （2008—2020）	1. 污染治理的"大部制"； 2. 水、空气、固体污染防治； 3. 环境保护主管机构执法能力加强； 4. 信息、协调和监督系统的统一	1. 整合水污染防治，实施城市、陆地、海洋的水污染防治协同治理； 2. 整合固体污染物治理； 3. 加强环境保护部在气候变化应对中的作用	1. 强化污染防治的整合职能； 2. 强化执法职能； 3. 强化环保部门综合决策职能； 4. 强化信息发布和监督职能； 5. 加强环境要素司局的建设，加强执法和信息、监督的建设
中期 （2020—2030）	1. 生态保护与污染防治的"大部制"改革思路； 2. "生态保护"与"污染防治"的协调与统一； 3. 环境保护在横向和纵向的协调	1. 整合分散在各部委的生态保护职能，并对国家环保部门进行调整，使得生态保护与污染防治相统一； 2. 相应改革国家环保部门的内设机构，带动环境保护与生态保护的纵向协调； 3. 进一步加大国家环保部门在环境事务方面对其他部委的协调职能，使得其他部委的决策能够符合环境保护的要求	1. 继续保持环境污染的防治和执法职能； 2. 强化生态保护的职能； 3. 监督地方政府在环境保护中的力度； 4. 推动环境保护主管机构内部、执行和监督的适度分开，从而推动决策科学化、执行的有效化和监督的民主化
长期 （2030—2050）	1. 资源、生态保护和污染防治的"大部制"改革思路； 2. 大生态、大资源、大环保思路； 3. 资源可持续利用和发展； 4. 实现资源、环境和生态的有机统一	1. 整合与环境、生态相关的重要资源； 2. 利用可持续发展和生态环境保护的思路促进资源的使用和开发； 3. 促进农业部门、土地部门等其他资源部门的生态保护和环境保护意识	1. 建立资源的定价机制和可持续利用机制； 2. 加强对资源利用和开发的监管，使其符合生态和环境保护的要求； 3. 继续推进污染的防治； 4. 继续推进生态的保护； 5. 对国务院有关职能和机构进行整合，促进资源、环境和生态的协调统一

资料来源：中国工程院，环境保护部. 中国环境宏观战略研究（战略保障卷）. 北京：中国环境科学出版社，2011.

　　环境保护部胥树凡（2009）提出，进一步改革环境管理的思路是：监管分离，强化监督，突出执法，明确责权，垂直管理。①关于中央与地方环境管理职责划分，国家级的环保部门应当侧重于环境保护法规、标准、制度、监督执法工具和手段的建立和完善，即属于宏观层面的职能；而地方环保部门应当侧重于具体的环境保护监督执法职能。②调整环境保护监督执法的形式，可以像审计署的工作模式一样，检查分别对行业管理部门以及地方政府履行环境保护职责的情况进行监督检查，检查内容包括环境保护规划、计划的制订、经费的落实、工程项目的实施、环保目标、环境质量的实现等情况，以及环境保护法规、制度、标准等执行的情况。在此基础上写出环境保护监督检查年度报告，报全国人大和国务院，经批准后向全国公开发布，并责令有问题的行业部门和地方政府进行整改或对负有责任的人员进行处理。

　　任景明（2013）认为，现代环境管理新体制的总体设计要抓住制度供给和目标考核两个基本点，筑牢源头预防、信息公开和公众参与三大基石，以制度创新和即将创新为动力，着力构建完善的环境标准规范体系、独立的环境质量监测与评价体系、严格的环境管理和环境执法体系、环境风险应急响应和管理体系等环境管理与技术支撑体系。中央层面环境保护主管部门应定位于"制度供给、源头预防、执法监察和目标考核"。制度供给就是统一组织制度全面涵盖一切生态环境与保护行为的，包括法律、法规、规范、标准、政策等在内的一切广义环境保护制度；源头预防就是实现从中央到地方和各个部门的环境保护参与一切经济社会发展的综合决策；执法监察就是全面严格监督监察各级政府、社会组织和公民执行统一的环境保护制度情况，调处各类重大环境纠纷。上述四项职责要覆盖全部国土的一切环境要素和领域，包括陆上和海洋；地上和地下；工业、农业、林业、资源开发和旅游等全部产业；生产、流通、消费与文化诸领域。

　　同时，任景明还对环境保护部职责修订与机构调整提出了建议。环境保护部职责分十三大类：①负责建立健全环境保护基本制度；②负责重大环境问题的统筹协调和监督管理；③制定并考核地方环境保护目标，指导地方落实国家减排目标责任；④负责提出环境保护领域固定资产投资规模和方向、国家财政资金安排意见（含循环经济和环保产业发展）；⑤参与综合决策（主要是对法律法规、重大经济和技术政策、发展规划的环评）；⑥负责污染防治的监督管理（包括水体、大气、土壤、噪声、光、恶臭、固废、化学品、机动车等）；⑦负责协调、监督生态保护工作；⑧负责核安全和辐射安全的监督管理；⑨负责环境监测和信息发布；⑩开展环保科技工作；⑪开展环境保护国际合作交流；⑫组织、指导和协调环境保护宣传教育工作；⑬承办国务院交办的其他事项。

　　机构调整建议重组现有 7 个业务司的职能，分别成立三个副部级局：①撤销环评司、政法司，成立国家环境政策法规与影响评价局；②撤销总量控制司、环境监测司，成立国家环境质量评价与考核局；③撤销自然保护司，成立国家自然保护与国家公园局，统一管理全国各类森林公园、地质公园、自然保护区等，农业面源纳入正常的污染防治管理体系。

　　总体来看，国内外环境管理体制研究具有如下几个特点：①主要依据研究者的国际和国内案例的经验分析，国际比较分析和国内体制问题分析还很少采用规范性研究方法；②部门协调机制、垂直管理、综合决策等是研究焦点问题，但尚未形成统一认识，改革建议的现实依据阐述较为充分，而理论基础较为薄弱；③对中国环境管理体制存在的问题和改革主要路径共识较多，只是在垂直管理，以及跨行政区域管理等方面的改革方案分歧较大；④国际环境管理体制的经验介绍成果丰富，但专门从环境大部制改革角度研究的文章不多，国内大部制改革试点的案例研究更为少见；⑤有关环境管理部门间的权力结构配置、环境管理事权界定原则、监管独立性等问题系统研究较少；⑥很多富有远见的真知灼见长期反复被不同的学者、国际机构提及，但多数还未被中国政府所采纳，少量意见虽然采纳，但也在具体运行时与设计初衷存在不同程度的偏离。

附录3　大部制改革研究进展^①

我国的大部制改革的理论与实践研究主要受政府因素推动。2007年年底十七大报告中提出大部制改革，这是我国政府文件中第一次正式提到这个术语，而且之前在学术期刊中只检索到4篇，从国家和地方政府层面提到大部制的各1篇，其中2006年中央党校的张弥和周天勇在《科学社会主义》上发表的理论文章《行政体制改革的问题和教训及进一步改革的思考》（引文率超过20次）可视为我国大部制理论研究的源头。从国家科研基金成果发表中检索到，石亚军先生任首席专家承担的2006年国家社会科学基金重大课题"中国行政管理体制现状调查与改革研究"（项目号 06&ZD021），相关文章《探索推进大部制改革的几点思考》引用率遥遥领先，高达123次。自2007年年底至2008年，国内一些知名学者在一些大报或官方网络媒体上发表的文章，成为有关大部制早期研究成果的重要来源。

截至2015年3月，用大部制、大部门制的主题词检索（去重）的中国知网学术趋势发文量1 934篇，其中属于基础研究的790篇，政策研究的526篇。从2007年以前的4篇，到2008年一跃而起，达到文献高峰（541篇），随后发文持续下降，在2013年有所回升，目前依然保持着较高的研究热度，如图附3.1所示。3篇以上且单篇引文次数超过10次的代表作者有石亚军、竹立家、陈天祥、杨兴坤、藏雷振、曾维和、徐继敏、舒绍福、张成福、毛寿龙、李丹阳，或发文4篇以上的主要学者有汪玉凯、王佑启。

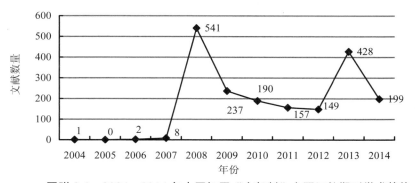

图附3.1　2004—2014年中国知网"大部制"主题词的期刊学术趋势

① 本附录作者：殷培红。

　　研究机构（发文 15 篇以上）主要集中在国家行政学院（51 篇）、武汉大学（42 篇）、中国人民大学（33 篇）、北京大学（29 篇）、四川大学（19 篇）、中山大学（16 篇）和中共中央党校（15 篇）。其中，国家行政学院的研究成果主要侧重在大部制改革的方法、问题反思等方面，中共中央党校的文章偏重于政治、社会、文化层面的讨论，或地方经验的分析。大学的研究成果侧重于大部制的概念辨析、国际经验和理论背景研究。环境保护领域中，以大部制为主题的只有 21 篇文献，且作者和研究机构分布比较分散。

　　以大部制为题的专著类文献目前仅能在网络上查到黄文平主编的《大部门制改革理论与实践问题研究》。该专著主要分大部制改革的理论、问题及前景（侧重协调机制）、国际比较、工业和信息化、交通运输两个部门实践案例、广东和深圳两个地方实践案例，以及对当前大部制改革中面临的一些重要问题进行了评述，最后提出了对策建议。此外，在石杰琳的《中西方政府体制比较研究》一书中，在政府组织机构优化章节重点介绍了西方大部制改革的特点与经验借鉴。

　　从研究热点的时间变化情况看，以 2013 年为节点，大致分两个研究阶段。2013 年以前，特别是 2008 年和 2009 年，大量文章主要聚焦于对大部制的基本概念、特征、改革目的和背景、国际经验，以及厘清大部制改革的几个关键问题，属于解决大部制究竟是怎么样的探讨阶段。2013 年以来，大部制研究重点转向改革的路径与方向，对已有国内外改革实践进行反思评价，思考大部制改革面临的困难与阻力，以及如何配套改革等深层次问题。对于大部制改革的核心内容的理解，从早期较多关注归并相似职能、机构重组转向权力结构的配置。

　　总体上看，目前关于大部制改革的研究存在一些突出特点：规范性研究多，实证研究少；宏观叙事多，立足实践少；针对政治性和功能性的研究多，对职能整合、机构重组的组织结构变革条件的研究少；借鉴反思多，理论基础研究少（朱建伟，韩啸，2014）。

　　在实践中，目前地方层面启动较早，但范围很有限，最早于 20 世纪 80 年代启动的海南建省以来的大部制试验，再次为 2000 年以来陆续在深圳、广东、重庆、浙江富阳、四川随州、成都、湖北随州等地的实践，2010 年以来启动的辽河流域、贵州省等地进行的零星实践。国家层面推进力度较大，2008 年、2013 年两次部门调整，组建了工业和信息化部、住房和城乡建设部、人力资源与社会保障部，以及在交通运输、卫生和计划生育、新闻出版广电、能源、食品药品监督管理领域组建的大部，国务院政府组成部门已减到 25 个。目前学术界对这些案例仅有零星研究。张成福和杨兴坤（2009）总结了大部制改革实践中存在的五大问题：一是职能未有机整合；二是部门内部运转不协调；三是职能未彻底转变；四是改革未突出战略和重点；五是大部门决策协调能力亟待提升。与国外相比，我国目前的大部制改革政府权力的退出和外放不明显；大部制的具体运行机制探索匮乏——过多关注机构增减，而很少关注内在机制建设和关系调整；国家层面缺乏一个整体、全面、清晰和可操作性强的改革规划方案，用以指导各层级的大部制改革（李丹阳，2014）。

　　对现有大部制的研究程度，原中央机构编制委员会办公室副主任黄文平（2014）认为，中国推动大部门之改革前期的理论研究基础并不扎实，对大部制改革的一些基本问题都还没有回答清楚，如大部制改革的基础和条件，部门之间整合的基本理论依据，大部制改革的基本原则、大部制改革的限度、大部制改革的合理顺序、需要优先整合的领域等。对这些问题，研究者和公众认识不一，尚没有达成共识。目前，学术主要围绕以下几方面进行了讨论。

3.1 关于大部制的内涵和基本特征

大部制是一个简称，全称是"大部门体制"或"大部门制度"，英文为 giant department。大部制政府，是指狭义政府中的最核心的机构，即进行政策决策的机构，也就是西方国家由内阁各部组成的政府。在我国，是指国务院的各组成部门，而不包括政府的直属机构（直属特设机构）、办事机构、隶属政府的事业单位和议事协调机构等（许耀桐，2013）。大部制是现代社会公共服务型政府的制度产物，也是市场经济成熟的国家普遍采用的政府体制模式（吴永，刘飞，2008）。

目前，比较公认且被广泛引用的关于大部制的定义是汪玉凯（2007）的阐述。他从职能整合的角度提出，"大部门体制，或者大部制，就是在政府部门设置中，将那些职能相近、业务范围雷同的事项，相对集中，由一个部门统一进行管理，最大限度地避免政府职能交叉、政出多门、多头管理，从而达到提高行政效率，降低行政成本的目标。大部制是国外市场化程度比较高的国家普遍实行的一种政府管理模式。"该定义强调了统一管理对提高政府行政绩效的必要性。

一些从部门职能整合角度，强调了大部制的内涵与特征。例如，张成福和杨兴坤（2008）认为大部制改革的实质在于政府机构内部的职能整合、统一领导、运转协调、资源共享、结构优化及机构精简。沈荣华（2008）认为"大部门体制，简称大部制，一般是指将职能相同或相近的部门整合为一个大部门，或者使相同相近职能由一个部门管理为主"。张创新和崔雪峰（2008）认为，"大部制主要有两个特征：一个是'宽职能'，另一个是'少部门'"。大部制并不追求大政府。大部制改革目的在于把原来政府部门设置过多、职能交叉重叠、出现政出多门、多头管理等问题按照职能统一原则归由一个部门来管。虽然政府部门的规模、职能和权力有所增大，但政府机构总体规模、职能和权力并没有增大，反而政府机构总数量还有所减少。

也有一些学者进一步从权利结构角度认识大部制的本质特征。例如，竹立家（2008）认为，"大部制，就是将一些职能相近或相关的部门整合为一个大部，将原来的部委改为内设的职能司局，或者由部委管理但又具有一定独立性的机构。'宽职能、少机构'，是其鲜明特征。"许耀桐（2008）认为大部制的实质是"一种权力结构的重组和再造，就在于它实行的是行政决策权、执行权和监督权的合理划分和相对分离"。刘伟（2008）认为，"大部制"改革的实质是建立在组织结构调整基础上的政府运行机制的重塑。郭海宏和卢宁

（2009）强调"大部制改革是一种权力结构的重组和再造，以及与机构改革相对应的职能调整和重新界定"。

赵杰（2013）认为先进国家的大部制改革，其实质在于通过调整政府与各领域之间的权力架构和关系格局，改变政府干预市场、国家介入社会的程度和形式，消除各类由公共权力导致的体制性障碍，将决策和行动的自由重新还给市场组织及社会组织，释放社会各个层面的活力，最终获得富有创造力和可持续发展能力的经济社会发展。

竺乾威（2014）认为，大部制改革既要解决组织的结构问题，也要解决新的结构的运行问题。决策权、执行权、监督权的相对分离以及相互间的制约和协调可以同时体现在结构和运行两个层面上。甚至他还进一步说明，大部制改革的实质是对韦伯式的官僚制的改革。

此外，也有学者从综合管理和协调角度对大部制进行了定义，如"所谓大部门体制，就是为推进政府事务综合管理与协调，按政府综合管理职能合并政府部门，组成超级大部的政府组织体制（李军鹏，2008）"。

宋世明则从大部制结构角度提出，大部门体制由大部门体系和大部门运行机制两大部分构成，其中大部门体系是由于核心化的行政政策中枢及其办事机构、综合化的政府组成部门、专业化的执行机构三个要素构成的政府组织架构；大部门体系应采取决策权、执行权、监督权既相互制约又相互协调的运行机制；大部门体制改革应该是政府组织架构调整与政府运行机制再造的统一。

陈建先和李凤（2008）认为大部制具有四个基本特征：一是"大"，表现为组织规模大和职能范围广；二是"少"，就是职能部门少，如实行大部制的美国政府仅15个职能部门等；三是"合"，实行大部制的目的之一是整合行政资源；四是"协"，大部制改革必须有机整合机构，优化组织结构，使之高度协调。

周志忍（2008）认为对"大部制"概念可以做两种界定：第一，它是政府部门设置的一种客观状态，其特点是部门数量少，各个部门的职责范围比较大；第二，它是一个机构重组和整合的过程，其标志是同级别部门的归并。两者之间区别在于："部门数量少，职责范围大"是自然形成的原发状态，抑或是大规模机构重组和整合的结果。美国、加拿大等多数国家的大部制属于原发的自然状态，但对英国、澳大利亚等国而言，大部制更多是一个以机构整合为标志的变革过程。大部制属于"优化结构"诸多措施中的一个，而且涉及的部门数量有限，因此，不能将大部制改革作为本次政府机构改革的代表或核心，如果这样理解，反而容易导致对改革综合性与复杂性的漠视。

舒绍福（2013）发现，欧美国家大部制改革的基本特征可概括为：部门规模大、职能范围大；职能部门的数量较少，以及内在地要求协同性、协作性等。渐进式的大部制改革依然是欧美国家政府机构改革的总趋势。

与大部制相对的是小部制。小部制是近现代政府随着工业社会的到来而兴起，按照行业、产业的划分进行机构设置。小部制的特征是"窄职能、多机构"，部门管辖范围小、机构数量大、专业分工细、职能交叉多。而大部制则打破了专业、行业甚至是产业领域的局限，是跨专业、跨行业、跨领域的管理，其特点是大职能、宽领域、少机构。大部制改革不等于政府部门"越少越好"，但该合并的部门，要坚决合并；大部制改革不等于政府"小而不强"，而是要成为管理能力上的"强政府"；大部制改革也不等于"裁员赶人"（许耀桐，2013）。

3.2 关于大部制改革的目的与作用

关于大部制改革的目的，学者们的阐述多种多样，对大部制改革寄予了多种期待。例如，王俊秀（2008）认为，推行大部门体制的主要目的不在于精简机构和裁减人员，而是为了集中和综合决策，建立决策、执行、监督相对分开的行政管理体制，建立健全决策权、执行权、监督权既相互制约又相互协调的权力结构和运行机制，确保决策科学、执行有力、监督有效。大部制改革重在精简统一效能（董方军等，2008），增强部门间的协同合作是推进"大部制"改革的基本目标（刘伟，2008），石亚军（2013）则提出了内涵式的大部制改革可以实现三个转变：一是政府职能向创造良好发展环境、提供优质公共服务、维护社会公平正义的根本转变；二是政府组织机构及人员编制向科学化、规范化、法制化的根本转变；三是行政运行机制和政府管理方式向规范有序、公开透明、便民高效的根本转变。

国家行政学院的舒绍福教授（2008）认为，大部制改革"旨在精简机构、理顺关系、明确职责、提高行政效能"。归纳总结有关学者的论述，实施大部制改革主要具有以下重要意义。许耀桐（2013）认为大部制改革的目的有三：一是进行跨专业、行业，跨产业，甚至是跨领域的管理机构整合，达到减少机构的目的；二是实行分权，把决策权、执行权、监督权分离，实行有效的权力制约；三是大部制改革的实质就是服务型政府建设。对大部制改革作用的认识，大致可以归纳为以下几点。

（1）有利于减少职能交叉，优化政府组织结构，完善行政运行机制（石亚军，施正文，2008；施雪华，孙发锋，2008；吴永，刘飞，2008；郭海宏，卢宁，2009），提高决策能力和执行力（许耀桐，2013）。

（2）有利于部长承担政治责任与行政责任，有利于责任政府的建设，有利于问责（李军鹏，2007；石亚军，施正文，2008；郭海宏，卢宁，2009）。建构问责制政府必须对公共组织的结构进行重构，实行职能有机统一、机构高度整合、责任划分明确的大部制（范广根，2009）。

（3）有利于理顺政府与社会、市场的关系，构建服务型政府，降低行政成本，提高公共服务的效能（施雪华，孙发锋，2008；张创新，崔雪峰，2008；郭海宏，卢宁，2009；许耀桐，2013）。

（4）有利于集中和整合资源，加强宏观调控（施雪华，孙发锋，2008）。

（5）有利于从源头遏制腐败（竹立家，2008）。

此外，还有一些学者对大部制改革可能具有的负面作用表示了关注，如对部内协调的负荷和难度、加大条块矛盾等负面效应（施雪华，孙发锋，2008）。一些学者认为大部制可以抑制政府职能交叉、令出多门、相互扯皮的现象，但其本身并不能解决权力部门化、部门利益化、利益集团化的问题（范广根，2009）。

3.3　关于大部制改革应遵循的原则

学者们对大部制改革应遵循的原则有多种多样的观点。石亚军和施正文（2008）提出的大部制改革的五大原则：①回应性调适原则，即回应市场经济、社会发展的需要，回应利益多元的需要和技术发展需要；②总体性统筹原则，统筹职能设置、统筹权利配置、统筹各种关系（城乡、区域、经济与社会、人与自然、国内与国外、中央与地方、局部利益与长远利益、个人利益与集体利益、当前与长远利益等）、统筹府际改革；③系统性集中原则，整合职能、整合权责、整合机构、整合机制，有机合并相似职能，健全政府权责体现，减少管理环节和层次，优化结构；④制约性协调原则，国务院和部门及部门间、部门内部，以及中央与地方之间三个层次上的决策权、执行权与监督权的制约性协调；⑤总览性分别原则，整体设计、分层分类指导、分步实施。

有四原则说，如张成福和杨兴坤（2008）提出，大部制的建立，应依事权统一、指挥统一、权责相称、决策与执行分工的原则进行。张创新和崔雪峰（2009）认为职能统一、权责一致、关系协调、改革配套是推行大部制改革应遵循的基本原则。

有三原则说，如竹立家（2008）从公共权力回归的视角提出大部制改革的三个原则：以公共精神为指导原则、整体性原则和精兵简政原则。于安（2008）根据行政机构设置和职能有机统一的要求提出新的大部制改革的三个原则：以解决部门权限冲突为适用原则、以有效实现政府政策为部门分立的最高准则和以实行行政机构和行政职能的统一为整合原则。曾维和（2009）提出要遵循适应经济和社会发展，部门协调与职能统一，权力相互协调和制约的原则。

有两原则说，如李军鹏（2007）认为，要按照实施政务综合管理和决策、执行、监督相互协调又适度分离的要求，稳步推行大部制。迟福林（2007）提出的大部制改革应坚持两个基本原则，即同经济社会发展的现实需求相联系的原则和配套推进的原则。杨敏（2007）提出的两个改革逻辑，即我国大部门体制改革必须遵循自上而下的改革逻辑：一是按照决策、执行、监督分离的原则对整个政府机构进行重组；二是按照职能有机统一的原则进行整合，继而在大部委内部再实现决策、执行、监督分离。竹立家（2008）认为，大部制改革要遵循适应社会的公共服务需要和提高政府效益的原则。

此外，迟福林（2008）提出进行大部制改革，要按照决策、执行和监督相互分离的原则；建立决策权、执行权、监督权既相互制约又相互协调的权力结构和运行机制。

总体来看，科学平衡决策权、执行权和监督权，实现权力运行的制度化是相对比较有共识的，是大部制改革需要遵循的原则。

3.4 关于大部制的理论基础

目前还没有系统阐述大部制改革的理论基础。总体认为，20 世纪 80 年代兴起的新公共管理理论是早期影响国外政府大部制改革的主流理论，随着改革实践的展开，针对大部制改革中出现的组织破碎化、政府职能空心化等问题，20 世纪 90 年代中后期以来，以整体政府、协同政府等公共行政理论开始逐渐引导新一轮的政府大部制改革（邱聪江，2008；徐超华，2012；曾维和，2009；曾凡军，2009）。而杜治洲（2009）认为，大部制改革的理论基础主要有两个，一个是管理学理论；一个是公共管理学的理论基础。其中，在公共管理理论中重点介绍了“无缝隙政府”和“服务型政府”两种理论主张。

从管理学角度，有关政府的大部门组织结构的设计，既遵循韦伯、西蒙等古典组织理论的原理，又有在其基础上进一步发展的现代组织理论。例如，范广根（2009）运用现代组织理论对大部制的组织结构特征、作用进行了论述。他认为，大部制的组织设计不反对专业化分工，而是在专业化分工基础上的综合和协调。大部制可以解决部门职责交叉和责任不清的问题，但其本身并不能解决权力部门化、部门利益化、利益集团化的问题。因此，为了提高复杂组织的效率和适应环境挑战的能力，以及公共行政目标的实现，构建大部制的组织体系要注重运用规章制度、计划、信息等手段，着重构建大部制下的部门协调机制和外部监督机制，并适当下放权力和职能。

3.5 关于大部制改革中的政府职能定位

刘伟（2008）认为，大部制改革应以职能转变为基础。机构调整要取得有效成果，还必须建立在职能转变和整合的基础之上。政府改革的关键并不在于部委是大是小，而在于政府职能的大小。

张成福（2008）认为从政府职能重新定位的角度，提出大部制的建立，应突出政府管理的重点，强化政府的核心职能，并确保政府核心职能的实现；应依据“有所为，有所不为，有事有权，有权有限”的精神和原则，明确划分部门的权限；应重视内部治理结构的优化，建立优良的治理结构；应强化部委机构政策制定的能力。

石杰琳（2010）认为从日本大部制改革的经验中提出，职能重新定位、职能转变、职能剥离是日本成功地将原有的 1 府 22 省厅合并压缩为 1 府 12 省厅，是大部制改革成功的一个重要保障。

舒邵福（2008）认为，转变政府职能是政府机构改革的核心，建立大部制之后政府必须重新定位自己的职能。政府要从“无所不为”转向“有所为、有所不为”，从事无巨细的“全能者”转向以公共服务和公共产品为主的供应者。建立大部制之后，我国政府主要职责也应当是制定宏观政策和规则。同时，政府要有效授权，将一些职能市场化、社会化与民营化，充分发挥非政府组织的作用。

3.6　关于大部制改革中集权与分权的关系问题

关于行政分权必要性的认识基本统一。崔建（2008）研究了俄罗斯的大部制改革，倪星（2008）、池霏霏（2008）、石杰琳（2010）、沈荣华（2012）等学者在考察了英国、美国、澳大利亚、日本、德国等国的大部制改革后，发现西方国家实行大部门集中体制，是与分散的多样化行政性组织（执行机构）相互依存的。石杰琳（2010）认为，实现政府核心职能聚焦（形成以决策和咨询为主要职能的"核心司"），并卸载具体的一些执行职能，原来由政府机构行使的管制性职能部分地转移到独立行政组织，这为缩小政府机构管制职能，推行大部门体制创造了条件。此外，大部门集中体制也与中央向地方下放权力，或者说扩大地方自治范围的改革相关联。竹立家（2013）认为，政府机构改革一个很重要的方面是对政府机构进行"分类改革"，形成政府内部的"行政分权"。不能混淆政府政策机构和执行机构这两类机构之间的界限，简单合并同类项会使政府机构的职能更为混乱。汪玉凯（2013）也认为减政，即减少政府对市场、社会不必要的干预和对市场配置资源的过多干预，以及放权，即对政府过大权力的实质性削减和下放，是大部制改革成功的重要前提条件。

石亚军和施正文（2008）认为，目前我国决策职能与执行职能和监督职能不分现象突出，监督流于形式，使决策部门普遍受到执行利益的干扰，导致问责更加困难，国家利益部门化。设立专门的执行机构，将公共服务和行政执法等方面的执行职能分离出来，避免集决策、执行、监督于一身的弊端。有些职权的分工与制约，还需要从与人大、司法部门的关系上来考虑。杜倩博（2012）在对比了我国与国外的机构形态进行分析后，指出我国的权力结构体现为"决策集中控制权"与"执行自主权"的双重缺失。周志忍（2008）通过溯源英国大部制的改革历程，提出"与大部制改革同时进行的是卸载、分群和设立执行机构"，同时他还强调"有限政府和决策/执行的适度分离，在一定程度上是大部制有效运作的基础和条件。"

于安（2008）则从建设服务型政府的角度提出，服务型政府不仅需要职能复合决策统一的大部门，分散型的执行性和功能性机构也是政府现代化的重要标志，是政府提供有效公共服务和应对时代变化的政府组织形式。2008年设立的中央政府的几个大部门，在统一管理新纳入职能业务的同时，以国家局的形式保留了一部分机构的相对独立性。这种在一个大部门内实行集中重大决策和分散执行功能相统一的新体制，会成为今后设置中央政府组成部门的一个基本模式和走向。分散型行政机构不应当是整齐划一和一成不变的，而应当完全按照有效实施相关职能的需要进行创新式设置。

范广根（2009）从现代组织理论角度指出，大部制改革不只是把职能权力在部门之间做横向转移，有些微观管理方面的职能和职权应该减给地方、企业或市场。实行大部制，还要根据环境变化转变政府职能，甚至要下放一些权力，才能使组织与环境保持密切的联系和及时的沟通。

少数学者也对执行分权可能面临的负面问题，进行了理论阐述。例如，刘伟（2008）在考察 20 世纪 90 年代以来西方政府改革动向的基础上认为，如果没有处理好分权过程中各个执行机构之间的协调合作，执行分权模式同样也存在着严重的负面效应，如政府空心化和权力碎片化问题。此外，不少学者从整体政府、协同政府理论角度，指出了缺乏良好协调机制下的执行分权带来的弊端，以及国外 20 世纪 90 年代中后期以来的相关政府改革实践经验（邱聪江，2008；徐超华，2012；曾维和，2009；曾凡军，2009）。

在具体如何优化现有政府组织机构，实现决策、执行监督相互制约相互协调的具体路径上，学者们仁者见仁，难有共识。例如，沈荣华（2008）认为可借鉴参考国外一些成熟经验，如政策制定与执行相分离的政府模式的英国，来进行决策与执行相对分开的改革试点，可将执行性、服务性、监管性的职责及相关机构分离出来作为大部门的执行机构，将所属事业单位改为独立法人单位，使部门本身主要负责政策制定，执行机构和法人单位专门负责政策执行，形成决策与执行相互制约和协调的权力结构和运行机制。

舒邵福（2008）认为，理论界通常认为有两种大部制模式：一是在部与部之间实行决策、执行与监督的三分制，使不同部委分别行使决策权、执行权与监督权；二是在大部委内部实行权力分工，使决策权、执行权与监督权由同一部委的不同机构专门行使。

吴永和刘飞（2008）认为，要做到决策权、执行权与监督权的相互制约、相互协调，要把调整、整合政府的议事协调机构、事业单位改革、特别是有行政职能的事业单位的改革进行统一的考虑。也就是说，要把有些议事协调机构改革为决策机构，把有行政职能的事业单位改革为执行机构或者法定机构。只有这样，才能实现功能的整体分化，确立起权力的结构性约束机制。当然，对大部制的约束监督，更值得我们关注的还是如何从外部对其进行监督。汪玉凯（2007）则对具体行使三权的机构设置方式上，提出要把有些议事协调机构改革为决策机构，把有行政职能的事业单位改革为执行机构或者法定机构。这样才能实现功能的整体分化，确立起权力的结构性约束机制。

从国际经验看，决策与执行关系主要有三种模式：①英国为代表的决策执行彻底分离模式；②俄罗斯为代表的执行从属决策部门模式；③日本、韩国为代表的执行部门相对独立模式。王霁霞（2013）对中央与地方的公务员进行调查显示，英国模式整体支持度最高，中央公务员倾向于日本、韩国模式，地方公务员与中央公务员分歧较大。

3.7　关于大部制改革中综合管理与专业化管理的关系问题

专业分工是行政管理现代化的内在需求，要通过大部制改革有效地加强政府综合协调的能力，使专业分工与综合协调达到有机统一（曾维和，2008）。在具体如何处理综合管理部门与专业管理部门的关系问题方面，石亚军，施正文（2008）认为，我国目前综合管理职能与专业管理职能配置不科学。综合管理部门权力过于集中，行业或产业管理部门的行政管理职能不到位、权力分割，项目立项、资金支配等事项都要经过综合管理部门的层层审批，统筹协调困难，对一些问题难以及时出台有效的政策。因此，必须进一步理顺综合部门与专业管理部门的关系，做到各负其责、相互协作是大部制改革的配套条件。

（1）综合管理部门的基本定位是服务、协调、指导、监督，主要研究制定国家战略、重大规划、宏观政策，协调解决经济社会发展中的重大问题，对各个产业或行业存在的共性问题减少微观管理和具体的审批事项进行统筹协调。实现从项目管理向宏观管理、从直接管理向间接管理的转变。

（2）按照大部制的要求适当拓宽专业管理部门的管理范围，其工作重点是研究解决产业或行业存在的重大问题，拟定相关法律法规草案和中长期发展规划及政策，统筹配置行业资源，发布行业信息标准，维护行业市场秩序，开展行业执法监督检查，提供行业相关信息服务。

（3）设立专司统筹经济社会事务的办事机构，统一协调解决职责交叉和综合管理事务。

3.8　关于部门间的协调机制

虽然大部制改革强调对职能的明确划分，但是事实上很多现代公共管理问题和公共事务都有着错综复杂的联系，其解决往往需要多个部门的协同配合。合并机构、建立大部制之后所遇到的沟通协调局面必将会更加复杂（舒邵福，2008）。因此，大部制改革在归并职能、明确部门职责的同时，更应当注意建立跨部门的协调配合机制。从国外大部制改革经验来看，如英国政府提出的"协同政府"，以及美国政府提出的"跨部门合作机制"等，都是在强调大部之间协调配合机制的重要性（周志忍，2008）。

而刘伟（2008）则从国外政府执行体系改革的反面教训，借鉴西方20世纪90年代以来倡导的"协同政府"理念，论述了大部制改革的部门协调机制构建的必要性。为了克服大量公共服务外包、下放所造成的政府职能空心化和权力碎片化问题，需要准确界定政府与市场、政府与社会各自不同的"活动场所"，不能相互替代，构成合作共治关系。"大部制"改革的关键不是将政府部门归大堆，而是要通过职能重组和部门调整在各部门内部和部门之间构建科学、高效的协调联动机制，形成"大职能、宽领域"的政府事务综合管理体制。施雪华和陈勇（2012）还提出大部制部门内部协调困境，认为大部制部门内部有效协调既是大部制改革顺利推进的保障，也是确保大部门组织整体效能的需要。

关于如何建立部门间协调机制，郭子久（2008）认为，要建立有效的"部门间的协调配合机制"，首先，"大部制"的推动必须在横向协调机制的建构上，积极搭建一个有利于部门协调沟通的平台，进而有效整合各方资源，形成强大的工作合力。其次，纵向联结机制建设方面，务必将地方机构改革纳入中央行政体制改革视野，进行整体系统设计，实施科学有效推进。

在解决大部制下的部门协调问题时，范广根（2009）提出，在注重规章制度的标准化、部门相互之间的信息传递与级别沟通的同时，要注重构建部际之间的协调配合机制，可以通过诸如正式会议与非正式交流、构建任务小组等适当打破部际界限以完成特定工作任务，也可以委派专职协调角色、通过设计矩阵结构交叉协调等多种方式来进行部际之间的协调。

3.9 关于大部制的监督权问题

作为公共行政性质的大部制，在大部制改革的职能整合过程中要特别注意保持监管的独立性（马英娟，2008；谭波，2009）。大部制可以抑制政府职能交叉、令出多门、相互扯皮的现象，但其本身并不能解决权力部门化、部门利益化、利益集团化，为此需要加强对公权力的监督，尤其是外部监督。外部监督不仅仅促进行政效率的提高，更重要的是保证公共行政的服务目标的公民取向（范广根，2009）。

吴根平（2008）、吴永和刘飞（2008）则指出，对大部制的约束监督，更值得关注的还是如何从外部对其进行监督。实践证明，对公权力的制约，最有效的还是外部的监督，特别是来自人大、司法、公众、媒体等的监督。

在具体的监督体制设计上，任剑涛（2008）认为，我国探索的行政三分，可在一个部门内部，政务官负责决策，事务官负责执行，同时也进行内部监督，而统计局、审计署、监察部等负责外部监督，各个部门之间的制衡形成一个大的布局。罗重谱（2013）提出，稳步推进大部制改革应该着力于职能转变，自内而外搭建"大部"监督体系网，建立部门内外协同机制，注重顶层设计和配套制度建设，营造部门间组织文化实现"激励相容"。

3.10 关于大部门的限度和适用领域

从国际经验看，大部门比较适用于经济类和社会类部门，政务类部门设置一般比较稳定，管理职能统一，变化较小。因经济社会发展变化速度快，经济类和社会类部门往往是推进机构改革的重点领域（徐寅，2014）。市场经济发达的国家普遍设置了大农业部、大交通部和大环境部，分别综合负责农、林、牧、渔业政策，陆、海、空交通运输政策和环境保护政策等相关的政府事务（郭海宏，卢宁，2009）。总体来看，各国政府的大部门组成结构特点是应需而设，职能为基；渐次推进，因时制宜；有共性，无模式（竺乾威，刘杰，2008）。

从我国国情出发，大部制更为适宜的具体部门领域，主要研究者高度集中在国家行政学院。例如，舒邵福（2008）认为，大部制改革的领域先从条件相对成熟、职能交叉突出、外部呼声大、社会需求高的部委入手。如运输、医药卫生、能源、农业、环境保护等领域。

此外，可把人事与组织部、统战部、劳动部等职能整合。许耀桐教授（2013）提出，未来我国应该有 10 个大部制整合：大工业、大交通、大能源、大金融、大环保、大农业、大卫生、大文化、大教育科技和大社会管理。李军鹏（2013）认为，市县政府要积极探索建立"大经济""大规划""大交通""大文化""大农业""大监管"的管理体制与机构设置模式。

可见，无论从国际经验还是中国国情，环境保护以及与其密切相关的能源、农业、交通、工业等领域都是专家认为最需要，也适宜进行大部制改革的重点领域。

关于政府组成的大部门适宜数量，学者们基于国际经验比较，普遍认为在 20 个左右为宜（周宝砚，2008；竺乾威，刘杰，2008），而且市场经济发达的西方国家政府组成部门一般比较少，发达国家无论大小，内阁部门一般保持在 15～20 个，而且通常只有发展中国家的政府组成部门会在 20～30 个部门（郭海宏，卢宁，2009）。南开大学周恩来政府管理学院课题组（2008）提出中央政府的核心机构数量应控制在 20 个以下。

3.11 关于大部制改革的思路、方法及步骤

在具体的大部制改革的思路、方法和步骤方面，学者们的分歧最大。陈天祥（2008）认为要从转变政府职能和权力下放入手。李军鹏（2008）强调大部制改革要遵循自下而上的路径，为了更好地推进大部制改革，应当遵循先行试点、稳妥实施和系统设计的三个步骤。龚常和曾维和等（2008）主张大部制改革应以转变政府职能、提高行政效能为核心，以权力协调和职能归并为基础。周晓丽、毛寿龙（2008）从职能整合、权力重构、权力制衡角度，提出大部制改革的三个层次问题：首先是部门之间的整合，其次是决策、执行、监督分离思想融入，然后要关注民生、社会管理和服务职能的明确和强化，最后是对权力的约束与监督。竺乾威（2008）认为大部制改革应着眼于利益补偿、领导人的选择与配备、部门整合以及文化再造。曾维和（2008）认为，西方各国大部制改革推进方略的内容主要表现为渐进式的推进策略，动态式的改革原则及整合性的运作机制三个方面。并且认为，到大部制改革的中后期，各国大都重视政府部门间整体运行机制的建立。

同时，刘伟（2008）指出，如果说前几次的机构改革是一个量变的过程，那么，新一轮政府改革，所主张的"大部制"改革不能再把裁减人员和压缩机构作为主要目标，而是要在更深的层次上理顺政府的运行机制，以提升部门间的协同合作能力，增强政府保障和服务职能为目标取向。对大部制改革中存在的一些理念误区，张成福和杨兴坤（2009）总结为五种观念误区：一是认为大部必然比以前的部门"大"；二是把大部制改革等同于机构重组；三是认为大部制改革应一步到位；四是认为部门机构设置应整齐划一；五是认为地方应与上级完全对接。

曾维和（2008）认为，推进大部制改革还要协调与处理好如下六个方面的关系：①全面推进与重点突破的关系；②立足本国国情与借鉴国外经验的关系；③维护公共利益与消

解部门利益的关系；④机构归并与机构增设的关系；⑤专业分工与综合协调的关系；⑥优化结构与提高效能的关系。而陈天祥（2013）认为，进一步推动大部制改革，需妥善处理好五个方面的关系：①大部制改革与政府职能转变之间的关系；②不同政府层级之间大部制改革的协同推进关系；③大部制改革与突破利益部门化格局之间的关系；④大部制改革与机构合并之间的关系；⑤大部制改革与权力结构调整之间的关系。

关于未来大部制改革的方向，刘伟（2008）结合后新公共管理时代西方国家政府改革实践的新特点，提出"大部制"改革需要在加大机构整合力度和实现职能有机统一的基础上向更深层次推进。"大部制"改革至少应经历三个阶段性的环节：一是调整部门和整合职能的阶段；二是完善机制和形成合力的阶段；三是促进与市场和公民社会的互动合作，形成网状治理格局的阶段。职能调整阶段，首先，要对部委合并进行细致的功能分析；其次，在功能分析的基础上对政府部门实行"瘦身"，拓宽治理幅度。将职能和管辖范围相近、业务性质雷同的政府部门进行整合，消除机构重叠、政出多门的弊端，把与政府性质及职能不相符的事务交由企事业单位和市场中介组织管理；最后，要着力构建政府内部的协调联动机制。燕继荣认为（2013）未来改革的方向应当是：建立有限的政府，让市场和社会发挥更大的作用；建立有效的政府，为人民群众提供更满意的公共产品和公共服务。

毛寿龙（2013）认为 2013 年以后大部制改革的空间将由两条线索决定：一是组织精简，二是职能转变。今后改革的余地主要是三个方面：一是国有企业改革，需要取消行政级别；二是事业单位改革，也要取消行政级别；三是政府自身的改革。从宏观上看，合并逻辑是机构改革的主要逻辑，拆分的逻辑也有。前者是历史的逻辑，比较的逻辑，国务院决策层合理规模的逻辑。后者是一个项目设一个机构去运作是比较有效的；政府要把个人、市场和社会能够做的事情，把政府不适宜做的事情，拆分出政府；即使适合政府做的事情，也要尽可能拆分到适当的层次，越靠近一线越好，最好落实在实体性的一级，即直接面向服务和管理对象的这一级。

3.12　关于大部制改革的前提条件和配套制度问题

关于大部制改革的前提条件，目前，学术界对大部制改革需要具备的基础和条件讨论的并不多见（黄文平，2014）。石杰琳（2011）和朱昔群（2014）两位学者进行了比较系统的分析和阐述，其主要共性观点如下。

（1）实现大部制的制度基础，是市场经济的成熟和公民社会的发展，这样才能使原来由政府承担的公共职能、公共事物得以外移，由社会或市场来承接。

（2）实现大部制的现实需要，是随着后工业化和信息社会的到来，政府综合事务在政府管理中的比例不得上升，要求政府综合决策、综合执行和综合管理。

（3）实现大部制的技术保障，是行政管理技术的发展，提高了管理信息交流和处理的速度和效率，提高了处理综合、复杂性事物的能力，为大部制管理幅度的增大提供了可能。

（4）大部制改革，需要与政府职能转变、管理方式创新、公务员制度改革等内容并行推进。

（5）大部制改革，需要与地方分权改革相关联。中央政府集中于宏观决策、协调和监督，地方政府承担更多的执行职能和事务性管理职能。

（6）大部制改革，需要合理配置决策、统一执行、强化监督等职能，处理好专业化执行与综合性管理的关系。

此外，还有一些学者从不同角度论及大部制改革的前提条件。例如，汪玉凯（2008）认为，大部制改革可能会牵动政治体制改革，没有政治体制改革推进，真正的大部制也许很难确立。从更深层次来看，大部制改革的思路和方向，最终必然会涉及和涵盖到党政、人大等系统。因此，大部制改革是跨党政的，甚至要考虑党的权力和政府权力的对接，这个问题非常关键。汪玉凯（2013）进一步明确提出了大部制改革需要确立的三个"前提"：一是顶层权力结构的合理配置。这实际上是党委、政府、人大、政协四种权力结构的如何科学配置问题。二是减少政府对市场、社会的不必要干预。主要是政府不要对市场配置资源的过多干预。三是对政府过大权力的实质性削减和下放。史明霞（2009）认为整合现有的财政职能和行政编制，建立一个融事权与财权相统一的大财政，控制住一切行政管理行为的"财源"，才能使大部制改革实现职能整合的关键。邓少波、李增强（2009）认为大部制改革要以科学转变职能为前提，需要体制支持和部门间的协调等。

关于大部制改革的配套制度问题，张弥和周天勇（2006）在总结了我国改革开放以来行政机构设置存在一系列问题及教训，以及苏联转型中政府机构改革和职能设置的前车之鉴，提出新的政府改革必须要明确我国政府机构改革和职能设置所要遵循的原则。"国务院大部制—直管县—划小省级行政区域"三大改革联动，不失为政府机构的设置和改革的方案选择之一。用 10 年或更短的时间，逐步将行政、执法和司法机构全额由财政供养，使行政、执法与利益和金钱相分离。

李军鹏（2008）认为推进大部制改革，需要统筹政府机构改革、事业单位改革与社会组织改革。同时，李军鹏（2008）认为，"大部制改革的成功与否，取决于中央与地方机构改革的联动机制是否能够确立，取决于长期以来存在着的中央政府与地方政府'职责同构'、'上下一般粗'的局面是否能在实质上突破。"

石亚军、施正文（2008）、舒邵福（2008）认为，推动大部制改革，还要加快推进事业单位分类改革，创新公共产品的提供机制，重视公益性事业单位在提供公共产品和公共服务中的重要作用，还可以更多地采取购买服务的合同方式。要按照政事分开、政府与市场中介组织分开的原则，将大量的技术性、服务性和经办性职能交给事业单位和中介组织承担；规范行业协会、商会等社会中介组织，为机构改革提供良好的社会环境。

石杰琳（2010）在考察了英国、美国、澳大利亚、日本等国的大部制改革后，发现大部门体制改革有两个重要的配套条件，一是这些国家的大部门改革不是一个单纯的机构改革，而是与其他的改革措施，诸如政府职能转变、管理方式创新、公务员制度改革等内容并行推进。二是市场经济的成熟和公民社会的发展是西方国家实行大部制的职能基础，如此才使原来由政府承担的公共职能、公共事务得以不断外移，为政府部门的减少提供了可能。许淑萍（2010）重点探讨了大部制改革与社会组织发展的互动关系。

许耀桐教授（2013）认为，与大部制改革配套的相关工程包括：事业单位体制改革、行政层级和行政区划改革、党和其他系统的大部制改革。只有这三大工程完成了，大部制改革才大功告成、真正到位。谢志岿（2013）认为构建完善的大部门体制，必须完成如下制度建构，即核心职能或决策意义上的大部门体制；职能有机统一而非机械整合；决策权、执行权、监督权既相互制约又相互协调；行政层级设置合理，权责划分清晰、一致。构建上述四个体制机制，并推进大部制的配套改革，应该是下一步深化大部制改革的重点内容。

3.13　大部制改革的重难点

国家行政学院的许耀桐教授（2013）提出，今后的大部制改革，要抓住重点，在权力划分和人员配置上下工夫。一定要按照决策权、执行权、监督权相互协调又适度分离的要求来进行人员配置。石亚军和施正文（2008）认为推动我国大部制改革需要关注五大重点问题：①决策、执行、监督的分离与协调问题；②综合管理部门与专业管理部门的关系问题；③推行大部制改革的法律保障问题；④与其他改革相配套问题；⑤加强对大部制改革的理论研究。沈荣华（2008）认为，大部制改革应重点解决职能和机构整合问题、决策与执行分开问题、各类政府机构关系问题和地方政府机构设置问题。

今天的中国，除中央与地方、大型国企之间错综复杂的关系外，已形成庞大的利益团体，机构大分拆、重组，大部制改革势必面临既有的部门利益主体的抵触，大部制改革最大的阻力来自于多年以来被强化了的部门利益（石亚军，施正文，2008；吴永，刘飞，2008；陈文权，张欣，2008；李丹阳，2010；石亚军，施正文，2011），甚至强大反弹（庄浩滨，2007；刘伟，2008）。齐丽斯（2014）认为，当前我国大部制改革的重点在对政府权力结构、绩效考核标准和政府工作流程再造等方面。

孙磊和尉迟光斌（2014）认为当前我国大部制改革面临诸多问题和难题，精简事权是大部制改革的重点，部门利益是大部制改革的难点。

蔡恩泽（2008）提出了大部制改革的四难问题，即权力磨合难、人员分流难、机制磨合难和运行监督难。

汪玉凯（2007）认为有四个难点：①如何按照/决策、执行、监督，相互制约又相互协调的要求重建政府权力结构和运行机制，为大部制下的权力监督提供保障；②大部制能否有效遏制和消解部门利益，成为最为关键的问题之一；③大部制改革可能会牵动政治体制改革，没有政治体制改革的推进，真正的大部制很难确立；④大部制改革的策略和方法至关重要。

竺乾威（2008）认为大部的确切边界划定问题、部门的整合问题、内部管理上的困难与运行成本问题以及对大部组织的监督问题是大部制改革的难点。

李丹阳（2010）认为，中国计划经济时期，形成的强大制度惯性和部门利益是大部制改革的重大阻力，部门职能边界的划分，决策权、执行权、监督权既制约又协调新的权力运行机制和模式设计、党政机构对接、部门整合的人员分流、大部门运行的监督等都是大部制改革需要关注的重要问题。

综上所述，目前学术界对大部制改革的内涵、特征、目的和作用，以及大部制的部门限度等方面分歧较少，而对一些核心问题，如权力结构配置、改革应遵循的原则、所采取的路径和方法，以及配套实施保障条件等方面的观点差异较大。其中关于权力结构配置中，如何处理集权与分权，综合管理与专业化管理的关系，决策、执行、监督的权力关系，部门间协调机制等关键性理论问题还没有形成共识和体系化的表述。对大部制改革面临的困难和阻力，以及可能产生的负效应等表示了不同程度的关注，但总体对大部制改革持积极肯定态度。学者普遍认为现有体制形成的部门利益是大部制改革主要的难点和改革阻力，而政府职能转变、决策、执行、监督的权力关系配置，以及大部制下如何进行部门权力监督等问题是改革的重点。事业单位体制改革、行政层级和行政区划改革、党和其他系统的大部制改革，以及公务员等人员优化配置等是保证大部制改革成功的必要配套改革措施。

附录4 自然资源资产管理、自然资源监管和生态环保管理体制关系[①]

4.1 自然资源资产管理体制

4.1.1 自然资源资产管理的概念界定

1. 自然资源资产管理是自然资源市场化管理方式

自然资源资产化管理就是把自然资源看作商品，作为一种资产进行管理。对自然资源实行资产化管理可以理顺自然资源价值补偿与价值实现过程中的经济关系；有利于确保自然资源所有者权益、实现自然资源自我累积性增值和资源的优化配置，形成资源利益公平有效分配，提高自然资源可持续性利用水平。

2. 自然资源要转化为资源资产，必须满足的基本条件

资产具有可获益性、可控制性、可计量性、可交易性等基本特征。作为资产的自然资源，一是要在法律上还要具有独立性，即资源的权属关系明晰，主体对其有控制权；二是要具备稀缺性，可以为人类越来越多的需求带来供给；三是要能产生效益，这样才能为自然资源转化为资产具备经济要素（姜文来，2004）；四是自然资源的产权具有可流转性（郑晓曦，高霞，2013）。

3. 自然资源资产管理的核心是资源产权管理

产权制度是一种最基本的经济制度。将产权制度引入自然资源可持续管理领域中，是将资源环境保护理念融入经济建设中的具体途径。"产权是一种通过社会强制而实现的对某种经济物品的多种用途进行选择的权利"（配杰威齐，1994）。产权规定了经济行为主体在稀缺物品使用中的地位以及每个行为主体的相互交往中必须遵守的规范和不遵守这些规范是必须承担的成本。产权设定的意义在于，为人们利用财产的行为设定了一定的边界，它允许权利在法律准许的范围内支配财产，并承担相应支配结果的权利（刘灿，2009）。

[①] 本附录作者：殷培红。

4. 自然资源的权属由多权利形态组成

自然资源的多功能性和对其开发利用的多目标性决定了自然资源的权属是一个多权利形态组成的权利体系，其中包括自然资源的所有权、使用权、经营管理权和其他权益等（张璐，2009）。其中自然资源所有权是自然资源产权的核心。完整的所有权包括占有权、使用权、收益权和处置权四项权利。并且这些产权形态是可以分解的。现代产权理论认为，合理界定和安排产权结构，可以降低交易费用、提高经济效益、改善资源配置、增加经济福利（刘灿，2009）。

4.1.2 自然资源资产管理的基本内容

1. 自然资源资产管理的职责

自然资源资产管理需要统一行使全民所有自然资源资产所有者职责。国家层面至少应当具备以下管理职责：自然资源资产的清查和评估，编制自然资源资产负债表、自然资源开发利用规划，国土空间利用规划职能，公共自然资源资产收益的公平分配职能，资产确权登记、使用权管理，空间管控、用途管制、资产运营监管、产权交易市场的监督职能等。

2. 自然资源资产管理需要建立的主要制度和机制

自然资源资产管理需要建立一系列的制度和机制。主要包括：重点解决公有产权虚置问题，建立利益共享机制；改革自然资源使用权制度，明晰产权责任，有偿开采利用；建立自然资源产权流转制度，促进自然资源资产合理定价和保值增值；强化自然资源资产运营监管、产权交易市场监管制度等，促进地方有序开发利用；健全自然资源资产管理的法律制度，在有关立法中完善自然资源产权主体制度、自然资源配置使用制度、自然资源征用与补偿制度、自然资源产权回收制度等（刘灿，2009）。

4.1.3 当前自然资源资产管理体制存在的主要问题

（1）资产使用权的收益分配制度不完善、监管制度缺失，导致全民所有产权的虚化。由于国家所有权委托代理链条过长、信息不对称，自然资源有偿使用和利益共享分配机制不健全，中央各部门、各级地方政府国家产权代理人的行为目标和利益诉求差异，以及缺乏有效协调和约束机制等问题，导致资源利用地方利益最大化、各地政府竞争性开采利用资源，国家整体利益受损。

（2）自然资源产权管理条块分割严重，行政配置为主导，产权收益部门化。自然资源管理职能分散在发展改革委（能源局）、国土、农业、水利、林业、海洋等多个部门，自然资源产权管理权利条块分割严重，行政管理代替市场调节，各级政府既履行自然资源产权管理职能，又代行自然资源资产的运行管理职能，自然资源的所有者和具体开发利用者的责、权、利关系不清，在缺乏自然资源保护监管情况下，内在利益冲突倾向重开发轻保护，资源合理利用与保护工作被边缘化；全民所有自然资源的收益转化为部门利益，社会公共利益受损。

（3）自然保护区的自然资源生态资产本底不详，对自然资源价值的有效评估不足。我国绝大多数自然保护区的野生动植物资源本底不清，缺乏常规动态监测评估，难以支撑生态保护管理的科学决策。大部分自然保护区只有野生动植物资源名录，没有种群数量。资料整理普遍不详细，更新慢，数据监测不能实时跟进，无法为资源合理定价、生态补偿和资源承载力预警提供依据。资源性产品定价过低，抑制了资源使用者投资于保护资源、提高资源利用率的积极性，引发掠夺式开发利用资源，植被破坏、水土流失、地下水资源破坏、环境污染、人为诱发自然灾害等生态灾难不断加剧。

（4）自然资源产权交易/流转安排缺失，影响资源配置和利用效率。产权交易（产权流转）安排的缺失，导致我国自然资源配置低效、资源浪费使用严重。目前我国自然资源配置几乎完全依靠行政力量，但同时严格限制自然资源产权交易，仅有少数自然资源使用权可以交易但不能谋利。一些法律上安排的自然资源使用权交易尚未落实，且尚未具备产权交易的基本条件。自然资源所有权交易是自然资源成为资产的前提，限制交易也就相当于否定了市场配置自然资源的作用。

（5）自然资源资产管理法律体系不健全，导致管理缺位。自然资源管理法律体系呈现较为突出的部门化和碎片化特点，交叉重叠严重。有关自然资源资产管理法律缺失，合法使用权人权益缺乏完整的法律保障。

4.2　自然资源监管体制

4.2.1　自然资源监管概念界定

根据自然资源的空间属性和经济属性，自然资源监管可分为空间监管（空间管控和用途管制）、市场监管（资产运营监管和产权交易监管），以及生态环保监管三大类。

自然资源的空间监管是建立在自然资源空间分布和国土空间开发格局基础上监管的内容。其中，用途管制是指对土地利用类型变更的监管，由于国土资源在使用上，其产品价值往往与环境价值存在非此即彼的价值冲突，相当一部分环境价值难以货币化计量、具有公益性等特征，国土用途管制还可分为生态空间的用途管制与建设空间的经济用途管制两类。空间管控是指按照主体功能区定位，合理布局生产、生活、生态空间，控制国土开发强度，划定生态保护红线和资源环境承载力分区，对产业准入实行分区域引导。

资产运营监管是指对自然资源资产的保值、增值、负债情况等的监管；这里的生态环保监管是指对自然资源开采过程中的生态保护和污染防治进行监管，不同于生态空间的用途监管。

4.2.2   自然资源监管体制存在的问题

1. 自然资源开发管理与监管职能归属同一部门，导致资源利用效率低，保护不足

由于自然资源管理体制设计缺陷，自然资源可持续利用和生态环保工作一直处于边缘化状态，资源和生态安全问题日益突出。自然资源分行业管理体制特点突出，相关自然资源管理部门既是资源开发利用部门，又是资源保护的监管部门，既是资源的市场盈利主体又是市场的监管力量，集"裁判员"与"运动员"职能于一身，因资源开发的逐利性，并与资源保护存在内在利益冲突，自我约束和监督的内在动力不足，开发利用冲动强烈。在缺乏有效制度约束情况下，自然资源管理部门存在重资源开发、轻资源可持续利用和生态环保的倾向。

一些自然条件不适宜树木生长的地方植树造林，不仅造林效果差、成本高、造林资金浪费，"年年造林不见林"，而且还由于树木的"生物泵"作用，造林甚至成为当地土地荒漠化速度加快、生态恶化的诱因之一。在植树造（经济）林的利益驱动下，一些地方大量种植单一经济树种，引发林区病虫害，导致大量使用农药、污染环境、破坏当地生物链。例如，广东省种植了多达 67.7 万公顷的桉树林，而桉树有"霸道"的吸水、吸肥能力，直接影响附近植物的吸水性，就连土地都会变得极其贫瘠，一片片的桉树林成为了"生态杀手"。桉林满山泉水干涸是用途监管缺失的恶劣后果。

很多自然保护地中大量出现旅游资源开发过度、游客超载现象，湿地或被疏于开发，或成为过度排污的纳污场所，或者变为人工养殖场所等问题，往往与相关主管部门批准或默许有关，而隶属于林业部门的森林公安只能处罚未经林业行政主管部门批准的违法行为。

2. 自然资源开发的生态环保监管授权严重不足，导致生态保护乱象丛生

（1）自然资源的综合管理和生态环保监管权虚置。国土资源部仅仅对耕地和部分矿产资源开发享有管理权。国务院虽然赋予环境保护部的指导、协调、监督生态保护，但具体到各种资源要素的保护和监管手段（包括资金机制）都不在环境保护部。自然资源开发项目的环评分部门管理，因分属资源开发部门管理，强制和约束力不足。采矿许可证和环境许可证审批相互脱节，造成审批不管监督，监管无法真正履行的被动局面（唐殿彩，2013）。

（2）规划环评还不具备强制性，生态建设规划的综合协调、生态建设项目的环境影响监管等方面缺乏国家和法律的明确授权，生态保护监管存在真空地带。在生态保护多头决策体制下，无法抑制部门管理目标最大化损害整体利益的现象。一些生态建设项目和资源利用明显违背自然规律，破坏环境的现象时有发生，却也无法有效遏制。例如，中央电视台在 2013 年"两会"结束后曝光了一些农业主产区，为了增加植树造林数量，林业部门运用部门掌握的植树造林经费鼓励农民在已经返青的麦田中"间种"树苗，影响粮食供应安全。

3. 自然资源资产的空间管控制度不配套

国家虽已颁布了全国主体功能区划，但因国土空间的层级性特点，进一步需要开展省以下行政单元主体功能区划定、生态保护红线和资源环境承载力分区等工作。此外，有关保障合理布局生产、生活、生态空间的配套制度和相关约束和激励机制尚未建立，有关违反主体功能区定位，突破国土开发强度和生态保护红线控制要求的后果责任等都还没有明确规定。

4．自然资源资产的市场监管缺失

由于我国的资产运营监管普遍不到位甚至缺失，各地政府竞争性开采利用资源，自然资源耗竭速度加快，随意处置自然资源资产，造成国有资产流失，社会公共利益受损。一些地区甚至还存在资源管理部门监守自盗现象。例如，中央电视台披露，云南马关县林业局伪造假证明，两年内将上千亩的天然林砍伐一光，却谎称砍伐的是经济林，运到山外贱卖。究其原因，该片林地的初始勘察部门是林业部门的下属勘探队，结论报告也是由林业部门的下属单位做鉴定，如此自己鉴定自己，才给了马关县林业局长如此大的权力。这也是产权交易市场监管缺失带来的严重后果。

5．自然资源监管能力有待提高，社会参与度需要加强

一方面执法机构尚不健全，大部分市、县没有设立生态保护的单独科室，设立生态环保的行政监督管理部门还没有任何相关执法经费和工具保障（顾瑞珍，2005）；另一方面，执法人员的业务能力和业务素质亟待提高。从事环境监理的人员不少，但生态环境执法的业务素质还不高，具体表现如在部分矿山环评中，并未突出生态环境与地质环境的环评特点，在环保"三同时"的执法检查中，过分偏重工业污染而忽略生态环境与地质环境，还不能用生态保护为主的执法标准去进行执法检查。此外，因资源开发管理部门也是主要的监管部门，更增加了社会公众参与部门监督的难度。

4.3　生态环保管理体制

4.3.1　生态环保的概念界定

在《辞源》《辞海》《中国大百科全书（环境科学）》和《大不列颠百科全书》中都没有生态保护、生态环保一词。我国宪法使用的是"保护和改善生活环境和生态环境"。该用法与我国《现代汉语词典》（英汉双语2002年增补本）中对"生态"一词的解释是一致的，即"生物在一定的自然环境下生存和发展的状态。也指生物的生理特性和生活习性"。受宪法影响，中共中央和国务院政府文件中基本都用"生态环境保护"，主要包括污染防治和生态保护与建设，而不包括自然资源管理内容，并经常将资源与环境并列使用。这与中共十八大和十八届三中全会文件使用的"生态环境保护"范畴是一样的。因部门利益原因，自20世纪90年代末以来，特别是1998年我国政府推行天然林禁采、退耕还林、还草等生态恢复工程以来，我国开始普遍使用"生态保护"和"生态建设"一词，并且通常用生态保护指对生物及其栖息地保护。生态建设是对受人为活动干扰和破坏的生态系统进

行生态恢复和重建。是利用现代科学技术，利用生态系统的自然规律，通过生物、生态、工程的技术和方法，采取自然和人工的结合，使生态系统的结构、功能和生态学的潜力尽快成功地恢复到原有乃至更高的水平。现行体制下我国常用"生态环保"统称污染防治和生态保护，不包括生态建设，并且从第十个五年规划开始，将环境保护管理限定在污染防治范围，俗称"小环保"。这种对环境保护的狭义理解还停留在 1972 年第一次人类环境大会以前的认识阶段，已经难以适应目前我国资源约束趋紧、环境污染严重、生态系统退化的严峻形势。

4.3.2　现行生态环保管理体制存在的问题

1. 相似的环境管理职权授予多个部门，导致权责交叉、重复投入、协调成本高

我国的生态环保管理职责分散在十多个部门，相关部门各自为政，多头管理，标准各异，缺乏有效的协调机制。据环境保护部估计，中央政府 53 项生态环境保护职能，环保部门承担 40%，其他 9 个部门承担 60%，环保部门承担的 21 项职能，环保部门独立承担的占 52%，与其他部门交叉的占 48%。这不仅严重割裂了生态系统的空间叠加属性和功能关联性，还导致了生态保护和环境治理的重复投入，增加了部门间的协调成本。

例如，一个区域的自然保护区域挂多个管理部门的牌子。在自然要素过渡地带，如河口湿地自然保护更是涉及林业、农业、环境保护、土地、海洋、水利、建设、运输等众多部门的职能交叉。又如农村的山水林田土是一个完整的生态系统，农业饮用水安全保障、生态保护、污染防治、土壤保护、农村能源资源利用和农业生产方式转变之间紧密相连，发改、农业、水利、卫生、住建、环保等众多部门按照不同要素投入和管理农村环境整治经费，管理流程和要求各不相同，增大了基层政府管理的压力和难度。又如，企业污水排放管理涉及排污源、排污口、排水管网、污水处理及水污染事故应急处置等多个环节，环保、水利、住建、农业、卫生、发展改革委、工信部等多个部门参与监督管理。这种碎化管理不仅大大降低企业守法积极性，也不利于依法行政。

2. 事权划分复杂，公众难以判断责任主体、选择投诉部门，不利于追责与监督

我国生态环保的事权划分缺少稳定的划分逻辑，不同层次、不同角度事权划分的标准在一个层面上交叉使用，部门职责边界模糊、衔接与协调不顺畅。根据对清华大学、北京大学、中国人民大学、北京师范大学和中国政法大学等 5 所高校硕士和博士学历的师生 407份问卷调查显示，高知人群对环境关注度总体较高，但对中国现行环境管理体制部门分工的总体了解程度很低，准确区分不同部门的环境管理分工存在不小困难。其中教师的环境管理体制部门分工知晓度仅为 12.92%，略高于学生（11.59%）；环境类专业的师生均值最高位（12.4%）；其次是环境相关专业（11.7%）；其他专业均值最低（11.3%）。部门分工认知偏差，必然导致公众办事难和监督难，让真正的责任人逍遥法外，助长了管理部门的推诿扯皮，导致社会监督的最终实效。

3．综合协调职能配置分散、授权不足，同级协调机制运转不畅，行政效率低下

市场经济条件下，综合协调手段主要包括制度供给（法规、标准、准入/许可）、财政金融政策调节、战略规划引导等，从协调环境与发展角度还有政策与规划环评。环境保护部自 2008 年组建作为新一届政府组成部门以来，主要通过环境准入和项目环评履行等综合协调手段，调节微观层面的企业环境行为，取得一定成效。但从宏观层面，绝大多数综合协调手段部门分散配置，对其他职能部门、地方政府及地方环保部门基本没有任何调控手段。环境经济和产业政策主导权在发展改革委和财政部，环保技术政策主导权主要在发改、工信部门；政策环评一直没有获得国家和法律明确认可，自愿备案式的规划环评法律和行政约束力不足，基本没有有效开展。环境保护相关规划职能按要素分部门制定，分别牵头规划的部门就涉及多个部门，环保综合规划与各类专项规划缺乏衔接和整体协调，因缺乏对规划和标准实施与执行监督的有效授权，很多规划、标准难以发挥作用。环保管理政策出台，主要通过平级部门会审会签机制，这种环境管理综合协调机制，往往因部门利益冲突，经常受到部门掣肘影响，统筹协调难度大，行政效率低下，一些好的综合性政策或被肢解，或被曲意变形和拖延，甚至难以出台，胎死腹中。

4．生态环保监管权力分散配置，导致统一监管职能形同虚设

长期以来，由于我国政府管理监督意识薄弱，形成了"运动员"与"裁判员"职能于一身的体制惯性，加之要素分割部门管理的路径依赖，国家部门授权时，常常片面地将部门分工合作执行体制曲解扩展至分部门监督。尽管《环境保护法》赋予了环境保护部统一监督的职能，但无论在其他相关环境法规中，还是国务院"三定"方案中都对监管权力按照管理对象进一步进行了部门分解，监督权力事实上进行了分散配置。这种情况尤其体现在水环境管理和自然保护方面。森林、草原、海洋、水资源、水生动物、陆生动物等分属不同行业部门监管。由于生态建设的环境影响监管等方面缺乏国家和法律的明确授权，环境监管存在真空地带。水体污染移动源按照交通工具特征分属于渔业、海洋、水运等部门监管，监测和执法等监管手段也相应进行了部门分解。即使是对企业监管，环境监管也主要集中在末端，产业政策和资源有效利用的源头控制、淘汰落后产能、企业清洁生产、工业园区循环经济等生产过程环境监督权分属于发改、财政、工信等部门，环保仅参与其中一小部分。结果造成环境保护部除末端监管污染企业排污、统一公布环境信息以外，再无其他任何监管的有效管理抓手，统一监管职能形同虚设。

5．组织体系设计缺陷和机构改革不到位，导致监督执法缺乏权威性和独立性

（1）监督地方政府的环境监管部门管理手段和授权不足。环境保护占干部政绩考核比重低，未能成为干部任免和升迁的重要影响因素，行政约束性弱。虽然总量考核目标责任制具有一票否决作用，但因环境保护部与地方政府环境信息不对称，统计监测体系不独立，使得总量考核手段的监管效能大打折扣。

（2）环境问责体系不健全，法律依据不充分。目前我国将地方政府的环境责任管理主要纳入行政调解范畴，法律调节能力有限。除适用于《行政处罚法》的渎职、失职罪等严重环保不作为以外,其他法律依据并不充分。新旧《环境保护法》虽然都规定了各级地方政府是环境质量改善的主体,但都没有对政府部门不履行环境责任的法律后果进行规定。对于政府决策部门行政负责人的问责制度和终身责任追究制度迟迟没有着手构建。轻视政府环境责任的法律强制性和司法救济作用,这也是环境治理"政府失灵"的重要原因之一。

(3)环境保护部的区域派出机构配套改革不到位。区域督查中心对地方政府没有监督权,缺乏制度性的信息交换机制,以及协调地方政府的协调机制。对环境违法没有处置权,只能向环境保护部建议和上报。除人员和业务实现环境保护部垂直管理外,其办公用房的用地、工作人员的住房等问题依赖地方政府,其独立性值得怀疑。此外,其非公务员身份、与省厅同行政级别的组织架构,也不具备行政协调和环境执法主体资格和相应能力。区域督查中心机构能力与职责不匹配。一般而言,区域督查中心仅有 30～60 人,但需要督查至少 4 个省。与美国国家环境保护局区域办公室人员配备情况相比,人员建设差距更为明显。

(4)地方环境监管部门不具备独立监管的制度条件。由于政府职能转变未到位,政府直接参与经济建设,企业排污费纳入地方财政收入等体制机制安排,客观上促使政府与企业形成利益共同体。地方环保部门作为政府的组成部门,人、财、物均归地方政府管理,甚至不少地方环保部门运行费用都要依赖企业排污费来支撑,制度设计上存在地方环保部门与企业污染合谋的风险,地方环境监管独立性严重不足。在此监管架构下,即使赋予地方环境监管部门再高的行政处罚权和再强的执法权力,也难以有效发挥监管威慑力。

6. 部门行政职责与财政资源不匹配

部门职能交叉、权限冲突的深层原因在于国家的部门财政分配管理机制不合理,现行财政机制和政策也无法确保环境保护职能的有效实施。环境保护的行政资源配置存在不足,财政支出责任与中央和省级政府之间的环境管理事权和职责之间不匹配。部门职责和财政支出责任在处理跨部门问题上并未清晰界定。

4.4　自然资源资产管理、自然资源监管和生态环保管理体制的关系与改革建议

4.4.1　自然资源资产管理、自然资源监管和生态环保管理体制的关系

1. 自然资源管理涉及经济与环境两大管理领域

作为自然环境的一部分,自然资源是人类对自然环境的一种价值判断。早期的自然资源理论提到的效益和价值主要指为人类提供各种有形的物质产品,强调自然资源的经济价值。例如,联合国环境规划署 1972 年提出:"所谓自然资源,是指在一定的时间条件下,能够产生经济价值以提高人类当前和未来福利的自然环境因素的总称"(中国资源科学百科全书编辑委员会,2000)。随着人类对地球环境的认识广度和深度的增加,当代自然资源的内涵扩展至环境功能,凡是能够为人类生存与发展提供所需要的物质或服务的任何环

境成分都可以归为自然资源范畴（朱丽·丽丝，2002）。正如《大不列颠百科全书》对自然资源所下的定义："人类可以利用的自然生产物，以及作为这些成分之源泉的环境功能。前者如土地、水、大气、岩石、矿物、生物及其群集的森林、草场、矿藏、陆地、海洋等；后者如太阳能、环境的地球物理机能（气象、海洋现象、水文地理现象），环境的生态学机能（植物的光合作用、生物的食物链、微生物的腐蚀分解作用等），地球化学循环机能（地热现象、化石燃料、非金属矿物的生产作用等）。"该定义包含了两层含义：一是自然资源具有经济和环境的双重价值，自然资源具有的产品服务功能和环境功能是生态系统服务功能的重要内容；二是环境功能是自然资源形成的源泉，即自然环境的生态过程具有创造自然资源的功能。

相应地，自然资源管理也具有经济管理和环境管理的双重属性。自然资源的经济属性管理侧重提高资源配置效率的同时兼顾公平分配，自然资源利用管理要注重运用市场手段，其基础是自然资源的资产管理，其中产权管理是自然资源资产管理的核心制度。具体管理内容涉及资源开发与供给、资产清查与评估、定价与有偿使用、资源产权登记、确权、流转（或市场交易）、资源产权的使用权和收益权分配、使用权监管等。

自然资源的环境属性管理侧重资源可持续利用和生态环保。自然资源保护管理主要包括控制和分配自然资源开发利用总量、运用经济、行政手段和法律手段促进自然资源节约、监管资源开发中的生态环保工作，如矿渣安全处置、污染防控、开采区生态恢复、水土流失或荒漠化防治、生物多样性保护等。

2. 生态环保管理是自然资源管理的重要基础

自然环境的生态过程是自然资源形成的根本源泉。通过地球的物理、化学、生物循环等生态过程形成各种形态的化石能源、矿产、水、气候、生物、土壤等资源。只要保护地球的生态过程不被破坏，人类利用各种生物、土壤、水等资源不超过自然更新速度（生态系统的临界值），人类就可以源源不断地从环境中获得资源。否则自然资源就会随着生态系统功能的退化而枯竭。因此，保护生态环境就是保护自然资源的形成基础，恢复生态就是再造自然资源的过程。保护生态系统不仅要管理好生态系统的经济资产价值，更要首先保护好生态系统的环境（生态资产）价值，这是保护之本，是自然资源得以再生的源泉。这两种价值，相当于"利息"与"本金"的关系（布鲁斯·米切尔，2004）。并且必须将保护生态系统及其完整性置于最优先地位，尤其对于临界性的可再生资源，更应在保护优先的前提下加以开发利用。

减少污染、恢复生态，有利于生物多样性和生态系统保护，保障生态系统的资源和服务功能。如恢复城市水系、湿地、大气的流动性，增加城市绿地，布设通风廊道，都可以提高城市环境的自净能力，增加环境资源容量。而污染环境则会破坏自然资源，例如，污染造成的酸雨成为"空中杀手"导致北欧和北美地区大片森林枯死、湖泊水体贫养化、鱼类灭绝。又如，1997年曲格平先生曾就生态恢复与资源再生关系进行过说明："实践证明，治水之本在于治山。""保持了水土，树木植被就有了生长之基，水源就可以得到涵养，风沙之害也可以因此而减轻"（曲格平，2010）。土壤也可免遭风、水侵蚀，土壤肥力得以保持。

3. 自然资源监管是自然资源资产管理和资源保护的根本保障

在自然资源公有制为主导的产权所有制下，自然资源的经济属性具有明显的共有物品性。特别是对于有些自然资源，如水资源因其天然的流动性和多变性，以及一些环境价值难以货币化的环境资源（如环境支持与调节作用），产权收益主体难以界定，共同权力很难分割，甚至不具有经营性资产等特点，更适用于公共管理。因此，无论是自然资源资产所有权管理，还是资产收益权分配管理，都需要加强监管，并独立于资源开发利用的受益部门，以更好地维护公共利益。

4. 自然资源保护视角下，生态环保监管体制包括污染防治监管、生态保护监管和生态空间用途监管

自然资源的空间属性、经济属性和环境属性适用于不同的管理方法，相应地，可将自然资源监管分为空间监管、市场监管和生态环保监管三大类。同一片土地，可开发为耕地、林地、建设用地，也可用于生态保护，地表植被既可以开发其资源产品价值，也可以侧重其环境功能价值。其产品价值往往与环境价值存在非此即彼的价值冲突，相当一部分环境价值难以货币化计量、具有公益性等特征，因此国土资源空间的用途管制可分为生态用途管制与经济用途管制两大类。

由于目前我国尚处于工业化中期、快速城镇化时期，各地国土资源开发的动力和空间需求还很大，保护需求易受抑制。在我国政府职能转变未到位，缺乏有效的权力制约机制，政府事实上是一个"经济人"而非经济、市场和资源的"守护者"的体制背景下，资源开发管理和保护监管职能应当分离，生态用途管制与经济用途管制部门彼此权力适当制衡，这样的体制设计有助于避免突破生态保护红线，将禁止和限制开发区内的生态保护用地随意转为生产用地。因此，自然资源保护领域中，生态保护监管体制，除包括一般意义的污染防治和生态保护监管以外，还应包括生态空间用途监管，纳入同一个生态环保综合监管部门。

临界性的可再生资源具有经济与生态双重价值，需要保护优先。所以，世界上除美国以外，绝大多数国家将可再生资源管理纳入环保部门与环境保护统筹管理，从源头控制资源开发中的污染和生态安全问题。有关具体国际经验见第三章。可再生资源分布的区域，往往以保护环境价值为主，采用各种生态保护地管理模式，禁止开发或限制使用，属于生态空间用途管控范畴。

自然资源资产管理、自然资源监管、生态环保管理三大体制关系如图附4.1所示。

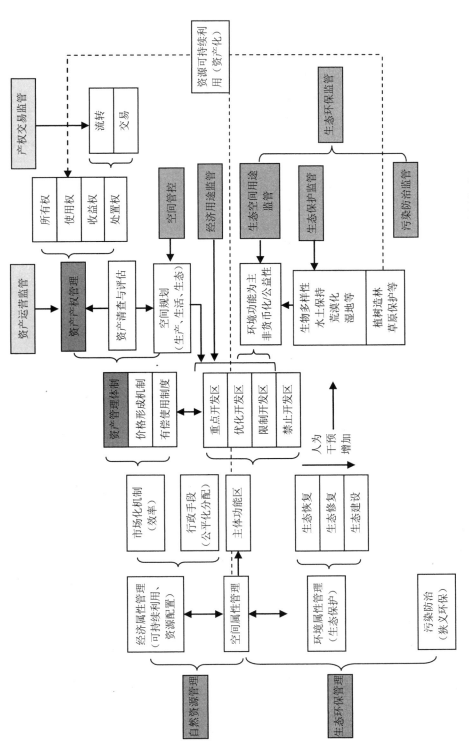

图附 4.1　自然资源资产管理、自然资源监管、生态环保管理三大体制关系图

4.4.2   关于自然资源资产管理、自然资源监管和生态环保管理体制改革的建议

1. 自然资源管理体制改革的重点任务

根据中共十八届三中全会决议精神，我国自然资源管理体制改革的核心是建立以市场机制为基础的自然资源可持续利用管理体系，自然资源市场化的管理体制主要包括自然资源资产管理制度、自然资源的价格形成机制和有偿使用制度等。

随着自然资源稀缺性的增强，当代自然资源的产权结构呈现出超越意识形态的国家干预趋势增强。加之我国宪法规定自然资源实行全民所有制，实行公有产权制度，"中国的自然资源产权制度设计，主要是对一些重要的战略性资源实现国家专属所有权情况下确立资源权利利益多极化的分配制度"（刘灿，2009），而非所有权制度私有化改革。重点解决自然资源公有产权虚置，中央与地方、政府与企业、普通公民之间资源收益权分配不合理问题。

2. 关于自然资源资产管理组织体系的建议

根据现代产权管理制度发展趋势和权力制衡的体制改革要求，落实自然资源资产管理制度，从体制上需要配备有统一管理自然资源资产产权登记和使用权许可的管理部门、根据专业化分工进行自然资源资产清查和评估部门、独立统一的自然资源资产行政监管部门和产权交易市场监管部门、资产收益与分配管理部门。

首先，国土空间规划职能适宜配置给资产产权登记和使用权许可的管理部门。其次，自然资源资产清查和评估部门因自然资源资产形态具有明显的可货币化和非可货币化的二元结构特征，以及考虑保护与开发存在内在的价值冲突，遵循运动员与裁判员分离的组织管理原则，可根据不同自然资源资产形态，分属于产权登记与使用权许可管理部门、监管部门两个部门。强调保护目的，侧重环境价值的资产清查评估（也称生态资产，不适宜经营性管理，如自然保护区等生态保护地），以及临界性可再生资源资产评估可归属独立的监管部门；侧重经营性使用、以评估经济价值为主的自然资源可归属产权登记和使用权许可管理部门。最后，根据我国目前财政体制，公共自然资源资产收益的公平分配职能主要是由发展改革委、财政部门履行，其他相关政府职能部门主要是落实财政支出职能。

3. 关于自然资源监管组织体系的建议

由于自然资源具有多重价值，存在空间和功能上的用途冲突，需要从全局战略性角度，对国土空间的用途进行定位和规划，进行利用价值的权衡与取舍。一旦确定国土空间上的资源开发定位，就不能随意变更，需要进行国土用途管制。由于经济部门追求土地利用价值最大化，天然存在着农地转为建设用地、生态用地转为生产建设用地的倾向，为了平衡这种利用倾向和不同类型国土资源之间比例，具有经济职能的综合部门以及专业化的资源利用和保护部门不适宜担任国土资源用途管制的部门，而是需要具有综合协调职能、价值中立的，且有足够权威性的部门，统一实行用途监管和空间管控，以保证自然资源合理有序开发、公平配置。

自然资源的用途管制可分为生态用途管制与经济用途管制两大类。我国经济社会发展现阶段特定适宜分属国土资源部和环境保护部两个部门，未来我国国土资源开发趋于稳定趋势，资源与环保部门职能趋同，可由整合的部门统一承担（准确名称环境部）。而自然资源产权交易监管和资产运营监管职能由市场监管部门承担。

4. 关于生态环保管理体制的职能配置建议

在具体管理领域方面，合理的生态环保体制应包括综合协调污染防治和生态系统功能恢复的职能，根据环境要素的空间关联、功能关联性和管理流程一体化原则、权力监督制衡原则，采取综合监管与专业执行相结合的方式，重点整合以下四个方面的生态环保管理事项。

（1）根据污染介质的循环过程统一监管所有污染源和环境介质，对所有污染物、所有环境介质、所有污染源实施统一监管，实现岸上与岸下、地表与地下、固定源与移动源、点源与面源、陆地与海洋相结合的全防全控。

（2）末端治理与生态系统功能恢复相结合，改善环境质量，通过生态恢复，改善水、大气流动性，提高生态系统自净能力，降低点源，特别是末端治理成本，提高治理效果。水环境管理以流域为单元，控制排污总量，通过控制河湖生态流量和保护水生生物群落，进行水量、水质与水生态的综合管理。

（3）实行全过程一体化排污监督管理，综合规划和监管污水处理设施、排水管网、排污口设置（含排污入河口），剥离环境基础设施投资、建设和运营招标等市场化管理职能。

（4）物种与栖息地保护相结合，保护生物多样性。以栖息地保护作为生物多样性保护的主要渠道，以物种的食物链关联和生存半径为依据，划定管理边界，统一管理多种物种及其栖息地。

（5）对可再生资源的生态保护实行山水林田湖一体化管理。临界性的可再生资源具有经济与生态双重价值，需要保护优先，要将分散于农、林、水、国土等行业生产部门的森林、草原、湿地等可再生资源保护，以及水土流失、荒漠化治理等的规划、标准、政策、监督执法等职能进行整合，统一由生态环保综合管理部门进行归口管理，相关专业化部门作为执行部门负责有关生态建设和修复工程的实施工作。

在管理权力配置方面，优先统一生态环保综合决策权和监管权、强化生态环保综合管理部门的统筹协调专业化生态环保部门和地方政府的职能，具体包括如下四方面的管理手段。

一是统一编制生态环保综合性规划，制定相关政策、标准，并赋予相应的跨部门、跨行政区的生态环保行政资源调配权。

二是生态环保综合性管理部门具有对专业化部门及地方政府履行相关生态环保责任和相关规划、标准、政策执行情况进行考核、执法监督等职能。

三是统一归口管理环境质量、生物多样性、生态资产的监测、评估与信息发布、所有污染物排放登记和清单编制、环境承载力监测预警。

四是将生态建设项目环评与产业政策和城镇化的规划环评一起纳入强制管理范围，由生态环保综合管理部门统一归口管理。

五是相关专业化生态环保管理部门作为执行部门，负责具体实施规划项目或指导地方政府实施，在统一部署和规范要求下，开展相关专业领域的监测与评估、污染防治工程和生态系统恢复工程。

附录 5　区域大气污染防治体制的专题研究[①]

5.1　大气污染联防联控的概念和理论

5.1.1　区域大气污染联防联控的概念

所谓区域大气污染联防联控是指以解决区域性、复合型大气污染问题为目标，依靠区域内地方政府间对区域整体利益所达成的共识，运用组织和制度资源打破行政区域的界限，以大气环境功能区域为单元，让区内的省市之间从区域整体的需要出发，共同规划和实施大气污染控制方案，统筹安排，互相监督，互相协调，最终达到控制复合型大气污染、改善区域空气质量、共享治理成果与塑造区域整体优势的目的。

从这个概念出发，区域大气污染联防联控机制包括四个方面的内容：第一，主体机制，指关于区域联防联控主体范围的确定以及主体进入、退出等涉及联防联控主体问题的原则和制度体系的总称，其核心是解决"谁是联防联控主体"和"怎样确定联防联控主体"的问题；第二，目标机制，是指建立某种合作关系必须有具体明确的目标，并保证目标的有效性；第三，运行机制，指为了保证合作既定目标的实现，所建立的包括区域大气污染联防联控所需要的要素、合作规则以及具体运行组织、规则和程序的体系，强调联防联控具体运作的可操作性和过程的低成本；第四，制度保障机制，即为了保障城市合作的稳定、顺利进行，在其他一切具体运行机制的基础上建立的一套明确的制度保障体系。

5.1.2　区域大气污染联防联控的理论基础（王金南等，2012）

1. 空气流域（Airshed 或 Air Basin）理论

大气是一个整体，并没有阻止空气流通的边界。但是，从某地污染源排向大气的污染物，并不会立刻在全球均匀混合，一般只污染局部地区的空气。类似于空气中存在"空气分水岭（shed）"，将大气分割为多个彼此相对孤立的气团，这些气团笼罩下的地理区域，就叫"空气流域"。"空气流域"的边界往往与行政边界不一致，这是因为污染物并不遵守

行政边界,而是在更广阔的空气流域内自由混合。属于同一"空气流域"的行政区域之间跨界污染问题较为复杂,它可能是单边性的,例如,两个行政区域是由一方扮演"污染接收者",而另一方扮演"排放输出者",也可能是各个行政区域都扮演双重角色。这样一来,若仅从单个城市角度出发进行大气污染防治,难以反映区域大气污染扩散和跨界污染控制问题,难以适应区域性、交叉性大气环境污染控制和环境管理的需求。

2. 区域公共品理论

公共品是指在消费上同时具有非排他性和非竞争的产品,区域公共品是根据公共品的外溢性范围而划分出来的一种公共品类型。根据外溢性的不同,又可将区域公共品划分为国家或地区间区域公共品和一国范围内区域公共品。大气环境容量资源具有区域公共品的共同特点,即消费上的非排他性或非竞争性。区内任何城市都可消费整个区域内的大气环境容量资源,这种效用和受益不能划分为若干部分,分别归属于某个城市。由于相邻城市之间在地理上的相互联系,因此很多本来用于某个城市的大气环境容量资源在行政边界等相邻区域产生外部性,从而不可避免地成为区域公共品。如果不从区域全局出发,只考虑单个城市的利益,则大气环境容量这种区域公共品的效能和效率会大打折扣,最终影响整个区域共同利益的实现。

3. 非合作博弈的"囚徒困境"理论

可以用博弈理论研究单个城市的大气污染防治行动以及相互之间的冲突、协调和合作关系。如果将城市看作对弈者,则由对弈者之间的协调程度,可将区域大气污染防治分为合作博弈和非合作博弈。合作博弈是指区域范围内所有城市之间有着一个对各方均有约束力的协议,参与城市在协议范围内进行博弈。反之,就是非合作博弈。在现实中,更为普遍的是建立在单个城市行为理性基础上的"非合作博弈",城市政府对造成周边地区大气污染的本地企业开绿灯,不与其他城市共同治理,城市之间的环境管理缺乏协调,各自为政,环境基础设施重复建设严重,产业结构趋同,导致恶性无序竞争、资源浪费严重、污染严重。"囚徒困境"是非合作博弈的一个典型例子,说明了个体理性与集体理性有时并不一致。在某些情况下,若从私利出发的两个独立行动的主体注定不合作,那么双方都将得不到好处,进而采取并不是最优的行动方案。

4. 帕累托最优理论

帕累托最优是指资源分配的一种状态,在不使任何人情况变坏的情况下,不可能再使某些人的处境变好。帕累托改进,是指一种变化,在没有任何人情况变坏的情况下,使得至少一个人变好。建立和实施区域大气污染联防联控机制体制的过程本质上就是一种帕累托改进的过程,目的是追求区域内各个城市以及区域整体环境空气质量改善"公平"与"效率"的"理想王国"。由前文可知,在城市"各自为政"的非合作博弈下,也能达到一种均衡,这种均衡由所有参与者的最优策略组成,然而这种均衡状态却不是帕累托最优状态。因此,要实现区域空气质量的帕累托最优状态,必须设立一种机制来打破这种均衡。

5．合作博弈理论

合作博弈是可以达成具有约束力的协议的博弈类型。合作博弈也称为正和博弈，是指博弈双方的利益都有所增加，至少是一方的利益增加、另一方的利益不受损害，因此整个社会的利益有所增加，属于帕累托改进的过程。合作博弈采取的是一种合作的方式，或者说是一种妥协，这种方式能够产生一种合作剩余。至于合作剩余如何在博弈各方之间进行分配，取决于博弈各方面的力量对比和技巧运用，因此，合作必须进行过博弈各方的讨价还价，才能达成共识、进行合作。倘若区域内某一城市为改善区域整体大气环境质量而牺牲部分经济利益，区域大气污染联防联控的实现必须配套相应的补偿机制。

5.2　大气污染联防联控体制现状

5.2.1　多部门分工负责的部门分工体制

《大气污染防治法》第四条明确了大气污染监督管理的体制分工，即"县级以上人民政府环境保护行政主管部门对大气污染防治实施统一监督管理。各级公安、交通、铁道、渔业管理部门根据各自的职责，对机动车船污染大气实施监督管理。县级以上人民政府其他有关主管部门在各自职责范围内对大气污染防治实施监督管理"。

根据 2008 年有关部门"三定"方案，大气污染防治涉及十几个部门职责，见表附 5.1。

表附 5.1　"三定"方案规定的职责

部门	职责
环境保护部	负责环境污染防治的监督管理。制定大气、机动车等的污染防治管理制度并组织实施
发展改革委	推进可持续发展战略，负责节能减排的综合协调工作，组织拟订发展循环经济、全社会能源资源节约和综合利用规划及政策措施并协调实施，参与编制生态建设、环境保护规划，协调生态建设、能源资源节约和综合利用的重大问题，综合协调环保产业和清洁生产促进有关工作
工业和信息化部	拟订并组织实施工业、通信业的能源节约和资源综合利用、清洁生产促进政策，参与拟订能源节约和资源综合利用、清洁生产促进规划，组织协调相关重大示范工程和新产品、新技术、新设备、新材料的推广应用；制定相关行业准入条件并组织实施，会同有关方面实施汽车准入管理事项
交通运输部	主管全国道路运输车辆燃料消耗量检测和监督管理工作；负责船舶及相关水上设施检验、登记和防止污染及危险品运输监督管理等工作。负责中央管理水域船舶及相关水上设施污染事故的应急处置，依法组织或参与事故调查处理工作；指导城市地铁、轨道交通的运营
质检总局	监督检查高耗能特种设备节能标准的执行情况；管理国家计量基准、标准和标准物质；国家标准由国家质量监督检验检疫总局管理的国家标准化管理委员会统一立项、审查、编号、发布。其中，环境保护国家标准由国务院环境保护行政主管部门提出立项计划并组织制订，国家标准化管理委员会组织相关国家标准之间、国家标准与国际标准、行业标准、地方标准之间的衔接审查并统一编号，联合发布（法律另有规定的从其规定）

部门	职　　责
公安部	指导、监督道路交通安全、交通秩序以及机动车辆、驾驶员管理等工作
商务部	负责推进流通产业结构调整，推动流通标准化和连锁经营、商业特许经营、物流配送、电子商务等现代流通方式的发展
能源局	组织制定煤炭、石油、天然气、电力、新能源和可再生能源等能源，以及炼油、煤制燃料和燃料乙醇的产业政策及相关标准；参与制定与能源相关的资源、财税、环保及应对气候变化等政策
住房和城乡建设部	指导城市地铁、轨道交通的规划和建设
财政部	拟订财税发展战略、规划、政策和改革方案并组织实施
科技部	牵头拟订科技发展规划和方针、政策
工商总局	负责市场监督管理和行政执法的有关工作，承担依法规范和维护各类市场经营秩序的责任，负责监督管理市场交易行为；承担监督管理流通领域商品质量的责任

5.2.2　地方政府负责辖区环境质量的属地体制

尽管大气污染越来越明显地呈现区域特征，现行的环境管理制度仍未突破属地管理模式。由于现行环境管理制度以行政区划为界，各省市环境管理和污染控制呈属地管理模式，属地管理模式不仅缺乏相应的激励机制解决跨区的大气污染问题，同时在区域污染控制方面也呈现出低效率特征。

《大气污染防治法》第三条规定："地方各级人民政府对本辖区的大气环境质量负责，制定规划，采取措施，使本辖区的大气环境质量达到规定的标准。"即大气污染防治责任被授予地方各级政府，责任的内容是环境质量达标。《大气污染防治法》另有多处条款都是围绕地方政府辖区环境质量达标规定的，没有涉及区域性大气污染防治（见表附5.2）。

表附5.2　《大气污染防治法》规定的政府职责

主　体	职　责	内　容
国务院	批准划定酸雨控制区或者二氧化硫污染控制区	国务院环境保护行政主管部门会同国务院有关部门，根据气象、地形、土壤等自然条件，可以对已经产生、可能产生酸雨的地区或者其他二氧化硫污染严重的地区，经国务院批准后，划定为酸雨控制区或者二氧化硫污染控制区
地方各级人民政府	辖区环境质量达标	对本辖区的大气环境质量负责，制定规划，采取措施，使本辖区的大气环境质量达到规定的标准
国务院和省、自治区、直辖市人民政府	对"两控区"实施总量控制	对尚未达到规定的大气环境质量标准的区域和国务院批准划定的酸雨控制区、二氧化硫污染控制区，可以划定为主要大气污染物排放总量控制区。主要大气污染物排放总量控制的具体办法由国务院规定
大气污染防治重点城市	辖区环境质量限期达标	直辖市、省会城市、沿海开放城市和重点旅游城市应当列入大气污染防治重点城市。未达到大气环境质量标准的大气污染防治重点城市，应当按照国务院或者国务院环境保护行政主管部门规定的期限，达到大气环境质量标准。该城市人民政府应当制定限期达标规划，并可以根据国务院的授权或者规定，采取更加严格的措施，按期实现达标规划

环境管理区域合作还处于政策酝酿阶段。2010 年 5 月 11 日，国务院办公厅转发《关于推进大气污染联防联控工作改善区域空气质量的指导意见》，提出"建立统一规划、统一监测、统一监管、统一评估、统一协调的区域大气污染联防联控工作机制"，"建立区域大气污染联防联控的协调机制"，主要内容为：在全国环境保护部际联席会议制度下，不定期召开由有关部门和相关地方人民政府参加的专题会议，协调解决区域大气污染联防联控工作中的重大问题，组织编制重点区域大气污染联防联控规划，明确重点区域空气质量改善目标、污染防治措施及重点治理项目。

5.3　大气污染防治体制评估

5.3.1　大气污染防治统一监管没有落实

《大气污染防治法》赋予环保部门"对大气污染防治实施统一监督管理"的职责，国务院"三定"方案授权环境保护部"负责重大环境问题的统筹协调和监督管理。协调解决有关跨区域环境污染纠纷，统筹协调国家重点流域、区域、海域污染防治工作"。但是，与大气、机动车污染防治相关的资源综合利用、能源节约、循环经济和清洁生产、交通运输管理、交通设施规划以及财税、科技等政策职能，以及监管标准制定、交通安全管理、市场监督管理等监管职能，都分散在很多部门，"协调生态建设、能源资源节约和综合利用的重大问题"的职能被授予发展改革委，环境保护部履行大气污染防治的职能较为被动。

以机动车船污染防治为例，机动车污染防治权责不一（王军方等，2010）。《大气污染防治法》规定"环境保护行政主管部门对大气污染防治实施统一监督管理"，同时规定"各级公安、交通、铁道、渔业管理部门根据各自的职责，对机动车船污染大气实施监督管理"。国务院"三定"方案授权环境保护部"制定大气、机动车等的污染防治管理制度并组织实施"，但是机动车船污染防治的相关职能都在相关部门，环保部门尚不能从真正意义上实施统一的监督管理。具体如下。

（1）在政策协调方面，《国务院办公厅关于印发大气污染防治行动计划重点工作部门分工方案的通知》中确定的 80 项任务，主要由其他部门牵头，由环境保护部牵头 23 件。《关于印发加强"车油路"统筹加快推进机动车污染综合防治方案的通知》（发改环资〔2014〕2368 号）即由发展改革委牵头。

（2）对新生产机动车的监督管理方面，主要由工业和信息化部、环境保护部以及质检总局，对新生产机动车的不同方面进行市场准入、环保型式核准和 CCC 认证。在"黄标车"以旧换新政策实施期间，发现了很多在国家规定的排放标准期限后，仍然有大量的不符合排放标准的销售车辆。例如，按照国家排放标准规定，除少数微型面包车外，2000 年 7 月 1 日后不再允许未达到国 I 排放标准的轻型汽油车销售，但此次以旧换新期间，全国各地均出现了在 2002 年甚至 2003 年仍有未达到国 I 排放标准的轻型汽油车销售，这种情况不仅增加了基层工作人员的工作困难，而且极易引起矛盾。

（3）在用机动车污染防治方面，有交叉的部门主要有公安部门、质检部门、交通管理部门和环保部门。其中，环保部门进行路检要交管部门配合才能进行，新的道路交通法出台后，路检基本上不能进行。而环保定期检测中的检测站的管理也涉及质检、交通和环保部门。由于缺乏可操作的管理条例，各地开展在用机动车定期检测/维修十分艰难。部门分工没有法规明确规定，责权难以统一，使得在用机动车排放标准实施比较困难。目前，全国各地区在用机动车管理参差不齐，在有地方立法的地区，管理措施建立得比较完善，可操作性也比较强；反之，在难以立法的地区，机动车污染防治的部门分工及制度建设难以得到完善，工作开展困难较大。

虽然于1990年国家环保局、公安部等六部委出台了《汽车排气污染监督管理办法》，规范了各部门职责，但由于属行政规章，法律效力低，部门间约束力差。如在大多数地区的机动车年检中，虽将机动车尾气纳入其中，但检验只偏重于安全性能和动力性能，忽视排放性能。使公安部门的检测流于形式或根本不检。对于交通部门管理的维修、保养企业来说，根本也没有把尾气检测列为内容。环保部门有检测设备，但又没有上路检查资格；而在有的大城市，一辆车又每年要受环保、交通、公安等数次检测，但尾气污染却是一年比一年严重，所以形成了"谁都管谁都不管"的局面。在香港，新车在使用的前六年可免检，不少欧洲国家也只要每年一检就行了。由这个对比可看出，我们的问题不是出在检测机构、力度不够，而是依法管理体制、机制需要改进（冯晓杰，2005）。

（4）在车用油品管理方面。车用燃料环保指标无法控制。车用燃料的质量是汽车排放标准能否实施的关键。由于环保部门一直未介入车用燃料标准制定和车用燃料的监管工作，因此车用燃料标准严重滞后于汽车排放标准。目前，我国的机动车排放标准已经发展到相当于欧Ⅲ标准的国Ⅲ排放标准，而车用燃料尤其是车用柴油的品质还相当差，将严重削弱由于执行严格的排放标准取得的环境效益，而且车用柴油目前还没有一个强制的标准，这将直接影响国Ⅳ排放标准的实施。另外，对已发布的标准，油品是否达标也是城市环保部门无法控制的。

1998年，国务院办公厅下发文件，限期于2000年1月1日停止生产含铅汽油、于2000年7月1日禁止销售、使用含铅汽油，消除了机动车排气中铅污染。目前无铅汽油中常用芳烃、烯烃、含氧化合物以及异构烷烃取代四乙基铅，使机动车车尾气的构成更趋复杂化。国外研究表明，无铅汽油尾气所产生的有毒多环芳香烃含量较高，而多环芳香烃是一种致癌物质。此外我国车用燃料中硫含量高，平均硫含量在 $500 \times 10^{-6} \sim 2\,000 \times 10^{-6}$，而欧美发达国家已达到低于 150×10^{-6} 的水平。使用低品质燃油，更增加了机动车污染物排放量。即使是环保达标车辆，若长期使用品质差的燃油，也很容易损坏排放净化装置，使污染物排放大幅度增加，具体见表附5.3。

表附 5.3 大气（机动车船）污染防治职责

	环境保护部	发展改革委	工业和信息化部	交通运输部	质检总局	公安	住房和城乡建设部	商务部	能源局	工商总局
协调	负责重大环境问题的统筹协调和监督管理。协调解决有关跨区域环境污染纠纷，统筹协调重点流域、区域、海域污染防治工作	负责节能减排的综合协调工作，协调生态建设、能源资源节约和综合利用的重大问题，综合协调环保产业和清洁生产促进有关工作	组织协调相关重大示范工程和新产品、新技术、新设备、新材料的推广应用	负责船舶及相关水上设施检验、登记和防止污染及危险品运输监督管理等工作						
指导				指导城市地铁、轨道交通的运营		指导、监督道路交通安全、交通秩序以及机动车辆、驾驶员管理等工作	指导城市地铁、轨道交通的规划和建设	负责推进流通业结构调整，推动流通标准化和连锁经营、商业特许经营、物流配送、电子商务等现代流通方式的发展		
制度	制定机动车等的污染防治管理制度并组织实施									
政策	拟定并组织实施国家环境保护政策	组织拟定并组织实施发展循环经济、全社会能源资源节约和综合利用规划及政策措施并组织实施	拟定并组织实施工业、通信业的能源节约和资源综合利用、清洁生产促进政策						组织制定煤炭、石油、天然气、电力、新能源和可再生能源等能源，以及炼油、煤制燃料和燃料乙醇的产业政策及相关标准；参与制定与能源资源及环保相关的资源、财税、环保及应对气候变化等政策	

	环境保护部	发展改革委	工业和信息化部	交通运输部	质检总局	公安	住房和城乡建设部	商务部	能源局	工商总局
规划	拟定并组织实施国家环境保护规划	组织拟定发展循环经济、全社会能源资源节约和综合利用规划及政策措施并协调实施；参与编制生态建设、环境保护规划	参与拟定能源资源节约和资源综合利用、清洁生产促进规划							
标准	组织制定各类环境保护标准、基准和技术规范		制定相关行业准入条件并组织实施，会同有关方面实施汽车准入管理事项		管理国家计量基准、标准和标准物质					
监测	负责环境监测和信息发布			主管全国道路运输车辆燃料消耗量检测和监督管理工作						
总量	承担落实国家减排目标的责任									
检查					监督检查高耗能特种设备节能标准的执行情况					负责监督管理市场交易行为
应急				负责中央管理水域船舶及相关水上设施污染事故的应急处置						

5.3.2　属地管理模式无法获取区域合作控制的成本节约优势

由于各地经济发展水平、产业结构和资源禀赋特征不同，因此环境管理水平和环境治理压力也不同。由于上述因素在全国各地呈现明显差异，因此各地大气污染控制成本也可能不同。当区域内各地区污染控制边际成本存在差异时，可能存在分配方案调整空间，从而实现帕累托改进（potential Pareto improvement）。帕累托最优的减排方案应当满足边际成本相等原则，即 $MC_1=MC_2=\cdots=MC_n$，此时区域内总体控制成本实现最小化。只要两地污染减排边际成本存在差异，就总会存在区域合作的成本节约空间。

我国环境管理的属地模式是降低区域整体污染控制成本的一个制约性因素。首先，地方政府之间存在着竞争关系，而大气污染控制的外部溢出性特征使得各行政区划之间缺乏激励进行合作。于是，那些受外部大气污染传输影响较大的地区为改善当地的环境质量，需要更大幅度地控制其行政区划范围内的局地污染源。随着这些地区不断采取大气污染控制措施，污染减排空间也随之不断减少，减排边际成本则不断提高。当不存在区域合作减排机制时，各个地区之间失去了通过合作来降低控制成本的可能性。其次，在传统控制策略下，污染物减排量是政策目标，且以行政区划为单位进行分配、管理和考核。尽管各行政区划之间进行合作减排存在成本节约的空间，但是合作的结果可能是某些地区无法完成中央下达的污染物减排目标指令，这就失去了区域合作的可能性。最后，必须强调的是，以大气环境质量改善（或大气环境污染损害减少）为目标的区域大气污染控制合作，有助于促进实现由大气环境质量改善带来的社会福利最大化（边际控制成本=边际控制效益）。仅仅以污染减排为控制目标的区域合作，只是改进了区域大气污染控制的费用有效性，对于污染控制来说，仍然存在效率的损失。

5.4　区域大气污染防治体制国际经验

5.4.1　区域大气污染联防联控体制的国际对比

1. 欧盟：通过条约和指令协调跨界大气污染治理

欧盟是世界上实施大气污染联防联控最为成功的地区。2008年欧盟再次颁布《欧盟环境空气质量标准及清洁法案》（2008/50/EC 指令），设立五项大气联防控制法律机制，即区域保护管理协调机制、环境控制质量目标机制、欧盟及其成员国的协调保护机制、跨境污染防治合作机制及信息通告与报告制度，用法律手段全面推进并保障了其联防联控环境监管模式的有效运行。

欧洲委员会在欧盟大部分国家都设有行政办公室，但是欧洲委员会对环境的管理却缺少一种发展成熟的区域办公室体系，这主要是由于欧盟各成员国自治的性质。

1）签署国际条约推动区域大气污染联防联控

签署或参加国际条约是欧盟实施区域大气污染防治的重要手段。例如，为通过国际合作来处理欧洲酸雨问题，1979 年 11 月在日内瓦召开了联合国欧洲经济委员会（ECE）环境保护框架的部长级会议，在这次会议上制定了《长距离越界空气污染公约》（CLRTAP）。CLRTAP 于 1983 年生效，是针对空气污染问题而制定的第一个具有法律约束力的国际综合性合作公约，并制定了把科学与政策结合在一起的制度框架。特别是该框架中纳入了空气污染的预测模式（Regional Air PollutionInformation and Simulation，RAINS），对酸雨的形成过程、原因与影响方面做出了科学分析，成为被人们所普遍接受的科学参考。继CLRTAP 之后，欧洲就减排问题又制定了一些协议。1985 年的赫尔辛基协议（Helsinki Protocol）承诺，所有参与国要在 1993 年之前将其二氧化硫排放量降低 30%。1994 年奥斯陆协议（Oslo Protocol）承诺，参与国要进一步减少二氧化硫排放。最新的是 1999 年的哥德堡协议（Gothenburg Protocol），旨在将欧洲 2010 年的二氧化硫排放再减少 63%，并且在氮氧化物、非甲烷挥发性有机化合物和氨气的减排方面，也规定了类似目标。

针对氮氧化物减排，一个重要的里程碑式的协议是 1988 年的索菲亚协议（Sofia Protocol），要求所有的协议签署国在 1994 年前不能提高氮氧化物的排放；签署国还承诺引入控制标准及污染治理设施，包括汽车的催化转化器，这在当时的欧洲还是一个新兴事物。在减少挥发性有机化合物方面，1991 年的日内瓦协议（Geneva Protocol）是一个类似的里程碑式协议。日内瓦协议要求签署国在 1988—1999 年，挥发性有机化合物的排放量要减少 30%。1998 年的重金属协议（Protocol on Heavy Metals）着重针对镉、铅和汞，签署国承诺将镉、铅和汞的排放降低到 1990 年的水平，并商定了一系列的干预措施。最后，1998 年持久性有机污染物（POPs）协议（Protocol on Persistent Organic Pollutants）明确指出了签署国应禁止使用的 16 种物质和一系列应限制使用的物质。

值得注意的一点是，在欧洲的减排协议中，通常不对政策手段进行具体说明，也没有相应的处罚规定，而是通过签约国之间相互的信任与履行承诺的良好意愿来协作完成的，而实际上各个国家都履行了自身的承诺，减排取得了一定效果。另外，欧洲减排协议的制定均建立在科学认知基础之上。1984 年，欧洲建立了远程大气污染输送监测和评估合作计划（EMEP），该计划的运行机构为区域空气质量管理委员会和科学中心，分别负责政府决策和科学研究，将监测—模型—评估—对策等过程紧密联系在一起，提供了区域合作解决共同环境问题的成功范例。如图附 5.1 所示为 EMEP 的主要运行机制。

2）制定欧盟指令推进区域大气污染联防联控

欧盟实施区域大气污染联防联控的另外一种主要方式是制定各种法规，包括条例、指令、决定等，而这些法规的制定是为了实施欧共体环境行动规划的目标。欧共体行动规划是指导欧盟各国在环境管理和环境事务方面进行统一行动的纲领，构成了欧盟实施区域联防联控的主体政治框架。自 1973 年以来，欧盟共制定了六个行动规划，2001 年第六个行动规划要求欧盟制定有关空气质量的实施战略，内容包括了一系列在规划期内的任务，但未提供具体可实施的条款，也没有赋予欧盟各国以正式的义务采取行动，不具有法律约束力，其实质上是成员国对环境政策目标达成的共识，需要进一步制定实施规划所需要的措施，即以制定指令为主要方式来确保规划目标的实现。

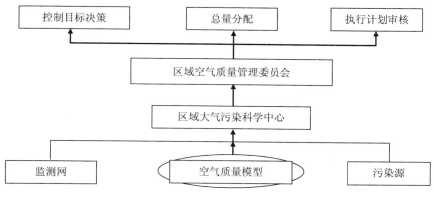

图附 5.1　MEP 主要运行机制

目前，欧盟的区域大气污染防治主要是以环境空气质量方面的指令为基础，以固定源排放、挥发性有机物、国家排放上限、运输工具与环境等几个方面的指令补充构建起来的。当然，指令只对成员国创设义务并具有约束力，成员国可以通过转化为国家立法或对国内已有的立法进行修订，来决定实现指令要求的具体方式。

可以看到，通过出台欧盟指令进行区域大气污染联防联控，采取了典型的强制式管理政策。欧洲委员会负担了主要的管理职责，对于任何直接违反大气污染防治指令的行为或者以某种借口不履行义务的情况，委员会都有权进行调查，发表自己的意见，提请有关方面注意，并有权就违法事项向欧洲法院起诉，同时成立专门的"环境空气质量委员会"协助欧洲委员会工作。欧洲法院对涉及大气污染防治管理的纠纷受理并做出裁决。欧洲环境局的主要任务是开展有关大气污染状况和污染源的监测及建立数据库，收集、分析和发布有关欧洲大气的信息，帮助共同体和成员国利用大气信息采取适当保护措施，以及确保公众能适当地获取大气状况的信息。

3）制定"大气环境质量与欧洲清洁大气指令"进一步明确分区管理

《欧盟委员会关于大气环境质量与欧洲清洁大气的指令》（2008/50/EC）是为了响应2001年5月出台的欧洲清洁空气计划（CAFE），在对欧盟及其成员国在防治大气污染方面经验总结的基础上，加之成熟的欧盟指令立法技术，比较系统地整合了以前的环境空气质量立法，清晰地表明了欧盟采取分区域方式管理大气环境质量的意图，包括欧盟成员国的大气污染协调控制机制和区域空气质量管理协调机制。

欧盟成员国大气污染协调控制机制方面，指令的第 25 条规定：当任何警戒阈、限值或目标值及任何相关容忍界限或长期目标因重大的空气污染物或其前驱物的跨境传输致使超标时，相关成员国应协力合作，适当时可制订联合行动或协调空气质量计划，目的是通过适当且相称的措施消除超值。该条款进一步授权欧洲委员会在区域一级考虑采取更多行动，以降低造成跨界污染的前驱物排放。指令还要求若一成员国发现在国界或其附近地区的污染超标，导致或有可能导致越境污染，则必须与其他成员国分享相关信息。

区域空气质量管理协调机制方面，指令第4条规定：成员国应在其领域建立"区"和"块"，空气质量评价和空气质量管理应在所有"区"和"块"内实行，其中区（Zone）指为了空气质量评价与管理，由成员国对其领域划分的部分，块（Agglomeration）指人口超过25万居民的组合城市区域，以及虽是或不到25万居民但人口密度达到成员国确定的每平方千米人口密度的区域。"区"和"块"是空气质量评价和空气质量管理的基本区域，同时也是成员国采取环境空气计划的基本区域。如指令第23条第1款规定：在一定区或块内，环境空气中的污染物水平超过任何限值或目标值及任何相关的容忍界限时，成员国应确保这些区和块建立空气质量计划。欧盟委员会负责监督区和块内环境质量管理的情况，成员国必须向委员会报告有关区和块的重要情况，包括区和块的列表与定界的改变、一种或多种污染物的水平高于限值的区和块的列表、水平高于目标值或临界水平的区和块列表等。

4）欧盟区域大气污染联防联控管理模式总结

通过分析欧盟区域空气质量管理的实践经验表明，其区域大气污染联防联控同时采取了横向机构的主体协作和纵向机构的主体管理两种模式。其中，CLRTAP是一横向机构主体协作的例子，该类国际公约的特点是缺乏强制执行的约束力，因而通过利益协调达成共赢是该机制成功的关键；而欧盟指令是纵向主体管理的例子，通过欧盟委员会这一跨行政区域的管理机构，运用行政手段统一治理环境，或对现有行政区划之间的跨界污染问题进行协同治理。对欧盟区域大气污染联防联控管理模式的分析见表附5.4。

表附5.4　欧盟区域大气污染联防管理模式

合作机制	横向机构的主体协作（签订国际条约）	纵向机构的主体管理（设定自上而下的机构层级）
有无强制执行的制度约束力	无，通过利益协调达成共赢，从而实现合作	有，通过欧盟指令这种强制性行政手段实现合作
机构组成及其职责	区域大气污染科学中心：进行数据监测与收集；进行区域空气质量模拟；制定费用有效的控制目标与减排方案；区域空气质量委员会：进行控制目标决策；进行大气污染物排放总量分配；执行并审核总量减排计划	欧盟委员会：参与区域空气质量管理相关指令制定；监督区域空气质量管理指令执行（调查违法行为，向欧洲法院提起诉讼）；欧盟理事会：通过区域空气质量管理相关法令；欧洲议会：调查区域空气质量管理中的违法、失职行为；接受相关环境事务的申诉；欧洲法院：受理区域空气质量管理方面的纠纷；并做出裁决；经济和社会委员会：由各类经济与社会活动代表组成，在一定场合可发表意见；地区委员会：由地区与地方机构代表组成，在一定场合可发表意见；欧洲环境局：为共同体、成员国、公众提供可靠的环境信息；环境空气质量委员会：成员国层面的职责机构，负责空气质量评价、监测、分析，协助共同体范围的质量保证规划
执行方式	公约只对成员国创设联合减排义务，由成员国决定具体的方式、方法以达到要求	指令只以成员国为发布对象，指令中规定的减排要求对指向的成员国具有约束力，但成员国可以决定具体的方式、方法以达到要求

2．美国：分级分类解决区域大气污染

区域机制在美国发挥着越来越大的作用，其在美国的应用可总结为：①为国家级环保部门和其主要职能部门提供行政支持的区域办公室；②国家政府用于解决特定大气污染问题的区域和分区域管理方法；③由各州创立，旨在解决区域大气污染问题的区域和分区域管理方法。

1）联邦环保局的区域办公室

1970 年美国国会成立了环保局不久，又在全美建立了 10 家区域办公室，负责管理 10 个大的地理区域，这些区域与普遍接受的地理和社会经济区域一致，也按各州的州界划分。这些办公室的建立是为了促进联邦环保局诸多职能和措施的事实，例如，位于美国东南部的环保局 4 区办公室有 15 个独立的单位，负责解决区域大气质量、石棉、许可、模拟、移动污染源、计划和执法方面的工作。

各区域办公室都与环保局总部保持着密切的联系。由于区域办公室能够充分了解区域大气环境问题，所以通过与总部的合作，区域办公室在国家政策制定中发挥了关键作用。与此同时，区域办公室也具有充分的灵活性，与各州合作，尝试新想法，并把学习的经验教训应用于国家政策中。区域办公室培养了一批环保局的领导型人才和具有环境管理能力的专家型人才，加强了环保局成功解决环境问题的能力。

2）联邦政府用于解决特定大气污染问题的区域管理

20 世纪 70 年代以来，联邦环保局发现一些最棘手的大气污染问题，特别是臭氧污染控制和能见度保护问题，只能通过区域机制成功解决，因此国会授权 EPA 建立了一系列区域大气环境管理机制。

南加州海岸空气质量管理（South Coast Air Quality Management District，SCAQMD）。洛杉矶城市群的区域污染问题曾经十分严重，突出的光化学污染问题在常规大气环境管理模式下难以解决。在 1976 年建立了大气环境管理机制——SCAQMD 以控制南海岸地区的大气污染。作为实体机构，该区域管理部门有权进行立法、执法、监督和处罚，并通过计划、规章、达标辅助、执行、监控、技术改进、宣传教育等综合手段协调开展工作。SCAQMD 制订并实施空气质量管理计划 AQMP（Air Quality Management Plan）——类似于保障该地空气质量达标的蓝皮书，借助排污许可、检查监测、信息公开与公众参与来保障空气质量达标。SCAQMD 自 1993 年开始利用市场机制，在区域清洁大气管理中纳入排污交易政策（Regional Clean Air Incentives Market，RECLAIM），用规定排放上限取代了原有的针对每个排放源的排放控制和技术要求，在污染控制和成本节约方面取得了很大成绩。

臭氧污染区域管理（Ozone Transport Region，OTR）。美国最初的臭氧污染控制措施主要针对受控城市的重点污染源。其后科学家们开始关注低层大气中臭氧的传输问题，发现在单个地区进行臭氧控制难有成效，需要进行区域合作。《清洁空气法案》1990 年修正案开始对臭氧进行区域管理和控制，划分了臭氧传输区域，并在臭氧污染严重的东北部（包括缅因州、弗吉尼亚州等 12 个州与哥伦比亚区）建立了管理机构——臭氧传输委员会

（Ozone transport commission，OTC），由各州行政长官、主管空气污染控制的官员以及 EPA 代表组成，主要负责开展东北部臭氧形成及传输影响的研究，同时为实现东北部各州臭氧的达标，提出适用于本区域更加严格的挥发性有机物与氮氧化物控制措施。当然美国针对臭氧区域管理的各项决策均是建立在科学认知的基础上。例如，1995 年 EPA 与中西部、南部、东部各州组建了臭氧传输评估组织（Ozone Transport Assessment Group），致力于研究臭氧前体物的区域传输问题，并于 1997 年确认了美国东部 22 个州和哥伦比亚地区的氮氧化物排放严重影响了东北部各州臭氧的达标，这直接推动 EPA 出台了氮氧化物 SIPcall 法案。

为实施某项臭氧污染控制措施，OTR 内各州首先签署谅解备忘录（Memoranda of Understanding，MOU）达成一致；之后由 OTC 负责向 EPA 提申请，EPA 在接到申请后 9 个月内出具是否同意实施该项臭氧控制措施的建议；在 EPA 批准的前提下，东北部各州会将 OTC 制定的更加严格的臭氧控制措施纳入州执行计划（SIP）加以实施。在过去 20 多年内，通过上述机制和模式，OTR 内各州统一实施了加州机动车排放标准；提出了各类挥发性有机物排放源（包括消费品、便携式燃烧器、建筑与工业涂装、溶剂清洗操作、发动机维修与更新等）的控制要求，并制定了严于联邦标准的 OTR 消费品挥发性有机物含量标准；致力于减少区域内大型燃烧源（包括电厂和大型燃煤锅炉）夏季氮氧化物排放，通过执行三个阶段（1994—1998 年、1999—2002 年、2003 年以后）总量控制计划，实现了氮氧化物排放比基准年降低 50%的目标，并在此过程中，实施了氮氧化物预算交易项目（NO_x budget trading program），极大程度上促进了夏季氮氧化物的减排，此外，2005 年 OTC 在 EPA 清洁空气州际法案（CAIR）的基础上，还出台了强化计划（CAIR plus），对其境内的电厂与大型工业锅炉执行了更加严格氮氧化物、二氧化硫、汞排放总量控制要求。

能见度保护与区域灰霾管理。美国应用区域管理的另外一个例子是解决能见度降低的问题。长期以来美国许多地区，特别是一些对国家意义重大的区域，如国家公园、自然保护区、国家纪念公园等都受到能见度降低问题的困扰，这主要是受到空气当中 $PM_{2.5}$ 的影响。在 1990 年《清洁大气法》修订中，由于 EPA 发现大气污染物的州际传输对能见度影响巨大，国会特别授权 EPA 划定了能见度传输区域，并成立能见度传输委员会，由受影响各州的行政长官、EPA 以及相关联邦机构（如国家公园管理局、渔业与野生动物局、林业局等）代表构成。该组织推动 EPA 于 1999 年制定了区域灰霾法案（Regional Haze Rule），要求实施多州联合控制战略，共同减少 $PM_{2.5}$ 排放，实现 156 个国家强制性一类区包括国家公园、自然保护区能见度改善目标（达到自然背景状态）。具体操作时，EPA 要求全国 50 个州制定长达 60 年的战略规划，第一期灰霾控制计划于 2003—2008 年制定，之后以每 10 年为一个周期，确定能见度阶段性改善目标，并制定相应 $PM_{2.5}$ 污染控制措施，10 年后进行再评估和修订，每 5 年向 EPA 提交能见度改善报告。各州灰霾控制规划的制定，得到 5 个跨州区域规划组织包括西部区域空气联盟（WRAP）、中部区域空气规划联盟（CENRAP）、中西部区域规划组织（MidwestRPO）、空气董事财团（LADCO）、中大西洋/

东北部能见度联盟（MANE-VU）的技术支持。

其他跨区域传输空气污染问题管理。除了臭氧与能见度传输区域，清洁空气法案还授权环保局，针对其他受污染排放跨界传输影响导致空气质量超标的州，建立跨州空气污染传输区域及其管理委员会。类似地这些跨州空气污染传输委员会也是由环保局的代表、EPA区域办公室的官员、各州行政长官及主管空气污染控制的官员组成，其有权向 EPA 建议在该区域内采取更加严格的控制措施，同时要求 EPA 在 18 个月内进行答复。该机制有利于区域内各州采取统一更加严格的控制措施，应对空气污染的跨界传输与相互影响。但到目前为止，环保局尚未使用该项权利。

3）州政府发起的区域性行动

在联邦环保局不断发展利用区域办公室和区域机制的同时，州政府也同时发现了其在改善区域空气质量上的价值，于是彼此之间自愿组成区域协会，旨在进一步提高区域大气质量。它们按照环保局划分的 10 个区域组成了区域计划组织（Regional Planning Organizations，RPOs）。例如，在美国东南部，该区域的八个州（包括 17 个重点城市）成立了一个区域计划组织，以就共同关心的问题开展更好的合作和交流。这个东南部组织重点关注大烟山国家公园，这里能见度的降低影响了其旅游收入。虽然所有的区域计划组织建立的初衷都是关注技术问题，但一些组织成立之后也把政策制定纳入其中。例如，8 个东北州组成了东北部各州协调大气利用管理组织（Northeast Statesfor Coordinated Air Use Management，NESCAUM），该组织成立的目的是加强州之间的交流，促进高效的大气质量管理，开展研究、培训、评估污染问题，进行能力建设并提出政策建议。

通过分析美国区域大气污染联防联控的实践经验，可从区域划定、执行机构及其人员构成、主要职能、合作机制五大方面对其管理模式进行总结，见表附 5.5。

表附 5.5　美国区域大气污染联防联控管理模式

	区域办公室	针对某一大气环境问题的区域管理	州政府发起的区域性行动
区域划定	与普遍接受的地理和社会经济区域一致，按各州州界划分	由环保局认定某些地区有必要或适合达到并保持大气质量标准，与相关地方政府协商后，即划定为大气质量控制区	与普遍接受的地理和社会经济区域一致，按各州州界划分
执行机构	国会成立的区域办公室	国会授权联邦环保局成立的区域委员会	州政府自发成立的区域计划组织或区域合作协会
执行机构人员构成	联邦环保局派出人员	联邦环保局派出人员 各州（地方）政府代表 其他利益相关方（专家学者、NGO、公众）	各州（地方）政府代表 其他利益相关方（专家学者、NGO、公众）

	区域办公室	针对某一大气环境问题的区域管理	州政府发起的区域性行动
执行机构主要职能	对州级和地方级政府的行动进行监控和指导 监督州政府和地方政府的大气管理措施 收集、分析数据和信息 在区域一级管理、推动联邦级大气管理措施和政策 将联邦政府对州、地方和区域的投资进行优先排序 成为联邦政府投放给州、地方和区域资金的通道，各州、地方和区域对国家资金的使用通过区域办公室向国家负责 为政府官员提供额外的培训机会，以承担领导性作用	针对特定区域大气环境问题制订行动计划 监督区域大气质量行动计划的实施 开展区域污染防治能力建设，提供技术和政策协助 提供并开展合适的培训	加强州之间的交流 进行区域大气环境问题模拟 对区域问题管理进行评估并向区域办公室提供建议 提供并开展合适的培训
合作机制	纵向机构的主体管理 政治决策建立在科研机构的科学认知基础上 依靠行政命令实现合作 信息公开，接受公众监督	纵向机构的主体管理 政治决策建立在科研机构的科学认知基础上 依靠行政命令实现合作 信息公开，接受公众监督	横向机构的主体协作 关注区域大气环境问题模拟和其他技术工作 通过责任、利益协商实现合作

5.4.2　监管所有污染物体制的国际经验

对所有污染物实施统一监督管理，是国外环境管理的发展趋势。管理制度主要有排污许可证制度、污染物排放与转移登记制度和污染物排放清单制度。

1. 排污许可证制度

排污许可证是一项基本的环境管理制度。发达国家从 20 世纪 70 年代初开始普遍实行这项制度。其中美国的排污许可证制度因其框架完善、规范细致、措施创新和成效显著而著称，是世界上许多国家排污许可制度的一个蓝本（孟静，2010）。在各国环境法中，美国、日本的污染控制单行法的很大篇幅与排污许可证有关。德国污染控制法对排污许可证设有专章。法国在环境法典中规定了排污许可证的适用范围和审批程序。瑞典环境保护法有近一半条款是关于排污许可证的。我国台湾地区在污染控制单行法中也把排污许可证作为政府规范排污行为的基本手段。

1）美国的排污许可证制度

美国国会 1990 年修订的《清洁空气法》第五章确立了大气污染物排放许可证制度。主要要求有：①许可证申请程序；②排污者的监测和报告义务；③许可证管理费；④许可证管理人员和财务安排；⑤许可证管理机关的执法权；⑥许可证审批程序；⑦许可证审批、管理信息公开与公众参与等。

许可证制度适用的对象有：①酸雨控制条款规定的受控点源；②排放有毒有害气体的重点源；③酸雨控制和防止有毒有害气体规定的其他污染源（包括面源）；④有关防止空气质量严重恶化和对未达标地区规定所包括的污染源；⑤联邦环保局规定中要求实行许可证的其他点源。

2）日本的排污许可证制度

日本的环保法律中没有"排放污染物许可证"这个名词。事实上有类似的制度。《大气污染防止法》《水质污浊防止法》《噪声控制法》3 部法律中，都用近 1/3 的篇幅规定"申报—审查—认可—遵守"的程序和违者处罚的内容。要求凡是排放污染物数量达到一定规模的设施都必须向环保部门申报，内容包括工厂名称、住所、污染物处理设施种类、设施的构造、使用方法、排放浓度和废水或废气的数量等。如设施拟发生变化的，要提前申报，经认可后方能实施改造。排污者必须遵守"认可证明"，不得擅自变更设施构造、处理工艺、运行方法、处理能力，不得超过"认可证明"的浓度和数量排放污染物，违者将受到处罚。

3）德国的排污许可证制度

德国《联邦污染控制法》（1990 年修订）第 4 条至第 21 条规定了排污许可证的适用范围和审批程序。涉及空气污染、噪声、振动的排放许可证。根据该法，如果一个设施在运营过程中会对环境造成有害影响，危害公众或邻居，则该设施的建立和运营都需要许可。非商业设施一般不需要许可，但如果在特定情况下产生空气污染或噪声，损害环境的，则需要审批。在地面上建立和运行矿山设备的也需要许可。此外，在德国联邦的《水管理法》规定了水污染物排放许可证。水污染物排放许可证适用以下情形：①把污染物排入地表水；②把污染物排入沿海水域；③把污染物排入地下水；④由于其他活动，使水物理、化学、生物特性发生明显的有害的变化。

4）法国的环境许可证法律制度

《法国环境法典》规定，有可能损害民众健康和公共卫生、妨碍水流畅通、减少水源的水量、显著增加洪水泛滥的可能性、对水域的质量和生物多样性构成威胁的设施、构筑物、工程、活动等必须获得行政当局授予的许可证。不具有上述危险的设施、构筑物、工程及活动，必须履行申报手续。许可证的内容包括：落实本法典第 211•1 条要求的方案；监督措施；出现事故的紧急干预办法。

5）瑞典的环境许可证制度

瑞典《环境保护法》规定全文 69 条，近一半条款是关于许可证的。第二章为"许可制度"，从事对环境有害活动的必须获得许可。第 4 条规定，从事对环境有害活动，在不违反本法、《自然资源管理法》和规划法律的，可以有条件地颁发许可证。如果违反法律的，不予颁发许可证。第 38b 条规定，已得到许可证的排污者，应当每年向地方主管部门提交环境年报。年报的内容包括履行许可证规定的措施和效果，不提交报告的将受到处罚。第 41 条规定，未依法取得许可证擅自从事有关活动的，许可证委员会将予以禁止。

2. 污染物排放与转移登记制度（PRTR）

污染物排放与转移登记制度（Pollutant Releaseand Transfer Register，PRTR）是环境信息公开的一项制度，主要是为了制定一个有害化学污染物管理目录，要求企事业单位定期向指定的行政管理部门报告列入目录中化学物质的排放、转移情况，由行政管理部门将收集的数据进行综合整理，并定期向社会公开发布。

最早实行 PRTR 制度的是荷兰，其后美国、欧盟、澳大利亚、加拿大、韩国、日本等 30 多个国家也相继实施了 PRTR 制度（史之，2011）。1993 年，OECD 鼓励各成员国政府建立 PRTR 制度，作为 1992 年里约宣言的后续工作。1996 年 9 月，欧盟委员会颁布了"综合污染预防与控制指令"，此项指令还要求欧盟每三年公布一次欧盟境内主要污染物排放源名单，即欧洲污染物排放登记 EPER[①]。2009 年建立在 EPER 基础之上的全欧盟范围的污染物排放信息公开平台——欧盟 E-PRTR 系统（2009 年正式运行）诞生，与之前颁布的 EPER 系统相比，新的欧盟 E-PRTR 系统涵盖了更多污染物（从 50 种扩大到 91 种）、增加了申报频次（从 3 年一次到每年一次），并规定了更详细的申报内容（例如，不仅包括向大气排放和水体排放，也包括土壤排放和厂外转移）（葛海虹，2010）。

PRTR 制度的内容是企事业单位要掌握并算出本单位向环境（包括大气、水体、土壤）排出的对人的健康和生活环境有害的化学物质的种类和排放量，以及随固体废弃物转移的上述物质的量，并定期向指定的行政管理部门报告，行政管理部门将报来的数据进行综合。

PRTR 制度是发达国家为了对化学污染物进行更严格的管理而实行的一种管理制度，它使政府对化学污染物的排放及转移管理进入定量阶段。

1）成本效益比最优

有毒有害污染物排放数据对社会公开后，排污企业基于社会声誉和市场形象的考虑，会倾向于主动减排，提升环境表现。有助于调动企业减少污染物排放、遵守环境管理制度的积极性。20 世纪 80 年代末期以来的实践表明，这是成本效益比最优的减排方式。

2）融入公众参与和防范

有毒污染物排放和转移的公开保障了公众的知情权，使公众能够通过个人行为规避风险。降低公众防范风险，并促进公众参与，有利于发挥公众监督的积极作用，促进企业遵守环境法律制度，助力环境主管部门实施环境法律。

3）全面掌握有毒污染物排放和转移

污染物排放与转移登记制度确定了排污企业对其有毒污染物排放和转移的报告义务，使环境主管部门能够全面掌握有毒污染物排放和储存的现状，从而能够实施有效的污染源管理、化学品管理、环境风险评价和污染事故防范，有助于减轻环境主管部门的管理负担，

---

① The European Pollutant Release and Transfer Register, http: //prtr.ec.europa.eu/pgAbout.aspx。

提高行政管理效率。

3．污染物排放清单制度

污染物排放清单是在对污染源数据的全面清查和统计的基础上，建立起的一种可以动态、系统了解管理地区或行业年年底内各类污染物的产生、排放数量、排放去向、排放处理措施，以及在各行业和各区域的分布情况的环境管理工具和制度。污染物排放清单有助于全面掌握污染源排放状况，是进一步分析评估环境绩效和环境风险、环境政策制定的基础。统一编制污染物排放清单，便于剔除因产业关联所造成的重复计算，准确了解同一种污染多种来源，以及在不同环境介质的分布情况。例如，1993 年，1 466 家加拿大工厂报告向环境排放 227 683 吨 178 种表列物质。而同年美国则是 23 000 家设施排放 28 亿磅 316 种表列化学品和 20 类化学物质。加拿大污染物有 47%排到水体，42%排到大气，7%排到土地，4%排到地下。美国排放的污染物中有 60%排到大气，20%排到地下，10%排到土地，10%排到水体[①]。

目前美国、欧盟、加拿大等国已建立了此项管理制度。美国已经建立的排放清单包括有毒物质排放清单（Toxics Release Inventory）、温室气体排放清单、大气污染物排放清单等，并主要由 EPA 负责统一管理。

美国的大气污染物排放清单统计范围包括点源、面源、行驶源、非行驶源 4 大类，涉及二氧化硫、氮氧化物、一氧化碳、氨、挥发性有机物、可吸入颗粒物（PM_{10}）、细颗粒物（$PM_{2.5}$）等主要大气污染物以及《清洁大气法案》中规定的 188 种有害大气污染物（HAPs）（李蔚等，2014）。

欧盟委员会于 2000 年 7 月通过了《关于建立污染源清单的决定》（EPER）。根据 EPER 的规定，成员国每 3 年提交一个报告，涵盖颗粒物（TSP、$PM_{2.5}$、PM_{10}）及其成分、传统的大气污染物（二氧化硫、氮氧化物等）、重金属污染物以及有毒有害化合物等 50 种须上报的污染物种类。清单中的污染源按照联合国欧洲经济委员会（UNECE）报告污染物排放所采用的分类（NFR）的标准分类，其中，累计贡献率达到 60%的重点污染源通过主要的燃料类型进一步细分。清单中点源的数据主要来源于排放交易体系（ETS）、国家污染物排放及转移登记（EPER）、欧盟综合污染预防与控制的指令（IPPC）、综合污染预防控制指令以及大燃烧场指令等；面源及小污染源数据利用社会经济、技术统计方法获取。与美国相同，欧盟也制定了严密的数据质量控制与审核机制。

5.4.3　国外空气质量与气候变化主管部门的职能分配和组织机构设置

基于 2012 年主要国家环境主管部门的相关情况，这些国家环境主管部门不但全面监管大气污染物排放，而且主管与空气质量有关的能源或可再生能源、减缓气候变化等，空气质量与气象、气候保护、可再生资源、能效管理结合，并体现在内设机构设置上。

[①] 中国环境科学引自 Environ.Sei.Technol，Vol.29，No.8，358A（1995）。

1. 注重空气环境治理综合管理，环保部门跨领域管理特点突出

《联合国气候变化框架公约》全球 195 个 UNFCCC 缔约方（国家）中，有 130 多个国家都是由环境部门主管气候变化工作。而英国的环境、食品和农村事务部在移交了主要减缓气候变化职能后，依然负责非能源领域的减缓气候变化工作和履行全部适应气候变化的职能。澳大利亚的可持续发展、环境、人口和社区部依然管理着国家气象局。

表附 5.6　主要经济体环境主管部门的能源与应对气候变化管理职能（2012 年）

职能	欧盟	英国	德国	日本	美国
统筹协调	欧盟环境部长理事会	首相、内阁委员会	"CO$_2$减排"部间工作组（议会，环境部主持）	地球温暖化对策推进本部（首相，事务性工作内阁官房长官；环境省和经产省副部长）	应对气候变化工作组（副总统负责，事务性工作白宫高级雇员）
主要执行机构	欧洲委员会环境总司（牵头）；农业与乡村发展总司	能源与气候变化部（DECC）、环境、食品及农村事务部（DEFRA）为主，以及交通部、财政部等	环境、自然保护和核能安全部（牵头）；经济和技术部，交通、建筑和城市事务部，食品、农业与消费者保护部 7 个	环境省，经济产业省、农林水产省、国土交通省等 14 个省部	环保局、能源部
主要咨询机构	欧盟经济与社会委员会下属的环境专门委员会；欧盟地区委员会；欧洲环境署（独立机构）的空气和气候变化专业中心	气候变化委员会（CCC）	联邦政府的环境委员会和气候变化顾问委员会；议会咨询委员会	中央环境审议会的地球环境部委员会；国际气候变化问题战略专门委员会（社团）	气候变化科学技术委员会
监测与信息管理机构	环境总司监测和信息中心；欧洲环境署信息管理	DECC（牵头）、DEFRA 及合同企业/机构	环境、自然保护和核能安全部下属的环境局	环境省，农林水产省，经济产业省，文部科学省	环保局（强制）能源部（自愿）大气海洋局
温室气体排放清单	欧洲环境署（编制）；欧洲委员会（公布）	能源与气候变化部（发布）；环境、食品及农村事务部（编制）	环境、自然保护和核能安全部下属的环境局	环境省的温室气体清单办公室（GIO）	环保局（编制、发布）；能源部（合作编制）
碳交易管理	欧洲委员会环境总司	财政部	环境、自然保护和核能安全部	经济产业省	

主要经济体的环境主管部门全面负责废弃物领域温室气体减排，其次在工业和交通领域发挥着重要作用。从减排效果看，废弃物领域减排对实现京都目标贡献突出。欧盟向 UNFCCC 提交的第五次信息通报也认为，1990—2007 年，原欧盟 15 国的温室气体减排总量下降了 4.3%，主要源于废弃物领域甲烷排放持续稳定减少。日本环境省主要负责社会领

域（低碳社会）以及废弃物管理的温室气体减排。根据美国自愿行动/项目数据库统计所有联邦层面自愿减排行动/项目的主办部门发现（括号内数字为 EPA 主办自愿减排项目的比例），EPA 在废弃物管理（100%）、社区发展（75%）、综合（72%）、交通（67%）、工业（62%）等领域温室气体排放管理占据优势，并全面负责非温室气体的自愿减排计划。

2. 多将空气质量与减缓气候变化能源或可再生能源管理一起设置内设机构

从内设机构设置情况看，除在国际合作方面的内设机构设有相关气候变化职能外，多数国家环境部都单独设置内设机构管理气候变化事项，有时同时包括履约和谈判。从减缓职能看，主要分以下三种情况机构设置情况。

1）与空气质量、大气环境管理一起设置

采取此类设置形式的国家相对比较多。例如，巴西气候变化和环境质量秘书处下设气候变化、项目许可和环境影响评价、工业区环境质量 3 个部门。韩国环境部在环境政策部下设气候大气政策办公室主要负责制订大气环境保护基本计划、大气污染物质排放标准、管理综合计划、防止汽车公害、使用低公害燃料的对策，以及制定、修订气候变化应对法令及制定中长期对策等。该办公室下又下设 4 个处：气候大气政策处、气候变化合作处、大气污染管理处、交通环境问题管理处。

挪威环境部除在国际合作司负责气候变化国际谈判外，专门成立了气候变化和污染控制司。该部门由三个部分和行政单位组成，主要负责制定气候和能源领域的环保政策和战略、政府间国际气候和森林倡议。将来会进一步加强危险化学品、废弃物、地方空气污染和噪声、环境数据和监测等方面的事务，并为挪威海事局环境问题提供支持。此外，该部门还负责欧洲经济区有关法律文件起草和国际环境协定履约工作，包括联合国气候变化框架公约、京都议定书、联合国欧洲经济委员会长期跨国空气污染公约、巴塞尔公约、斯德哥尔摩公约、鹿特丹公约、联合国国际海事组织（IMO）公约和化学品公约。

此外，还有国家从大气环境管理角度管理气候变化的。例如，加拿大环境部分别设了气象服务副部长和国际事务部副部长。其中气象服务副部长下设商业政策、天气与环境监控、天气与环境预报与服务、天气与环境业务 4 个干事；国际事务部副部长有一名总干事，专门负责气候变化国际合作事务。此外还有加拿大龙卷风服务中心和天气办公室两个与气候变化相关的附属机构。俄罗斯的自然资源与生态部下设水文气象和环境监控领域国家政策调节司、水文气象和环境监控联邦局两个部门管理大气环境。

2）与能源、可再生能源管理一起设置

法国的生态、可持续发展、交通和住房部下设能源和气候总司，主要负责气候变化方面的国家政策制定和实施。在可持续发展部门和经济财政工业部门共同监督之下，准备并实行可再生能源政策，尤其是税率、促进节能环保的政策。下设能源司、气候和能源效率司。

德国联邦环境、自然保护和核安全部设置气候保护、环境和能源、可再生能源、国际合作总司，该总司下设 3 个司，除可再生能源司外，一是设有气候保护、环境和能源司，其中的二处负责有关气候保护方面的法律咨询、环境和能源、气候保护问题以及排放交易等工作，五处专门负责气候保护相关工作；二是设有国际合作司，下设两个处分别负责国际气候保护和国际气候融资、国际气候倡议等工作。附属机构联邦环境局作为决策技术支持部门，也专门设有环境规划与可持续发展战略一处，并下设气候变化和能源、气候保护等各相关工作组开展工作。

意大利环境、国土和海洋部设置可持续发展、气候与能源管理总局，其下又设 6 个处，其中一个处负责监督管理与能源相关的环境问题、能源效率和能源替代，一个处负责气候变化与国际合作。

3）气候与空气质量或能源分别设置内设机构

瑞典环境部在其内设机构中分别有两个司承担与气候变化相关的工作。一是气候司，负责瑞典参加全球气候变化谈判等事宜，并履行《京都议定书》承诺，完成欧盟有关工作。负责排放权交易，基于项目的政策机制和其他气候政策工具，以及空气质量问题。此外，该司还致力于促进可持续发展框架下的绿色经济，环保技术的应用，以及在北欧和北极地区与巴伦支欧洲——北极理事会的区域环境合作；另一个是环境分析司，其中的一项职能是推广风力发电及区域和地方的气候战略和能源提议，具体见表附 5.7。

表附 5.7　主要国家环境主管部门的气候变化相关下属机构设置（2012 年）

环境行政主管部门	核心业务机构			附属机构
	第一级机构	第二级机构	第三级机构	
美国环保局	空气和辐射办公室	大气项目办公室（主要负责保护臭氧层、"能源之星"、绿色能源合作伙伴、温室气体报告等项目，以及全球甲烷倡议、美国温室气体清单等）		（商务部）国家大气与海洋管理局
	政策办公室	气候变化适应活动		
日本环境省	地球环境局	地球温暖化对策课（负责制定温室气体排放控制、臭氧层保护相关标准、实施管控事务）	国民生活对策室、国际对策室、市场机制室	
韩国环境部	环境政策部	气候大气政策办公室	气候大气政策处、气候变化合作处、大气污染管理处、交通环境问题管理处	
加拿大环境部	气象服务副部长			加拿大龙卷风服务中心 天气办公室
	国际事务部副部长	气候变化国际合作总干事		

环境行政主管部门	核心业务机构			附属机构
	第一级机构	第二级机构	第三级机构	
澳大利亚 可持续发展、环境、水、人口和社区部				气象局
俄罗斯 自然资源与生态部	水文气象和环境监控领域国家政策调节司			
	水文气象和环境监控联邦局			
巴西 环境部	气候变化和环境质量秘书处	气候变化部门		
德国联邦 环境、自然保护和核安全部	气候保护、环境和能源、可再生能源、国际合作总司	气候保护、环境和能源司	二处：法律顾问、环境和能源、气候保护、排放交易；五处：气候保护	联邦环境局 （一处：环境规划与可持续发展战略下设气候变化和能源、气候保护等各相关工作组）
		国际合作司	六处：国际气候保护；七处：国际气候融资、国际气候倡议	
英国 环境、食品和农村事务部	环境与农村工作组（负责气候变化、景观、休闲及农村事务）	适应气候变化项目 减缓气候变化项目 大气及当地环境项目		
瑞典 环境部	气候司（负责气候变化谈判、履行《京都议定书》承诺、排放交易及其他气候政策、空气质量等）			瑞典环境局（研究评估部下设空气质量与气候变化组）
	环境分析司（负责地方的气候战略和能源倡议）			瑞典气象和水文研究所
挪威 环境部	国际合作司（气候变化国际谈判）			气候和污染局
	气候变化和污染控制司（制定气候和能源领域环保政策和战略、政府间国际气候和森林倡议，化学品、空气污染等监测）			
印度 环境与森林部	气候变化司	CDM 管理委员会		
南非环境部	环境质量和环境保护	空气质量管理和气候变化	全球气候变化	

资料来源：相关国家环境主管部门官方网站及有关机构设置法律文件。

5.5　区域大气污染防治体制改革方案

5.5.1　逐步建立区域大气污染联防联控机制

1．在落实地方政府责任的基础上建立联防联控机制

各级地方政府先做好自己的污染防治工作，达到国家规定的污染物排放标准和总量控制指标以及能源和产业结构调整要求，这是最重要的，在这个基础上，再强调联防联控，否则没有意义（王玉庆，2013）。

2．从横向机构协商模式逐步过渡到纵向机构管理模式

区域联防联控的管理模式分为两大类：一是纵向机构的管理模式，即设定自上而下的机构层级通过行政手段实现区域合作；二是横向机构的协作模式，即自发行动签订减排协议通过利益协商实现区域合作。长期来说，纵向机构的管理模式，有利于区域空气质量管理机制和环保工作的长效化、制度化。设立跨行政区的管理机构虽然是一个比较有效的方法，但是在短期内难以建立。短期内以最小制度成本取得最优治理效果的方式是行政区之间的合作、协同努力解决跨界污染。区域环境协商是现阶段适用于我国区域空气质量管理的最佳模式。

3．建立基于大气污染的生态补偿机制

以此促进大气污染控制从属地模式向区域合作模式转变，从而实现区域控制的成本节约的实现（吴丹，张世秋，2011）。

4．建立自上而下的联防联控环境监管机制（柴发合等，2013）

（1）成立联防联控管理委员会或相关组织机构。成立由国务院、环境保护部、相关部门与区域内各省级政府组成的国家大气污染联防联控工作委员会，下设各区域联防联控委员分会（由不同区域主管省级领导、地方环保局及相关部门组成）。实行领导小组负责制，将区域污染防治工作绩效纳入党政绩效考核指标体系。国家大气污染联防联控工作委员会负责制定国家大气污染联防联控工作机制、组织召开年度会议、统筹协调年度防治工作、监督区域联防联控委员会工作并审核评估其年度工作目标绩效。区域联防联控工作委会负责制定区域大气污染联防联控工作机制，负责每年向国家大气污染联防联控委员会提交区域大气防控工作进展报告；内部召开年度联席会议，通报年度区域大气污染防控工作进展、问题和成效，制订区域污染联防联控年度计划等。

（2）建立明晰的层级划分。构建"国家级—大区域级—重点区域级—地市级"四级一体，横纵结合，多维立体，多层嵌套的区域联防联控机制。其中，第一层级和第二层级以解决涉及全国性的环境问题或大区域内的环境问题为主要工作目标，进行全国层面的有效调控，实现"全国一盘棋"的总体构架；第三层级主要针对重点区域，涉及京津冀、长三角、珠三角以及其他十个城市群。

（3）建立和运行科学研究中心。以现有环境空气质量监测网为骨架，建立独立于省级和市级监测网络的监测点位，作为构建区域大气复合污染科学观测网络体系的必要补充，实现对区域大气复合污染的实时综合监控与研究，同时独立站点所获得的数据能够更加公平公正地反映客观情况。

5.5.2 逐步建立环保部门为主的区域大气污染防治部门分工

1. 增加环保部门的机动车船污染管理职责

《大气污染防治法》修订草案已经删除现行法律中规定的"各级公安、交通、铁道、渔业管理部门根据各自的职责，对机动车船污染大气实施监督管理"，并在第四章第三节"机动车船大气污染防治"部分明确了环保部门的职能。

针对这一修订，建议增加环保部门的如下职能：

（1）环境保护部按照排放标准对新定型的机动车、非道路移动机械进行大气污染物排放达标情况评估。经评估合格的，列入工业和信息化部发布的有关产品公告。

（2）环境保护部制定机动车环保检验规范。

（3）环境保护主管部门可以会同住房城乡建设主管部门，对工程机械的大气污染物排放状况进行监督检查。

（4）国务院质量监督检验检疫部门会同国务院环境保护主管部门，建立机动车和非道路移动机械环保召回制度，调查确认机动车或者非道路移动机械超标排放，属于设计、生产存在缺陷的，通知生产企业实施召回。

（5）国务院标准化主管部门会同国务院环境保护等有关部门，制定燃煤、燃油、石油焦、生物质燃料、烟花爆竹、涂料等含挥发性有机物的产品以及锅炉的产品质量标准，明确环保要求。

2. 加强环境保护部在清洁生产、清洁能源与可再生能源等方面的职能

（1）明确国务院环境保护主管部门会同国务院经济综合主管部门、国务院工业和信息化主管部门公布高污染、高环境风险产品名录。

（2）各级电力管理部门会同环境保护主管部门完善节能减排调度规则，电网企业应当优先安排清洁能源以及节能、环保、高效火电机组发电上网。

附录 6　农村乡镇环境管理机构的专题研究[①]

6.1　农村环境保护的形势与任务

6.1.1　农村环境形势严峻，管理工作艰巨而复杂

长期以来，我国城乡分割、县乡两级政府机构能力建设不足，造成农村环境管理严重滞后于城市。一方面，大量工艺落后、没有污染治理设施的企业在农村乡镇落户，一些城郊结合部成为城市生活垃圾及工业废渣的堆放地，农田和饮用水水源受到不同程度污染。据农业部 2006 年统计，全国每年因重金属污染而减产粮食 1 000 多万吨，另外被重金属污染的粮食每年可达 1 200 多万吨。另一方面，化肥农药滥用，大大超过国际安全上限，分别是安全上限的 1.93 和 3 倍左右。农业源已成为我国的污染大户。第一次全国污染源普查结果显示，2007 年农业源化学需氧量、总氮、总磷年排放量分别占全国总排放量的 43.7%、57.2% 和 67.3%；我国规模化畜禽养殖每年产生的动物粪便约为工业固体废料的 3.5 倍。此外，来自农村和城乡结合部的环境污染投诉和信访量、因环境问题引发的群体性事件逐年上升，已经成为很多地区环保系统受理信访量的主体。

我国广大农村地区的环境问题已经呈现出"点源与面源污染共存，生活污染、工业污染和农村污染叠加，各种新旧污染相互交织"的局面。农村环境保护内容广泛，涉及饮用水水源地保护、生活污水和垃圾处理、禽畜养殖污染、历史遗留的农村工矿污染治理、农业面源污染和土壤污染防治等方面，任务艰巨，其复杂程度已远远超出传统工业和城市污染治理。

6.1.2　国家高度重视农村环境保护工作，提出加强监管能力要求

"城市环境与农村环境唇齿相依，农村环境保护不好，不仅损害农民的利益，还会严重影响城市居民的菜篮子、米袋子、水缸子。"农村环境保护工作事关民生和社会和谐，意义重大。为此，党和国家领导人多次做出重要指示，要求把农村环境保护纳入国家环境

---

① 本附录作者：殷培红、贺蓉、沈楠等。

保护总体战略，统筹加以推进。国务院先后发布了《关于加强农村环境保护工作的意见》《关于加强环境保护重点工作的意见》《国家环境保护"十二五"规划》《全国农村环境综合整治"十二五"规划》《全国农村饮用水安全工程"十二五"规划》等文件进行工作部署，并对农村基层环保能力建设提出了相应要求。例如，《关于加强农村环境保护工作的意见》明确提出了农村环境保护的主要目标是到 2015 年，农村人居环境和生态状况明显改善，农业和农村面源污染加剧的势头得到遏制，农村环境监管能力和公众环保意识明显提高，农村环境与经济、社会协调发展。《国家环境保护"十二五"规划》提出到 2015 年，完成 6 万个建制村（约占全国建制村总数 10%）的环境综合整治，并要求地方各级人民政府要保障环境保护基本公共服务支出，加强基层环境监管能力建设。在京津冀、长三角、珠三角等经济发达地区和重污染地区，以及其他有条件的地区，将环境监察队伍向乡镇、街道延伸。

6.2　农村环境管理现状

6.2.1　人员数量普遍不足，农村环境管理现状堪忧

农村环境污染点多面广，随机强，尤其需要发挥乡镇一级政府的环境管理职能。但是，长期以来，由于县一级环保机构力量不足，多数还未顾及农村环保，乡镇环保机构设置比例低，缺乏固定经费渠道，投入严重不足。截至目前，全国 40 858 个乡镇中，只有 4.5% 的乡镇独立设置了环保机构，18.6% 的乡镇有相关机构开展环保工作。专、兼职乡镇环保人员仅 2.3 万人，编制普遍严重不足。万人乡镇环保编制平均为 0.11 人，实际人员 0.17 人，编外人员比例为 56.93%，详见表附 6.1。

表附 6.1　全国乡镇环保机构设置情况

指标名称	全国平均	机构设置类型				
		派出设置	独立设置	合署设置	职能由相关部门承担	其他设置
设置环保机构的乡镇占比/%	18.6	4.0	4.5	4.9	4.2	1.0
不同类型机构占比/%	100	21.42	24.10	26.23	22.66	5.44
不同类型机构编制占比/%	100	43.33	21.91	25.25	6.97	2.29
不同类型机构人员占比/%	100	39.13	19.64	19.75	12.12	8.31
乡镇环保机构平均编制/人	1.9	3.9	1.8	1.9	0.6	0.8
乡镇环保机构平均人员/人	3.0	5.5	2.5	2.3	1.6	4.6

注：本表含 27 个省（直辖市、自治区）有效数据，江西省、湖南省、广东省、宁夏回族自治区未提供数据。数据截至 2011 年 12 月 22 日。

6.2.2　机构设置形式多样，履职主体多元化

现有的承担农村环保工作的机构设置情况多种多样，主要有独立设置、派出设置、合署设置、由相关部门承担四种模式。独立设置的乡镇环保机构属于乡镇一级政府的内设机构，直接隶属乡镇政府，属于乡镇一级环境管理机构；派出设置主要指乡镇环保机构为县（区，市）环保局设置的派出机构；合署设置的乡镇环保机构不直接隶属于乡镇政府，而隶属该政府某一部门或与其他部门合署设置；由相关部门承担是指由其他部门代为履行环保职能。这四种方式所占比例基本相当，合署设置比例相对最高，占已设置机构数的26.23%，约占全国乡镇比例的4.9%。主要设置情况见表附6.1和表附6.2。

表附 6.2　典型乡镇环保机构设置方式

机构类型		主要乡镇环保机构举例
独立设置		四川省峨眉山市九里环境保护办公室（片区所）等
合署设置	整合设置	重庆开县临江、长沙、温泉、岳溪 4 个镇市政环保管理所；四川郫县等 14 个乡镇的经济发展与环境保护办公室（所）、重庆开县的市政环保管理所、重庆巴南区的城建环保科（办）、重庆渝北区 11 个镇建管环保所；贵州省毕节、铜仁地区的 223 个林业环保站等
	加挂牌子	重庆开县的 36 个镇乡街道设立镇村建设管理所，挂镇乡街道环境保护所牌；甘肃省 18 个乡镇环保与林业工作站共同挂牌办公等
派出设置	环保局的派出机构	重庆市万州区、渝中区、渝北区、云阳县 11 个片区环境保护管理所；浙江省嘉善县西塘、姚庄、魏塘 3 个乡镇环境保护所（片区）等
	环保监察大队派出中队或支队	四川崇州市环境监察执法大队下设 6 个执法中队；重庆市荣昌县 21 个镇街环境监察中队；北京在昌平区派出 6 个监察支队等
	与其他职能部门联合派出	重庆市开县与市政局、园林局在重点环保区域，设立市政环保分局，或自然保护区管理局等
其他部门代为履职		四川威远县主要由社会事业服务中心、村镇环卫服务中心、经济发展办公室、综合办履职，天津由工业经委、安全生产办公室、市容科和科技、产业园区等履职；甘肃 1 个乡镇由农业服务中心承担
其他		在成都市新都区 2 个重点镇"行政审批局"和"综合执法局"派驻环境执法人员

合署设置多与建设、林业部门整合或加挂牌子，也有与经济发展部门整合设置，如四川郫县的经济发展和环境保护办公室。职能由其他部门承担的设置方式，归口部门更加多样，涉及建管办、城建办、工业经委、安全生产办公室、市容科、社会事业服务中心、村镇环卫服务中心、经济发展办公室、农业服务中心、综合办等，但此类机构设置方式人员配备力量最弱，每个机构配备编制 0.6 个，人员 1.6 个，明显低于已设机构的平均水平（1.9人和 3.0 人）。

6.2.3　队伍专业化水平和稳定性不足，难以有效发挥作用

现有乡镇环保工作人员以初级职称、大专以下学历为主，初级职称及以下人员占到了89.0%，乡镇环保专职人员全国平均为 54.1%。兼职人员比例高，流动性很大，缺乏权威性，严重影响环保工作的开展。例如，重庆荣昌县 21 个监察中队，每个中队平均 2～3 人，大多数为没有编制的兼职人员，自 2007 年成立镇街中队以来，平均每年有 10～15 名中队成员发生变化。

6.2.4　履职领域局限，农村环境问题全面解决难度大

目前，绝大多数乡镇环保机构职能主要针对工业污染防治和乡镇生活污水和垃圾处理监管，还无暇顾及农业环境问题的监督管理。只有少数乡镇将环保机构职责主要定位于农村环保工作。如辽宁省某些乡镇通过乡镇环保助理主要负责农村环境综合整治、生态示范村建设、新农村"六化"建设、垃圾处理、农村饮用水安全等工作；江苏、四川等省在材料中提到农村环境综合整治、规模化畜禽养殖环境监管、优美乡村、生态创建、农村绿色社区建设、宣传教育等工作。

6.3　关于农村环境保护机构能力建设若干问题的讨论

6.3.1　农村环保机构的职能定位问题

农村环保机构包括县级和乡镇级，各地区对乡镇级环保机构的职能定位的认识不尽一致，主要集中在以下几个问题上：乡镇级环保机构职能是县级环保部门职能全面下移还是有限责任；定位于监督执法或统筹协调还是具体执行机构；如何界定环保部门的农村环保职能和与其他涉农部门环保分工等。

在当前形势下，农村环境保护工作涉及多个领域和部门，统筹规划、统一监管、协调各涉农部门已成为农村环境保护工作的必然需求。特别是在农村饮用水水源地保护的执法检查、农村乡镇环境基础设施运行和农业生产废弃物管理的监督、饮用水水源地和农产品产地环境质量监测、农村环境健康风险控制等方面更需要环保部门统一监管。农业部门主要负责加强对科学施用肥料、农药的指导和引导，加强畜禽养殖污染防治、农业节水、农业物种资源、水生生物资源、渔业水域和草地生态保护，加强外来物种管理等工作，因其领域的专业化，作为生产建设部门，不宜担当统一监管农村环境事务的职责。

我们认为，在国家大力推动乡镇机构改革的背景下，在现行法律法规和各部门"三定"方案规定的框架下，隶属乡镇的各类环保机构职能定位首先是执行主体，而非执法主体，其主要职能应逐步由传统工业污染防治、企业监管向农村环境综合整治过渡，传统领域与农业农村问题并重，以提供环保基本公共服务为主，为广大农民提供农业面源污染防治、

土壤保护、农业废弃物管理宣传和技术指导、处理辖区内环境纠纷方面的服务工作。

6.3.2　乡镇环保机构的执法资格问题探讨

此次调研发现，地方对明确乡镇一级环境管理机构的行政执法主体资格呼声非常强烈。这主要是因为，根据我国现行法律法规，我国环境保护执法主体为县级以上环保部门或者其他环境监督管理部门，尚未授予乡镇环保机构行政执法主体资格。在不能突破现有法律框架的情况下，为了加强农村乡镇的环境执法监管力量，就需要探讨如何设置乡镇环保机构才能使其具有执法资格的问题。

从调研地区的实际经验看，在法律没有明确授权的情况下，乡镇政府主要是协助执法。乡镇内设的环境保护机构和承担环境保护职能的其他相关机构，确实需要执法的，可根据现行法律规定，通过市县环保部门授权，而享有部分行政执法权，即"委托执法"，一般执行个人处以 50 元以下或对法人处以 500 元以下的行政处罚权，管理机构的威慑力不足。

对于区县环保机构派出设置的机构，特别是环境监察机构，如果是行政或参公管理的派出机构，则是区县环境保护机构的组成部门，就不存在行政执法主体资格问题。履行监督性监测职能且具备执法资格的监测机构，也不存在行政执法主体问题。这类派出设置方式不仅有利于监督乡镇政府履行环保职责，而且也有助于加强乡镇环境执法力度。

6.3.3　乡镇环保机构的行政成本问题

参考现有全国乡镇环保机构能力配备水平，结合必要的人员增加需求，设计了高、中、低三种人员配备的行政成本估算方案，按照每个专职人员每年工作经费和工资 7 万元、兼职人员每人 2 万元计，估算结果见表附 6.3。即使按照全国每个乡镇配备环保人员，每万人配备 3 人的高案标准，每年所需财政经费也仅占 2010 年全国财政收入的 0.26%，中案标准所需财政经费也只相当于 10 年治理上海苏州河总投入的一半。

表附 6.3　不同人员配备方案下乡镇环保机构建设的行政成本情况

方案	人员配备（万人环保人员数）	专兼职比例	每年所需财政经费/亿元	占每年排污费征收额的比例/%	占 2010 年全国财政收入的比例/%
低方案	0.5	2：1	36	18	0.04
中方案	1	2：1	72	36	0.09
高方案	3	2：1	219	109.5	0.26

从乡镇环保能力建设经费投入看，按照每人每年 2 万元标准（用于设备更新、办公用品、人员培训）测算，用于现有 2.3 万名乡镇环保专兼职人员能力建设投入为 4.6 亿元，高、中、低三个人员配置方案，分别需要 41 亿元、26.8 亿元、13.2 亿元。

6.4 政策建议

6.4.1 关于农村环保机构职能配置的建议

各地在职能配置上，应更加突出针对农业农村自身特点，以农村人居环境和生态状况明显改善，农业和农村面源污染加剧的势头得到遏制，农村环境监管能力和公众环保意识明显提高，农村环境与经济、社会协调发展为目标，巩固环保部门统一监督管理职能，提高农村环境保护工作水平，加强农村环境保护监管能力建设，完善农村环境保护基本公共服务体系。

在机构设置上，在加强县级环境保护机构能力建设的基础上，根据辖区具体情况，因地制宜探索适合当地情况需要的乡镇环保机构设置方式。对于乡镇工业集中区、限制开发的生态功能区等常规环境监管任务重的乡镇，宜采取县环保分局或监察中（支）队等派出机构设置方式，优先强化执法和监督管理职能。在具备条件独立设置乡镇环保机构的环保重点乡镇，其职能主要为协助上级环保机构完成日常环保管理工作和提供环保基本公共服务，为了强化对乡镇的执法监督职能，可采取乡镇独立设置与上级环保机构派出监察机构或派驻相结合的设置方式。

在人员配备上，县级层面，为切实履行县级环保机构对辖区乡镇环保统一监管的职能，核定县级环保编制时，要充分考虑农村乡镇环境管理的需求。乡镇机构层面，根据国家《行政处罚法》第三十七条明确规定，"行政机关在调查或者进行检查时，执法人员不得少于 2 人。"根据实地调研，建议定位于监督执法的环保派出机构，在经济水平一般的环保重点镇设单独或片区管理机构，每个机构应不少于 2～3 名专职环保人员；在人口稠密、经济发达地区的重点乡镇，每个机构应不少于 3～5 人。

6.4.2 关于出台完善农村环境管理体制的配套政策的建议

为了深入贯彻《关于加强环境保护重点工作的意见》《国家环境保护"十二五"规划》中有关加强农村环保工作的要求，建议各级环保部门会同相关部门联合出台指导意见，加强农村环保能力，落实配套政策。进一步明确县级以上环保部门在农村饮用水水源地保护的执法检查、农村乡镇环境基础设施运行和农业生产废弃物管理的监督、饮用水水源地和农产品产地环境质量监测、农村环境统计等方面统筹规划、统一监管的职能。在农用化学品（农药、化肥、除草剂、生长素等）管理、农村秸秆、规模以下畜禽养殖污染、农业面源污染治理等农村特有环保问题方面，进一步厘清各涉农部门的具体职责，赋予环保部门牵头指导、协调农用化学品使用许可、制定相关环境标准和配套法规政策、环境产品认证等工作。

6.4.3　关于支持乡镇环保能力建设的建议

为了优先强化农村饮用水水源地、农产品基地、乡镇工业污染源集中区、生态环境脆弱区等重点乡镇的环境监管能力，建议中央财政每年安排不少于 10 亿元专门用于在岗人员能力培训、改善办公条件、添置必要的监督执法设备等，并根据现实需求按照适当比例逐年增加，用 3～5 年的时间，全面提升乡镇环保能力。并将乡镇环境管理能力建设经费投入及使用效率纳入省及县级以上政府政绩考核中。为保证稳定的乡镇环保工作经费来源，建议财政部发文允许将不低于 10%的排污费用于本地区乡镇环保能力建设和必要的行政费用支出。

6.4.4　建议与中编办联合发文，加强农村环保能力建设

建议与中编办联合发文，提出加强农村环保能力建设方面的原则性意见，由地方环保部门与地方编办出台适合本地区加强农村环保机构能力建设的具体措施。在加强乡镇一级环保机构能力建设方面的最优方案是能够参照国土、计生两大基本国策采取编制标准化管理的模式，次优选择是能够提出在饮用水水源地、重要农产品基地等环境敏感区、环境问题突出的重点乡镇要有一定数量的乡镇专职环保人员，最低选择是要提出加强乡镇一级环保能力建设（人员力量），明确乡镇机构的环保公共服务职能和县市级环保机构对乡镇环保工作的监督管理职责。

表附 6.4　各省乡镇环保机构建设基本情况（截至 2011 年 12 月 22 日）

行政区名称	机构设置比例/%	每个机构配备编制数/个	每个机构配备人员数/人	万人环保编制人员/人	万人环保人员数/人	编外人员比例/%	专职环保人员比例/%	行政性质机构比例/%	事业编制比例/%
全国	18.5	1.9	3.0	0.11	0.17	56.93	54.1	29.9	69.9
北京	78.3	0.3	1.2	0.05	0.18	297.47	10.5	93.3	6.7
天津	21.8	0.9	3.2	0.04	0.14	238.00	74.6	39.6	60.4
河北	15.8	4.4	7.2	0.22	0.36	65.26	87.6	3.4	96.6
山西	9.2	4.2	6.3	0.16	0.24	48.98	77.4	0.0	100.0
内蒙古	10.7	2.6	2.7	0.07	0.07	2.89	7.2	47.8	52.2
辽宁	18.6	2.2	3.2	0.14	0.21	44.32	54.3	55.9	34.8
吉林	4.8	2.0	3.5	0.03	0.06	71.59	100.0	0.0	100.0
黑龙江	17.3	0.7	3.2	0.04	0.19	382.43	9.7	61.4	38.6
上海	31.0	2.1	2.5	0.07	0.08	18.12	67.5	73.8	26.2
江苏	52.1	1.7	2.4	0.15	0.21	41.96	73.1	46.6	53.4
浙江*	17.8	4.6	5.3	0.24	0.28	15.90	—	59.3	77.8
安徽	3.0	2.3	3.0	0.02	0.02	28.85	54.5	48.9	51.1
福建	65.7	0.9	1.6	0.18	0.31	68.31	32.1	8.4	91.6

行政区名称	机构设置比例/%	每个机构配备编制数/个	每个机构配备人员数/人	万人环保编制人员/人	万人环保人员数/人	编外人员比例/%	专职环保人员比例/%	行政性质机构比例/%	事业编制比例/%
江西									
山东	52.0	1.8	3.1	0.18	0.32	72.85	60.6	10.1	81.1
河南	23.5	3.4	4.9	0.20	0.29	45.53	84.1	15.3	84.7
湖北	19.6	3.3	4.3	0.14	0.18	29.12	81.0	0.0	100.0
湖南									
广东									
广西	1.0	2.6	3.9	0.01	0.01	51.61	53.2	16.7	83.3
海南	95.0	2.8	2.4	0.69	0.58	−15.71	100.0	0.0	100.0
重庆	63.7	1.5	2.1	0.34	0.47	37.75	20.4	52.3	47.7
四川	9.3	0.0	1.9	0.00	0.10		22.4	36.1	63.9
贵州	23.3	3.1	2.7	0.30	0.25	−14.88	60.2	17.4	82.6
云南	25.9	1.3	2.1	0.10	0.16	53.16	19.0	39.0	61.0
西藏	0.0		0.00	0.00					
陕西	4.4	0.0	1.1	0.00	0.02		6.8	74.0	26.0
甘肃	13.5	0.6	3.5	0.04	0.24	520.39	5.9	14.8	85.2
青海	0.0		0.00	0.00					
宁夏									
新疆	30.9	0.9	2.1	0.13	0.31	142.34	30.9	27.3	72.7

注：本表含 27 个省（直辖市、自治区）的有效数据，江西省、湖南省、广东省、宁夏回族自治区未提供数据。* 浙江省存在混合设置情况，多个分类统计数据之和均超过 100%。

表附 6.5　主要调研市县乡镇环保机构设置背景数据表

调研市县		机构类型	机构人员配备/人	万人环保人员（含乡镇）/人	乡镇数/个	人口密度/（人/km²）	经济水平/（元/人）
重庆	云阳县	派出：11 个片区环保管理所	重点：3 一般：1～2	0.4	42	368	8 461
	开县	4 个镇市政环保管理所	8 个编制	1.5	40	414	12 927
		36 个在镇村建设管理所挂环境保护所牌	平均 4 个编制				
		联合派出	1～3 编制				
	荣昌县	21 个环保监察中队	2～3	0.8	21	776	24 277
	巴南县	22 个城建环保科（办）	二环内：1 名专职 二环外：1 名兼职	1.2	22	493	54 004
	璧山县	县环保局直管 委托监管		1.0	15	694	28 617
		兼职环保员制度	3～4				
四川	郫县	14 个乡镇经济发展和环境保护办公室	3～4 编制	1.6	14	1 164	74 614

调研市县		机构类型	机构人员配备/人	万人环保人员（含乡镇）/人	乡镇数/个	人口密度/（人/km²）	经济水平/（元/人）
四川	乐山市	独立机构：1 个片区环保办公室	5 编制（管辖 4 个镇）	1.1	221	276	22 991
		123 个与经济发展办公室或相关机构合署办公	1~2 兼职				
	威远县	20 个镇设环保岗	1~2	0.9	20	582	24 777
浙江	嘉善县*	派出：3 个片区环保所	13~14 编制（管辖 2~4 个镇或工业园区）	1.3~2.6*	9	1 344	59 182
河南	栾川县	6 个环境监察中队	每中队 4~6 人，辖 2~4 个乡镇	3.8~4.3 2.5~3.0*	14	137	49 412
		独立设置：14 个乡镇生态办或环保所	每个 3~5 人				
甘肃	静宁县	派出：威戎环保所	3 编制（管辖 11 个乡镇）	0.15	24	214	3 489
		派出：八里环保所	3 编制（管辖 1 个工业园区 5 个乡镇）	0.3			
	灵台县	独立设置：什字环保监察所	2 编制	0.5	13	113	11 288

注：*嘉善县常驻人口 68 万人，户籍人口 30 万人，分别计算万人环保人员；栾川县分别按照实际在岗与编制数计算。

参考文献

[1]   Ad hoc Committee on Ecosystem Management，Ecological Society of America. The Scientific Basis For Ecosystem Management，1995.

[2]   Agee JK，Johnson DR. 1988. Ecosystem management for parks and wilderness. Seattle，Washington：University of Washington Press.

[3]   American Forest，Paper Association. 1993. Sustainable forestry principles and implementation guidelines. American Forest and Paper Association，Washington，D. C. ，USA.

[4]   Berberoglu S. Sustainable Management for the Eastern Mediterrannean coast of Turkey[J]. Environmental Management，2003，31：442-451.

[5]   Boyce M S，Haney A. Ecosystem management：Applications for sustainable forest and wildlife resources[M]. New Haven：Yale University Press，1997.

[6]   Brussard P F，Reed JM，Tracy CR. Ecosystem management：What is it really？[J]. Landsc. Urban Plan，1998，40：9-20.

[7]   BRUSSARD P F，REED J M，TRACY C R. Ecosystem management：what is it really？[J]. Landscape and Urban Planning，1998，40：9-20.

[8]   Burke A. Determining Landscape Function and Ecosystem Dynamics：Contribution to Ecological Restoration in the Southern Namib Desert. Ambio，2001，30：30-36.

[9]   Caldwell L. 1970. The ecosystem as a criterion for public land policy. Nat Res J，10（2）：203-221.

[10]   Christensen N L，Bartuska A M，Brown JH，et al. The report of the Ecological Society of America Committee on the scientific basis for ecosystem management [J]. Ecological Applications，1996，6（3）：665-691.

[11]   Christopher Pierson. The Modern State[M]. London and New York：Routledge，1996：81-83.

[12]   COP 5（Fifth Ordinary Meeting of the Conference of the Parties to the Convention on Biological Diversity）. Decision ⅴ/6 [EB/OL]. http：//www. biodiv. org/doc/decisions/COP2052dec2en. pd，f 2000.

[13]   Corner，H. J. and A. T. While. Integrated coastal management in the Philippines：testing new paradigms. Coastal.

[14]   Costanza R，D Arge R，de Groot R，et al. The value of the world's ecosystem services and natural capital[J]. Nature，1997，387：253-260.

[15]   Cummings，T. ，& Worley，C. Organization Development and Change（7th ed.）Cincinnati，OH：South-Western. 2001：1.

[16]   Daily GCS，Alexander PR，Ehrlich PR，et al. 1999. Ecosystem services：Benefits supplied to human

societies by natural ecosystems. Issues in Ecology，（3）：1-6.

[17]　Denison，D.　，& Mishara，A. Toward a Theory of Organizational Culture and Effectiveness. Organization Science，1995，6：204-223.

[18]　European Environmental Agency（EEA）. Europe's Environment：The Third Assessment，Environmental Assessment Report No. 10. Copenhagen：EEA，2003.

[19]　Falk DA ed. 1993. Restoring Diversity：Strategies for Reintroduction of Endangered Plants. Washington DC：Island Press. 71-73.

[20]　Gentile JH，Harwell M A，Copper W J，et al. Ecological Conceptual models：A framework and case study on eco-system management for South Florida sustainability [J]. Sci. Total Environ.　，2001，274：231-253.

[21]　Goldstein B. 1992. The struggle over ecosystem management at Yellowstone. BioScience，42：183-187.

[22]　Grumbine R E. What is ecosystem management？［J]. Conserv. Bio，1994，8：27-38.

[23]　Haeuber R and Franklin J. 1996. Perspectives on ecosystem management. Ecol Appl，6（3）：692-693.

[24]　Haeuber R. Ecosystem management and environmental policy in the United States：Open windows or closed door？［J]. Landsc. Urban Plan，1998，40：221-233.

[25]　H. M. Gregersen，P. F. Ffolliott，K. N. Brooks，Intergrated watershed management—connecting people to their land and water. Cambridge University Press，Cambridge. 2007.

[26]　James March & Herbert Simon. Organizations（2nd），Blackwell Publishers，1993：40-49.

[27]　John Greenwood，Robert Pyper & David Wilson. New Public Administration in Britain，Routledge，2002，24-29.

[28]　Keiter R B. 1989. Taking account of the ecosystem in the public do-main：Law and ecology in the Greater Yellowstone Region. University of Colorado Law Review，60（3）：933-1007.

[29]　Keiter R B. 1990. NEAP and the emerging concept of ecosystem management on the public lands. Land and Water Law Review，25：43-60.

[30]　Kessler，WB，Salwasser H，Cartwright CW and Caplan J A. 1992. New perspectives for sustainable natural resources management. Ecol Appl，2（3）：221-225.

[31]　King，G.　，Keohane，R，& Verba，S. Designing Social Inquiry：Scientific Inquiry：Scientific Inquiry in Qualitative Research. Princeton，NJ：Princeton University Press. 1994.

[32]　Lackey R T. 1995. Seven pillars of ecosystem management. Draft，（3）：13.

[33]　Lackey R T. Seven pillars of ecosystem management[J]. Landscape and Urban Planning，1998，40：21-30.

[34]　Lubchenco J，Olson AM，Brubaker LB，et al. 1991. The sustainable biosphere initiative：An ecological research agenda. Ecology，72（2）：371-412.

[35]　Ludwig D，Hilborn R and Walters C. 1993. Uncertainty，resource exploitation，and conservation：Lessons from history. Science，260：17-36.

[36]　Luther Gulick. Notes on The Theory of Organization，by Luther Gulick & Lyndall Urwick，Papers on The Science of Administration，The Institute of Public Administration，1937：2-49.

[37]   Marc Hockings，Sue Stolton，Nigel Dudley. IUCN 保护区最佳实践指南丛书：评价有效性——保护区管理评估[M]. 北京：中国环境科学出版社，2005.

[38]   M. A. Stocking，2006. 综合生态系统管理发展历程——自然资源管理方法//综合生态系统管理（国际研讨会文集）. 江泽慧. 北京：中国林业出版社.

[39]   Michael Flitner，Ulrich Matthes，Gerhard Oesten & Axel Roeder. （2006）：The ecosystem approach in forest biosphere reserves：results from three case studies. BfN – Skripten 168.

[40]   Miles et al. （2001），Environmental Regime Effectiveness：Confronting Theory with Evidence，p37.

[41]   Natural resources；Allocation，economics and policy. 2nd ed. London：Routledge Sauer C O. 1963. Land and life. Los Angles：University of California Press.

[42]   North，D. C. Institutions，Institutional Change and Economic Performance. Cambridge University Press. 1990.

[43]   OECD. 环境绩效评估：中国[M]. 北京：中国环境科学出版社，2007.

[44]   Odom E P. ，1969. The Strategy of Ecosystem Development. Science，164.

[45]   Overbay JC. 1992. Ecosystem Management. In：Taking an Ecological Approach to Management. United States Department of Agriculture Forest Service Publication. 3-15.

[46]   Pastor J. 1995. Ecosystem management，ecological risk，and public policy. BioScience，45（4）：286-288.

[47]   PAVLIKAKIS G E，TSIHRINTZIS V A. Ecosystem management：a review of a new concept and methodology[J]. Water Resource Management，2000，14：257-283.

[48]   Peter Rossi et al. （2004），Evaluation：A Systematic Approach，Sage Publications.

[49]   Rees，J. Natural resources：allocation，economics and policy[M]（2nd ed. ）. London：Routledge，1990.

[50]   Ryan C，Walsh P. Collaboration of public sectoragencies：reporting and accountability challenges. International Journal of Public Sector Management，2004，17（7）：1621-631.

[51]   Ren H（任海），Wu J-G（邬建国），Peng S-L（彭少麟），Zhao L-Z（赵利忠）. 2000. Concept of ecosystem management and its essential elements. Chin JAppl Ecol（应用生态学报），11（3）：455-458（in Chinese）.

[52]   Sander，JR. The Program Evaluation Standards：How to Assess Evaluations of Education Programs 2nd ed，Sage Publications，Thousand Oaks，California. 1994.

[53]   SEXTONWT，SZARORC. Implementing ecosystem management：using multiple boundaries for organizing information[J]. Landscape and Urban Planning，1998，40：167-171.

[54]   Shepherd G. The Ecosystem Approach：Five Steps to Implementation[R]. Gland，Switzerland and Cambridge，UK：IUCN，2004.

[55]   Slocombe，D. S. Defineing goals and criteria for ecosystem-based management，Environmental Management 1998，22：483-493.

[56]   Society of American Foresters. 1993. Sustaining Long-term Forest Health and Productivity. Society of American Foresters，Behesda，Maryland，USA.

[57]   Swank WT and Van Lear DH. 1992. Ecosystem perspectives of multiple-use management. Ecol Appl，2

（3）：219-220.

[58] T. W. 舒尔茨. 制度与人的价值的不断提高（1968）//科斯等：财产权权利与制度变迁. 上海：上海三联书店，1991.

[59] Thorsell，J. W. Evaluating Effective Management in Protected Areas：An Application to Arusha National Park，Tanzania. in World National Parks Congress，Bali IUCN Commission on National Parks and Protected Areas，Gland，Switzerland. 1982.

[60] Tony McNally. Overview of the EU Water Framework Directive and its implementation in Ireland，Biology & Environment：Proceedings of the Royal Irish Academy，2009，109（3）：131-138.

[61] Under DG. 1994. The USDA forest service perspective on ecosystem management//Symposium on Ecosystem Management and North-eastern Area Association of State Foresters Meeting. Burlington，Virginia. Washington DC：United States Government Printing Office. 22-26.

[62] USDOI BLM. 1993. Final supplemental environmental impact statement for management of habitat for late-successional and old-growth related species within range of the northern spotted Owl. Washington DC：U. S. Forest Service and Bureau of Land Management. 19-21.

[63] Wood CA. 1994. Ecosystem Management：achieving the new land ethic. Renew Nat Resour J，12：6-12.

[64] Wood，Roland. Coastal Management in the World Bank. World bank Sector and Operation Policy. Marine/Enriron. Paper，1992（1），Washington，D. C.

[65] Zhao Juanjuan，Chen Shengbin，et al. ，2011. Temporal Trend of Green Space Coverage in China and its Relationship with Urbanization over the Last Two Decades. Science of the Total Environment，442：455-465.

[66] Zhou Xiaolu，Wang Yichen，2013. Spatial-temporal dynamics of urban green space in response to rapid urbanization and greening policies，Landscape and Urban Planning，100：268-277.

[67] [德]柯武刚，史漫飞. 制度经济学：社会秩序与公共政策[M]. 北京：商务印书馆，2004.

[68] [德]马丁·耶内克，克劳斯·雅各布. 全球视野下的环境管治：生态与政治现代化的新方法[M]. 李慧明，李昕蕾译. 济南：山东大学出版社，2012：213.

[69] [法]卢梭. 社会契约论[M]. 北京：红旗出版社，1997.

[70] [法]维拉希尔·拉克霍，埃德温·扎卡伊. 法国环境政策40年：演化、发展及挑战[J]. 国家行政学院学报，2011（5）.

[71] [加]布鲁斯·米切尔. 资源与环境管理[M]. 北京：商务印书馆，2004：158.

[72] [加]明茨伯格. 明茨伯格管理[M]. 北京：机械工业出版社，2007.

[73] [美]K. A. 沃尔物，J. C. 戈尔登，J. P. 瓦尔登，等. 生态系统——平衡与管理的科学[M]. 北京：科学出版社，2002.

[74] [美]道格拉斯·C. 诺斯. 制度、制度变迁与经济绩效[M]. 刘宁英译. 上海：上海三联书店，1994：3-6.

[75] [美]海尔·G. 瑞尼. 理解和管理公共组织[M]. 北京：清华大学出版社，2002.

[76]　[美]雷蒙德・迈尔斯，查尔斯・斯诺. 组织的战略结构和过程[M]. 北京：东方出版社，2006.

[77]　[美]迈克尔・哈里森. 组织诊断——方法、模型与过程[M]. 龙筱红，张小山译. 重庆：重庆大学出版社，2006.

[78]　[美]乔森纳・特纳. 社会学理论的结构[M]. 邱泽奇，张茂元，等译. 杭州：浙江人民出版社，1987.

[79]　[美]乔治・弗雷德里克森. 公共行政的精神[M]. 张成福，等译. 北京：中国人民大学出版社，2003.

[80]　[美]史蒂芬・P. 罗宾斯. 组织行为学精要[M]. 郑晓明，葛春生译. 北京：机械工业出版社，2000：255.

[81]　[美]威廉姆斯. 资本主义经济制度[M]. 王伟译. 北京：商务印书馆，2002.

[82]　[美]西蒙. 管理行为（第四版）[M]. 詹正茂译. 北京：机械工业出版社，2007.

[83]　[美]马奇，西蒙. 组织（第二版）[M]. 邵冲译. 北京：机械工业出版社，2008.

[84]　[美]易明（Elizabeth Economy）. 一江黑水：中国未来的环境挑战[M]. 姜智芹译. 南京：江苏人民出版社，2012.

[85]　[英]克里斯托弗・波利特，[比利时]海尔特・鲍克尔特. 公共管理改革——比较分析[M]. 夏镇平译. 上海：上海译文出版社，2003.

[86]　《改革开放中的中国环境保护事业30年》编委员. 改革开放中的中国环境保护事业30年[M]. 北京：中国环境科学出版社，2010.

[87]　阿克塞尔・沃尔凯利，达伦・斯万逊，等. 协调可持续发展：对现状的评估//[德]马丁・耶内克，克劳斯・雅各布. 全球视野下的环境管治：生态与政治现代化的新方法[M]. 李慧明，李昕蕾译. 济南：山东大学出版社，2012.

[88]　阿兰・兰德尔. 资源经济学——从经济角度对自然资源和环境政策的探讨[M]. 施以政译. 北京：商务印书馆，1989：12.

[89]　白永秀，李伟. 我国环境管理体制改革的30年回顾[J]. 中国城市经济. 2009（1）.

[90]　白志鹏，王珺. 环境管理学[M]. 北京：化学工业出版社. 2007.

[91]　[加拿大]布鲁斯・米切尔. 资源与环境管理[M]. 北京：商务印书馆，2004：158.

[92]　蔡恩泽. "大部制"面临四道难题[J]. 大经贸，2008（2）.

[93]　蔡守秋. 论综合生态系统管理[J]. 甘肃政法学院学报，2006，86：19-26.

[94]　蔡运龙. 自然资源学原理（第二版）[M]. 北京：科学出版社，2007.

[95]　曹树青. 论区域环境治理及其体制机制构建[J]. 西部论坛，2014（10）.

[96]　柴发合，李艳萍，乔琦，等. 我国大气污染联防联控环境监管模式的战略转型[J]. 环境保护，2013（5）.

[97]　陈建先，李凤. 以全球视角认识"大部门体制"[N]. 重庆日报，2008-01-07.

[98]　陈丽园. 人居环境委员会：深圳改革之路、未有穷期[J]. 环境，2009（12）.

[99]　陈天祥. 大部门制：政府机构改革的新思路[J]. 学术研究，2008（2）：45-47.

[100]　陈天祥. 进一步推进大部制政府机构改革的若干思考[J]. 桂海论丛，2013（3）：1-5.

[101]　陈文权，张欣. 十七大以来我国理论界关于"大部制"讨论综述[J]. 甘肃行政学院学报，2008（2）：

100.

[102] 迟福林. 对实行大部门体制的几点看法[EB/OL]. 新华网：http：//news. xinhuanet. com/politics/ 2007-12/24/content_7305150. htm.

[103] 迟福林. 新阶段大部门体制改革的特殊性[N]. 中国经济报，2008-02-22.

[104] 崔健. 俄罗斯大部制改革及其评析[J]. 中国行政管理，2008（12）：96-100.

[105] 戴维基，何强. 环境监管体制困境的破解对策探讨[J]. 环境科学与管理，2012，37（z1）：22-25.

[106] 逮元堂，吴舜泽，等. 环境公共财政：实践与展望[M]. 北京：中国环境科学出版社，2010.

[107] 邓少波，李增强. 西方国家大部制对我国政府机构改革的启示研究[J]. 湘潮，2009（2）：25-26.

[108] 邓志强，罗新星. 环境管理中地方政府和中央政府的博弈分析[J]. 管理现代化，2007，153（5）： 19-21.

[109] 董方军，等. 大部门体制改革：背景、意义、难点及若干设想[J]. 中国工业经济，2008（2）.

[110] 董娟. 当代我国政府垂直管理的现状：困境与对策[J]. 南京工业大学学报（社会科学版），2008（3）： 70-74.

[111] 杜常春. 环保督查中心执法难的对策研究[J]. 环境保护，2007（6）.

[112] 杜倩博. 大部门的权力结构：机构合并与分立相融合的内在机理研究[J]. 公共行政评论，2012（6）.

[113] 杜群. 我国环境管理体制问题及其对策探讨[J]. 上海环境科学，1993（6）.

[114] 杜万平. 环境行政管理：集中抑或分散[J]. 中国人口·资源与环境，2002（1）.

[115] 杜万平. 对我国环境部门实行垂直管理的思考[J]. 中国行政管理，2006（3）.

[116] 杜治洲. 大部制改革的理论基础、国际经验与推进策略[J]. 现代管理科学，2009（3）：29-31.

[117] 范广垠. 大部制的理论基础与实践风险[J]. 同济大学学报（社会科学版），2009（2）：110-116.

[118] 方创琳. 中国快速城市化过程中的资源环境保障问题与对策建议[J]. 中国科学院院刊，2009，24 （5）：468-474.

[119] 方创琳，方嘉雯. 解析城镇化进程中的资源环境瓶颈[J]. 中国国情国力，2013，4：33-34.

[120] 冯晓杰，王文军，秦建春. 我国机动车排放污染防治工作中存在的问题及对策[J]. 环境科学与管理， 2005，30（4）.

[121] 高晓露. 以《环境保护法》第7条的修改为视角[J]. 财政监督，2012（6）.

[122] 格里·斯托克. 作为理论的治理：五个论点[J]. 国际社会科学（中文），1999（2）.

[123] 葛海虹. 欧洲污染物排放与转移登记制度简介[J]. 环境科学与管理，2010，01：19-20.

[124] 龚常，曾维和，凌峰. 我国大部制改革述评[J]. 政治学研究，2008（3）：99-105.

[125] 龚亦慧. 完善中国环境管理体制若干问题研究[D]. 上海：华东政法大学，2008：26.

[126] 顾传辉，桑燕鸿. 论生态系统管理[J]. 生态经济，2001（11）：41-43，70.

[127] 顾瑞珍. 环境保护总局：把环境执法工作作为环境保护重中之重[J]. 今日国土，2005，Z3：7.

[128] 关阳. 基于管理体制优化视角的环境管理战略转型研究[J]. 环境科学与管理，2013（5）.

[129] 郭海宏，卢宁. 关于实行大部制改革的研究综述[J]. 生产力研究，2009（8）：169-172.

[130] 郭晟豪. 中央政府和地方政府的教育事权与支出责任[J]. 甘肃行政学院学报，2014（3）.

[131] 郭子久. "大部制"改革的关键在程序[EB/OL]. 人民网：理论频道，http：//theory. people. com. cn/GB/40537/7075718. html，2008-04-02.

[132] 国冬梅. 环境管理体制改革的国际经验[J]. 环境保护，2008（4A）.

[133] 国合会（CCICED）中国环境执政能力课题组. 环境执政能力：变革与前瞻//中国环境与发展国际合作委员会. 中国环境与发展的战略转型[M]. 北京：中国环境科学出版社，2007：161.

[134] 国家统计局. 改革开放 30 年以来我国环境保护事业取得积极进展[EB/OL]. 中央政府门户网站：www. gov. cn. 2008-11-14.

[135] 国务院办公厅秘书局，中央机构编制委员会办公室综合司. 中央政府组织机构（2003）[M]. 北京：党建读物出版社，2009.

[136] 海尔·G. 瑞尼. 理解和管理公共组织[M]. 北京：清华大学出版社，2002.

[137] 韩晶. 基于"大部制"的流域管理体制研究[J]. 生态经济，2008（10）.

[138] 韩俊. 综合生态系统管理在防治土地退化和扶贫工作方面所起的作用//综合生态系统管理（国际研讨会文集）. 江泽慧. 北京：中国林业出版社，2006.

[139] 《黄秉维文集》编辑组. 地理学综合研究——黄秉维文集[M]. 北京：商务印书馆，2003.

[140] 赫伯特·马尔库塞：审美之维[M]. 桂林：广西师范大学出版社，2001.

[141] 环境保护部. 中国履行生物多样性公约第五次国家报告[M]. 北京：中国环境出版社，2014：7，15.

[142] 黄文平. 大部制改革理论与实践问题研究[M]. 北京：中国人民大学出版社，2014.

[143] 江泽慧. 综合生态系统管理（国际研讨会文集）[M]. 北京：中国林业出版社，2006.

[144] 蒋桂珍，杜常春. 完善环保督查中心执法机制的思考[J]. 中国环境管理丛书，2007（3）.

[145] 角媛梅，肖笃宁，郭明. 景观与景观生态学的综合研究[J]. 地理与地理信息科学，2003，19（1）.

[146] 金国坤. 行政权限冲突解决机制研究[M]. 北京：北京大学出版社，2010：171.

[147] 金瑞林. 环境法学[M]. 北京：北京大学出版社，2002：71.

[148] 鞠昌华. 环境保护垂直管理的探讨[J]. 环境保护，2013，8：56-57.

[149] 康琼. 政府环境管理中的事权分析[J]. 湖南商学院学报，2006（12）.

[150] 李丹阳. 2008—2013：中国大部制改革探索的成效和存在的问题[J]. 经营管理者，2014（2 中）：293-294.

[151] 李丹阳. 关于"大部制"改革的几点思考[J]. 学术研究，2010（11）：81-85.

[152] 李金龙，胡均民. 西方国家生态环境管理大部制改革及对我国的启示[J]. 中国行政管理，2013（5）.

[153] 李军鹏. "大部制"有利于问责[J]. 南风窗，2007（10 上）.

[154] 李军鹏. 大部制改革下一步[J]. 南风窗，2008（17）.

[155] 李军鹏. 积极稳妥、循序渐进地探索实行大部门体制[N]. 光明日报，2008-02-29.

[156] 李军鹏. 建立大部门体制：势在必行[J]. 领导之友，2008（1）.

[157] 李军鹏. 推行大部制需要配套改革[J]. 领导之友，2008（3）.

[158] 李军鹏. 新时期推进政府职能转变与机构改革的新思路[J]. 行政论坛，2007（5）.

[159] 李军鹏. 政府机构改革前瞻[J]. 南风窗，2013，2.

[160] 李茂. 生态系统管理原则[J]. 国土资源情报，2003（2）：24-34.

[161] 李明辉，彭少麟，申卫军，等. 景观生态学与退化生态系统恢复[J]. 生态学报，2003，23（8）.

[162] 李蔚，孙宇，程子峰，等. 国外大气污染物排放清单编制机制及对我国的启示[J]. 环境保护，2014，7：64-66.

[163] 李文钊. 大部制改革的理论、问题及前景//黄文平. 大部制改革理论与实践问题研究[D]. 北京：中国人民大学，2014.

[164] 李文钊，蔡长昆. 整合机制的权变模型：一个大部制改革的组织分析——以广东省环境大部制改革为例[J]. 公共行政评论，2014（2）.

[165] 李亚红. "政府失灵"与现代环境管理模式的构建[J]. 河南科技大学学报（社会科学版），2008（4）.

[166] 联合国全球治理委员会. 我们的全球伙伴关系[M]. 牛津大学出版社. 1995.

[167] 廖红，[美]克里斯·郎革. 美国环境管理的历史与发展[M]. 北京：中国环境科学出版社，2006.

[168] 刘灿. 我国自然资源产权制度构建研究[M]. 成都：西南财经大学出版社，2009.

[169] 刘鹏. 西方监管理论：文献综述与理论清理[J]. 中国行政管理，2009（9）：11-15.

[170] 刘伟. 论"大部制"改革与构建协同型政府[J]. 长白学刊，2008（4）：47-51.

[171] 刘洋，万玉秋，缪旭波，等. 关于我国环境保护垂直管理问题的探讨[J]. 环境科学与技术，2010（11）.

[172] 楼继伟. 中国政府间财政关系再思考[M]. 北京：中国财政经济出版社，2013.

[173] 龙太江，李娜. 垂直管理模式下权力的配置与制约[J]. 云南行政学院学报，2007，9（6）：54-57.

[174] 罗重谱. 我国大部制改革的政策演进、实践探索与走向判断[J]. 改革，2013（3）.

[175] 吕忠梅. 环境法新视野[M]. 北京：中国政法大学出版社，2000.

[176] 马丁·雅各布，阿克塞尔·沃尔凯利. 政府自我规制的制度与措施：跨国视角下的环境政策一体化//[德]马丁·耶内克，克劳斯·雅各布. 全球视野下的环境管治：生态与政治现代化的新方法[M]. 李慧明，李昕蕾译. 济南：山东大学出版社，2012：211-230.

[177] [美]查尔斯·卡米克，[美]菲利普·戈尔斯基，[美]戴维·特鲁贝克，马克思·韦伯. 经济与社会[M]. 上海：上海三联书店，2014.

[178] 马英娟. 大部制改革与监管组织再造——以监管权配置为中心的探讨[J]. 中国行政管理，2008（6）：36-38.

[179] 马中，吴健. 论环境保护管理体制的改革与创新[J]. 环境保护，2004（3）.

[180] 迈克尔·哈里森. 组织诊断——方法、模型与过程[M]. 重庆：重庆大学出版社，2007：31-34.

[181] 毛寿龙. 西方政府的治道变革[M]. 北京：中国人民大学出版社，1998.

[182] 毛寿龙. 2013年机构改革的逻辑和未来预期[J]. 行政论坛，2013（5）：8-12.

[183] 孟静. 国外环境影响评价制度和排污许可证制度[J]. 改革与开放，2010，4：46-47.

[184] [美]米尔顿·弗里德曼. 资本主义与自由[M]. 北京：商务印书馆，1988.

[185] 南开大学周恩来政府管理学院课题组. 大部门体制的国际借鉴[J]. 瞭望，2008（5）：37.

[186] 倪星. 英法大部门政府体制的实践与启示[J]. 中国行政管理，2008（2）：100-103.

[187] 齐丽斯. 行政体制改革的时代特征与改革重点——以"大部制"改革为例[J]. 现代经济信息，2014

（11）：124-126.

[188] 齐晔. 中国环境监管体制研究[M]. 上海：上海三联书店，2008.

[189] 乔耀章. 政府理论[M]. 苏州：苏州大学出版社，2003.

[190] 邱聪江. 论大部制改革的意义、障碍与国际经验[J]. 管理观察，2008（10）.

[191] 曲格平. 曲之求索：中国环境保护方略[M]. 北京：中国环境科学出版社，2010.

[192] 冉瑞平. 从源头防治污染和保护生态环境对策研究：基于微观主体行为分析的视角[M]. 北京：中国环境科学出版社，2010：30.

[193] 任广浩. 国家权力纵向配置的法治化选择——以中央与地方政府间事权划分为视角的分析[J]. 河北法学，2009（5）.

[194] 任慧瑶. 我国环境管理体制问题研究[J]. 北方经贸，2013（1）.

[195] 任剑涛. 大部制改革：构建有限而有效的现代政府体系[N]. 21世纪经济报道，2008-03-26.

[196] 任景明. 从头越：国家环境保护管理体制顶层设计探索[M]. 北京：中国环境出版社，2013.

[197] 任洋. 论我国的区域环境管理机制[J]. 绿色科技，2014（8）.

[198] 沈国舫. 关于"生态保护和建设"名称和内涵的探讨[J]. 生态学报，2014，34（7）：1891-1895.

[199] 沈满洪. 体制改革应强调系统性与制衡[J]. 环境经济，2014（6）.

[200] 沈荣华. 积极稳妥地探索实行职能有机统一的大部门体制[N]. 光明日报，2008-02-08.

[201] 沈荣华. 积极稳妥推进大部门体制改革[J]. 前线，2008（4）：16-19.

[202] 施雪华，陈勇. 大部制部门内部协调的意义、困境与途径[J]. 深圳大学学报（人文社会科学版），2012，29（3）.

[203] 施雪华，孙发锋. 政府"大部制"面面观[J]. 中国行政管理，2008（3）：29-32.

[204] 石杰琳. 中西方政府体制比较研究[M]. 北京：人民出版社，2011.

[205] 石杰琳. 西方国家政府机构"大部制"改革的实践及启示——以英、美、澳、日为例[J]. 郑州大学学报（哲学社会科学版），2010（6）.

[206] 石亚军，施正文. 中国行政管理体制改革中的"部门利益"问题[J]. 中国行政管理，2011（5）：7-11.

[207] 石亚军，施正文. 探索推行大部制改革的几点思考[J]. 中国行政管理，2008（2）：10-11.

[208] 石亚军. 关于深化行政管理体制改革若干问题的调研思考[J]. 中国行政管理，2010，297（3）：13-14.

[209] 石亚军. 推进实现三个根本转变的内涵式大部制改革[J]. 中国行政管理，2013（1）.

[210] 史明霞. 中国大部制行政管理体制改革的先导：建设大财政[J]. 中央财经大学学报，2009（11）：1-4.

[211] 史之. 建立污染物排放与转移登记制度[N]. 中华工商时报，2011-03-09.

[212] 世界银行（谢剑、马中执笔）. 加强中国环境保护管理体制：分析与建议[R]. 北京：2009.

[213] 世界银行. 中国：空气、土地和水——新千年的环境优先领域[M]. 北京：中国环境科学出版社，2001.

[214] 世界自然基金会. 河流管理创新理念与案例[M]. 北京：科学出版社，2007.

[215] 舒绍福. 国外大部制模式与中国政府机构横向改革[J]. 教学与研究，2008（3）87-91.

[216] 舒绍福. 欧美国家大部制的实际操作、基本特征及取向观察[J]. 改革，2013（3）：18-24.

[217] 水利部发展研究中心，长江委水政水资源局. 《长江法》立法必要性研究报告[R]. 2005：2-4，8-9.

[218] 斯蒂凡·林德曼. 国际河流流域管理的成败：南部非洲的案//马丁·耶内尔，克劳斯·雅各布. 全球视野下的环境管治：生态与政治现代化的新方法[M]. 济南：山东大学出版社，2012.

[219] 宋国君，金书秦，傅毅明. 基于外部性理论的中国环境管理体制设计[J]. 中国人口·资源与环境，2008（3）.

[220] 宋衍涛. 行政冲突的价值分析——公共管理新模式探索[J]. 公共管理学报，2005（2）.

[221] 孙磊，尉迟光斌. 大部制改革：重点、难点及可行路径[J]. 乐山师范学院学报，2014（1）：115-116.

[222] 孙彤. 组织行为学教程[M]. 北京：高等教育出版社，1990.

[223] 孙晓莉. 中国现代化进程中的国家与社会[M]. 北京：中国社会科学出版社，2001.

[224] 孙晓莉. 中外公共服务体制比较[M]. 北京：国家行政学院出版社，2007.

[225] 谭波. 论"大部制改革"的纵深策略——决策、执行与监督制约与协调的视角[J]. 理论导刊，2009（3）.

[226] 谭波. 论环保"大部制"的构建及其法治反思——决策与执行的二元视角[J]. 生态经济，2015（1）.

[227] 谈广鸣，李奔. 河流管理学[M]. 北京：中国水利水电出版社，2005.

[228] 唐殿彩. 矿产资源监管的法律监督探析[J]. 法制博览（中旬刊），2013，10：143.

[229] 托马斯·思德纳. 环境与自然资源管理的政策工具[M]. 张蔚文，黄祖辉，译. 上海：上海三联书店，上海人民出版社，2005.

[230] 汪玉凯. 大部制改革：从"九龙治水"到"一龙治水"[N]. 北京日报，2007-12-17.

[231] 汪玉凯. 大部制改革应如何推进[J]. 行政管理改革，2013（4）：12-15.

[232] 汪玉凯. 冷静看待"大部制"改革[J]. 中国经济时报，2007-12-10.

[233] 汪玉凯. "大部制"改革及难点分析[J]. 学习月刊，2008（4）：13.

[234] 王灿发. 论我国环境管理体制立法存在的问题及其完善途径[J]. 政法论坛（中国政法大学学报），2003，21（4）.

[235] 王灿发. 中国环境执法困境及破解[J]. 世界环境，2010（2）.

[236] 王灿发. 自然保护区亟待高位阶立法保护[J]. 环境保护，2011（4）：24-26.

[237] 王凤春. 生态文明建设的体制改革与法律保障//中科院可持续发展战略研究组. 中国可持续发展战略报告：创建生态文明的制度体系. 北京：科学出版社，2014：128-164.

[238] 王霁霞. 政府决策执行分离模式的类型研究[J]. 理论学刊，2013（5）：83-86.

[239] 王金南，宁淼，孙亚梅. 区域大气污染联防联控的理论与方法分析[J]. 环境与可持续发展，2012（5）.

[240] 王霁霞. 政府决策执行分离模式的类型研究[J]. 理论学刊，2013（5）：83-86.

[241] 王军方，丁焰，汤大钢. 机动车污染防治政策与管理[J]. 环境保护，2010（24）.

[242] 王俊秀. "大部制"改革：重在精简统一效能[N]. 中国改革报，2008-01-22.

[243] 王澜明. 改革开放以来中国六次集中的行政管理体制改革的回顾与思考[J]. 中国行政管理，2009（10）：7-16.

[244] 王洛忠. 我国环境管理体制的问题与对策[J]. 中共中央党校学报，2011（12）.

[245] 王奇，刘勇. 三位一体：我国区域环境管理的新模式[J]. 环境保护，2009（7）.

[246] 王清军，Tseming Yang. 中国环境管理大部制变革的回顾与反思[J]. 武汉理工大学学报（社会科学版），2010（12）.

[247] 王如松. 资源、环境与产业转型的复合生态管理[J]. 系统工程理论与实践，2003（2）：125-132，138.

[248] 王赛德，潘瑞姣. 中国式分权与政府机构垂直化管理：一个基于任务冲突的多任务委托—代理框架[J]. 世界经济文汇，2010（1）：92-101.

[249] 王曦，邓旸. 《中华人民共和国环境保护法》第 7 条评析[J]. 吉林大学学报（社会科学版），2011（11）.

[250] 王扬祖. 环保机构 30 年变迁[J]. 环境保护，2008，11A：12.

[251] 王玉庆. 关于提速雾霾综合整治、改善空气环境质量的政策建议[J]. 环境保护，2013（20）.

[252] 韦贵红. 生物多样性的法律保护[M]. 北京：中央编译出版社，2011.

[253] 魏晓华，孙阁. 流域生态系统过程与管理[M]. 北京：高等教育出版社，2009.

[254] 沃尔凯利，斯万逊，等. 协调可持续发展：对现状的评估//[德]马丁·耶内克，克劳斯·雅各布. 全球视野下的环境管治：生态与政治现代化的新方法. 李慧明，李昕蕾译. 济南：山东大学出版社，2012.

[255] 沃科特·K A，戈尔登·J C，瓦尔格·J P，等. 生态系统——平衡与管理的科学[M]. 北京：科学出版社，2002.

[256] 吴丹，张世秋. 中国大气污染控制策略与改进方向评析[J]. 北京大学学报（自然科学版），2011，47（6）.

[257] 吴根平. 大部门体制改革：从理念到实践[J]. 探索，2008（2）：44-48.

[258] 吴舜泽，逯元堂，朱建华，等. 中国环境保护投资研究[M]. 北京：中国环境出版社，2014.

[259] 吴海燕，陈天祥. 掌舵与划桨分开？——基于深圳市大部制改革的分析[J]. 党政研究，2014（2）.

[260] 吴坚. 跨界水污染多中心治理模式探索——以长三角地区为例[J]. 开发研究，2010（2）.

[261] 吴永，刘飞. 关于我国大部制改革的理论探讨[J]. 理论导刊，2008（5）：16-18.

[262] 武从斌. 减少部门条块分割，形成协助制度——试论我国环境管理体制的改善[J]. 行政与法，2003（4）.

[263] 武敏. 我国地方环境行政管理体制存在的问题与对策[J]. 新乡学院学报（社会科学版），2009，23（4）：33-35.

[264] 习近平. 推进国家治理体系和治理能力现代化[EB/OL]. 中央政府门户网站：http：//www. gov. cn/ldhd/2014-02/17/content_2610754. htm. [2014-02-17].

[265] 习近平. 完善和发展中国特色社会主义制度，推进国家治理体系和治理能力现代化[N]. 人民日报. 2014-02-18.

[266] 习近平. 切实把思想统一到党的十八届三中全会精神上来[EB/OL]. 新华网：http：//news. xinhuanet. com/politics/2013-12/31/c_118787463. htm. [2013-12-31].

[267] 夏青. 环境标志推进绿色产业和绿色经济[N]. 科技日报，2002-04-09.

[268] 夏征农，陈至立. 辞海（第 6 版）[M]. 上海：上海辞书出版社，2009：705，1498-1499.

[269] 向环境污染宣战——宋健同志在第三次全国环境保护会议上的讲话[EB/OL]. http：//www. cenews. com. cn/historynews/200804/t20080422_510670. html.

[270] 谢庆奎. 政府学概论[M]. 北京：中国社会科学出版社，2005：14.

[271] 谢志岿. 中国大部制改革的谜思与深化改革展望[J]. 经济社会体制比较，2013（2）：98-109.

[272] 中国地下水监测点较差和极差水质比例为 59.6%[EB/OL]. 新华网，http：//news. xinhuanet. com/live/2014-06/04/c_1110980565. htm. [2014-06-04].

[273] 胥树凡. 环保部门职能要正确定位[J]. 环境保护，2009（9）.

[274] 徐邦友. 国家治理体系概念、结构、方式与现代化[J]. 当代社科视野，2014（1）：32-35.

[275] 徐邦友. 中国政府传统行政的逻辑[M]. 北京：中国经济出版社，2004.

[276] 徐超华. 政府部门间协调机制问题初探[J]. 武陵学刊，2010：48-52.

[277] 徐辉. 流域生态系统管理的保障体系研究——理论与实践[D]. 兰州大学，2008.

[278] 徐寅. 启示与教训：日本"大部制改革"再观察[J]. 改革与开放，2013（5）：1-4.

[279] 许淑萍. 论政府大部制改革与社会组织发展[J]. 学术交流，2010（1）.

[280] 许卫娟，张健美. 我国环境管理体制存在问题及完善对策[J]. 环境科学导刊，2010（12）.

[281] 许耀桐. 关于我国大部制改革的探讨[J]. 中共福建省委党校学报，2013（12）：19-26.

[282] 许耀桐. 如何把准大部制改革的实质[J]. 人民论坛，2008（4）：43.

[283] 薛刚凌，邓勇. 流域管理大部制改革探索——以辽河管理体制改革为例[J]. 中国行政管理，2012（3）.

[284] 郇庆治，李向群. 中国的区域环保督查中心：功能与局限//托马斯·海贝勒，迪特·格鲁诺. 中国与德国的环境治理[M]. 北京：中央编译出版社，2012：131-149.

[285] [英]亚当·斯密. 国民财富的性质和原因的研究[M]. 北京：商务印书馆，1972.

[286] 亚洲开发银行（张庆丰和罗伯特·克鲁克斯执笔）. 迈向环境可持续的未来——中华人民共和国国家环境分析[M]. 北京：中国财政经济出版社，2012.

[287] 亚洲开发银行. 环境保护部区域环境执法督查机构建设[R]. 北京：2008.

[288] 燕继荣. 中国政府改革的定位与定向[J]. 政治学研究，2013（12）：31-38.

[289] 杨朝飞. 中国环境法律制度与环境保护[EB/OL]. 中国人大网：http：//www. npc. gov. cn/npc/zgrdzz/2012-12/03/content_1744456. htm. [2012-12-03].

[290] 杨朝飞. 生态环境管理思想的历史性突破[J]. 环境保护，2001，4.

[291] 杨桂山，等. 流域综合管理导论[M]. 北京：科学出版社，2004：10.

[292] 杨敏. 大部门体制的改革逻辑[J]. 决策，2007（11）.

[293] 杨婷. 山东省水资源管理体制研究[D]. 山东大学，2008.

[294] 杨兴. 从机构的设置析我国环境管理体制的不足及完善[J]. 中国环境管理，2001（6）.

[295] 尤光付. 中外监管制度比较[M]. 北京：商务出版社，2013.

[296] 殷培红. 合理确定部门职能边界[J]. 环境经济，2014（6）.

[297] 游霞. 环境管理体制若干问题探讨[J]. 科技管理研究，2007，27（10）：58-59.

[298] 于安. "大部门体制"期待大智慧大视角[N]. 法制日报，2008-01-11.

[299] 于安. 中央政府机构改革走向大部制并非唯一形式[J]. 望新闻周刊，2008（4）.

[300] 于贵瑞，谢高地，等. 我国区域尺度生态系统管理中的几个重要生态学命题[J]. 应用生态学报，2001，12（6）.

[301] 于贵瑞，谢高地，于振良，等. 我国区域尺度生态系统管理中的几个重要生态学命题[J]. 应用生态学报，2002，13（7）：885-891.

[302] 于贵瑞. 生态系统管理学的概念框架及其生态学基础[J]. 应用生态学报，2001，12（5）：787-794.

[303] 俞可平. 国家治理评估——中国与世界[M]. 北京：中央编译出版社，2009.

[304] 俞可平. 推进国家治理体系和治理能力现代化[J]. 前线，2014（1）.

[305] 俞可平. 沿着民主法治的道路 推进国家治理体系现代化[EB/OL]. 新华网，2013-12-01.

[306] 俞可平. 治理与善治[M]. 北京：社会科学文献出版社，2000.

[307] 曾凡军. 从竞争治理迈向整体治理[J]. 学术论坛，2009（9）.

[308] 曾维和. 大部制改革的国际经验及其启示[J]. 武汉科技大学学报（社会科学版），2009（2）：37.

[309] 曾维和. 当代西方政府改革创新的反思——走向一种"整体政府"的改革模式[J]. 思想战线，2009（1）：98-103.

[310] 曾维和. 国外大部制改革的推进方略及借鉴[J]. 湖南农业大学学报（社会科学版），2008（6）：89-92.

[311] 曾维和. 整体政府——西方政府改革的新趋向[J]. 学术界，2008（2）.

[312] 曾永成. 生态管理学建设论纲[J]. 成都大学学报（社科版），2003，4.

[313] 翟洪波. 建立中国国家公园体制的思考[J]. 林产工业，2014（6）：11-16.

[314] 詹姆斯·汤普森. 行动中的组织——行政理论的社会科学基础[M]. 上海：上海人民出版社，2007.

[315] 张朝华. 垂直管理扩大化下的地方政府变革[J]. 云南行政学院学报，2009，11（1）：107-109.

[316] 张成福，杨兴坤. 大部制建设中的十大误区与问题[J]. 探索，2009（3）.

[317] 张成福，杨兴坤. 建立有机统一的政府：大部制问题研究[J]. 探索，2008（4）：59-62.

[318] 张创新，崔雪峰. 大部制改革与小政府模式辨析[J]. 中国行政管理，2008.

[319] 张创新，崔雪峰. 当前中国大部制改革研究述评[J]. 成都行政学院学报，2009，64（4）：4-7.

[320] 张坤民. 可持续发展[M]. 北京：中国环境科学出版社，1999.

[321] 张联，张玉军. 欧洲等国环保行政管理体制[J]. 世界环境，2002（5）.

[322] 张弥，周天勇. 行政体制改革的问题和教训及进一步改革的思考[J]. 科学社会主义，2006（6）.

[323] 张绍春. 地方环保部门管理体制改革的思路探讨和方案选择——以武汉市为例[J]. 国家行政学院学报，2010（2）：105-108.

[324] 张小劲，于晓虹. 推进国家治理体系和治理能力现代化六讲[M]. 北京：人民出版社，2014.

[325] 张泽. 宜昌磷矿开发行业政府监管问题研究[D]. 华中科技大学，2008.

[326] 张永民，席桂平. 生态系统管理的理念·框架与建议[J]. 安徽农业科学，2009，37（13）：6075-6076，6079.

[327] 张志坚. 见证——行政管理体制和劳动人事制度改革[M]. 北京：国家行政学院出版社，2012.

[328] 赵成. 论我国环境管理体制中存在的主要问题及其完善[J]. 中国矿业大学学报（社会科学版），2012（6）.

[329] 赵绘宇，等. 污染物总量控制的法律演进及趋势[J]. 上海交通大学学报，2009（1）：28-34.

[330] 赵杰. "大部制"改革轮廓初现[J]. 中国新闻周刊，2013（7）：6-27.

[331] 赵士洞，汪业勖. 生态系统管理的基本问题[J]. 生态学杂志，1997，16（4）：35.

[332] 赵学涛，等. 中国环境保护现状和发展[M]. 北京：中国环境出版社，2013.

[333] 赵学增. 强政府和政府基本职能：从斯密的国家建制模式谈起[J]. 华南师范大学学报（社会科学版），2006（5）：19-27.

[334] 赵云龙，唐海萍，陈海，等. 生态系统管理的内涵与应用[J]. 地理与地理信息科学，2004，20（6）：94-98.

[335] 郑毅. 中央与地方事权划分基础三题——内涵、理论与原则[J]. 云南大学学报（法学版），2011（4）.

[336] 中国大百科全书总编委会. 中国大百科全书（第二版）第10卷[M]. 北京：中国大百科全书出版社，2002：10-202.

[337] 中国规范术语. 资源监督[EB/OL]. http：//shuyu. cnki. net/SearchResult. aspx？sItem=%u8D44%u6E90%u76D1%u7763&ids=.

[338] 中国科学院，环境保护部. 中国环境宏观战略研究（战略保障卷）[M]. 北京：中国环境科学出版社，2011.

[339] 中国资源科学百科全书编辑委员会. 中国资源科学百科全书[M]. 北京：中国大百科全书出版社，2000：2.

[340] 中科院可持续发展战略研究组. 中国可持续发展战略报告[M]. 北京：科学出版社，2013.

[341] 周宝砚. 国外大部门体制的设置及其启示[J]. 法治与社会，2008（1）：198.

[342] 周成虎，刘海江，欧阳. 中国环境污染的区域联防方案[J]. 地球信息科学，2008（8）.

[343] 周道玮，姜世成，王平. 中国北方草地生态系统管理问题与对策[J]. 中国草地，2004，26（1）.

[344] 周舫，朱德明. 强化环保基本国策 创新环境管理体制[J]. 江苏环境科技，2007（8）.

[345] 周红云. 国际治理评估体系述评//俞可平. 国家治理评估——中国与世界[M]. 北京：中央编译出版社，2009.

[346] 周晓丽，毛寿龙. 大部制：中国行政管理体制治道变革的新方向[J]. 商丘师范学院学报，2008（4）：51.

[347] 周杨明，于秀波，于贵瑞. 自然资源和生态系统管理的生态系统方法：概念、原则与应用[J]. 地球科学进展，2007，22（2）：172-177.

[348] 周玉珠. 国内环境保护垂直管理研究综述[J]. 江苏省社会主义学院学报，2014（5）.

[349] 周志忍. "大部制"：难以承受之重[J]. 中国报道，2008（3）.

[350] 周志忍. 大部制溯源：英国改革历程的考察与思考[J]. 国外行政，2008（2）.

[351] 朱春全. 关于建立国家公园体制的思考[J]. 生物多样性，2014，22（4）：418-420.

[352] 朱德明. 让第三方在污染治理中发挥作用[N]. 中国环境报，2013-12-06（4）.

[353] 朱建伟，韩啸. 现状与展望：我国大部制改革研究综述[J]. 学理论，2014（30）：1-3.

[354] [英]朱丽·丽丝. 自然资源分配、经济学与政策[M]. 蔡运龙，等译. 北京：商务印书馆，2002.

[355] 朱留财. 环境管理体制的国际比较分析[J]. 环境保护与循环经济，2011（11）.

[356] 朱仁显. 公共事业管理[M]. 北京：中国人民大学出版社，2003.

[357] 朱昔群. 大部门制改革的国际比较//黄文平. 大部制改革：理论与实践问题研究[M]. 北京：中国人民大学出版社，2014：57.

[358] 竹立家. 大部门体制：从源头上遏制腐败[J]. 廉政瞭望，2008（2）.

[359] 竹立家. 重构政府价值必须有效分权[J]. 中国报道，2013（4）.

[360] 竹立家. "大部制"改革之我见[J]. 中国改革，2008（1）.

[361] 竺乾威，刘杰. 国外大部门体制：推进方法和特点[N]. 经济日报，2008-02-29.

[362] 竺乾威. "大部制"刍议[J]. 中国行政管理，2008（3）：27-28.

[363] 竺乾威. 大部制改革与权力三分[J]. 行政论坛，2014（9）.

[364] 庄浩滨. 专家析中央机构大部门制：权力制衡成改革焦点[N]. 齐鲁晚报，2007-12-19.

[365] 总结过去　继往开来　全面推进"十二五"环境监测事业发展——吴晓青副部长在2011年全国环境监测工作会议上的讲话[EB/OL]. http：//www. mep. gov. cn/gkml/hbb/qt/201103/t20110314_206717. htm. 2011-02-22.

[366] 邹加怡. 中国创建综合生态系统管理模式[M]//综合生态系统管理（国际研讨会文集）. 江泽慧. 北京：中国林业出版社，2006.